기출의 파급효과

과탐 영역

물리학 I (상)

orbibooks

물리학 I (상)
기출의 파급효과

물리학 I (상)

저자의 말

안녕하세요. 기출의 파급효과 물리학Ⅰ의 저자 허성우, 정진우입니다. 집필한 지 5년째가 된 물리학Ⅰ 교재입니다. 지난 4년간 너무 과분한 사랑을 받았음에 감사드리고, 올해 교재를 기대해 주신 분들께 너무나도 감사한 마음입니다. 바로 교재 소개를 해 보겠습니다.

저희는 다음과 같은 교재를 만들었습니다.

1. 물리학Ⅰ 기출을 푸는 데 필요한 모든 개념과 실전개념, 도구와 태도를 담았습니다.

수능 물리학Ⅰ의 성격에 정확히 맞게끔, 실력과 점수 향상을 위한 도구와 태도를 모두 담았습니다. 이 교재를 소화한다면 물리학Ⅰ의 기본 개념과 실전 개념과 태도를 정리할 수 있습니다.
원리의 깊은 이해를 바탕으로 실전적 도구들을 더하여 실력을 완성하는 것을 추구합니다. 따라서 실전 개념서지만 그 어떤 교재보다 교과서의 기본 원리를 바탕으로 자세하게 설명되어 있으며, 더욱 깊은 이해를 위해서 필요하다면 순서를 재구성하여 교재를 설계하였습니다. 학습 효율을 높이기 위해 실전적인 개념이나 실전적 도구들은 따로 정리하여 편하게 학습할 수 있도록 하였습니다.

각 챕터의 칼럼, 예제, 예제의 해설과 분석을 통해 학습하신 내용을 유제를 통해 점검하시면 더욱 큰 학습 효과를 기대할 수 있습니다.

2. 필연적인 사고 과정의 가이드라인을 상세히 제시합니다.

올해 치러질 수능을 대비하기 위해서는 모든 문항에 적용되는 기본에 충실한 굵직한 실력을 키우셔야 합니다. 이를 위해 본 책은 문항 출제 의도 파악과 기본기에 충실하게 설계되었습니다. 물리학Ⅰ 학습에서 많은 학생들에게 가장 큰 걸림돌이 되는 부분입니다. "어떻게/왜 이렇게 풀었지?" 그 필연성의 가이드라인을 담았습니다.

3. 수능/평가원/교육청 주요 488문항을 선별하여 수록하였습니다.

이 책에는 예제, 유제에 수능/평가원/교육청 주요 기출문항을 수록하였습니다. 예제는 도구와 태도를 바로바로
확인하기 좋은 문항들로, 가장 중요한 기출문제들을 선별하여 수록하였습니다. 본문과 함께 있는 예제들은 물리학 I
교재의 경우 (상) 77문제, (하) 107문제입니다.

예제에 있는 문제 수만으로 부족함을 느끼실 분들을 위해 기출에 대한 태도와 도구를 체화시키기 위해 유제를 충분히
넣었습니다. 유제는 예제에 넣기에는 우선순위가 밀렸으나 꼭 수록할 필요성이 있는 주요 문항들을 선별하여
수록하였습니다. 유제의 경우, 물리학 I 교재의 경우 (상) 128문제, (하) 166문제입니다.

본문 속 예제뿐만 아니라 유제들도 단순 단원별로 분리된 것이 아니라 기출에 대한 태도와 도구를 기준으로
분리되었습니다.

4. 해설이 학생 중심적이고 또 실전적입니다.

물리학 I 의 과목 특성상, 해설을 쓰는 사람 입장에서 쓰기 편한 풀이와, 학생 입장에서 문항을 맞닥뜨렸을 때 좋은
풀이가 다른 경우가 많습니다. 교재의 해설을 쓸 때 번거로움과 어려움을 감수하고서라도, 학생 입장에서의 최고의
풀이를 수록하려고 노력했습니다. 그 해설을 할 수밖에 없는 필연적 이유와 함께, 시험장에서 풀 수 있는 일관적이고
현실적이며 실전적인 풀이를 수록하였습니다.

이 책의 해설은 다른 책과 달리, 처음 문제를 보고 문제의 방향성을 잡는 것부터 시작해서, 넘버링을 통해 단계를
나누어 정리되어 있습니다. 예제와 유제의 해설 모두 실전적이고 학생 중심적으로 작성되어 있으며, 예제의 경우
해설을 정말 자세하게 작성했습니다. 예제와 유제의 해설까지 꼼꼼히 학습하신다면 생각의 틀이 올바로 잡힐 것입니다.

예제 해설과 유제 해설은 단계별로 분리되어 있어 가독성이 좋아 이해가 더욱 쉽습니다. 문제에서 필요한 태도와
도구들을 어떻게 쓰는지 과외처럼 매우 자세히 알려줍니다. 유제는 칼럼과 예시들을 잘 학습했다면 무리 없이 풀 수
있는 수준입니다.

물리학 I 50점, 아직 늦지 않았습니다. 한 번쯤 더 봐야 할 기출, 기출의 파급효과와 함께 합시다.

파급의 기출효과

cafe.naver.com/spreadeffect
파급의 기출효과 NAVER 카페

기출의 파급효과 시리즈는 기출 분석서입니다. 기출의 파급효과 시리즈는 국어, 수학, 영어, 물리학 1, 화학 1, 생명과학 1, 지구과학 1, 사회 · 문화가 예정되어 있습니다.

준킬러 이상 기출에서 얻어갈 수 있는 '꼭 필요한 도구와 태도'를 정리합니다.

'꼭 필요한 도구와 태도' 체화를 위해 관련도가 높은 준킬러 이상 기출을 바로바로 보여주며 체화 속도를 높입니다. 단 시간 내에 점수를 극대화할 수 있도록 교재가 설계되었습니다.

학습하시다 질문이 생기신다면 '파급의 기출효과' 카페에서 질문을 할 수 있습니다.

교재 인증을 하시면 질문 게시판을 이용하실 수 있습니다.

기출의 파급효과 팀 소속 오르비 저자분들이 올리시는 학습자료를 받아보실 수 있습니다.
위 저자 분들의 컨텐츠 질문 답변도 교재 인증 시 가능합니다.

더 궁금하시다면 https://cafe.naver.com/spreadeffect/15에서 확인하시면 됩니다.

모킹버드

mockingbird.co.kr
수능 대비 온라인 문제은행

모킹버드는 수능 대비에 초점을 맞춘 문제은행 서비스입니다. AI 문항 추천 알고리즘을 통해 이용자의 학습에 최적화된 맞춤형 모의고사를 제공하여 효율적인 수능 성적향상을 목표로 합니다. **수학, 과탐을 서비스 중입니다.**

문항 제작과 검수에 기출의 파급효과 팀뿐만 아니라 지인선 님을 포함한 시대/강대/메가 컨텐츠 팀에서 근무하였고 여러 문항 공모전에서 수상한 이력이 있는 여러 문항 제작자들이 함께 하였습니다.
웹 개발과 알고리즘 개발에는 서울대 컴공, 카이스트 전산학부 출신 개발자들이 참여하였습니다.

모킹버드를 통해 싸고 맛좋은 실모를 온라인으로 뽑아 풀어보고,
AI 문항 추천 알고리즘 기술의 도움을 받아 학습 효율을 극대화해보세요.
가입만 해도 기출은 무제한 무료 이용 가능하고, 자작 실모 1회도 무료로 제공됩니다.

memo

01

직선 운동의 분석

01 직선 운동의 분석

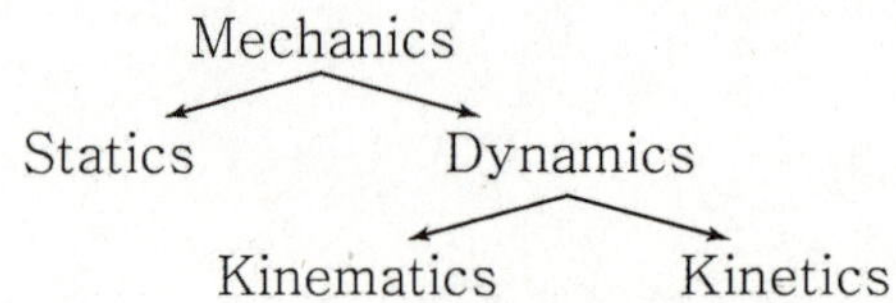

역학(Mechanics)이라는 학문에서, 수능 물리학I이 다루는 부분은 운동학(Kinematics)과 운동역학(Kinetics)이다. 운동학은 힘에 대한 고려 없이 순수 운동의 상태에 대해 다루며, 운동역학은 힘이 운동에 미치는 영향에 대해 다루게 된다. 우리는 Ch 1에서 운동학을 다룰 것이고, Ch 2부터 Ch 5까지 운동역학을 다룰 것이다.

Chapter 1. 직선 운동의 분석

교과서에서는 '여러 가지 운동'이라는 제목으로 단원이 구성되어 있지만, 이 단원의 진짜 주인공은 **직선 운동(등속 직선 운동, 등가속도 직선 운동)의 분석**이다. 개념 자체 난이도는 그리 어렵지 않지만, 문항은 개념 난도에 비해서는 까다롭게 출제될 여지가 남아있는 파트이고, 고난도 문항들이 종종 튀어나오는 파트이며, **융합형 문항에서 운동량, 에너지와 결합되었을 때 문제 난이도를 올리는 직접적 원인**이 된다. 운동학을 잘해야 운동역학까지도 잘할 수 있으므로 운동학에 대한 학습을 정말 철저히 해 두어야 한다.

정확한 개념의 이해를 요구하는 경우가 많으며, 오개념이 없어야 한다. 고난도 문항을 틀리는 이유는, 계산실수가 아니라면 기본적인 개념에 대한 오개념이나 풀이의 전제부터 틀린 경우가 대부분이다. 번뜩이는 감각이나 센스가 없어서 틀리는 건 정말 생각보다 많지 않다. 따라서, 이 단원 학습 시에는 공식과 개념을 무작정 암기하는 것이 아닌, **물리량 사이의 차이와 관계를 정확히 이해**하고, **공식과 도구가 도출되는 전제와 논리의 흐름**을 배워 가는 것이 더 중요하다고 할 수 있겠다.

역학 전반적으로 해당되는 이야기지만, 이 단원에서는 특히 문제 상황을 파악하고 분석하는 것이 매우 중요하다. 문제 상황을 파악한다는 것은 대략적으로 물체의 운동 양상을 알아내는 것을 말한다. 예를 들어, 이 운동이 등속도 운동인지/등가속도 운동인지 정도를 파악하는 것을 말한다.

문제 상황을 분석한다는 것은 물체의 운동 상태를 나타내는 기본 물리량인 네 가지 물리량 ①변위, ②속도, ③가속도, ④시간을 구하는 것을 말한다. 따라서 이 단원에서는 기본 물리량인 네 가지 물리량 사이의 관계에 주목하여 공부할 것이며, 각 물리량에 대한 정확하고 깊은 이해가 필요하다.

대표적으로 많이 출제되는 유형으로는 그래프 해석 유형, 직선 도로 유형, 빗면 유형 등이 있다. 각 유형은 기출문제에도 많이 등장하므로, 익숙해질 때까지 분석을 하고 반복 학습을 해 주는 것이 필요하다.

상황에 맞는 적절한 도구 선택이 중요하며, 문제의 방향성을 잘 읽어나가야 한다. 기본 개념을 정확히 익힌 후 도구들을 잘 익혀두고 풀이에 어떻게 이용하는지를 체화하도록 하자.

▍물리량 정리

1. 시간 변화율

본격적인 물리량 정리에 앞서 시간 변화율에 대해 짚고 넘어가도록 하자.
시간 변화율이란 **시간에 따른 어떤 물리량의 변화의 빠르기**를 의미한다.

어떤 물리량 X의 시간 변화율은 아래와 같다.

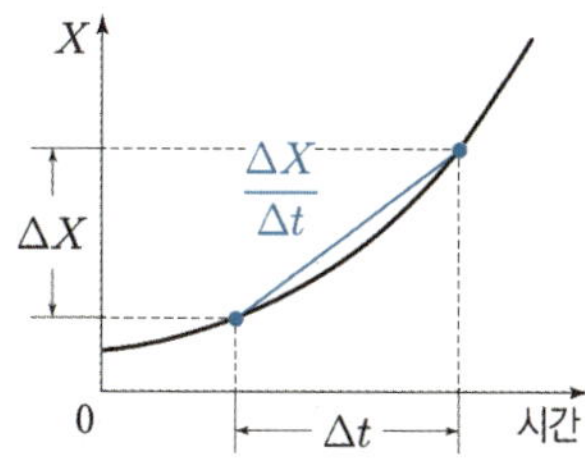
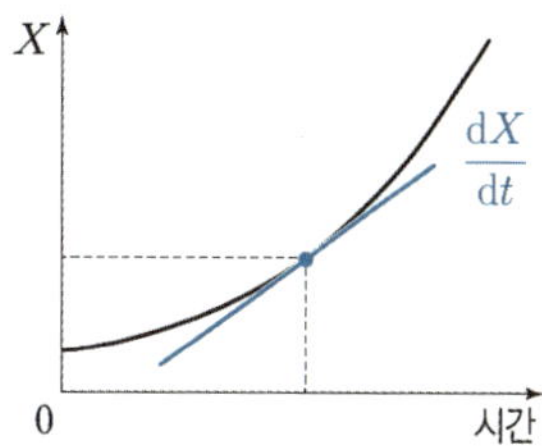

시간 변화율 : 시간에 따른 어떤 물리량의 변화의 빠르기

$$\frac{\Delta X}{\Delta t} \, , \ \frac{dX}{dt}$$

오른쪽 식 $\dfrac{dX}{dt}$ 는 왼쪽 식 $\dfrac{\Delta X}{\Delta t}$의 극한값으로, 매우 짧은 순간에서의 시간 변화율을 의미하며, X를 시간 t에 대해 미분한 결과가 된다.

2. 위치와 변위

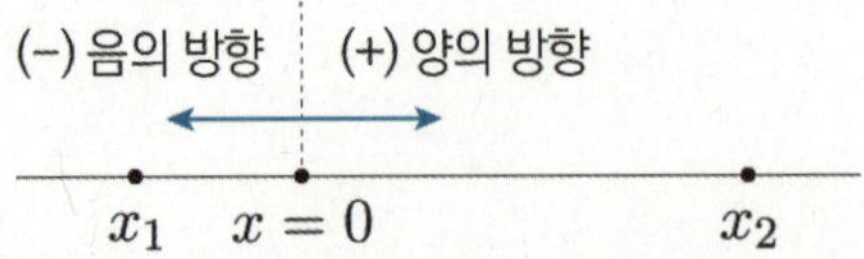

위치는 어떤 **기준점에 대한 상대적인 방향과 거리**로 나타내어지는 물리량이다.
물체의 위치는 관례적으로 x라는 문자를 통해 나타내는 경우가 많다.
x축 직선상에서의 물체의 위치는 x_1, x_2등과 같이 나타내며, 기준점은 $x = 0$인 지점 (원점)이다.
일반적으로 원점을 기준으로 오른쪽은 양의 방향이며, 왼쪽은 음의 방향이다.

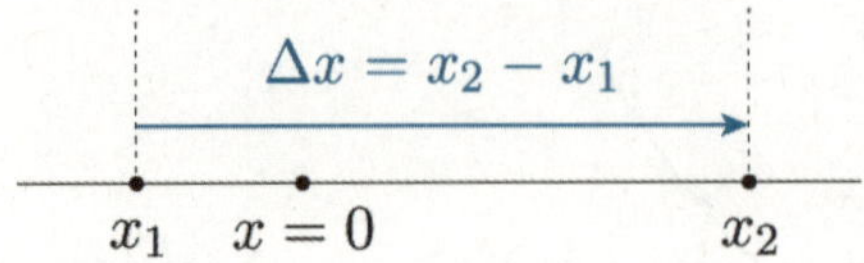

변위는 **위치의 변화량**을 말하며, 나중 위치에서 처음 위치를 뺀 값의 의미를 갖는다.
예를 들어, 처음 위치가 x_1, 나중 위치가 x_2일 때,
변위의 크기는 위치 x_1에서 위치 x_2까지의 거리가 된다.
변위의 방향은 위치 x_1에서 위치 x_2를 바라본 방향이 된다.
변위는 **방향을 가지는 거리 값**이라고 이해하면 되며, **벡터값**이라는 것을 잊지 말자.
변위는 주로 Δx라고 하며, 아래와 같이 구한다.

$$\Delta x = x_2 - x_1$$

x축 위에서 이동하는 물체의 처음 위치가 x_1, 나중 위치가 x_2일 때, 오른쪽을 양의 방향으로, 왼쪽을 음의 방향으로
생각한다면, 처음 위치보다 나중 위치가 오른쪽에 있으면 변위는 양수값을, 왼쪽에 있으면 변위는 음수값을 갖는다.
즉, 변위의 양이나 음의 부호는 **처음 위치에서 나중 위치로의 방향**(변화의 방향)을 나타낸다.

변위는 이동 거리와 구분할 필요가 있다.
이동 거리는 말 그대로 **물체가 이동한 총 길이**를 말하는 물리량이지만,
변위는 중간 과정은 고려하지 않고, **처음 위치와 나중 위치만을 고려**하며, **두 지점 사이의 직선 거리**를 크기로 갖는
물리량이기 때문이다.
직선 위에서 운동하는 경우, 운동 중에 운동 방향이 바뀌지 않는다면 변위의 크기와 이동 거리가 같겠지만, 운동 중에
운동 방향이 바뀌는 경우에는 이동 거리가 변위의 크기보다 항상 크다. 이어 나올 등가속도 직선 운동에서 이를
유의해야 한다.

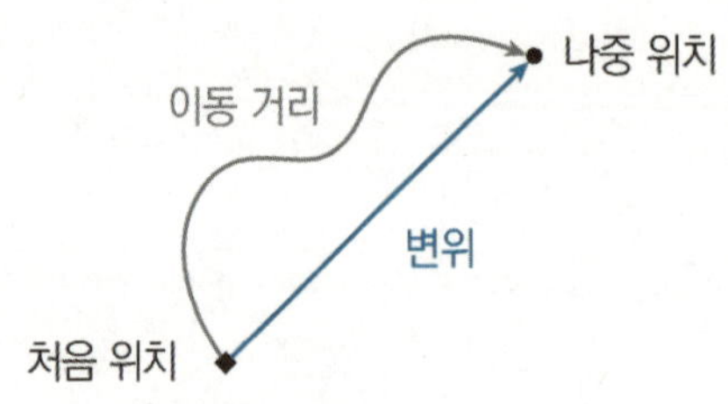

곡선을 따라 운동하는 경우엔, 곡선의 길이가 이동 거리가 되며, 처음 위치와 나중 위치를 이은 직선상의 선분의 길이가 변위의 크기가 된다. 선분의 정의(두 점 사이를 가장 짧은 거리로 연결한 선)를 생각해 보면, 경로가 직선의 일부가 **아닌 경우에는 변위의 크기가 이동 거리보다 항상 작다**는 것을 알 수 있다.

특별히 **직선 운동에서 운동 방향이 변하지 않는 경우**에만 **변위의 크기와 이동 거리가 같다**.
변위의 크기와 이동 거리가 같은 경우는 물체가 직선 운동(정지한 상태를 포함)을 하는 경우로 특정된다는 것이다.

물체의 운동에서 물체가 얼마나 빠른지를 나타낼 수 있는 물리량 중 하나가 바로 평균 속도이다.
평균 속도는 시간 간격 Δt 동안의 변위 Δx의 비율로 정의된다. 이를 **변위의 시간 변화율**이라 하며, 아래와 같이
정의한다.

$$v_{\mathrm{avg}} = \frac{\Delta x}{\Delta t}$$

변위와 마찬가지로 **평균 속도는 벡터량**이며, 평균 속도의 방향은 변위의 방향과 같다.
v_{avg}를 간단히 $\bar{v}$로 쓰기도 한다. 평균 속도는 아래 그림처럼 위치-시간 그래프에서의 두 점 간의 평균 변화율(두 점
을 이은 직선의 기울기)이 된다.

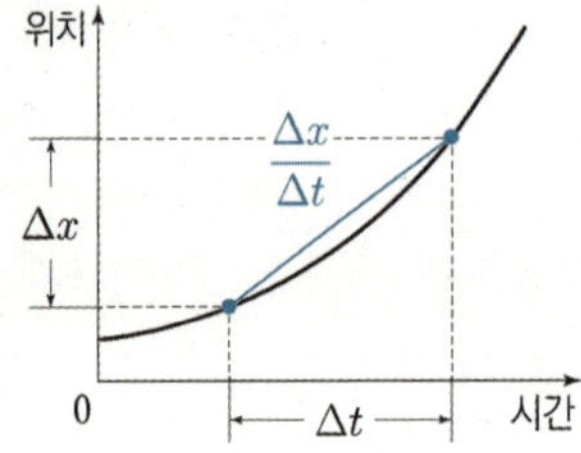

평균 속력이란 시간 간격 Δt 동안의 이동 거리 Δs의 비율로 정의된다. 이를 **이동 거리의 시간 변화율**이라 하며,
아래와 같이 정의한다.

$$v_{\mathrm{avg}} = \frac{\Delta s}{\Delta t}$$

평균 속력은 크기만 존재하는 스칼라량이며, 방향을 고려하지 않고 움직인 거리만을 고려한다.
직선 운동에서 운동 방향이 변하지 않는 경우에는 **변위의 크기와 이동 거리가 같기 때문**에,
운동 방향이 변하지 않는 직선 운동의 경우에만 '평균 속력 = 평균 속도의 크기'라고 말할 수 있다.

평균 속력은 아래 그림처럼 **이동 거리-시간 그래프에서의 두 점 간의 평균 변화율**(두 점을 이은 선분의 기울기)이
된다.

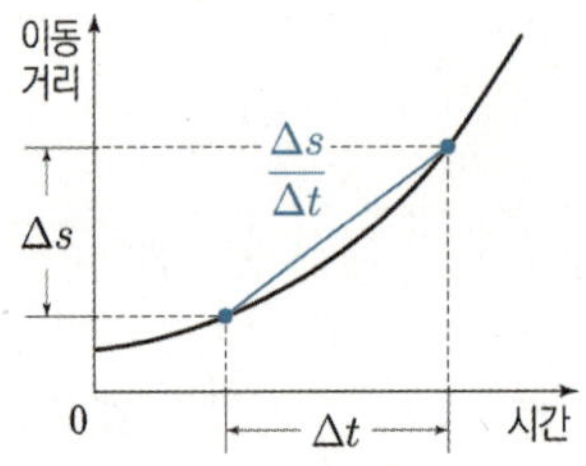

그림과 같이 동일 직선상에서 등가속도 운동하는 물체 A, B가 시간 $t = 0$일 때 각각 점 p, q를 속력 v_A, v_B로 지난 후, $t = t_0$일 때 A는 점 r에서 정지하고, B는 빗면 위로 운동한다. p와 q, q와 r사이의 거리는 각각 L, $2L$이다. A가 다시 p를 지나는 순간 B는 빗면 아래 방향으로 속력 $\dfrac{v_B}{2}$로 운동한다.

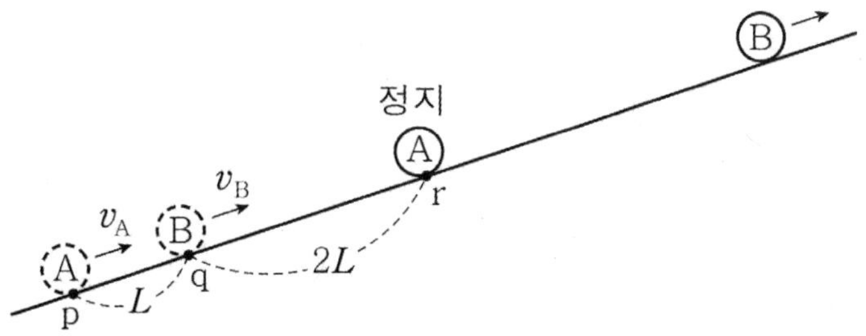

이에 대한 옳은 설명만을 <보기>에서 있는 대로 고른 것은? (단, 물체의 크기, 모든 마찰과 공기 저항은 무시한다.) [3점]

───────────── 〈보 기〉 ─────────────

ㄱ. $v_B = 4v_A$ 이다.

ㄴ. $t = \dfrac{8}{3}t_0$일 때 B가 q를 지난다.

ㄷ. $t = t_0$부터 $t = 2t_0$까지 평균 속력은 A가 B의 3배이다.

A가 p를 다시 지나는 순간은 $t = 2t_0$이다. 이 순간까지 B의 속도 변화량의 크기가 $\frac{3}{2}v_B$이라면, t_0동안의 속도 변화량은 $\frac{3}{4}v_B$일 것이므로 그림에서 B의 나중 속력은 $\frac{1}{4}v_B$이다.

A와 B는 같은 시간동안 속도 변화량이 같아야 하므로 $v_A = \frac{3}{4}v_B$이다. **(ㄱ 틀림)**

속도 변화량의 크기가 $2v_B$인 순간 B는 q를 다시 지난다. 이때의 시간은 $t = \frac{8}{3}t_0$이다. **(ㄴ 맞음)**

$t = t_0$부터 $t = 2t_0$까지 평균 속력은 A가 $\frac{1}{2}v_A = \frac{3}{8}v_B$,

B가 $\dfrac{\left(\dfrac{\frac{1}{4}v_B + 0}{2}\right)\dfrac{1}{3}t_0 + \left(\dfrac{0 + \frac{1}{2}v_B}{2}\right)\dfrac{2}{3}t_0}{t_0} = \frac{5}{24}v_B$이다. **(ㄷ 틀림)**

정답 : ㄴ

---

comment

평균 속력(이동거리/시간) 대신 평균 속도(변위/시간)의 크기를 구하여 ㄷ이 맞다고 고른 학생들이 꽤 많았을 것이다. 평균 속도의 크기가 평균 속력과 같으려면, 운동 방향이 변하지 않는 경우에만 가능하다!

순간 속도는 Δt를 0에 가깝게 만들었을 때 **평균 속도의 극한값**으로 정의한다. 앞서 물체의 빠르기를 나타낼 수 있는 물리량으로 평균 속도와 평균 속력을 알아보았는데, 그 두 물리량은 시간 간격 Δt 동안 측정된 값이다.

극한을 취하여 Δt를 0에 가깝게 만들었을 때, **평균 속도의 극한값**은 그 지점에서의 순간의 빠르기와 같아지는데, 이를 **순간 속도**라 하며,
마찬가지로 극한을 취하였을 때, **평균 속력의 극한값**이 순간 속력이 된다.

$$\text{(순간) 속도} \quad v = \lim_{\Delta t \to 0} \frac{\Delta x}{\Delta t} = \frac{dx}{dt}$$

$$\text{(순간) 속력} \quad v = \lim_{\Delta t \to 0} \frac{\Delta s}{\Delta t} = \frac{ds}{dt}$$

속도는 위치 변화량을 시간으로 나눈 값이다. 따라서 속도의 단위도 거리의 단위를 시간으로 나눈 꼴이 된다.
속력의 단위도 마찬가지로 거리의 단위를 시간으로 나눈 꼴이 된다.

속도와 속력의 표준 단위는 $\mathrm{m/s}$이며,
순간 속도(속도)는 평균 속도의 극한값이므로, 방향과 크기를 모두 가지는 **벡터량**이며,
순간 속력(속력)은 방향을 가지지 않고 크기만을 가지는 **스칼라량**이다.

순간 속도와 순간 속력은, 평균 속도와 평균 속력의 관계[1]와 달리, 다음이 항상 성립한다.

$$\text{순간 속도의 크기} = \text{순간 속력}$$

순간 속도와 순간 속력은 간단히 속도, 속력으로 부른다. 즉, 그냥 속도, 속력을 말한다면 그것은 순간 속도와 순간 속력을 말하는 것이다. 개념적으로는 순간 속도와 순간 속력은 극한으로 정의되는 값이지만, 실제로 이용할 때에는 우리가 평소에 사용하는 속도, 속력 의미 그대로 어떤 순간의 실제 속력으로 생각하면 된다.

---

1) 직선 운동에서 운동 방향이 변하지 않는 경우에만 변위의 크기와 이동 거리가 같기 때문에, 직선 운동에서 운동 방향이 변하지 않는 경우에만 '평균 속력=평균 속도의 크기'라고 말할 수 있다.

가속도는 물체의 빠르기와 직접적으로 관련된 물리량은 아니다.
물체가 속도가 변할 때, 그 물체는 가속 운동을 한다고 말한다.
여기서 물체의 **속도가 얼마나 빨리 변하는지**를 나타내는 물리량이 바로 가속도이다.

평균가속도는 시간 간격 Δt 동안의 속도 변화량 Δv의 비율로 정의된다.
이를 **속도의 시간 변화율**이라 하며, 아래와 같이 정의한다.

$$a_{\text{avg}} = \frac{\Delta v}{\Delta t}$$

순간가속도는 평균가속도의 **극한값**으로 정의한다.
극한을 취하여 Δt를 0에 가깝게 만들었을 때, **평균가속도의 극한값**은 그 순간에서의 속도 변화의 빠르기와
같아지는데, 이를 순간가속도라 하고, 간단히 **가속도**라고 한다. 이는 속도 v를 시간에 대해 미분한 것과 같다.

$$a = \lim_{\Delta t \to 0} \frac{\Delta v}{\Delta t} = \frac{dv}{dt}$$

아직까지 수능 물리학 1에서의 물체의 운동은 아무리 복잡해 봐야 등가속도 직선 운동 정도 수준이다. 따라서
가속도가 일정하지 않은 특이한 경우가 아니라면, 평균가속도, 순간가속도는 같은 값으로 생각해도 된다.
(그냥 가속도라는 한 단어로 구별 없이 사용해도 문제없으며, 동일한 값으로 생각해도 좋다는 거다.)
그래도 평균 속도와 순간 속도가 서로 다른 개념인 것처럼 평균가속도와 순간가속도는 다른 개념임을 알고는 있자.

위에서 알 수 있듯이, 가속도는 속도 변화량을 시간으로 나눈 값이다. 따라서 가속도의 단위도 속도의 단위를
시간으로 나눈 꼴이 된다.
가속도의 표준 단위는 m/s^2이며, 가속도는 크기와 방향을 모두 신경써야 하는 값이다.

가속도의 방향과 속도를 연관 지어 살펴보자.

운동 방향이 변하는 경우를 잠시 생각하지 않는다면,
가속도의 방향과 물체의 운동 방향이 같다면, 물체의 속력이 빨라진다.

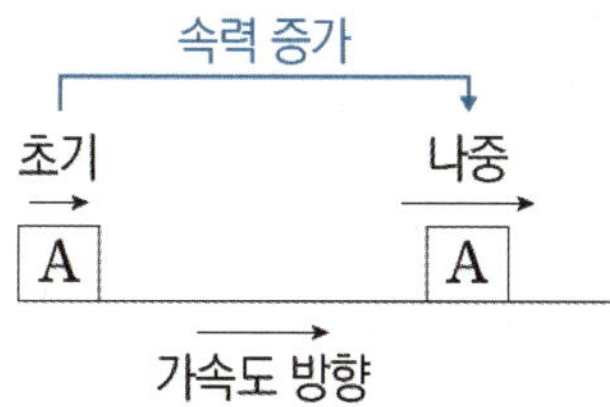

반대로, **가속도의 방향이 물체의 운동 방향과 반대라면, 물체의 속력이 느려진다.**

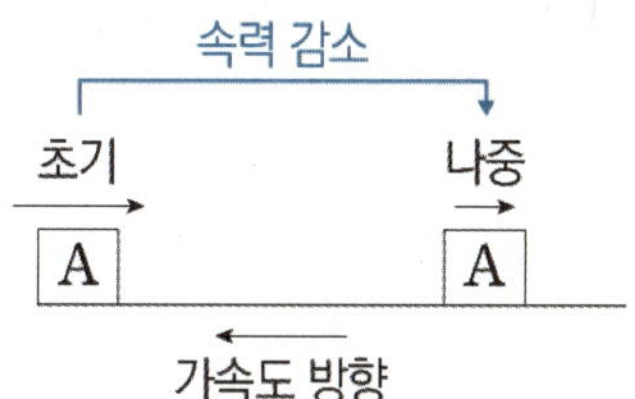

앞서 위치 x를 시간 t에 대해 미분하면 속도 v가 된다고 했었다. 속도 v를 시간 t에 대해 미분하면 가속도 a가 되므로, 가속도 a는 위치 x를 시간 t에 대해 두 번 미분한 물리량이 된다.
반대로 가속도 a를 시간 t에 대해 적분하면 속도 v가 되며, 속도 v를 시간 t에 대해 적분하면 위치 x가 된다.

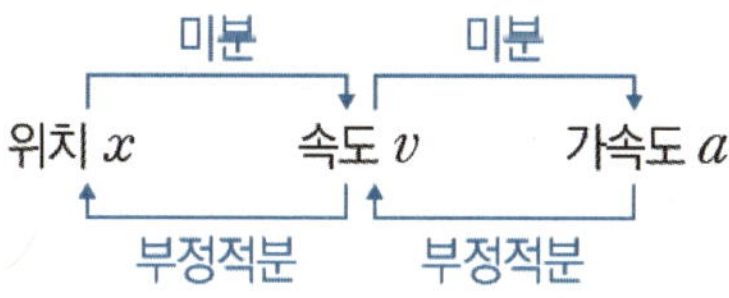

(1) 중력 가속도

물체가 중력만을 받아 자유 낙하를 하는 상황을 생각해 보자. 물체는 중력에 의해 중력과 나란한 아래 방향으로 가속 운동을 하게 되는데, 이때의 가속도를 중력 가속도라고 한다.

물론 중력은 지표로부터의 높이에 따라 달라지긴 하나, 물리학 1에서는 중력 가속도를 g또는 상수값 $10\mathrm{m/s^2}$(실제론 $9.8\mathrm{m/s^2}$쯤 되지만, 계산 편의상 근사한 값)라고 생각하면 된다. 필요한 경우에는 문제에서 둘 중에 무엇을 사용할지를 제시해 줄 것이다.

중력 가속도에 물체의 질량을 곱한 값의 크기가 곧 물체에 작용하는 중력의 크기가 된다.

(2) 빗면 가속도

빗면에 위치한 물체가 중력과 빗면에 의한 수직항력만을 받으며 운동할 때, 물체의 가속도를 말한다. 빗면 가속도는 **빗면의 기울기에 의해 결정**되며, **물체의 질량에 영향을 받지 않음**을 기억하자. 가속의 원인은 중력과 수직항력의 합으로 만들어지는 빗면힘이다. 가속도의 원인이 되는 힘의 분석에 대해선 다음 챕터에서 다루겠다.

빗면이 수평면과 이루는 각의 크기가 θ일 때, 빗면 가속도는 $g\sin\theta$로 구할 수 있으며[2], 높이 변화를 Δh, 변위를 Δx라 하면 $\sin\theta = \dfrac{\Delta h}{\Delta x}$이다.

---

2) Chapter 2의 '빗면에서의 힘 분석'을 참고하자.

앞서 평균 속도는 순간 속도를 정의하는 용도로 사용되었는데, 이번엔 평균 속도를 통해 운동을 단순화시켜 이해하는 도구를 알아보자.

평균이라는 의미는 무엇인가?
어떤 변하는 값을 일정하다고 가정했을 때, 변수의 실제 총합과 동일한 값을 만들어 내는 특정한 하나의 값을 평균이라고 한다.
여기서 특정한 하나의 값이라는 포인트가 운동을 단순화시킬 수 있는 열쇠가 된다.

아래는 어떤 물체가 시각 t_1부터 t_2까지 속도가 변하는 운동 속도-시간 그래프로 나타낸 것이다.

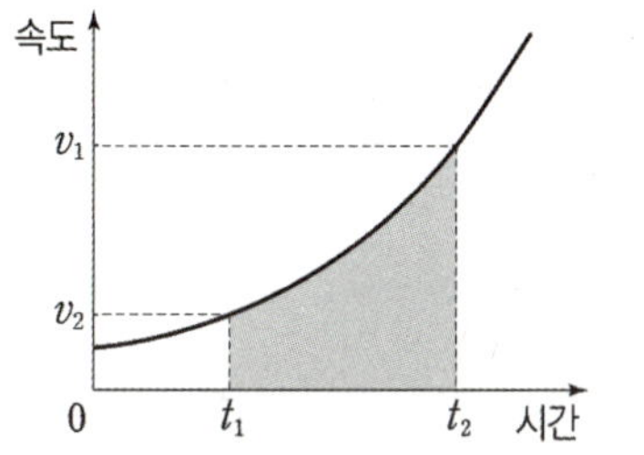

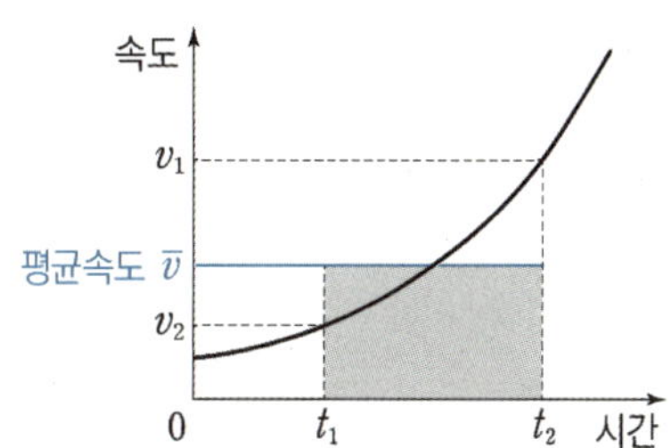

평균 속도는 위 그래프에서 볼 수 있듯이, 특정 구간에서 **속도를 일정하다고 가정했을 때, 운동의 결과가 동일하게끔 하는 속도**가 된다. 여기서 운동의 결과라 함은, 변위[3]를 말한다.

> 평균 속도 : 속도를 일정하다고 가정했을 때 변위를 같게 히는 특정 속도값

이 의미를 물체의 운동에 적용하게 되면, 속도가 변하는 복잡한 운동을 단순화하여 보기 위해, 속도가 일정하다고 가정하여, 운동의 결과인 변위가 같아지게 하는 평균 속도를 찾을 수 있다.

---

[3] 변위는 속도를 시간에 대해 정적분한 값이기 때문에, 속도-시간 그래프에서 실제 속도와 동일한 밑넓이를 만들어내는 어떤 일정한 속도값을 잡았을 때, 그 속도가 바로 평균 속도인 것이다.

▍운동의 분석

운동의 분석은 먼저 운동의 **자취를 그리는 것**에서 시작한다. 머릿속으로 그려도 되고, 손으로 표시해도 되지만, 어려운 문제를 만났을 때는 손으로 그리는 편이 훨씬 도움이 될 거다. 너무 쉬운 게 아니라면 웬만하면 그려라. 부탁이다. 그리는 것은 전혀 어렵지 않다. 자취를 따라 화살표로 이동 경로를 표시해 주면 되는 것이다.

앞으로 이 교재에서는 아래 예시 그림처럼 화살표로 이동 경로를 표시하여 자취를 그릴 것이다. 필요하다면 특정한 지점 (ex : 운동 방향이 전환되는 지점, 운동의 종류가 바뀌는 지점 등)의 위치를 잘 표시하고, 시간에 따른 위치를 고려해야 한다.

예시

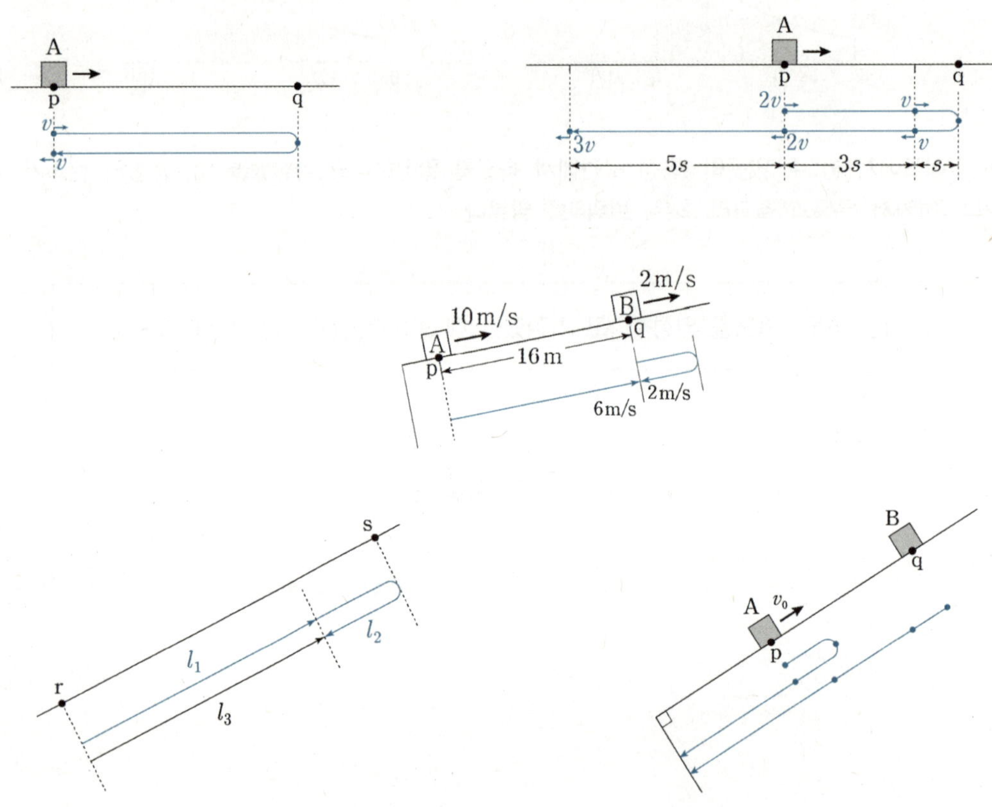

말 그대로 **속도가 일정한 운동**을 말하며, 속도가 일정한 경우엔 직선 상에서 운동할 수밖에 없다. 따라서 등속도 운동과 등속 직선 운동은 동일한 말이다.

등속도 운동은 속력이 같고, 속도의 방향도 항상 일정해야 하므로, 등속력 운동과 차이가 있다. 등속력 운동의 경우엔 방향까지 같을 필요가 없다. 등속력 운동의 대표적 예시로는 등속 원운동이 있는데 이 운동의 경우, 속도의 방향이 계속 변한다.

속도가 일정하다는 것은 가속도가 0인 상태이다. 등속도 운동을 가속도가 0으로 일정한 등가속도 운동의 일종이라고 생각하는 사람이 있을 수 있는데, 가속도가 0이라면, 등가속도 운동이라고 부르지 않는다. 단지 등속도 운동(등속 직선 운동)이라고 할 뿐이다. 등속도 운동은 등가속도 운동에 포함되지 않는다.

등속도 운동(등속 직선 운동)에서는, 아래 식이 성립한다. 이 식은 사실 우리에게 매우 친숙한 식으로, 예시를 아무거나 직접 머릿속에서 떠올려 생각해 보면, 이미 익숙한 것이라는 걸 알 수 있을 것이다.
아래 식은 구하려는 것에 맞추어 적절히 사용하면 된다.

$$s = vt, \quad v = \frac{s}{t}, \quad t = \frac{s}{v}$$

(s 대신 Δx를 사용하여도 된다.)

등속도 운동(등속 직선 운동)의 운동 양상은 아래 그림과 같다.

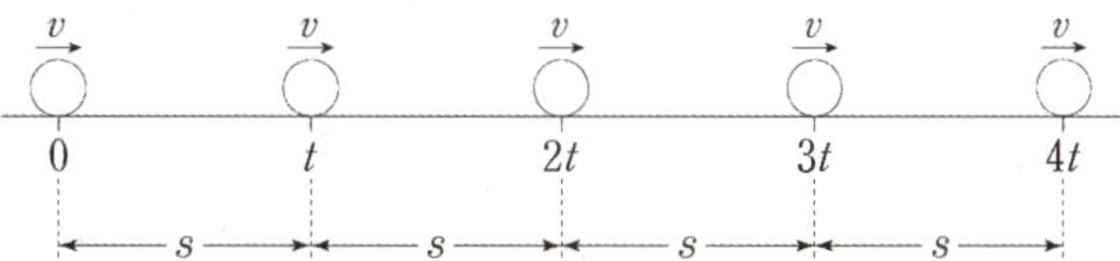

시간 구간을 일정하게 끊어서 나타낸 그림이다.
속도가 항상 같으므로, **각 시간 구간 동안 이동한 거리가 같으며, 누적 이동 거리는 누적 시간에 비례한다.**

등가속도 운동이란 가속도가 일정한 운동을 말한다. **가속도가 일정하면, 속도가 시간에 따라 일정하게 변한다.**
벡터 관점에서 본다면 일정한 시간 간격으로 속도 벡터를 나열하면, 이웃한 시각에서의 속도 벡터 간의 차이가 항상
일정하다는 것이다.

등가속도 운동의 대표적인 운동으로는 등가속도 직선 운동과 포물선 운동이 있다.
이 챕터의 주인공 등가속도 직선 운동은 등가속도 운동 중 한 직선 위에서 일어나는 운동이며,
이 단원에서 가장 중요하다고 할 수 있겠다.

등가속도 직선 운동은 **운동 방향과 가속도 방향이 나란**한 운동이다. 여기서 나란하다는 것은 방향이 같거나 반대라는
것을 의미하며, 벡터의 관점에서 보았을 때는 가속도 벡터와 속도 벡터가 평행함을 의미한다.
등가속도 직선 운동의 분석이 Chapter 1의 주요 목표인 만큼 빠삭하게 익히고 연습하자.

공기 저항이나 마찰력을 무시한다면, 자유 낙하, 기울기가 일정한 빗면 상에서의 운동, 일정한 힘으로 당겼을 때
물체의 운동은 등가속도 직선 운동이다. 이 운동들은 시간에 비례해서 속도가 일정하게 변한다.

정리하면,
등가속도 직선 운동은 속도가 시간에 따라 일정하게 변하고, 속도의 방향과 이동 방향, 가속도 방향이 모두 한 직선 위에 있는
운동이다.

등가속도 직선 운동에서는 꼭 가져가야 하는 공식이 세 가지가 있다.

(1) 처음 속도와 나중 속도의 관계식

가속도가 일정하다면, $a = \dfrac{\Delta v}{t}$ 이므로, 양변에 시간 간격 t를 곱하여 나온 결과식 $at = \Delta v$를 통해 **at를 속도 변화량 Δv로 읽을 수 있다.** (앞으로 at가 나오면 항상 '속도 변화량'으로 인식하자.)

속도 변화량은 '나중 속도 v - 처음 속도 v_0' 이므로, $v = v_0 + \Delta v$ 이다.
$\Delta v = at$ 이므로, 아래와 같이 쓸 수 있다.

$$v = v_0 + at$$

at는 '속도 변화량, Δv'라고 읽어라.

위 식은 암기해야 하는 공식으로 받아들이기보다는 그냥 의미 그대로 이해하면서 받아들이는 게 좋다.
결국 이 식의 의미는 **속도 변화량은 at라는 것**이다. 그리고 이는 가속도의 정의로부터 알 수 있었다.

(2) 변위 공식

이 관계식은 등가속도 운동의 그래프의 밑넓이를 구하여 변위를 알아내는 공식이다.

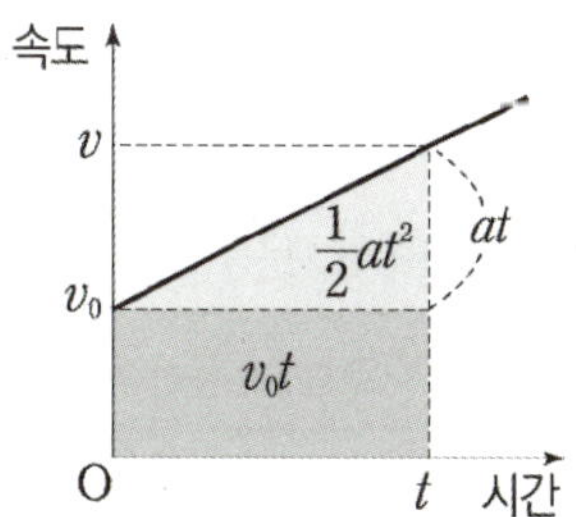

$$\Delta x = v_0 t + \frac{1}{2}at^2$$

$$\Delta x = \frac{1}{2}at^2 \ (v_0 = 0인 \ 경우)$$

초기 속도 v_0이 0인 경우엔 공식이 $\Delta x = \dfrac{1}{2}at^2$이 된다.
항상 이 공식을 쓰기 전에는 초기 속도가 0이 아닌 경우를 주의하여야 한다.

아래처럼 변위 = 평균 속도 × 시간임을 이용해서 이 식을 끌어낼 수도 있다.
$$\Delta x = \frac{v_0 + (v_0 + at)}{2}t = v_0 t + \frac{1}{2}at^2$$

위 식은 변위를 평균 속도와 시간을 곱하여 계산하는 것이 공식에 대입하여 계산하는 것과 같음을 의미한다.
가속도가 주어져 있다면, 변위를 공식 $\Delta x = v_0 t + \dfrac{1}{2}at^2$로 구하는 것이 편하고,

양 끝 속도값이 주어져 있다면, 변위를 $\Delta x = \bar{v}t$로 구하는 것이 편하다.

(3) 등가속도 직선 운동 공식

사실 위 2번째 공식의 변형된 형태라 할 수 있다.

2번째 공식 $\Delta x = v_0 t + \dfrac{1}{2}at^2$를 단계적으로 변형하면 아래와 같다.

양변에 $2a$를 곱하면, $2a\Delta x = 2av_0 t + (at)^2$가 되며,

$at = \Delta v$이므로, $2a\Delta x = 2v_0 \Delta v + (\Delta v)^2$로 변형이 가능하다.

이어 아래처럼 위 식의 우변을 변형할 수 있다.

$$2v_0 \Delta v + (\Delta v)^2 = [v_0 + (v_0 + \Delta v)]\Delta v$$
$$= (v + v_0)(v - v_0) = v^2 - v_0^2$$

정리해서 식을 완성하면 아래와 같다.

$$2a\Delta x = v^2 - v_0^2$$

이 공식은 시간을 알지 못해도 다른 물리량들을 알아낼 수 있게 해 주며, 항상 가져다 쓸 준비가 되어 있어야 한다. a, Δx, v, v_0 중 세 가지를 알고 있다면 바로 이 공식을 사용할 수 있다.

주의점!

"어떤 책에는 변위 대신 이동 거리를 쓰던데, 공식에서 **변위 대신 이동 거리를 쓰면 안 되는 건가요?**" 라는 질문이 있을 수 있다.
정확히는 변위가 맞다! 중간에 운동 방향이 바뀌는 경우가 있을 수 있기 때문이다.
만약 운동 방향이 항상 일정한 경우에는 변위 대신 이동 거리를 사용해도 상관없다.(애초에 운동 방향이 변하지 않는 경우의 변위의 크기를 이동 거리라고 읽을 수 있기 때문이다.)

$v^2 - v_0^2 = (v + v_0)(v - v_0)$임을 이용하여 위 식을 조금 다른 모습으로 변형하면, 아래처럼 볼 수도 있다.

$$a\Delta x = \bar{v}\,\Delta v$$

이 형태는 특히 평균 속도와 속도 변화량을 알고 있는 경우 좌변의 물리량을 빠르게 구할 때 용이할 수 있다. 굳이 처음 속도와 나중 속도를 구하는 한 단계를 더 거치지 않아도 되기 때문이다.
위 식은 $\Delta x = \bar{v}\Delta t$의 양변에 a를 곱한 식과 같기도 하다.
정확히 똑같은 식을 모습을 바꾸어 상황에 맞게 쓰기 좋게끔 표현한 것이며 결국 공식들은 정의로부터 도출되고, 본질적으로 같다는 걸 알 수 있다.

그림은 자동차가 등가속도 직선 운동을 하여 길이 500m인 터널을 통과하는 모습을 나타낸 것이다. 자동차가 터널에 들어가는 순간의 속력은 20m/s이고, 터널을 빠져나오는 순간의 속력은 30m/s이다.

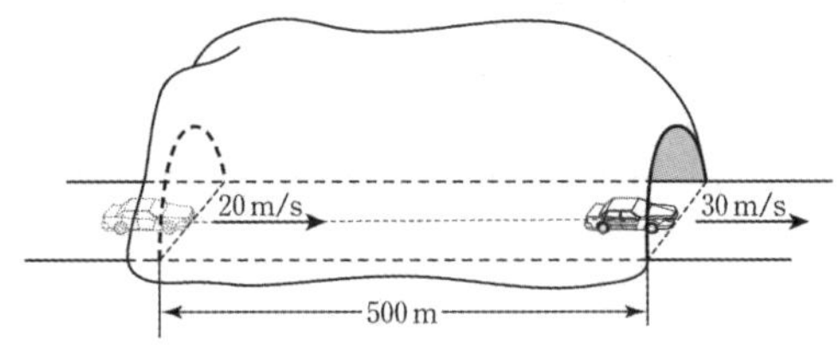

자동차의 운동에 대한 설명으로 옳은 것만을 <보기>에서 있는 대로 고른 것은?

───────〈 보　기 〉───────

ㄱ. 터널을 통과하는 동안 평균 속력은 25m/s이다.
ㄴ. 터널을 통과하는 데 걸린 시간은 10초이다.
ㄷ. 터널 안에서 가속도의 크기는 $1m/s^2$이다.

0. 문제 상황 파악하기

처음부터 종료 시까지 자동차는 등가속도 운동을 하며, 조건으로는 터널의 길이와 처음 속도, 나중 속도가 제시되어 있다. 이런 형태의 조건 제시를 보면 무조건 두 가지 길이 있다는 게 떠올라야 한다.

1-1. 등가속도 운동의 성질을 통해 조건 찾아내기

자동차의 운동 방향이 바뀌지 않으므로 평균 속력과 평균 속도의 크기가 같다.

처음 속도와 나중 속도가 제시되면

항상 두 가지 조건 : 평균 속도 $\bar{v}$와 속도 변화량 Δv를 꺼내야만 한다.

평균 속도는 $\bar{v} = 25\mathrm{m/s}$이고, **(ㄱ 맞음)** 속도 변화량은 $\Delta v = 10\mathrm{m/s}$이다.

평균 속도와 거리 조건을 이용하면, 터널을 지나는 데 걸리는 시간은 20초**(ㄴ 틀림)**라는 것을 알 수 있다.

20초 동안의 속도 변화량이 $10\mathrm{m/s}$이므로 가속도는 $0.5\mathrm{m/s^2}$이다. **(ㄷ 틀림)**

1-2. 공식 적용하여 나머지 조건 찾아내기

처음 속도, 나중 속도, 변위를 모두 포괄하는 식이 있다.

항상 준비해두고 있어야 한다고 했던 식, $2a\Delta x = v^2 - v_0^2$이다.

식에 대입하면, 가속도를 바로 찾을 수 있다. 대입하여 계산하면 가속도는 $0.5\mathrm{m/s^2}$.**(ㄷ 틀림)**

또는, 위 공식의 변형된 형태 $a\Delta x = \bar{v}\,\Delta v$를 이용하여 가속도를 구할 수도 있다.

$a \times 500(\mathrm{m}) = 25(\mathrm{m/s}) \times 10(\mathrm{m/s}),\ a = 0.5\mathrm{m/s^2}$ **(ㄷ 틀림)**

속도 변화량이 $10\mathrm{m/s}$이므로 이동하는 데 걸린 시간은 20초가 된다. **(ㄴ 틀림)**

정답 : ㄱ

이 부분(p.29~p.36)은 정말 중요하므로 반복해서 자기 것으로 꼭 만들 수 있도록 하자.
이해가 되는 것에서 그치지 말고 자유자재로 설명할 수 있을 정도가 되어야 한다!

등가속도 직선 운동을 관찰하는 관점은

① **시간을 기준으로 관찰**하느냐,
② **변위를 기준으로 관찰**하느냐

두 가지가 있다. 우리가 임의로 정하는 것이 아니라 상황을 보고 판단해야 한다.

(1) 관점 1 : 시간을 기준으로 관찰하기

시간 간격을 같게 쪼개어 관찰하기 용이하다고 판단될 때 이 관점을 사용한다.

시간을 기준으로 관찰하는 것은 어떤 경우에 유용한가?

1. 시간 간격을 쪼갰을 때 물체의 운동 양상을 파악하기 쉬운 경우
   (문제 발문과 문제 상황을 통해 센스있게 판단해야 한다)

2. 문제에서 꽤 예쁜 시간 간격으로 물체의 위치를 나타낸 경우

3. 물체의 순간에 따른 위치들의 간격이 $1:3:5:7\cdots$의 수열 또는 그 수열의 일부를 이루는 경우
   (누적 이동 거리를 각각의 간격으로 모두 나눠서 봐주는 게 더 수월할 수 있다.)

초기 속도가 0인 등가속 직선 운동의 운동 양상은 아래와 같이 일반화할 수 있다.

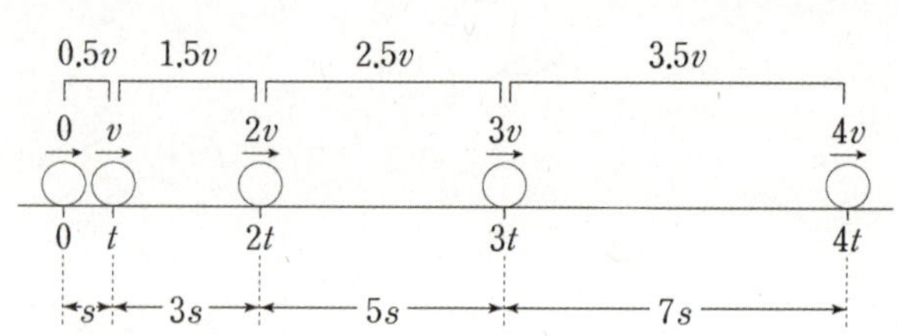
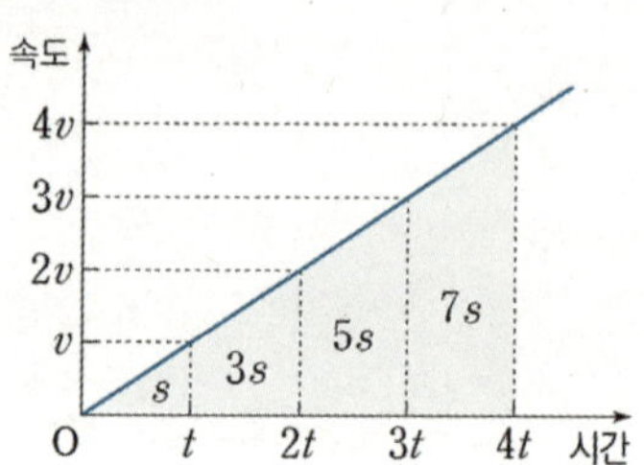

시간을 일정 간격으로 끊어서 나타낸 그림이다.
시간에 따라 속도의 크기가 일정하게 증가하므로, $0, v, 2v, 3v, 4v\ldots$로 속도의 크기가 일정하게 증가한다.

① **누적 이동 거리**는 $0, s, 4s, 9s, 16s\ldots$로 **시간의 제곱에 비례**하여 증가한다.

  (초기 속도가 0인 경우엔, $s = \dfrac{1}{2}at^2$ 이므로 당연한 결과다.)

  각 구간별 이동 거리는 $s, 3s, 5s, 7s$ 로 **일정한 간격으로 증가**한다.

② **각 구간별 평균 속도**는 $0.5v, 1.5v, 2.5v, 3.5v$ 로 **일정한 간격으로 증가**하는데,
  구간별 이동 거리와 증가 양상이 같음을 확인할 수 있다.
  (구간 내의 평균 속도에 구간 시간 t를 곱해 주면 구간별 이동 거리가 나오니 당연한 결과다.)

  또한 **평균 속도는 중간 시점에서의 순간 속도**임을 생각하면,
  각 구간의 중간 시점들끼리의 시간 간격은 동일하므로 **평균 속도들의 증가 폭이 동일**함은 자명하다.

  각 구간 양 끝 순간 속도와 각 구간의 평균 속도를 함께 시간 순으로 나열하면,
  $0, 0.5v, v, 1.5v, 2v, 2.5v, 3v, 3.5v, 4v\ldots$임을 알 수 있다.

이를 통해 다음을 알 수 있다.

> i) 한 구간 내에서, 양 끝 경계에서 순간 속도의 정가운데에 그 구간에서의 평균 속도가 있다.
>
> 여기에 추가로 시간 간격이 동일하다는 전제가 있다면, 아래 성질을 쓸 수 있다.
>
> ii) 이웃한 두 구간의 평균 속도의 정가운데에 경계에서의 순간 속도가 있다.
>
> (정가운데라 함은 공간상 정가운데 지점을 말하는 것이 아닌 두 속도의 평균(정가운데)값을 말한다.)
> ex) $1.5v$와 $3.5v$의 정가운데에는 $2.5v$가 있다!

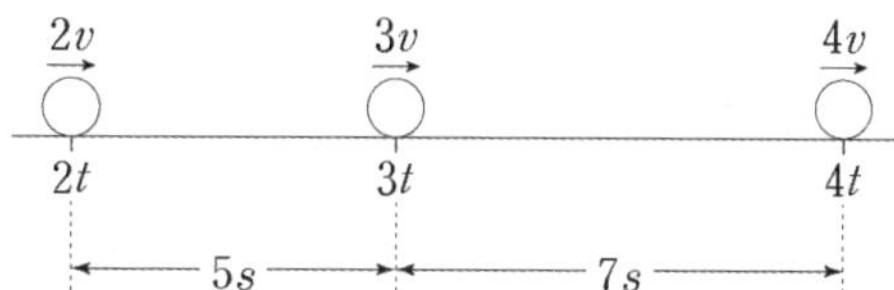

위 그림처럼 초기 순간이 정지 상태가 아니더라도 크게 다를 바가 없다. 앞부분이 가려진 수열과 비슷하다고 생각하면 된다.

만약 등가속도 운동에서 이동 거리 비율이 $1:3$, $3:5$, $5:7$ 등이 나오면 시간 간격을 일정하게 끊은 게 아닐지 의심해야 한다. 조금 더 나아가, 정지 상태에서 출발하여 이동 거리 비율이 $4:5$가 나왔다면, 4를 $(1+3)$으로 인식해서 $(1+3):5$로 받아들일 수 있어야 한다.

그림은 활주로에 내린 비행기의 위치를 착륙하는 순간부터 4초 간격으로 나타낸 것이다. 비행기는 착륙하는 순간부터 정지할 때까지 등가속도 직선 운동을 한다.

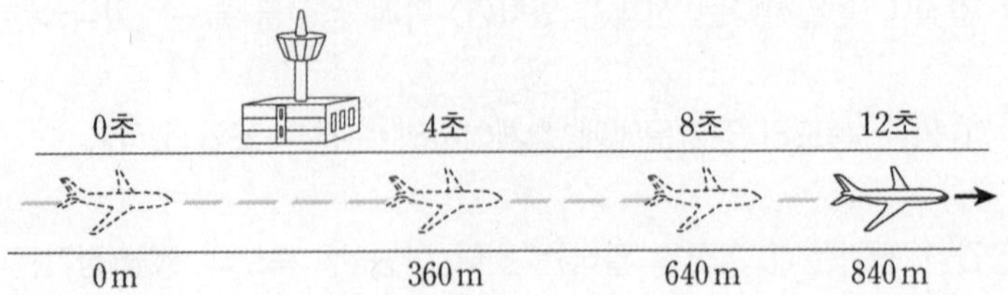

착륙하는 순간부터 정지할 때까지 비행기의 운동에 대한 설명으로 옳은 것만을 <보기>에서 있는 대로 고른 것은?

───────── 〈보 기〉 ─────────

ㄱ. 가속도의 크기는 4m/s^2이다.

ㄴ. 착륙하는 순간의 속력은 100m/s이다.

ㄷ. 이동한 거리는 3km이다.

0. 문제 상황 파악하기

일정한 시간 간격(4초)을 기준으로 나타낸 등가속도 직선 운동 그림이다. 이미 시간 간격이 같게 쪼개어져 있으므로 시간을 기준으로 판단하는 관점이 용이하겠다. 0초일 때부터 12초일 때까지 위치도 모두 나와 있다. 정지 시점을 결정하는 것은 초기 속도와 가속도이므로 두 물리량을 꺼내면 게임 끝이라는 걸 직감할 수 있다.

1. 초기 속도와 가속도 구하기

초기 속도를 바로 꺼낼 수 있는 길이 잘 보이지 않을 거다. 일단 문제에서 주어진 조건이 시간 간격과 위치 조건밖에 없다. 일단 순간 속도는 아니지만 각 구간별 평균 속도를 구해보자.

0~4초 : 90m/s,
4~8초 : 70m/s,
8~12초 : 50m/s

평균 속도는 중간 시각에서의 순간 속도이므로
2초 : 90m/s, 6초 : 70m/s, 10초 : 50m/s이다.

따라서 0초일 때의 초기 속도는 100m/s이며, 4초당 속도 변화량은 20m/s이므로 가속도는 5m/s^2이다.

(ㄱ 틀림), (ㄴ 맞음)

2. 정지할 때까지 이동한 거리 구하기

가속도 $a = 5\text{m/s}^2$, 초기 속도 $v = 100\text{m/s}$, 나중 속도 $v_0 = 0$임을 알고 있을 때,
변위는 공식 $2a\Delta x - v^2 \quad v_0^2$을 이용하여 구한나.
계산해 주면 변위 = 이동 거리 = 1000m임을 얻는다. (ㄷ 틀림)

+) 또 다른 풀이

각 시간 간격 당 변위는 $360 : 280 : 200 = 9 : 7 : 5$이므로 아까의 논리를 적용할 수 있다.
12~16초 동안은 120m를, 16~20초 동안은 40m를 더 가고 멈추면 된다.
이를 통해 총 이동 시간이 20초이고, 총 거리는 1000m임을 알 수 있다.

정답 : ㄴ

(2) 관점 2 : 변위를 기준으로 관찰하기

거리 간격을 같게 쪼개어 관찰하기 용이하다고 판단될 때 이 관점을 사용한다.

거리를 기준으로 관찰하는 것은 어떤 경우에 유용한가?

1. 거리 간격을 쪼갰을 때 물체의 운동 양상을 파악하기 쉬운 경우
   (문제 발문과 문제 상황을 통해 센스있게 판단해야 한다)

2. 문제에서 꽤 예쁜 거리 간격으로 물체의 위치를 나타낸 경우

3. 물체의 순간에 따른 누적 이동 시간이 $1 : \sqrt{2} : \sqrt{3} : 2 \cdots$의 수열 또는 그 수열의 일부를 이루는 경우

초기 속력이 0인 등가속도 직선 운동을 일정한 거리 간격 s로 구간을 나누었을 때

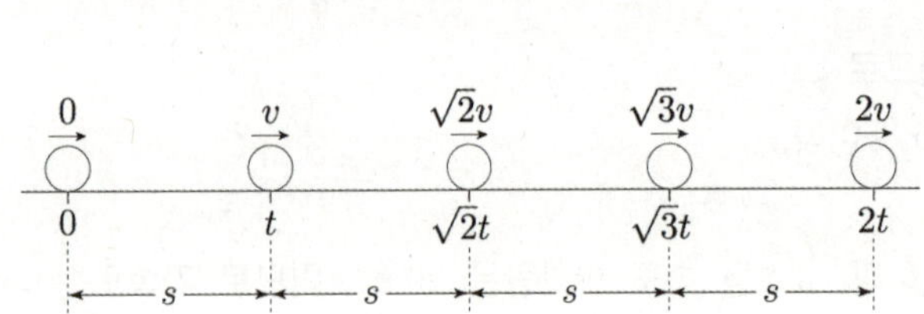
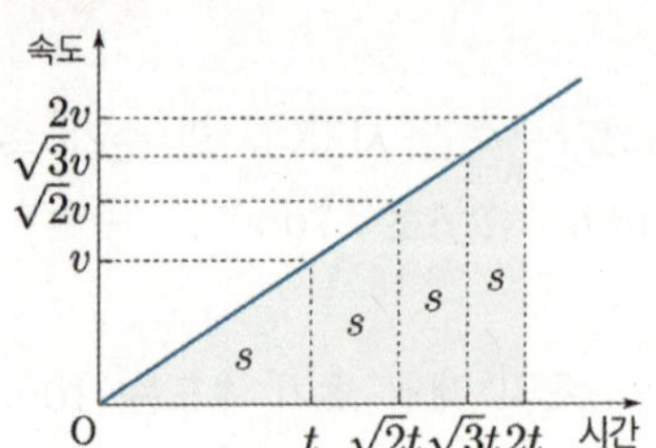

속도가 증가함에 따라 각 거리 구간을 지나는 시간 간격은 점점 감소한다.

① **누적 이동 시간**은 $0, \sqrt{1}\,t, \sqrt{2}\,t, \sqrt{3}\,t, \sqrt{4}\,t, \sqrt{5}\,t \cdots$가 되며 **누적 이동 거리의 제곱근에 비례**한다.

   (초기 속도가 0인 경우엔 $s = \dfrac{1}{2}at^2$, $t = \sqrt{\dfrac{2s}{a}}$ $(t \propto \sqrt{s}\,)$ 이므로 당연한 결과다.)

② 거리에 따라 $0, \sqrt{1}\,v, \sqrt{2}\,v, \sqrt{3}\,v, \sqrt{4}\,v, \sqrt{5}\,v \cdots$로 속도의 크기가 증가한다.
   각 구간의 경계에서의 순간 속도는 누적 이동 거리의 제곱근에 비례한다.

   이때, 속도 제곱의 크기는 거리에 따라 일정하게 증가한다.
   이를 통해 **속도의 제곱값 변화량 비는 이동 거리 비가** 된다는 것을 알 수 있다.

$$\Delta(v^2) \propto \Delta x$$

등가속도 운동은 시간과 속도 변화량이 비례하므로, **속도 제곱의 크기와 누적 이동 거리의 증가 양상이 같은 것은 자명하다.**
후술하겠지만, 물체의 운동 에너지는 속력의 제곱에 비례하므로, 등가속도 직선 운동을 할 때, **누적 이동 거리에 비례하여 물체의 운동 에너지가 일정하게 변화**함을 알 수 있다.

그림은 자동차가 등가속도 직선 운동하는 모습을 나타낸 것이다. 점 a, b, c, d는 운동 경로상에 있고, a 와 b, b와 c, c와 d 사이의 거리는 각각 $2L$, L, $3L$이다. 자동차의 운동 에너지는 c에서가 b에서의 $\frac{5}{4}$ 배 이다.

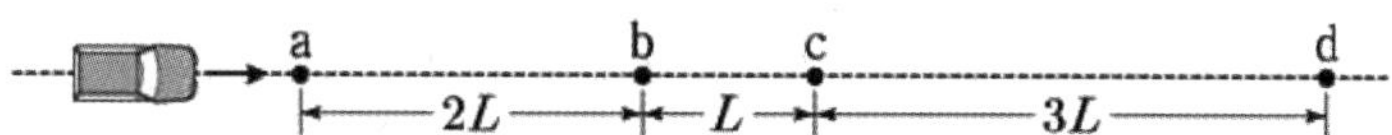

자동차의 속력은 d에서가 a에서의 몇 배인가? (단, 자동차의 크기는 무시한다.) [3점]

① $\sqrt{3}$ 배   ② 2배   ③ $2\sqrt{2}$ 배   ④ 3배   ⑤ $2\sqrt{3}$ 배

0. 문제 상황 파악하기

거리를 기준으로 운동 구간을 나눠 놓았다. 모두 일정한 길이로 나눈 것은 아니지만 그래도 꽤나 이쁘게 잘라져 있으므로 거리를 기준으로 판단하면 용이하겠다. 가벼운 센스로 a와 b 사이, c와 d 사이를 두 칸, 세 칸으로 나누어 등간격으로 만들어 주면 답이 더 쉽게 보일 거다.

두 지점에서의 운동 에너지 조건이 등장했다. 그냥 속도에 관한 조건을 바로 주기 민망했나 보다. 속도 비율 조건으로 받아들이자. 속도 비율이 $\sqrt{4} : \sqrt{5}$ 란다. $\sqrt{4}\,v : \sqrt{5}\,v$ 로 비례상수를 붙여 속도값을 설정해 주자.

또는 단순히 속도의 제곱의 비율이 $4 : 5$ 라고 받아들여도 된다.

1. a와 d에서의 속도 구하기

거리를 기준으로 운동 구간이 나눠져 있음을 생각하여 a와 d에서의 속도를 구해보면, 속도의 제곱이 거리에 따라 일정하게 변하므로,
a에서의 속도는 $\sqrt{2}\,v$ 이며, (루트 내 숫자가 속도 제곱이며, 4에서 2만큼 작아졌다고 생각하자.)
d에서의 속도는 $\sqrt{8}\,v$ 이며, (루트 내 숫자가 속도 제곱이며, 5에서 3만큼 커졌다고 생각하자.)

따라서 d에서의 속도는 a에서의 2배가 된다.

다른 풀이 (단원 통합식으로 풀기)

등가속도 운동이라는 것은 결국 일정한 크기의 (알짜)힘이 운동 방향으로 작용하여 가속하는 상황으로 볼 수 있다. 그 일정한 크기의 (알짜)힘이 한 일은 운동 에너지로써 나타나고 있다. (일-운동 에너지 정리)

일정한 크기의 알짜힘이 한 일은 거리에 비례하므로, b와 c에서의 운동 에너지를 E 라는 비례상수를 도입하여 각각 $4E$, $5E$ 라 하면, L 씩 이동할 때마다 $E(4E{\rightarrow}5E)$ 만큼의 운동 에너지가 커진다.
따라서 a에서의 운동 에너지는 $2E$, d에서의 운동 에너지는 $8E$ 가 된다.

운동 에너지가 d에서가 a에서보다 4배 크므로, 속도는 2배 크다.

정답 : ② 2배

앞서, 평균 속도를 이용하면 복잡한 운동을 등속도 운동처럼 생각하여 간단히 사고할 수 있다고 했었다.

이를 등가속도 운동에 적용하면 특별한 성질 두 가지가 생긴다.
(등가속도 운동의 시간에 따라 속도가 일정하게 변하는 성질 때문에 그렇다.)

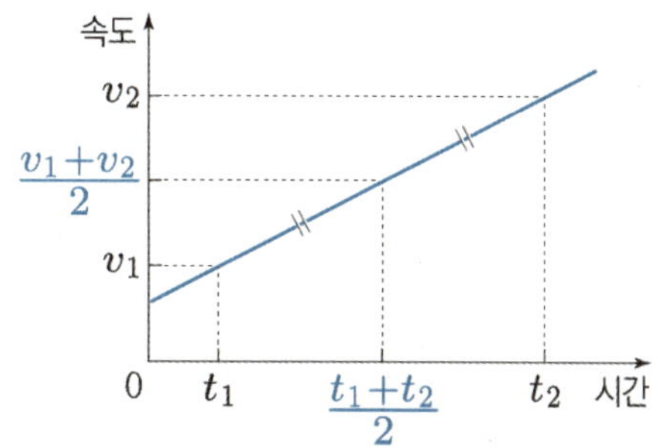

첫 번째로, 관찰하고자 하는 구간에서, **초기 속도와 최종 속도의 평균값**이 **평균 속도**가 된다.

초기 속도와 최종 속도가 각각 v_1, v_2라고 하면, 평균 속도는 두 속도의 정가운데 값인 $\dfrac{v_1+v_2}{2}$가 된다.

> **평균 속도 : 초기 속도와 최종 속도의 평균값**

두 번째로, 초기 시각 t_1과 최종 시각 t_2 사이에서의 평균 속도는,

두 시각의 **중간 시각** $t_{\mathrm{mid}}\left(t_{\mathrm{mid}} = \dfrac{t_1+t_2}{2}\right)$ **에서의 순간 속도**가 된다.

> **평균 속도 : 중간 시각(중간 시점)에서의 순간 속도**

중간 지점이 아닌 **중간 시각**(중간 시점)임에 주의하라.

평균 속도를 알면, 그를 **중간 시각에서의 순간 속도**로 바꾸어 인식할 수 있어야 한다.

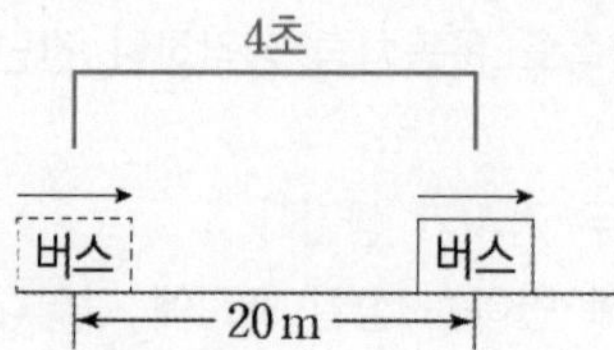

예를 들어, 버스가 등가속도 직선 운동을 하여 20m의 구간을 이동하는 데 4초가 걸린다고 해 보자.

이는 구간에서의 평균 속도 5m/s를 거저 준 것과 다름없다. 우리는 여기서 멈추면 안 되며,
이를 "**2초가 지난 시각에서의 순간 속도**"라고 읽을 수 있어야 한다!

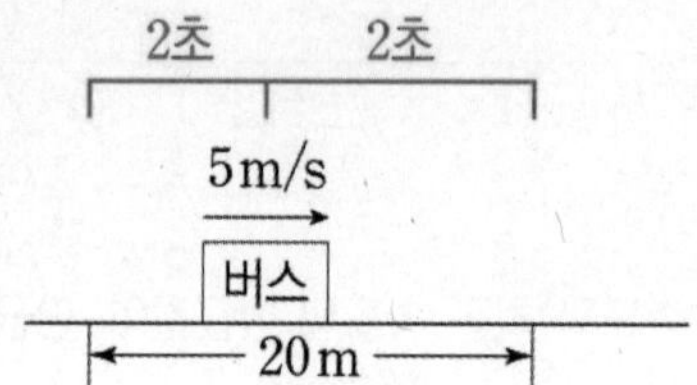

그림은 출발선에 정지해 있던 눈썰매가 등가속도 직선 운동하는 모습을 나타낸 것이다. 눈썰매의 평균 속력은 P에서 Q까지와 Q에서 R까지 이동하는 동안 각각 10m/s, 15m/s이다.

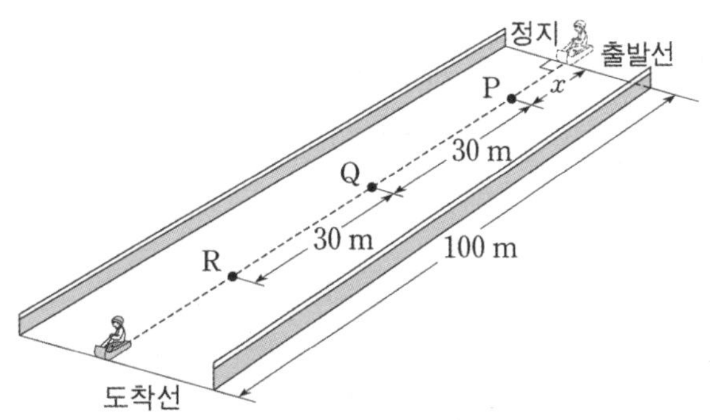

이에 대한 설명으로 옳은 것만을 <보기>에서 있는 대로 고른 것은?

─────────────────── 〈보 기〉 ───────────────────

ㄱ. 가속도의 크기는 4m/s^2이다.

ㄴ. 출발선에서 P까지의 거리 x는 12m이다.

ㄷ. 도착선에 도달하는 순간의 속력은 20m/s이다.

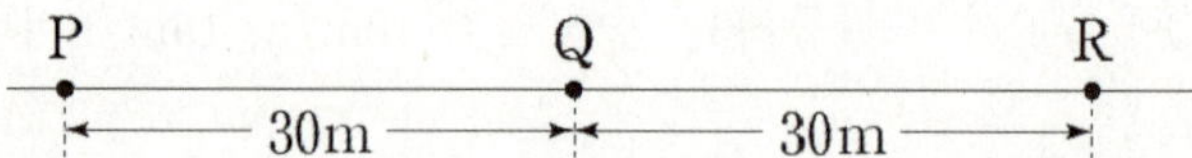

0. 문제 상황 파악하기

위 그림처럼 ·단순화시켜 관찰해보자. P~Q에서의 평균 속도, Q~R에서의 평균 속도가 조건으로 주어졌다. 우리가 원하는 것은 세 지점의 순간 속도이다. 그래야 x를 구할 수 있을 것이다.

1. P, Q, R에서의 속도 구하기

P~Q에서의 평균 속도를 이용해서 P~Q를 이동하는 데 걸리는 시간이 3초임을 구한다.
Q~R에서의 평균 속도를 이용해서 Q~R를 이동하는 데 걸리는 시간이 2초임을 구한다.
"평균 속도는 중간 시각에서의 순간 속도"임을 이용해서
P~Q의 중간 시각에서의 순간 속도가 10m/s,
Q~R의 중간 시각에서의 순간 속도가 15m/s임을 구한다.

Q는 P~Q의 중간 시각으로부터 1.5초 후, Q~R의 중간 시각으로부터 1초 전에 있으므로,

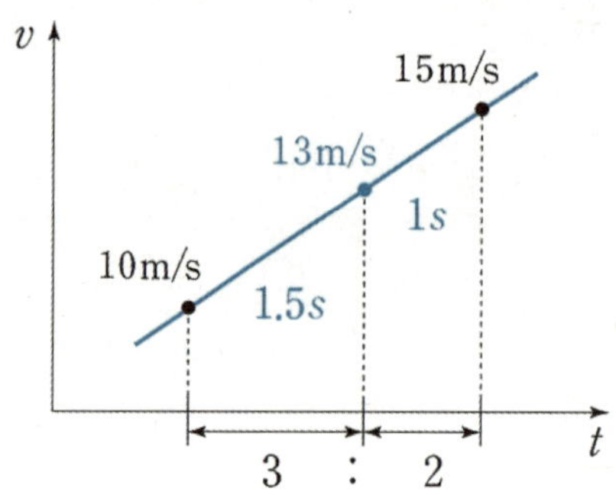

Q에서의 순간 속도가 13m/s임을 구할 수 있다.
두 구간에서의 평균 속도를 고려하면 P와 R에서의 순간 속도는 각각 7m/s, 17m/s가 된다.
∴ 순간 속도 : P(7m/s), Q(13m/s), R(17m/s)

2. 가속도의 크기 구하기

가속도는 속도 변화량과 시간 변화량이 있으면 구할 수 있다.
P~Q 구간과 Q~R 구간 모두 해당 조건이 있으니 둘 중 하나를 골라 가속도를 계산할 수 있겠다.
가속도 $= \dfrac{\text{속도 변화량}}{\text{시간 변화량}}$ 이므로 가속도를 구하면, $a = \dfrac{6\text{m/s}}{3\text{s}} = \dfrac{4\text{m/s}}{2\text{s}} = 2\text{m/s}^2$이다.

따라서 보기 ㄱ은 거짓이다. (ㄱ 틀림)

3. x 구하기

처음 속도(정지)와 나중 속도($7\mathrm{m/s}$)와 가속도를 알고 있고 변위를 구해야 하는 상황이다.

공식 $2a\Delta x = v^2 - v_0^2$을 사용하여 변위를 바로 구하면 $\Delta x = \dfrac{49}{4}\mathrm{m}$ 이다. 따라서 $x = \dfrac{49}{4}\mathrm{m}$ 이다.

따라서 보기 ㄴ은 거짓이다. (ㄴ 틀림)

4. 도착 속력 구하기

알고 있는 조건은 전체 변위가 $100\mathrm{m}$, 처음 속력이 $0\mathrm{m/s}$, 가속도가 $2\mathrm{m/s^2}$이다.

공식 $2a\Delta x = v^2 - v_0^2$를 사용하여 나중 속력을 바로 구하면 $20\mathrm{m/s}$이다.

따라서 보기 ㄷ은 참이다. (ㄷ 맞음)

정답 : ㄷ

일단 자취를 그리는 것부터 시작한다.
방향이 바뀌는 순간을 기준으로 운동을 나누어 생각하는 게 기초적인 접근이다. (서로 다른 종류의 운동으로 취급하라는 얘기가 아니다. 잠시 끊어두고 관찰해주자는 얘기다.) 방향이 바뀌는 것을 머릿속에 생각하다 보면 변위와 평균 속력을 다루는 게 까다롭기 때문이다. 특히 시간에 따른 변위의 비율을 체크할 때 매우 부자연스러워진다. 아래는 방향이 바뀌는 경우를 포함한 등가속도 운동의 분석에 도움을 줄 수 있는 관점이다.

(1) 운동의 대칭성

아래 그림처럼 물체 A가 등가속도 운동을 하여 p지점에서 출발하여 q지점에서 방향을 바꾸어 다시 p지점까지 돌아오는 상황이 있다.

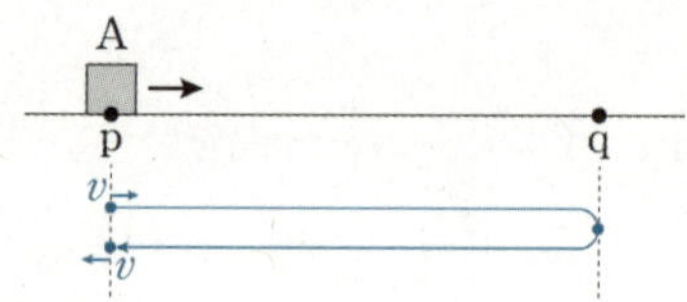

이 때, p에서 q까지의 운동과 q에서 p까지의 운동은 서로 **대칭적인 운동**이라 할 수 있다. p에서 q까지의 운동을 영상으로 녹화한 후, 되감기하여 거꾸로 재생하면 q에서 p까지의 운동과 같아진다고 이해하면 좋다.
이를 물리적으로 표현하면
i) **변위의 크기 동일,**
ii) **동일 지점에서의 순간 속도의 크기 동일,**
iii) **평균 속도의 크기가 동일, 방향만 반대이다.**
이와 관련하여 예시를 통해 응용해 보도록 하자.

아래 그림은 물체 A가 등가속도 운동을 하여 p지점에서 출발하여 조금 후 q지점에서 방향을 바꾸어 다시 p지점을 지나 계속 운동하는 상황을 나타낸 것이다.

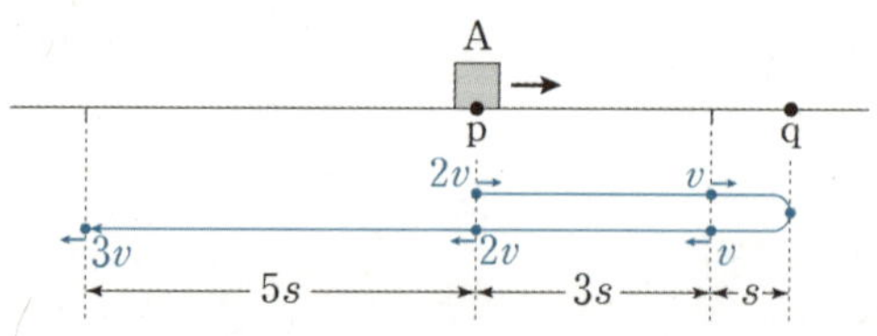

바로 위에서 공부했듯이 여기서도 q지점을 기준으로 대칭적인 운동을 하는 것을 알 수 있다. (앞으로 대칭적 운동이라는 말을 많이 보게 될 것이다.) q를 기준으로 왼쪽으로 이동하는 경우에 시간을 기준으로 나눌 때, 이동 거리 비 $1:3:5$, 속도 비 $1:2:3$는 앞서 공부했던 내용이다.

이를 대칭시키게 되면, 속도가 줄어드는 p~q의 경우에는 이동 거리 비가 $3:1$로 줄어들게 된다. 속도도 마찬가지로 $2:1$로 q를 지나 왼쪽으로 운동할 때와 대칭적임을 알 수 있다.

일반적으로 하나의 등가속도 운동에서, 분석할 구간이 한 개 주어져 있다고 하자.
(앞서 풀었던 예제(4)와 같이 하나의 등가속도 운동에 분석할 구간이 두 개 이상이라면 이야기가 달라진다.)

분석의 대상이 되는 물리량은 **변위(or 이동 거리), 평균 속도, 순간 속도, 시간, 속도 변화량, 가속도**가 있다.
일반적인 경우엔, 이 물리량들 중에 **서로 다른 세 개를 아는 경우, 등가속도 운동 하나가 결정되고 나머지 물리량들을
모두 알 수가 있다.**

예외는 있다.
만약 속도 변화량, 시간, 가속도 이렇게 세 가지 조건을 알거나, 변위, 시간, 평균 속도 이렇게 세 가지만 안다면
이 조건들로는 운동이 확정되지 않는다.
왜냐하면 $\text{가속도} = \dfrac{\text{속도변화량}}{\text{시간}}$, $\text{평균 속도} = \dfrac{\text{변위}}{\text{시간}}$ 이므로 두 개의 조건만 알고 있는 것과 다를 바가 없기
때문이다.

다음 페이지에서는 자주 등장하는 세 가지 조건의 묶음을 루틴화하여 나머지 물리량들을 알아내는 방법을 구조화해 둔
것이다. 요즘 쓰는 말로 행동영역이라 해도 되겠다. 꼭 체화해두고 자유자재로 쓸 수 있도록 하자.

(1) 자주 쓰이는 루틴 1. 처음 속도, 나중 속도가 주어졌을 때 (with 변위 or 시간)

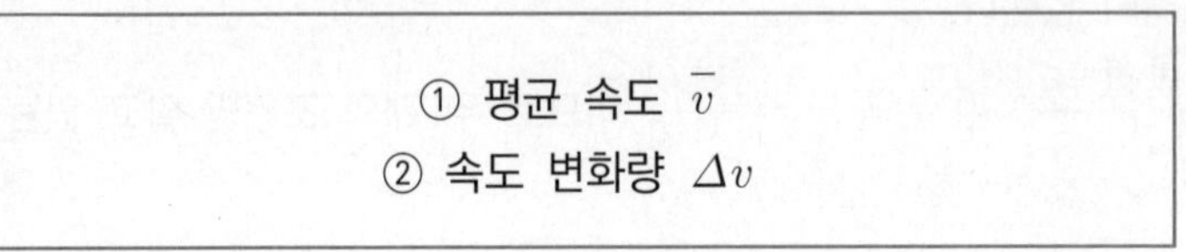

I. 물리량의 관계를 이용한 단계별 풀이

처음 속도와 **나중 속도**가 주어진다면 항상 아래 두 가지 물리량을 꺼내야만 한다. 꼭 기억하자!
의식적으로 두 물리량을 모두 구해야 한다는 생각을 해 줘야 한다!

> ① 평균 속도 $\bar{v}$
> ② 속도 변화량 Δv

문제에서 처음 시각 t_1과 나중 시각 t_2의 차이 Δt를 제시하거나, 또는 변위 Δx를 제시해 줄 것이다.

> $step 1.$ $\dfrac{\text{초기 속도} + \text{나중 속도}}{2} = $ 평균 속도임을 이용하여 **평균 속도를 구한다.**
>
> $step 2.$ 평균 속도를 이용하여 모르는 나머지 한 조건을 구한다. ($\Delta x = \bar{v} \times \Delta t$ 또는 $\Delta t = \dfrac{s}{v}$)
>
> (시간 조건이 제시된다면 변위를 구하고, 변위 조건이 제시된다면 시간을 구한다.)
>
> $step 3.$ 나중 속도 $-$ 초기 속도 $=$ 속도 변화량임을 이용하여 **속도 변화량을 구한다.**
>
> $step 4.$ 가속도 $= \dfrac{\text{속도 변화량}}{\text{시간}}$ 임을 이용하여 **가속도를 구한다.**

이렇게 하면 구간 운동의 분석이 모두 끝나게 된다!
(변위, 속도, 가속도, 시간에 대한 모든 분석이 끝이 났다.)

II. **수식적 풀이**

변위, 처음 속도, 나중 속도가 나온다면 공식 $2a\Delta x = v^2 - v_0^2$을 쓸 준비를 하자.
이 공식은 시간 조건 대신 변위(거리)가 주어져 있는 경우에 편한 공식이며, 변위(거리)를 쉽게 구할 수 있는 경우에 사용해도 된다.

공식 $2a\Delta x = v^2 - v_0^2$을 이용하는 것은 전 페이지의 단계별 풀이 $step\,4.$ 가속도 구하기와 동일한 결과를 내놓게 된다.
따라서 공식을 쓰기 전에 평균 속력을 따로 구해야 하고,

변위와 시간 중 모르는 한 조건을 추가로 찾아내야만 한다. ($\Delta x = \bar{v} \times \Delta t$ 또는 $\Delta t = \dfrac{\Delta x}{\bar{v}}$)

이렇게 하면 구간 운동의 분석이 모두 끝나게 된다!
(변위, 속도, 가속도, 시간에 대한 모든 분석이 끝이 났다.)

(2) 자주 쓰이는 루틴 2. 등가속도 운동에서 속도, 변위, 시간이 주어졌을 때

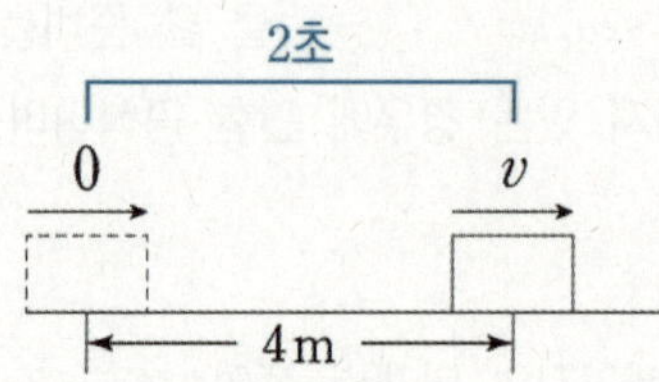

I. **물리량의 관계를 이용한 단계별 풀이**

> $step\,1.$ 변위와 시간 조건을 통해 **평균 속도를** 구한다.
>
> $step\,2.$ $\dfrac{\text{초기 속도} + \text{나중 속도}}{2} = $ 평균 속도임을 이용하여 **초기 속도 또는 나중 속도를** 구한다.
>
> $step\,3.$ 나중 속도 − 초기 속도 = 속도 변화량임을 이용하여 **속도 변화량을** 구한다.
>
> $step\,4.$ 가속도 = $\dfrac{\text{속도 변화량}}{\text{시간}}$ 임을 이용하여 **가속도를** 구한다.

II. **수식적 풀이**

꽤나 무의미한 연립 방정식 계산이 된다. 상단의 단계별 풀이를 습관화하자.

(3) 이마저도 외우기 싫어하는 이들을 위하여

대부분의 문제에 적용되는 루틴이다.

$step1.$ 평균 속도 이용하기
$step2.$ 공식 이용하기
$step3.$ 그래프 이용하기

$step1.$ 평균 속도 이용하기

평균 속도를 이용할 때는 아래 세 가지 식을 고려한다.

(1) $\dfrac{v_{처음}+v_{나중}}{2}$

(2) $\overline{v}=\dfrac{\Delta x}{t}$

(3) 중간 시각의 순간 속도

$step2.$ 공식 이용하기

아래 두 가지 경우에 대해 공식을 예외적으로 우선으로 할 수 있다.

(1) 흔히 나오는 지동차 문제틀처럼 거리와 속도 변화량이 나와 있는데, 시간이 없이 가속도를 묻는다면 등가속도 3번 공식 '$2a\Delta x=v^2-v_0^2$'을 적용하면 된다.
  식을 약간 변형하면, $a\Delta x=\overline{v}(v-v_0)$이 되기 때문에 쉽게 사용할 수 있다.

(2) 처음 속도가 0이라면 등가속도 2번 공식 '$\Delta x=\dfrac{1}{2}at^2$'을 곧바로 적용할 수 있다.

$step3.$ 그래프 이용하기

도형적 측면을 이용한다. 대표적으로 고려할 사항은 아래 두 가지이다.

(1) 닮음을 이용할 수 있는가?
(2) 밑면적을 구하기 쉬운가?

문제에 그래프가 그려져 있거나, 중간에 가속도가 여러 번 변하는 경우에 예외적으로 그래프를 우선으로 한다.

비례 관계 풀이, 수식을 이용한 풀이 외에 유용하게 쓸 수 있는 것이 바로 그래프를 이용한 풀이이다.
운동 상태를 분석하는 그래프 세 가지에 대해 분석해 볼 것인데,
세 그래프는 각각 위치-시간 그래프, 속도-시간 그래프, 가속도-시간 그래프이다.
이 세 가지 그래프의 해석은 물론이고, 그래프 간 변환 능력(어느 하나가 주어졌을 때, 나머지 두 그래프를 직접 그릴
수 있는 능력)도 필요하다.

그래프 해석의 순서

$step1.$ x축과 y축이 나타내는 물리량 확인
$step2.$ 특정 함숫값, 증감, 기울기, 밑넓이 확인
$step3.$ 닮음, 합동, 넓이 등등 **도형적 관점** 이용 (압도적으로 편하다!)

그래프를 해석할 때는 x**축과** y**축이 나타내는 물리량을 먼저 확인**한 후(이게 가장 중요하다!),
특정 함숫값, 증감, 기울기, 밑넓이를 관찰하여 그래프를 해석할 수 있다.
추가로 도형적 관점을 이용하는 것도 매우 좋은 방법이다.

comment

Chapter 1~5에 모두 해당하는 이야기이므로 먼저 짚고 가겠다. 그래프로 풀면 뭔가 멋진 거 같고 깔끔하게 답
이 나오는 경험을 많이 해본 학생들이 그래프 풀이에 과도하게 집착하는 경우가 많다. 그래프를 이용하는 것은
문제 상황 해석에 도움이 되는 중간 과정으로서의 도구일 뿐이지 문제의 주인공이 되어서는 안 된다.

정리하면, 닥치고 그래프부터 그려서 문제를 풀고자 하는 태도를 버려라. (그래프만을 짝사랑하지 마라) 그래프는
단계별 풀이, 수식적 풀이에 곁들여 사용하면 된다는 얘기다.

해당 파트는 여러 번 반복할 필요는 없다. 완벽하게 알고 있다면 다시 보지 않아도 된다. 그래프를 이용한 해석이
어색한 경우, 해석의 가이드를 만들어 둔 것이니 유연하게 학습해 나가면 된다.

(1) 위치-시간 그래프 (변위-시간 그래프)

x축은 시간, y축은 위치(변위라고 해도 된다.)를 나타내는 그래프이다.

① 위치-시간 그래프의 **특정 함숫값은 물체의 위치**를 의미한다.

② 위치-시간 그래프의 **증가/감소는 운동 방향**을 나타낸다.
관례적으로 증가하는 것을 양의 방향 (대체로 위쪽 또는 오른쪽), 감소하는 것을 음의 방향(대체로 왼쪽 또는 아래쪽)으로 하지만, 아닌 경우도 있으니 직접 판단하도록 하자.

③ 위치-시간 그래프의 **접선의 기울기는 순간 속도**를 나타낸다(접선의 기울기의 절댓값은 순간 속력을 나타낸다).

④ 위치-시간 그래프의 밑넓이는 생각하지 않는다. (물리적 의미가 없음)

(2) 속도-시간 그래프

x축은 시간, y축은 속도를 나타내는 그래프이다.
직선 운동의 분석에서 가장 많이 쓰이고, 유용한 그래프이다.
(속도-시간 그래프가 유용한 이유는 그래프에서 가속도, 속도, 변위 세 값을 모두 쉽게 알 수 있기 때문이다.)

① 속도-시간 그래프의 **특정 함숫값은 물체의 순간 속도**를 의미한다.
속도의 부호(양/음)는 운동 방향을 의미한다.
함숫값의 절댓값은 속력을 의미한다.

② 속도-시간 그래프의 **증가/감소는 속도의 증감**을 나타낸다.
증가하는 경우엔 속도가 증가하며,
감소하는 경우엔 속도가 감소한다.
함숫값의 절댓값이 증가하는 것은 속력이 증가함을 말하며,
함숫값의 절댓값이 감소하는 것은 속력이 감소함을 의미한다.

③ 속도-시간 그래프의 **기울기는 가속도**를 나타낸다.
기울기가 일정하다면 가속도가 일정한 운동인즉, 등가속도 직선 운동이고,
기울기가 변한다면 가속도가 변함을 의미한다.

④ 속도-시간 그래프의 **밑넓이**는 변위를 의미한다.
밑넓이는 시간 축에 대한 적분값을 말한다.

(3) 가속도-시간 그래프

x축은 시간, y축은 가속도를 나타내는 그래프이다.

① 가속도-시간 그래프의 **특정 함숫값**은 **물체의 순간 가속도**를 의미한다.
　　　가속도의 부호(양/음)는 속도 변화의 방향을 의미한다.

② 가속도-시간 그래프의 **밑넓이**는 속도 변화량을 의미한다.
　　　밑넓이는 시간 축에 대한 적분값을 말한다.

③ 가속도-시간 그래프의 **기울기**는 생각하지 않는다. (물리적 의미가 없음).

그림은 직선상에서 운동하는 물체의 위치를 시간에 따라 나타낸 것이다.

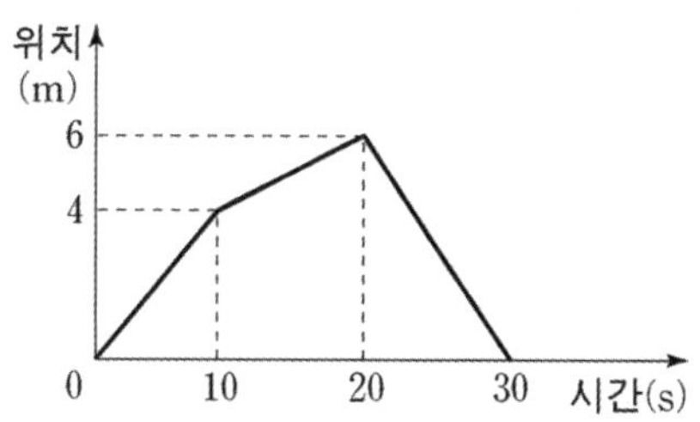

물체의 운동에 대한 설명으로 옳은 것만을 <보기>에서 있는 대로 고른 것은?

⟨보 기⟩

ㄱ. 0초부터 10초까지 이동한 거리는 20m이다.

ㄴ. 15초일 때 속력은 0.2m/s이다.

ㄷ. 25초일 때 가속도는 0이다.

0. 문제 상황 파악하기

그래프 해석 문항에서 가장 먼저 해야 할 것은 x축과 y축이 나타내는 물리량 확인이다.
시간에 따른 위치 그래프에서,

① 위치-시간 그래프의 특정 함숫값은 물체의 위치를 의미한다.
② 위치-시간 그래프의 증가/감소는 운동 방향을 나타낸다.
③ 위치-시간 그래프의 접선의 기울기는 속도를 나타낸다(접선의 기울기의 크기는 속력을 나타낸다).

위 세 가지를 염두에 두고 그래프를 분석한다.

굳이 〈보기〉에서 묻지 않는 것까지 분석하면 문제 풀이가 과해지므로, 바로 〈보기〉를 판단해 보자.

1. 〈보기〉 판단하기

ㄱ. 0초부터 10초까지 이동한 거리는 위치-시간 그래프에서 함숫값을 보아야 한다.
　　물체는 0초부터 10초까지 운동 방향이 변하지 않고 4m를 이동하였다. **(ㄱ 틀림)**

ㄴ. 10초~20초의 그래프의 기울기가 일정함을 통해, 10초~20초 동안, 물체는 속도가 일정한 운동을 함을 알
　　수 있다. 15초일 때의 속력은 15초일 때의 접선의 기울기의 크기이다. 접선의 기울기는 10초~20초의 평
　　균 기울기로 구할 수 있다. 따라서 15초일 때의 속력은 $\dfrac{2}{10}\mathrm{m/s} = 0.2\mathrm{m/s}$이다.
　　따라서 보기 ㄴ은 참이다. **(ㄴ 맞음)**

ㄷ. 20초~30초의 그래프의 기울기가 일정함을 통해, 20초~30초일 때, 물체는 속도가 일정한 운동을 함을 알
　　수 있다. 속도가 일정하다는 것은 단위 시간당 속도의 변화가 0이라는 것이고 가속도는 0임을 의미한다.
　　(ㄷ 맞음)

정답 : ㄴ, ㄷ

그림은 동일 직선상에서 운동하는 물체 A, B의 속력을 시간에 따라 나타낸 것이다. A가 B를 향해 출발하여 2초가 지난 후 B가 A를 향해 운동을 시작하였다. A와 B는 8초일 때 충돌하였다.

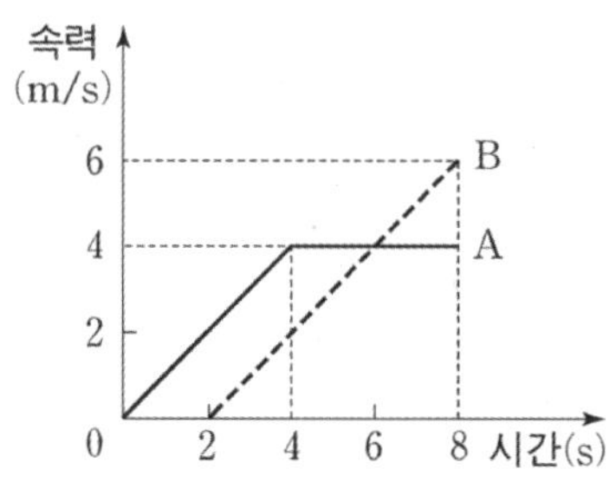

A, B의 운동에 대한 설명으로 옳은 것만을 <보기>에서 있는 대로 고른 것은? (단, 물체의 크기는 무시한다.) [3점]

〈보 기〉

ㄱ. 2초부터 8초까지 평균 속력은 A가 B보다 크다.

ㄴ. 2초일 때 A와 B 사이의 거리는 40m이다.

ㄷ. 3초일 때 가속도의 크기는 A와 B가 같다.

0. 문제 상황 파악하기

그래프 해석 문항에서 가장 먼저 해야 할 것은 x축과 y축이 나타내는 물리량 확인이다.

주어진 것은 시간에 따른 속력 그래프이다. 속력 그래프는 다루기 어려우므로, 속도 그래프로 바꾸어 주자.

(잘 아는 것으로 바꾸자.)

1. 속도 그래프로 바꾸기

A와 B가 서로를 향해 운동한다는 것을 통해, 두 물체의 운동 방향이 반대임을 알 수 있다. A 또는 B의 그래프를 x축에 대해 대칭시켜 아래로 뒤집어주면 속도 그래프가 된다. 속력에 운동 방향 정보가 추가되면 속도가 되기 때문이다.

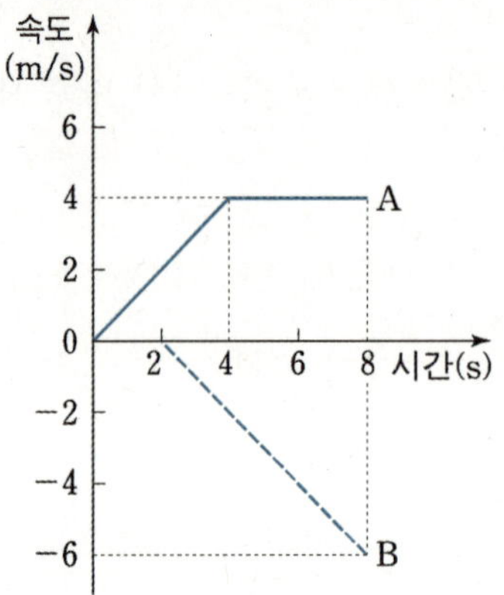

속도 그래프로 바꾸었으니 아래 개념을 쓸 수 있다.

① 속도-시간 그래프의 **특정 함숫값**은 **물체의 순간 속도**를 의미한다.

② 속도-시간 그래프의 **증가/감소**는 **속도의 증감**을 나타낸다.

③ 속도-시간 그래프의 **기울기**는 **가속도**를 나타낸다.

④ 속도-시간 그래프의 **밑넓이**는 변위를 의미한다.

2. ⟨보기⟩ 판단하기

ㄱ. 평균 속력은 평균 속도의 크기를 보면 된다. 2초부터 8초까지의 평균 속도를 비교해 보자.

속도 그래프에서 평균 속도는, 실제 속도-시간 그래프와 동일한 적분값을 도출하는 어떤 일정한 값이 된다.

그래프에서는 아래처럼 넓이가 같아지는 특정 값을 평균 속도로 생각하면 된다.

아래 그래프에서 알 수 있듯, 그래프의 밑넓이를 통해 판단한 평균 속도의 크기,

즉 평균 속력은 A가 더 크다. 따라서 보기 ㄱ은 참이다. **(ㄱ 맞음)**

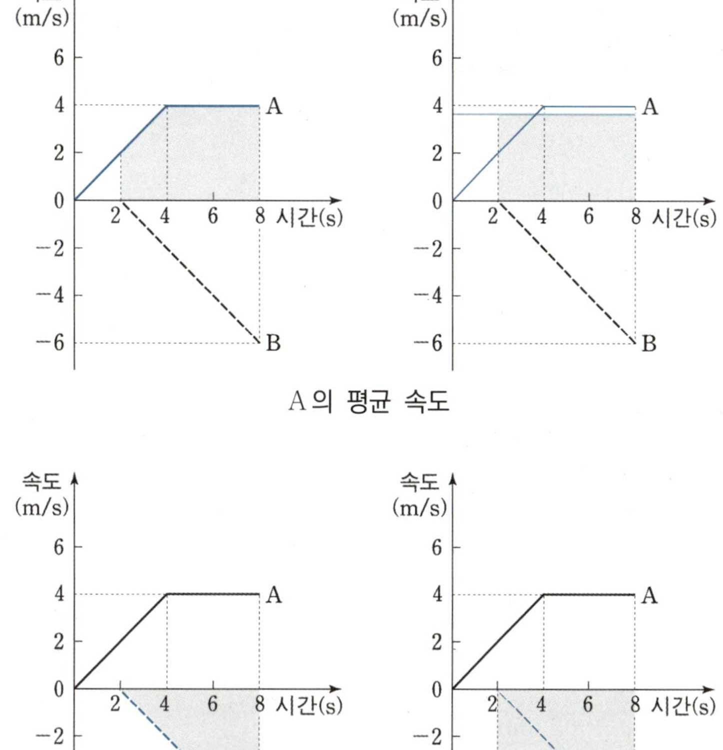

다른 풀이

ㄱ. 도형적 관점에서 접근할 수 있다.

　　4~8초에서 A, B의 밑면적이 같고 2~4초에서 A가 B보다 밑면적이 크다.

　　따라서 2~8초에서 평균 속력은 A가 더 크다. 따라서 보기 ㄱ은 참이다. **(ㄱ 맞음)**

ㄴ. 두 물체 사이의 거리를 묻고 있다. 두 물체가 어떤 운동을 하는지 정확히 파악했다면, 8초일 때 두 물체가 서로 충돌하므로 8초일 때부터 생각하는 것이 편하다는 것은 느꼈을 거다. '2초일 때 두 물체 사이 거리'는 '2초부터 8초까지 두 물체가 운동하여 가까워질 거리'이기 때문에, 2초부터 8초까지 두 물체가 이동한 거리의 합을 구하면 될 것이다. (두 물체는 서로 반대 방향으로 운동한다.) 따라서 보기 ㄴ은 참이다. **(ㄴ 맞음)**

ㄷ. 가속도의 크기를 물어보았다. 앞서 논의하였던 속도-시간 그래프에서, 가속도의 크기란, 기울기의 크기(절댓값)을 의미히게 된다. 띠리서 두 **물체**의 기울기의 크기를 비교하면 보기 ㄷ은 참이다.

(ㄷ 맞음)

정답 : ㄱ, ㄴ, ㄷ

그림 (가)는 직선 운동을 하는 자동차의 모습을 나타낸 것이며, 0초일 때 점 P에서 자동차의 속력은 4m/s이고, 6초일 때 점 Q에서 자동차의 속력은 6m/s이다. 그림 (나)는 자동차의 가속도를 시간에 따라 나타낸 것이다.

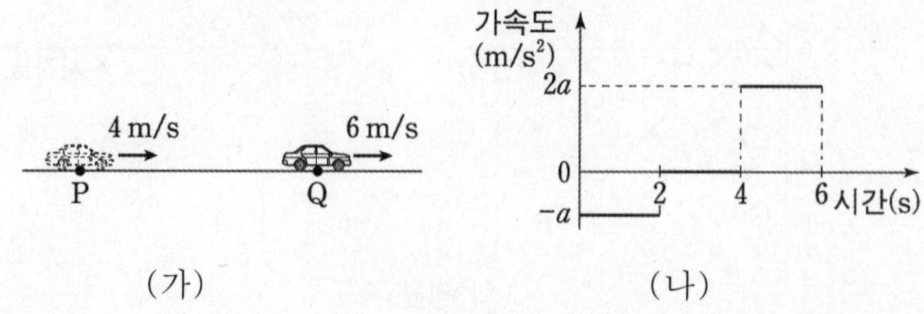

자동차의 운동에 대한 설명으로 옳은 것만을 <보기>에서 있는 대로 고른 것은?

─── 〈 보 기 〉 ───

ㄱ. 1초일 때 가속도의 크기는 1m/s²이다.

ㄴ. 3초일 때 속력은 2m/s이다.

ㄷ. 0초부터 6초까지 평균 속력은 3m/s이다.

0. 문제 상황 파악하기

그래프 해석 문항에서 가장 먼저 해야 할 것은 x축과 y축이 나타내는 물리량 확인이다.
주어진 것은 시간에 따른 가속도 그래프이다. 사실 가속도-시간 그래프 자체로 해석하는 것도 괜찮지만, 변위를
관찰하기 힘들다는 단점이 있다. 필요하다면 속도-시간 그래프로 바꿀 줄도 알아야 된다.

그래프의 a값은 구해야 할 것 같고, 문제에 제시된 조건으로는 0초와 6초인 순간의 순간 속도가 주어져 있다.

1. a값 구하기

구해야 할 것은 가속도에 관련된 것이고, 주어진 조건은 두 지점에서의 속도 조건이다. 속도와 가속도를 연결
지을 수 있는 개념이 있다. 가속도-시간 그래프의 적분값이 속도 변화량이라는 거다. 이를 적용하면, 0초부터
6초까지의 속도 변화량 $2\mathrm{m/s}$는 그래프의 총 적분값인 $2a$이다.

따라서 $a = 1\left(\mathrm{m/s^2}\right)$이다.

2-1. 속도-시간 그래프로 바꾸기 (선택)

가속도-시간 그래프를 속도-시간 그래프로 바꾸어 보자.
(0초, 2초, 4초, 6초일 때의 순간 속도를 그래프 없이 구해도 된다.)

2초일 때는 0초일 때보다 $-2a$만큼 속도가 변화하였으므로 2초일 때의 속도는 $2\mathrm{m/s}$이 된다.
4초일 때는 2초일 때와 속도가 같으므로 (해당 구간 가속도 : $0\mathrm{m/s^2}$) 마찬가지로 속도가 $2\mathrm{m/s}$이다.
각 구간에서 등가속도 운동을 함을 감안하여 그래프를 그리면 아래와 같다.

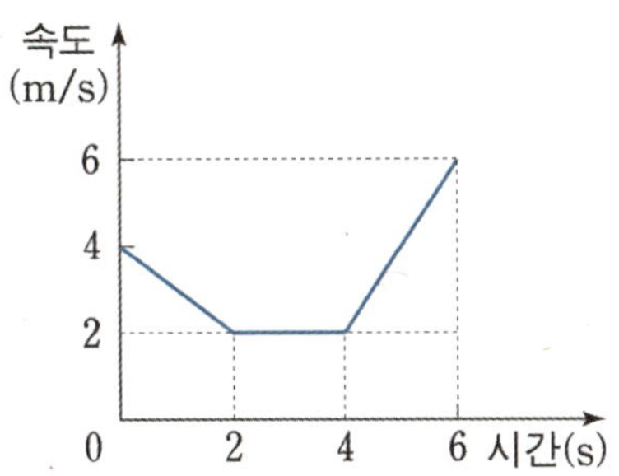

2-2. 그림을 활용하여 운동 확정하기

속도-시간 그래프를 그리는 대신, 그림을 활용해서 운동을 확정해 주는 것도 좋은 방법이다.

이런 식으로 표시해 주면 운동을 확정할 수 있다.

3. 〈보기〉 판단하기

ㄱ. 앞서 a값은 1인 것을 구했었다. 따라서 가속도-시간 그래프에서 볼 수 있듯 1초일 때의 가속도의 크기가 $1\mathrm{m/s^2}$인 것은 당연하다. **(ㄱ 맞음)**

ㄴ. 앞서 각 시점에서의 속도를 확정함으로써 운동을 확정했었다.

2초~4초일 때의 속도의 크기는 $2\mathrm{m/s}$로 일정하므로 ㄴ은 옳은 설명이다. **(ㄴ 맞음)**

ㄷ. 0초부터 6초까지의 평균 속력은 평균 속력의 정의에 따라 구할 수 있다.

0초부터 6초까지의 이동 거리는 각 구간별로 나누어 생각하면,

$$\left(\frac{4+2}{2}\times2\right)+\left(\frac{2+2}{2}\times2\right)+\left(\frac{2+6}{2}\times2\right)=6+4+8=18$$이다.

이동 거리 $18\mathrm{m}$를 걸린 시간 6초로 나누어 주면, 평균 속력은 $3\mathrm{m/s}$이다. **(ㄷ 맞음)**

정답 : ㄱ, ㄴ, ㄷ

---

comment

이 문항처럼 서로 다른 가속도로 운동하는 각각의 등가속도 직선 운동들로 이루어진 운동의 경우, 평균 속도들의 평균과 전체 평균 속도는 같은 결과가 아님에 주의하자. 이 문제에선 세 운동 모두 시간 간격이 2초로 동일했기 때문에 우연히 같아진 것뿐이다.

상대 속도는 두 물체 간의 상대적 운동을 설명하기 위해 도입된 물리량이다.

첫 번째로, 두 물체 사이의 거리가 시간에 따라 얼마나 빠르게 변하는가를 통해 상대적 운동을 설명할 수 있다.
(전지적 시점)
두 번째로, 관찰자(A)의 입장에서 본 물체(B)의 속도를 통해 상대적 운동을 설명할 수 있다.
(한 물체 시점)

이 두 경우는 모두 '상대 속도(속도 차)'를 통해 설명되며, 같은 값을 다른 관점으로 바라본 것이다.

따라서 상대 속도의 의미는 다음 두 가지로 정리할 수 있다.

> 상대 속도(속도 차) :
> i) 두 물체 A, B 사이의 시간당 거리 변화를 의미
> ii) 한 물체(A)의 입장에서 본 다른 물체(B)의 속도

(1) 상대 속도의 의미 1

먼저, 상대 속도는 **단위 시간당 두 물체가 얼마나 가까워지거나 멀어지는가(거리 변화)**를 통해 설명할 수 있다.

특별히 상대 속도가 일정하다면, 단위 시간당 두 물체가 가까워지거나 멀어지는 정도가 일정하므로 가까워지거나 멀어진 거리는 시간에 비례하게 된다.

> 상대 속도가 일정하면, 두 물체의 가까워지거나 멀어진 거리는 시간에 비례한다.

멀어지거나 가까워지는 것은 문제 상황을 보면 혼자서도 충분히 파악 가능한 수준이니 굳이 힘들게 계산하지 않아도 된다. 예시를 들어 살펴보자.

2m/s   5m/s

| A | | B |

위 그림처럼 두 물체 A, B가 각각 일정한 속력 2m/s, 5m/s로 오른쪽으로 운동하고 있다.
이 경우, 두 물체의 속도 차이는 3m/s이며, 상대 속도의 방향은 멀어지는 방향이라고 생각할 수 있다.
즉, 간단히 생각한다면, 상대 속도 : '3m/s로 멀어짐' 이라고 생각하면 된다.
문제에 표시할 때는 '상대$v = 3$m/s, 멀어짐' 정도로 써 주면 충분하다.

(2) 상대 속도의 의미 2

그러나 상대 속도를 어떤 한 물체의 입장에서 본 다른 물체의 속도로 접근한다면, 속도 차 계산을 해야 하는데, 이때, 속도 차 계산을 통해 나온 결과값의 부호에 대한 정확한 이해가 중요하다.

속도 차 계산을 하기 위해서는 먼저 양이 되는 기준 방향을 정해 주어야 한다. 일반적으로는 오른쪽 방향을 (+), 왼쪽 방향을 (−)로 잡는다. 오른쪽 방향을 양의 방향으로 잡기로 하자.

물체 A가 본 물체 B의 속도는 v_{AB}라고 표현하며, $v_{AB} = v_B - v_A$라고 한다.
v_{AB}의 값이 양수라면, A의 입장에서 보았을 때, B는 오른쪽으로 가는 것처럼 보인다는 의미이며,
반대로 음수라면, B가 왼쪽으로 가는 것처럼 보인다는 의미이다.

마찬가지로, 물체 B가 본 물체 A의 속도는 v_{BA}라고 표현하며, $v_{BA} = v_A - v_B$라고 한다.
v_{BA}의 값이 양수라면, B의 입장에서 보았을 때, A는 오른쪽으로 가는 것처럼 보인다는 의미이며,
반대로 음수라면, A가 왼쪽으로 가는 것처럼 보인다는 의미이다.

(3) '상대 속도가 일정하다'라고 할 수 있는 경우와 그 근거

두 개 이상의 물체가 동시에 운동할 때, 각각의 운동을 분석하는 것보다 두 물체 사이의 관계(상대 속도)를 보는 게 더 좋은 경우가 많다.
특히 두 개 이상의 물체가 **동일한 여건에서 운동하는 경우에 상대 속도를 체크**해 볼 필요가 있다.
여기서 동일 여건이라 함은, 동일한 기울기의 빗면[4], 동일한 중력장을 말한다.

동일한 중력장에서 운동하는 두 물체의 경우, 중력 가속도가 동일하므로, 일정 시간이 지날 때의 속도 변화량이 같다. 따라서 상대 속도가 변하지 않고 일정하다.
같은 빗면에서 운동하는 두 물체의 경우, 빗면 가속도가 동일하므로, 일정 시간이 지날 때의 속도 변화량이 같다. 따라서 상대 속도는 변하지 않고 일정하다.

구분	물체 A	물체 B
처음	속도 : v_A	속도 : v_B
	(A가 볼 때 B의) 상대 속도 : $v_B - v_A$	
나중	속도 : $v_A + at$	속도 : $v_B + at$
	(A가 볼 때 B의) 상대 속도 : $v_B - v_A$	

> 상대 속도가 일정하다는 판단의 전제 : **두 물체의 가속도 동일**
> 가속도가 동일한 경우에 속도 변화량이 같고, 따라서 상대 속도가 일정하다.

---

4) 기울기가 다른 빗면이 서로 이어진 경우, 합쳐서 하나의 빗면이라 보는 게 아니라 끊어서 서로 다른 빗면으로 취급해야 한다.

그런데 만약, 앞선 물체가 그 빗면을 벗어난다면, 그때부터는 뒷 물체가 앞 물체와 같은 빗면에 뒤따라 진입하는
순간까지 상대 속도가 일정하지 않다.

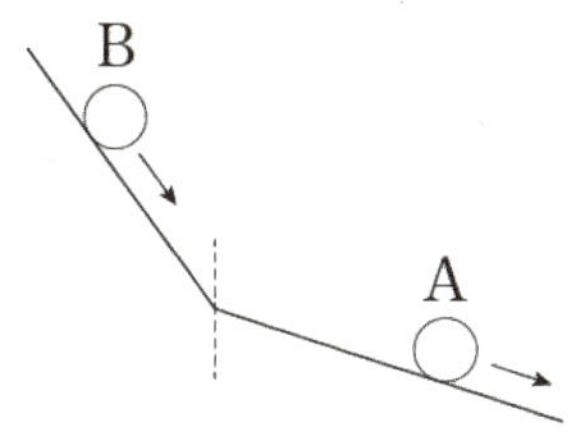

위 그림처럼 두 물체 A와 B가 굴러가고 있는 빗면이 다른 경우에는 빗면 가속도가 다르므로, 같은 시간 동안의 속도
변화량이 달라서 상대 속도가 일정할 수 없기 때문이다.

같은 빗면에서 운동을 시작했다고 해서 항상 상대 속도가 일정하다고 말하면 완전히 틀린 설명이다.

이 설명이 성립하기 위해서는 두 물체가 항상 **단 한 개의 일정한 기울기를 가진 빗면에서만 운동한다는 전제가 있어야
한다.** (중간에 빗면의 기울기가 바뀌면 바로 전제가 깨져버린다.) 이 전제를 만족한다면 두 물체는 항상 동일
여건(동일한 빗면)에서 운동한다고 할 수 있으므로 상대 속도가 일정하다고 말할 수 있다.

따라서 **"두 물체가 동일한 빗면 위에서 운동하는 시간 동안"**이라고 제한할 때에만 그 빗면에서 운동하는 동안의 상대
속도는 일정하다 할 수 있는 거다.

그림은 빗면을 따라 운동하던 물체 A가 점 p를 v_0의 속력으로 지나는 순간, 점 q에 물체 B를 가만히 놓은 모습을 나타낸 것이다. A와 B는 B를 놓은 순간부터 등가속도 운동을 하여 시간 T 후에 만난다. A와 B가 만나는 순간 B의 속력은 $3v_0$이다.

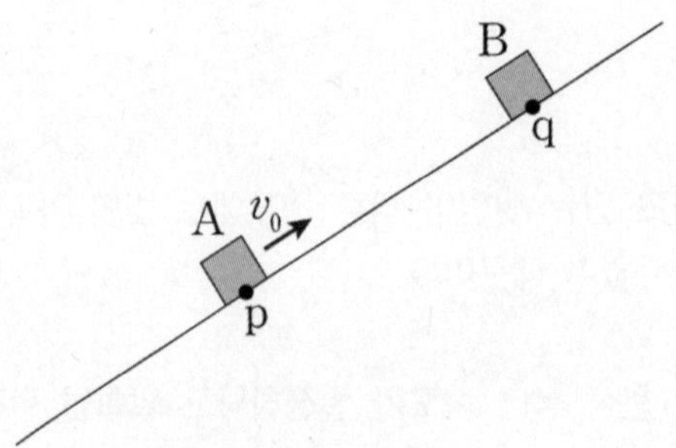

이에 대한 설명으로 옳은 것만을 <보기>에서 있는 대로 고른 것은? (단, A, B는 동일 연직면 상에서 운동하며, 물체의 크기, 마찰과 공기 저항은 무시한다.)

〈 보 기 〉

ㄱ. p와 q 사이의 거리는 $v_0 T$이다.

ㄴ. A가 최고점에 도달한 순간, A와 B 사이의 거리는 $\dfrac{1}{4} v_0 T$이다.

ㄷ. A와 B가 만나는 순간, A의 속력은 v_0이다.

0. 문제 상황 파악하기

동일 빗면 상에서 운동하는 두 물체는 가속도가 빗면 가속도로 동일하므로, 같은 시간 동안의 속도 변화량이 같다. 즉 A, B 모두 속도 변화량이 $3v_0$로 동일하고 상대 속도가 항상 일정하다.

두 물체는 처음 떨어져 있던 거리만큼 운동하며 가까워져 서로 만나게 된다. 이때, 가까워진 거리는 상대 속도가 일정하므로 시간에 비례한다.

1. 두 물체의 운동을 좀 더 깊이 분석하기

먼저 두 물체의 상대 속도는 v_0로 일정하게 가까워진다.

따라서 T 동안 가까워지는 거리는 $v_0 T$이므로 처음 p, q 사이의 거리는 $v_0 T$이다.

따라서 보기 ㄱ은 참이다. **(ㄱ 맞음)**

만나는 상황을 상상해보며 두 물체의 운동 양상을 표시하면 아래와 같다.

화살표 중간중간 찍힌 점은 같은 시간 간격으로, v_0만큼 속도가 변할 때마다 끊어준 것이다.

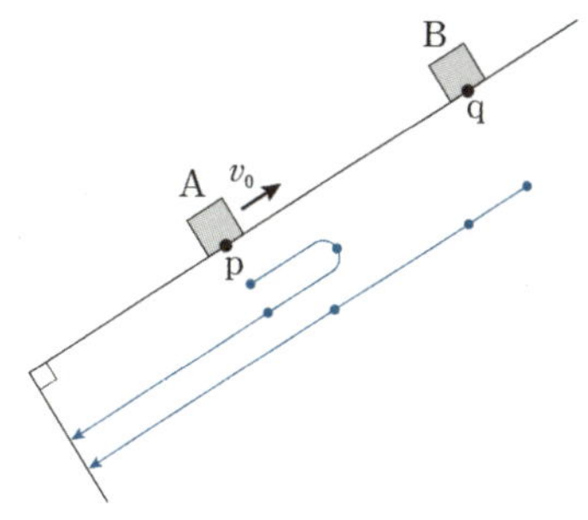

속도 변화량이 두 물체 모두 $3v_0$이므로 만나는 순간의 순간 속도는 A : $2v_0$, B : $3v_0$이다.

따라서 보기 ㄷ은 거짓이다. **(ㄷ 틀림)**

A는 $\dfrac{1}{3}T$에서 최고점에 위치하며 이때 방향이 바뀐다.

$\dfrac{1}{3}T$ 동안 두 물체가 가까워진 거리는 $\dfrac{1}{3}v_0 T$이므로 원래 둘 사이 거리 $v_0 T$에서 $\dfrac{1}{3}v_0 T$만큼 가까워진

$\dfrac{2}{3}v_0 T$가 A가 최고점에 도달한 순간, A와 B 사이의 거리가 된다.

따라서 보기 ㄴ은 거짓이다. **(ㄴ 틀림)**

정답 : ㄱ

그림과 같이 빗면을 따라 등가속도 운동하는 물체 A, B가 각각 점 p, q를 10m/s, 2m/s의 속력으로 지난다. p와 q 사이의 거리는 16m이고, A와 B는 q에서 만난다.

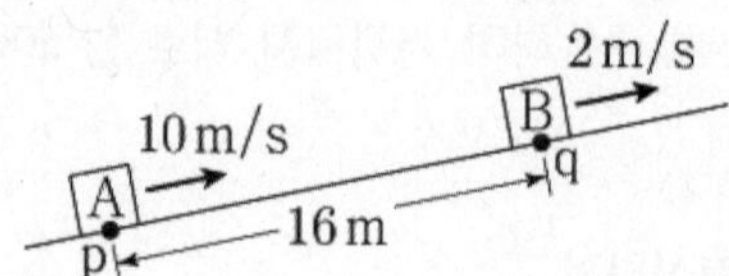

이에 대한 설명으로 옳은 것만을 <보기>에서 있는 대로 고른 것은? (단, A, B는 동일 연직면상에서 운동하며, 물체의 크기, 마찰은 무시한다.)

〈보 기〉

ㄱ. q에서 만나는 순간, 속력은 A가 B의 4배이다.

ㄴ. A가 p를 지나는 순간부터 2초 후 B와 만난다.

ㄷ. B가 최고점에 도달했을 때, A와 B 사이의 거리는 8m이다.

0. 문제 상황 파악하기

동일 빗면 상에서 운동하는 두 물체는 가속도가 빗면 가속도로 동일하므로, 속도 변화량이 동일하다.
A, B 모두 속도 변화량이 동일하고 상대 속도가 $8m/s$로 항상 일정하다.
두 물체는 처음 떨어져 있던 거리만큼 운동하며 가까워져 서로 만나게 된다.
이때, 가까워진 거리는 상대 속도가 일정하므로 시간에 비례한다.

1. 상대 속도 이용하기

A, B 사이의 거리는 초당 $8m$씩 가까워진다.
A가 p를 지나는 순간 A, B 사이의 거리가 $16m$이므로 두 물체는 2초 후에 만난다. **(ㄴ 맞음)**

A가 등가속도 직선 운동하여 2초 동안 $16m$를 이동하므로 평균 속도는 $8m/s$이고, 초기 속도가 $10m/s$이므로 나중 속도는 $6m/s$이다. 속도 변화량이 $4m/s$이므로 가속도는 $2m/s^2$이다.
B의 가속도도 마찬가지로 $2m/s^2$이므로 B는 A가 p를 지나는 시점에서 1초 뒤에 최고점에 위치한다.
A, B 사이의 거리는 초당 $8m$씩 가까워지므로 B가 최고점에 위치할 때 A, B 사이의 거리는 $8m$이다.

(ㄷ 맞음)

정답 : ㄴ, ㄷ

+) 두 물체의 운동을 좀 더 깊이 분석하기

A를 먼저 살펴보았을 때, 16m를 이동하여 q에서 B와 만난다는 조건과 초기 속도가 10m/s라는
두 조건으로는 A에 대한 다른 정보를 알 수 없다.

B를 살펴보면, B는 다시 같은 위치로 돌아와서 A와 만나게 된다.
이는 대칭적인 운동이므로, 속도는 왼쪽으로 2m/s가 되며 속도 변화량이 4m/s임을 알 수 있다.
따라서 A도 속도 변화량이 4m/s이므로 q에서 A의 속도는 6m/s가 된다.
따라서 ㄱ 보기는 거짓이다. (**ㄱ 틀림**)

만나는 상황을 상상해보며 두 물체의 운동 양상을 표시하면 아래와 같다.

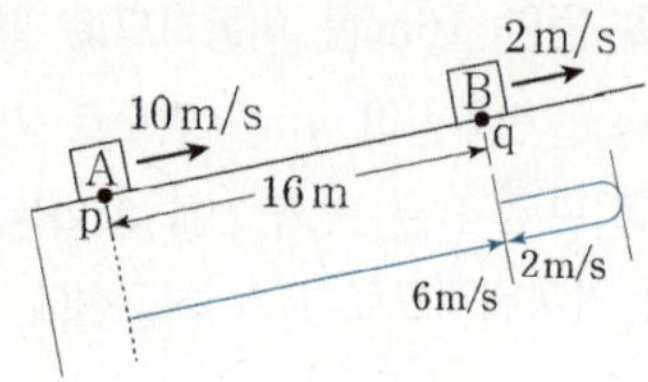

q에서 A의 속도를 찾음으로써 A의 운동이 확정되었으므로 A의 운동에 대한 다른 조건들을 찾을 수 있다.
처음 속도, 나중 속도, 변위가 나와 있으므로,
평균 속도＝8m/s, 속도 변화량＝4m/s임을 이용해서 이동 시간과 가속도를 각각 구할 수 있다.
이동 시간은 2초이며, 가속도는 빗면 아래 방향으로 2m/s^2이다.
따라서 ㄴ 보기는 참이다. (**ㄴ 맞음**)

B가 최고점에 있을 때는 B가 출발한 순간부터 A와 B가 만날 때까지의 시간의 절반이라는 것을 B의 대칭적
운동을 통해 알 수 있다. 이때 두 물체 A, B 사이의 거리는 16m의 절반만큼 가까워진 8m이다.
따라서 ㄷ 보기는 참이다. (**ㄷ 맞음**)

정답 : ㄴ, ㄷ

그림은 빗면을 따라 운동하는 물체 A가 점 q를 지나는 순간 점 p에 물체 B를 가만히 놓았더니 A와 B가 등가속도 운동하여 점 r에서 만나는 것을 나타낸 것이다. p와 r 사이의 거리는 d이고, r에서의 속력은 B가 A의 $\frac{4}{3}$배이다. p, q, r는 동일 직선상에 있다.

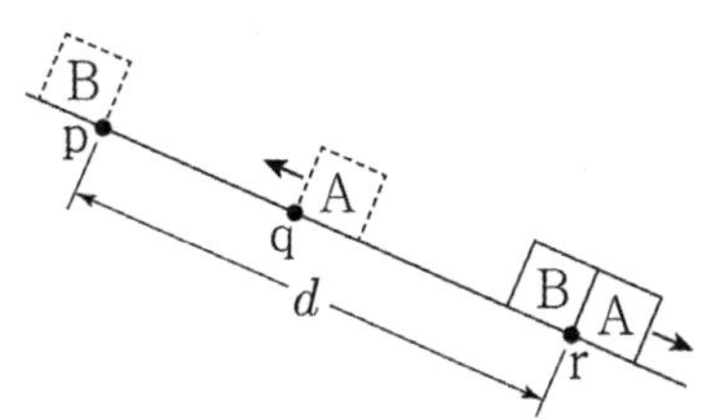

A가 최고점에 도달한 순간, A와 B사이의 거리는? (단, 물체의 크기와 모든 마찰은 무시한다.) [3점]

① $\frac{3}{16}d$　　　② $\frac{1}{4}d$　　　③ $\frac{5}{16}d$　　　④ $\frac{3}{8}d$　　　⑤ $\frac{7}{16}d$

A와 B가 서로 만나는 순간의 속력을 $3v$, $4v$라 하자. 속도 차가 항상 v이므로 A의 처음 속력은 v이다.

A$\left(\dfrac{-v+3v}{2}\right)$와 B$\left(\dfrac{0+4v}{2}\right)$의 평균 속도(등가속도 운동에서 처음 속도와 나중 속도의 평균값과 같다.)의

크기비가 $1:2$이므로 총 변위가 $1:2$이며 처음 두 물체 사이의 거리는 $\dfrac{1}{2}d$이다.

만날 때까지 두 물체는 $4v$만큼 속도가 변했는데 A가 최고점에 도달하는 순간은 v만큼 속도가 변했으므로

처음부터 만나는 순간의 $\dfrac{1}{4}$만큼 시간이 경과했다.

따라서 두 물체 사이의 거리는 $\dfrac{1}{2}d$가 $\dfrac{1}{4}$만큼 좁혀진 $\dfrac{3}{8}d$이다.

정답 : ④ $\dfrac{3}{8}d$

다른 풀이

가속도가 동일한 두 물체의 등가속도 운동이라고 생각해보자.

A와 B가 서로 만나는 순간의 속력을 $3v$, $4v$라 하자. 속도 차가 항상 v이므로 A의 처음 속력은 v이다.

속도가 v만큼 변할 때마다(일정한 시간 간격마다) B는 $\dfrac{1}{16}d$, $\dfrac{3}{16}d$, $\dfrac{5}{16}d$, $\dfrac{7}{16}d$만큼씩 운동한다.

(일정 시간 간격마다 kd, $3kd$, $5kd$, $7kd$만큼씩 운동하고, 합이 d이므로 $k=\dfrac{1}{16}$이다.)

A 또한 $\dfrac{1}{16}d$, $\dfrac{1}{16}d$, $\dfrac{3}{16}d$, $\dfrac{5}{16}d$만큼씩 운동한다.

d를 16등분하여 그 위에 A와 B의 자취를 그리면 아래와 같다.

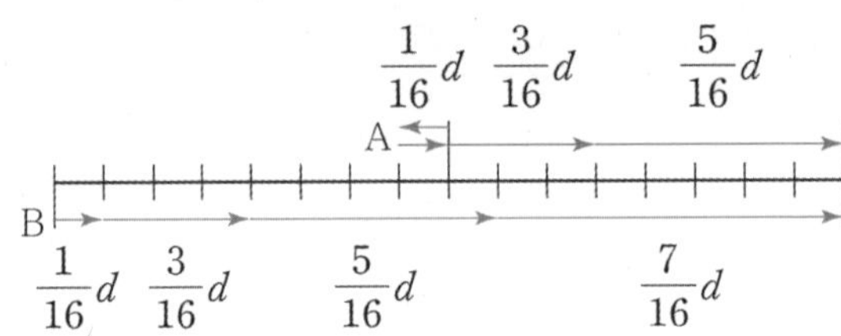

그림을 통해 알 수 있는 A의 최고점에서의 두 물체 사이의 거리는 $\dfrac{3}{8}d$이다.

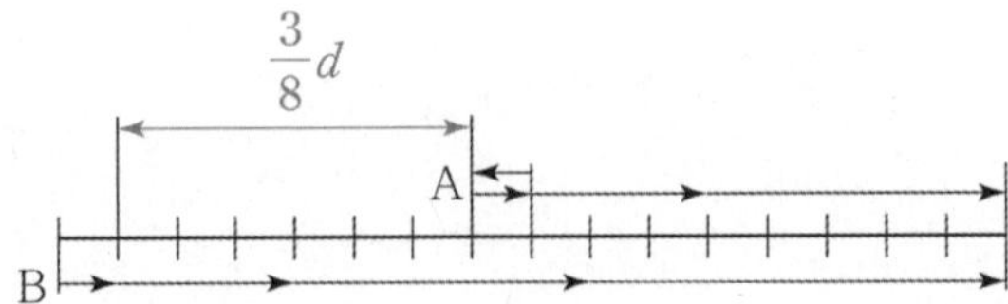

정답 : ④ $\dfrac{3}{8}d$

그림 (가)는 빗면의 점 p에 가만히 놓은 물체 A가 등가속도 운동하는 것을, (나)는 (가)에서 속력이 v 가 되는 순간, 빗면을 내려오던 물체 B가 p를 속력 $2v$로 지나는 것을 나타낸 것이다. 이후 A, B는 각각 속력 v_A, v_B로 만난다.

$\dfrac{v_B}{v_A}$ 는? (단, 물체의 크기, 모든 마찰은 무시한다.)

① $\dfrac{5}{4}$　　　② $\dfrac{4}{3}$　　　③ $\dfrac{3}{2}$　　　④ $\dfrac{5}{3}$　　　⑤ $\dfrac{7}{4}$

(가) 순간의 시각을 $t = 0$, (나) 순간의 시각을 $t = T$라 하자.

(가) 순간에서 (나) 순간까지 A의 평균 속력은 $\dfrac{1}{2}v$이므로 A가 이동한 거리는 $\dfrac{1}{2}vT$이다.

(나) 순간의 A와 B 사이의 거리인 $\dfrac{1}{2}vT$는 A가 T동안 이동한 거리와 같고,

A와 B가 상대속도 v로 가까워질 거리이기도 하다.

즉, 상대속도 v로 $\dfrac{1}{2}vT$만큼 가까워져 만나려면 (나) 순간에서 $\dfrac{1}{2}T$만큼 더 시간이 지나야 하고 그 순간의

A와 B의 속력은 각각 $\dfrac{3}{2}v$, $\dfrac{5}{2}v$이다.

따라서 $\dfrac{v_B}{v_A} = \dfrac{5}{3}$이다.

정답 : ④ $\dfrac{5}{3}$

(1) 시간 차를 두고 동일한 운동을 하는 경우

꽤나 특수한 경우이다. **A가 운동하고, 뒤따라 B가 A의 행적을 똑같은 속도로 따라가는 상황**이다.
이때 A를 B의 미래 모습이라고 생각할 수 있다. 마찬가지로 B를 A의 과거 모습이라고 생각할 수 있다.
이 경우 A와 B는 위치에 따른 속도함수가 같으며, 따라서 두 물체는 **동일 위치를 지날 때 속도가 같다.** 또한 시간에
따른 속도함수는 시간축과 평행한 방향으로 서로 평행이동한 관계를 가진다.

운동 중에 마찰력이 작용하지 않는다면, 질량이 같은 두 물체가 시간 차를 가지고 동일한 운동을 하는 경우 두 물체의
역학적 에너지는 어느 시점에서든 같다. 왜냐하면 위치에 따른 속도가 같기 때문이다. 각 지점에서 퍼텐셜 에너지와
운동 에너지의 합인 역학적 에너지 값이 A와 B가 같으므로 모든 지점에서 두 물체의 역학적 에너지가 같다.

이런 상황이 문제로 출제된다면 항상 **"시간 차"에 집착**하여야 한다. 이것이 문제를 관통하는 가장 큰 줄기이기
때문이다. 동일한 운동을 한다고 해서 상대 속도가 항상 0이라 생각하거나 상대 속도가 일정하다고 가정한다면 완전히
잘못된 생각이다. 마치 수학에서 $v(t+k)-v(t)$을 상수함수라고 말할 수 없는 이유와 동일하다.[5]

다시 한 번 강조하지만 **상대 속도는 함부로 일정하다고 가정하면 안 된다.**

---

[5] $v(t)$는 시간에 따른 속도함수이며, k초의 시간 차를 갖는 물체의 시간에 따른 속도함수가 $v(t+k)$이다.

그림과 같이 수평면에서 간격 L을 유지하며 일정한 속력 $3v$로 운동하던 물체 A, B가 빗면을 따라 운동한다. A가 점 p를 속력 $2v$로 지나는 순간에 B는 점 q를 속력 v로 지난다.

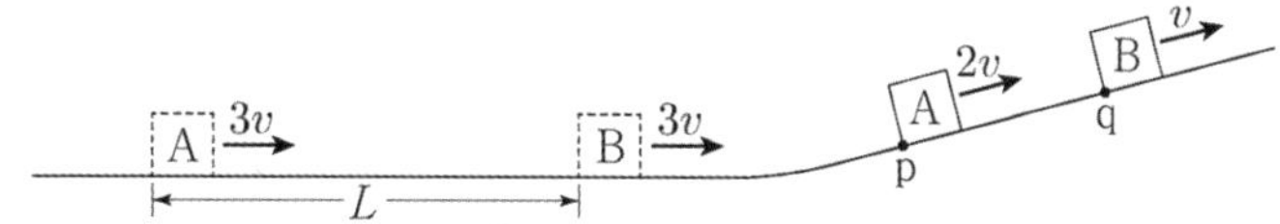

p와 q사이의 거리는? (단, A, B는 동일 연직면에서 운동하며, 물체의 크기, 모든 마찰은 무시한다.)

① $\dfrac{2}{5}L$　　　　② $\dfrac{1}{2}L$　　　　③ $\dfrac{\sqrt{3}}{3}L$　　　　④ $\dfrac{\sqrt{2}}{2}L$　　　　⑤ $\dfrac{3}{4}L$

0. 문제 상황 파악하기

수평면에서의 운동을 보면, 두 물체 A, B는 시간 차를 두고 같은 운동을 한다는 것을 알 수 있다. (시간 차를 두고 동일한 운동을 한다는 것은 빗면에서도 적용된다.) 따라서 B를 A의 미래 모습이라고 생각하면, 문항의 그림은 한 물체 A의 시간에 따른 위치를 나타낸 것으로도 생각할 수 있다.

수평면에서 L만큼 $3v$의 속력으로 운동하는 데 걸리는 시간은 $\dfrac{L}{3v}$이므로(원래 물체 A와 B의 시간 차와 같다.) 물체 A가 점 p에서 q까지 운동하는 데 걸리는 시간 또한 $\dfrac{L}{3v}$이다.

1. 꼭 꺼내야 할 물리량

등가속도 운동에서 양 끝에서의 속도를 아는 경우에는 아래 두 물리량을 꺼내라 했었다.
i) 평균 속도
ii) 속도 변화량

1-1. 평균 속도를 이용하기

단, 이 문제에서는 거리만을 구하면 되고, 가속도를 굳이 구할 필요가 없으므로, 평균 속도를 이용하면 바로 답이 나와 버린다.

p~q에서의 평균 속도의 크기가 $1.5v$이며, 운동 시간이 $\dfrac{L}{3v}$이므로, p와 q사이의 거리는 $\dfrac{1}{2}L$이다.

(또는, "수평면 구간과 p~q 구간에서의 평균 속도의 크기비가 $3v:1.5v$로 $2:1$이고, 운동 시간이 같으므로 두 구간의 거리비는 평균 속도의 크기비인 $2:1$이 되므로 p와 q사이의 거리는 $\dfrac{1}{2}L$이다."처럼 생각해도 된다.)

1-2. 속도 변화량을 이용하기

물론 속도 변화량을 이용해서도 거리를 구할 수 있다.

$\dfrac{L}{3v}$동안 v만큼 속도가 변했으므로, 가속도의 크기가 $\dfrac{3v^2}{L}$이다.

등가속도 공식을 세우면, $2\left(\dfrac{3v^2}{L}\right)(p \sim q거리) = (2v)^2 - (v)^2$이고,

p에서 q까지 거리는 $\dfrac{1}{2}L$임을 얻을 수 있다.

정답 : ② $\dfrac{1}{2}L$

2. 두 물체가 빗면에서 운동한 거리를 각각 따로 구하기

A와 B는 빗면에서 속력이 각각 v, $2v$만큼 변했으므로, 빗면에서 운동한 시간비가 1 : 2이다.

(이를 t, $2t$라 하자. 여기서 t는 $3vt = L$, $t = \dfrac{L}{3v}$을 만족한다.)

두 물체가 빗면에서 운동한 거리는 각각 A : $\dfrac{3v+2v}{2} \times t = \dfrac{5}{2}vt$, B : $\dfrac{3v+v}{2} \times 2t = 4vt$이다.

두 물체의 빗면에서의 이동 거리 차이는 $\dfrac{3}{2}vt$이고 $3vt = L$이므로 $\dfrac{3}{2}vt = \dfrac{1}{2}L$이다.

따라서 p와 q사이 거리는 $\dfrac{1}{2}L$이다.

정답 : ② $\dfrac{1}{2}L$

그림은 수평면에서 간격 10m를 유지하며 일정한 속력 5m/s로 운동하던, 질량이 같은 두 물체 A, B가 기울기가 일정한 경사면을 따라 운동하다가 A가 경사면에 정지한 순간의 모습을 나타낸 것이다. 이 순간 B의 속력은 v이고, A, B 사이의 간격은 4m이다.

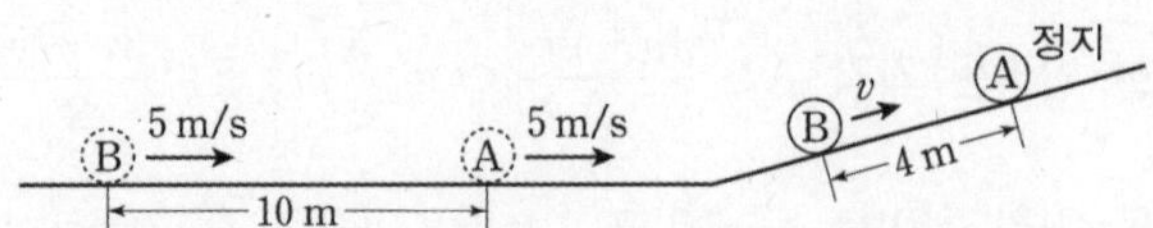

이에 대한 설명으로 옳은 것만을 <보기>에서 있는 대로 고른 것은? (단, A, B는 동일 연직면 상에서 운동하며, 물체의 크기와 마찰력은 무시한다.)

─────────── 〈보 기〉 ───────────

ㄱ. A가 경사면을 올라가기 시작한 순간부터 2초 후에 B가 경사면을 올라가기 시작한다.

ㄴ. A가 경사면을 올라가는 동안, A의 가속도의 크기는 2m/s²이다.

ㄷ. v는 4m/s이다.

0. 문제 상황 파악하기

수평면에서 서로 속도가 같은 운동을 하고 있으므로, 두 물체 A, B는 시간 차를 두고 동일한 운동을 하고 있다. 이런 경우엔 B와 A를 서로의 잔상/미래 모습이라 생각할 수 있다. 상대 속도는 빗면이 바뀌기 때문에 두 물체가 서로 같은 빗면상에 있을 때만 상대 속도가 일정하다고 말할 수 있다. 따라서 믿을 수 있는 것은 시간 차밖에 없다.

1. 수평면 분석하기

두 물체는 수평면에서 $5\mathrm{m/s}$로 운동하고 있으므로, B는 2초 뒤에 A가 있던 지점을 지나게 된다. 따라서 두 물체는 2초의 시간 간격을 두고 동일한 운동을 하고 있다.

따라서 보기 ㄱ은 참이다. **(ㄱ 맞음)**

2. 빗면 분석하기

A를 B의 2초 뒤 미래 모습이라 생각하면, 아래 그림처럼 빗면만 떼어내서 한 물체의 운동처럼 생각하여 한 물체의 등가속도 운동으로 취급할 수 있고, 이동 시간이 2초라고 생각할 수 있다.

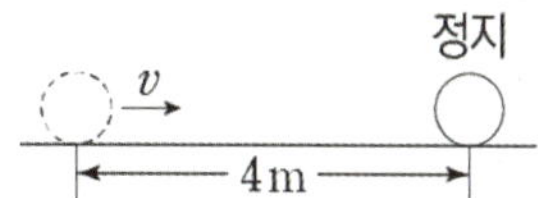

초기 속도 : v, 나중 속도 : 0, 변위 : $4\mathrm{m}$이므로
$4\mathrm{m}$의 변위의 이동 시간이 2초이므로 평균 속도가 $2\mathrm{m/s}$이고, $v = 4\mathrm{m/s}$이다.

속도 변화량이 $4\mathrm{m/s}$이므로 가속도의 크기는 $\dfrac{4\mathrm{m/s}}{2\mathrm{s}} = 2\mathrm{m/s^2}$이다.

따라서 보기 ㄴ은 참이고, **(ㄴ 맞음)**
보기 ㄷ은 참이다. **(ㄷ 맞음)**

2-1. 다른 풀이(그래프)

A와 B의 운동을 속도-시간 그래프로 나타내면 아래와 같다.

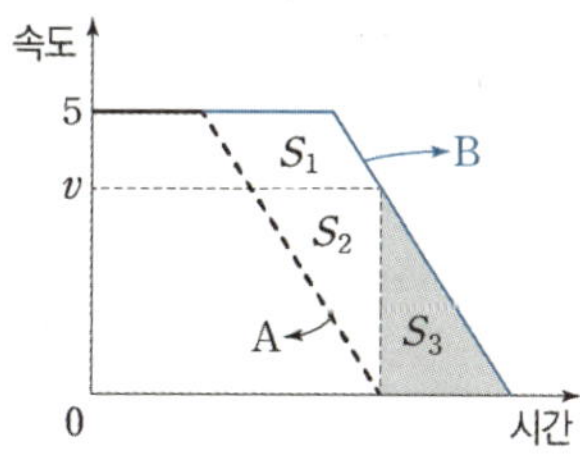

색칠된 부분의 넓이 $S_3 = 4\mathrm{m}$이므로, $S_2 = 4\mathrm{m}$이고 (합동), $S_1 = 2\mathrm{m}$이다(초기 거리가 $10\mathrm{m}$였으므로).
이어 $S_1 : (S_2 + S_3) = 1 : 4$ 이므로 $v = 4\mathrm{m/s}$임을 알 수 있다.

해당 풀이는 실전에서 구사하기 힘들 수 있다. 그래프를 그리고 나서 그 다음 단계가 잘 보이지 않고, 넓이를 계산하는 센스도 있어야 하기 때문이다.

이 풀이는 이해만 하고 한두 번 복습해 주는 정도로 충분할 것이다.
다시 말하지만 그래프 풀이를 짝사랑하지 말라.

정답 : ㄱ, ㄴ, ㄷ

+) 주의해야 할 틀린 풀이

빗면 상에서 A와 B의 상대 속도는 v이다.
A와 B 사이의 거리는 10m에서 4m로 6m만큼 가까워졌다. (O)
→ 따라서 상대 속도 v에 이동 시간을 곱하면 6m가 되어야 한다. (X)

: 상대 속도는 A가 먼저 빗면을 들어가는 순간부터 일정하지 않으므로 이런 식으로 접근하면 절대 안 된다!

그림 (가)는 물체 A, B가 운동을 시작하는 순간의 모습을, (나)는 A와 B의 높이가 (가) 이후 처음으로 같아지는 순간의 모습을 나타낸 것이다. 점 p, q, r, s는 A, B가 직선 운동을 하는 빗면 구간의 점이고, p와 q, r와 s 사이의 거리는 각각 L, $2L$이다. A는 p에서 정지 상태에서 출발하고, B는 q에서 속력 v로 출발한다. A가 q를 v의 속력으로 지나는 순간에 B는 r를 지난다.

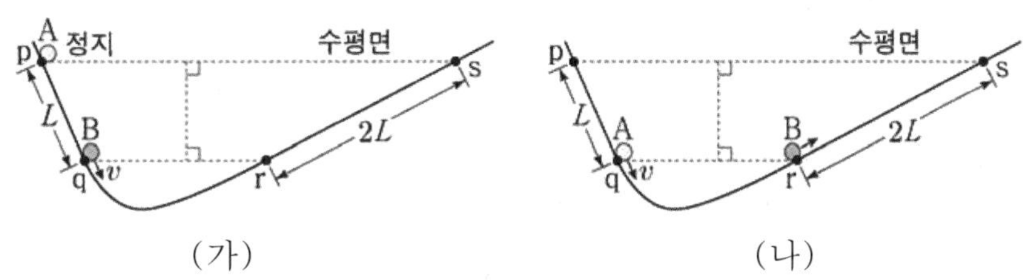

A와 B가 처음으로 만나는 순간, A의 속력은? (단, 물체의 크기, 마찰과 공기 저항은 무시한다.)

① $\dfrac{1}{8}v$　　② $\dfrac{1}{6}v$　　③ $\dfrac{1}{5}v$　　④ $\dfrac{1}{4}v$　　⑤ $\dfrac{1}{2}v$

0. 문제 상황 파악하기

(가)에서의 B와, (나)에서의 A를 비교해 보았을 때, 동일 위치를 지날 때 속도가 같은 것을 보아 두 물체 A, B는 서로 시간 차를 두고 동일한 운동을 하는 것을 알 수 있다. B를 A의 미래 모습이라고 생각할 수 있는 거다.

두 물체의 질량을 임의로 설정해도 문제가 되지 않으므로 편의상 두 물체의 질량을 같다고 하고 접근하자. 이때 두 물체의 역학적 에너지는 항상 같다. 역학적 에너지 보존에 의해 두 물체가 같은 높이에 있을 때, 운동 에너지가 같아야 하므로 두 물체의 속도의 크기가 같다. 따라서 A와 B가 처음으로 만나는 순간, 두 물체의 위치가 동일하므로 속도의 크기가 같다는 것을 알 수 있다. 이를 통해 두 물체는 서로 마주 보는 방향으로 운동하며 같은 속력으로 만날 거라는 것을 예측할 수 있다.

왼쪽 빗면과 오른쪽 빗면의 높이 변화량이 같은데 길이가 2배 차이가 난다. 이를 통해 두 빗면의 빗면 가속도의 비율이 2 : 1이라는 것을 알 수 있다.[6]
또는 양쪽 빗면의 구간의 평균 속도가 같은데 오른쪽 빗면 구간이 길이가 2배이므로 이동 시간 또한 2배이다. 그런데 양쪽 구간에서의 속도 변화량의 크기가 서로 같으므로, 가속도가 2 : 1임을 알 수 있다.

1. 시간 차 계산

시간 차를 두고 같은 운동을 하는 경우에는 시간 차가 절대적으로 중요한 문제 풀이의 열쇠이다. 시간 차가 문제 전체를 관통할 수 있는 유일한 조건이기 때문이다. 이런 경우에 시간 차는 의식적으로 구하거나 찾아야 한다.

B를 A의 미래 모습이라고 생각하고 한 물체 B의 처음 모습과 나중 모습이라고 생각해 보자. (가)의 왼쪽 빗면에서 세 가지 조건 : 변위, 처음 속도, 나중 속도가 주어졌으므로 시간 차도 구할 수 있다.

평균 속도 $= \dfrac{변위}{시간}$ 이므로 시간 차를 Δt라 하면 식 $\dfrac{1}{2}v = \dfrac{L}{\Delta t}$ 임을 얻는다.

따라서 두 물체 A와 B의 시간 차 Δt는 $\Delta t = \dfrac{2L}{v}$ 이다.

---

6) 이를 구한 방법은 두 가지가 있다.

첫 번째 방법은 빗면 가속도 $= g\sin\theta$를 이용한 방법이다. $\sin\theta$값이 두 빗면에서 2 : 1이므로 빗면 가속도 또한 2 : 1이다. 두 번째 방법으로는 공식 $2a\Delta x = v^2 - v_0^2$을 이용한 방법이다. 두 빗면의 양 끝 점에서의 속도가 각각 v, 0으로 같으므로 공식의 우변이 같다. 따라서 빗면에서의 가속도는 빗변의 길이 Δx에 반비례한다.

2. 오른쪽 빗면에 대한 분석

먼저 오른쪽 빗면을 끝까지 올라가는 데 걸리는 시간을 알 수 있다. 빗면 가속도가 왼쪽 빗면의

$\frac{1}{2}$ 배이므로 오른쪽 빗면을 오르는 시간은 2배가 걸린다. 왼쪽 빗면을 내려가는 데 걸리는 시간은

앞서 구한 시간 차 $\frac{2L}{v}$ 이므로 오른쪽 빗면을 올라가는 데에는 $\frac{4L}{v}$ 만큼의 시간이 걸린다.

3. 만나는 순간 분석

두 물체는 아래 그림처럼 운동한 후 아래 그림처럼 어디선가 만나게 된다.

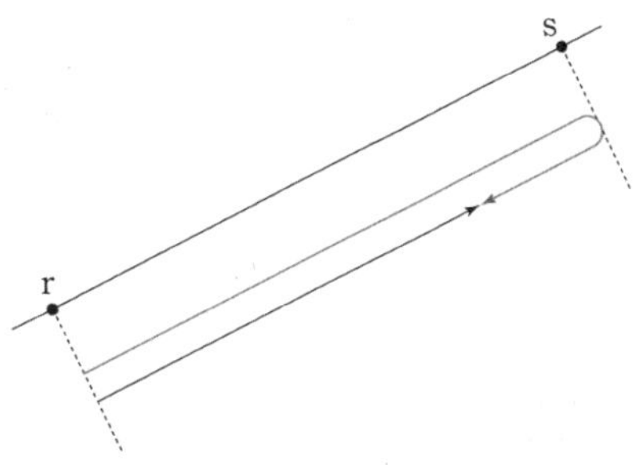

파란색 선이 앞서 가는 물체 B의 자취이고, 검은색 선이 뒤따라가는 물체 A의 자취이다.

여기서 두 물체가 만나는 지점을 기준으로 B의 자취(파란색 선)를 끊어 주고 나누어진 B의 자취를
각각 l_1, l_2라 하고 A의 자취를 l_3이라 하자.
그림으로 표시하면 아래와 같다.

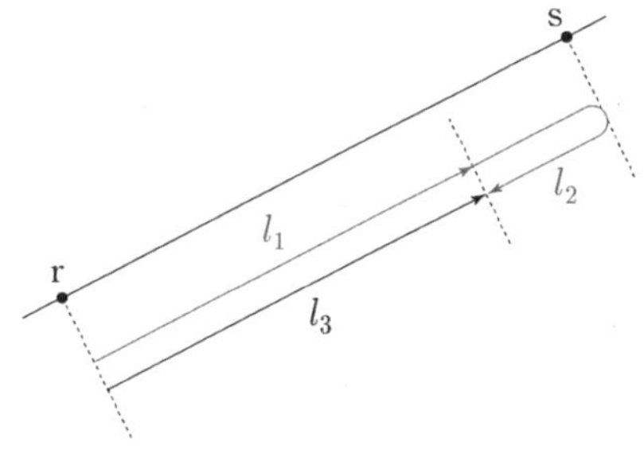

시간 차를 어떻게 이 상황에 써먹을 수 있을까?
시간 차를 두고 운동한 결과로, B는 A보다 앞서갔기 때문에 더 많은 길이를 운동하게 될 거다.
그 추가로 운동한 부분이 자취 l_2인 것이다. 자취 l_1과 자취 l_3는 완벽히 동일한 운동이라는 것도 알 수 있다.

자취 l_2에 집중해 보자. 자취 l_2만큼 이동하는 데 앞서 구한 시간 차 $\dfrac{2L}{v}$만큼이 걸린다. 조금 더 쉽게 관찰하기 위해 l_2의 절반까지를 보자. 즉, 만나는 지점을 지나 최고점까지 이동하는 데 걸리는 시간은 $\dfrac{L}{v}$가 걸린다. 앞서 오른쪽 빗면 전체를 올라가는 데 걸리는 시간은 $\dfrac{4L}{v}$라 했었다. 빗면 전체와 l_2의 절반만큼을 비교해 보면 아래 그림과 같다.

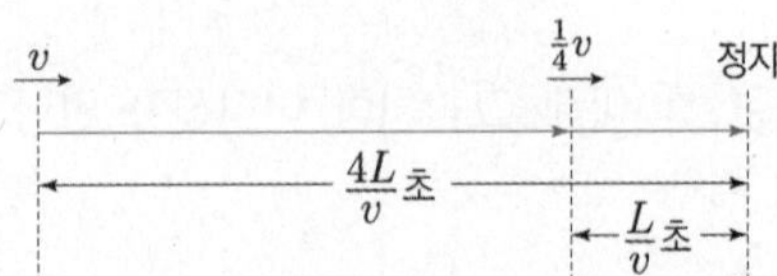

속도가 시간에 따라 일정하게 줄어듦을 이용하면, 이처럼 시간 비율을 가지고 만나는 점에서의 순간 속도를 찾을 수 있다.

A와 B가 처음으로 만나는 순간, A의 속력은 $\dfrac{1}{4}v$임을 알 수 있다.

(사후적으로 보았을 때, $t = \dfrac{L}{v}$인 t를 미리 도입하면 풀이 과정이 조금 간결할 수 있지만, 새로운 미지수를 도입하는 게 보편적으로 좋은 선택이라고는 할 수 없으므로 위 풀이에서는 도입하지 않았다.)

정답 : ④ $\dfrac{1}{4}v$

다른 풀이

왼쪽 빗면의 L만큼의 거리를 내려가는 데 걸리는 시간을 1초라고 하면, B는 A의 1초 후 미래이고,

$\frac{1}{2}v = L$이라는 식을 얻을 수 있다. (편의상 이렇게 1초라는 단위시간을 도입해도 문제에 전혀 영향을 주지

않는다. 문제에 영향을 주지 않는다면, 시간을 굳이 t라고 잡지 않고 1초라고 잡는 것도 괜찮은 센스다.)

왼쪽 빗면의 빗면 가속도는 1초당 $+v$이고, 오른쪽 빗면 가속도는 1초당 $-\frac{1}{2}v$가 된다.

B가 1초 후 자기 자신과 동일한 속력이어야 하고 1초 동안 속도 변화량이 $-\frac{1}{2}v$이므로

만나는 지점의 속력은 $\frac{1}{4}v$로 확정할 수 있다.

정답 : ④ $\frac{1}{4}v$

고인물 풀이

두 물체는 서로 과거와 미래의 모습으로 볼 수 있다. 왼쪽과 오른쪽 두 빗면에서의 빗면 가속도 비가 $2 : 1$이므로 이 두 포인트를 이용하면, (가)의 왼쪽 빗면에서 두 물체의 속도 차이인 v가 (나)의 오른쪽 빗면에서는 두 물체 속도 차이는 $\frac{1}{2}v$가 된다. (같은 시간 동안 속도가 오른쪽 빗면보다 왼쪽 빗면이 두 배 더 빠르게 변하므로)

그런데 충돌할 때 두 물체는 같은 높이에 있기 때문에, 속력의 크기가 같다.

이를 만족하면서 속도 차이가 $\frac{1}{2}v$이려면 두 물체의 속도는 각각 $\frac{1}{4}v$, $-\frac{1}{4}v$가 된다.

정답 : ④ $\frac{1}{4}v$

고난도 문제에 등장하는 운동이 단순히 등가속도 직선 운동이라 할 수 있는가?
그럼 등속 직선 운동이라고 할 수 있는가?
두 질문에 대한 답은 모두 "대부분 아니다."이다.

고난도 문항에서는 등속 직선 운동과 등가속도 운동 몇 개가 적절히 이어진 형태의 운동이 등장하는 경우가 많다.
그럼 우리는 이런 복합적인 문항을 어떤 식으로 접근해야 할까.
운동의 종류를 기준으로 구간을 쪼개어 각각 분석하는 것이 올바른 분석 방법이다. 각 구간의 연결 고리는 두 구간
사이 경계에서의 순간 속도가 될 것이다.

예제(16) 14학년도 수능 6번

그림과 같이 직선 도로에서 자동차 A가 기준선을 속력 10m/s로 통과하는 순간, 기준선에 정지해 있던
자동차 B가 출발하여 두 자동차가 도로와 나란하게 운동하고 있다. A와 B의 속력이 v로 같은 순간, A는
B보다 20m 앞서 있다. A와 B는 속력이 증가하는 등가속도 운동을 하고, A와 B의 가속도의 크기는 각각
a, $2a$이다.

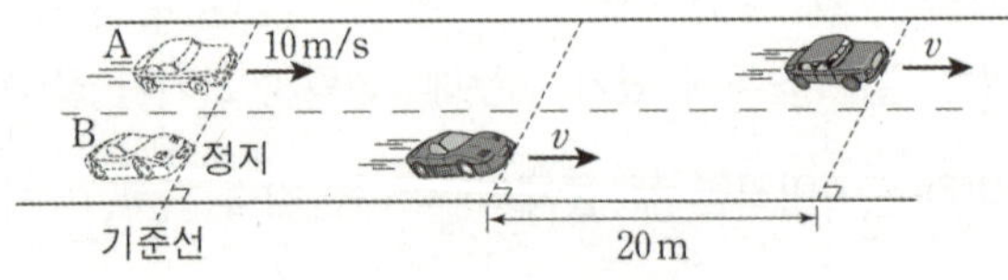

이에 대한 설명으로 옳은 것만을 <보기>에서 있는 대로 고른 것은?

〈보 기〉

ㄱ. $a = 2\text{m/s}^2$이다.
ㄴ. $v = 30\text{m/s}$이다.
ㄷ. 두 자동차가 기준선을 통과한 순간부터 속력이 v로 같아질 때까지 걸린 시간은 4초이다.

0. 문제 상황 파악하기

처음 속도와 나중 속도가 주어져 있고, 운동의 개수가 두 개다. 변위 조건을 주긴 줬는데, 두 운동의 변위 차이 값을 주었다. 차이값을 눈여겨 봐야 할 거 같은 느낌이 온다. 가속도의 비율이 $1 : 2$라는 조건도 놓치지 말자.

1. 단계별 분석하기

루틴 1과 같은 형태로 조건이 주어져 있다.

먼저 평균 속도가 $A : \dfrac{10+v}{2}$, $B : \dfrac{v}{2}$임을 구한다. 그런데 변위를 각각 아는 게 아니라는 것 때문에 막힌다. 변위를 x라고 설정해야 할까? 부적절한 방법이면 돌아가면 된다. 굳이 적절치 못한 방법을 억지로 밀고 가지 말자.

가속도 조건을 그럼 먼저 써 보자. 같은 시간 동안 운동했으니 A와 B는 속도 변화량이 $1 : 2$일 것이다. 비례식을 세워 보면 $v - 10 : v = 1 : 2$이며, $v = 20 \text{m/s}$임을 얻는다.

따라서, 보기 ㄴ은 거짓이다. **(ㄴ 틀림)**

두 운동의 변위의 차이 값이 20m이다. 변위는 평균 속도 $\times$ 시간임을 이용해 보자. 그리고 두 물체의 변위 차이가 20m임을 이용해 보기로 하자. 운동 시간을 t라 하면 A의 변위는 $15t \, \text{m}$이고 B의 변위는 $10t \, \text{m}$이다.

따라서 $5t \, \text{m} = 20 \text{m}$이므로 $t = 4(\text{초})$이고, 가속도 $= \dfrac{\text{속도 변화량}}{\text{시간}}$이므로 $a = 2.5 \text{m/s}^2$이다.

따라서 보기 ㄷ은 참이나. **(ㄷ 맞음)**
따라서 보기 ㄱ은 거짓이다. **(ㄱ 틀림)**

+) 다른 풀이

처음부터 그래프를 그릴 수 있다.

색칠된 부분의 넓이는 달린 거리의 차. 즉, 변위 차라고 할 수 있다.
넓이가 20m여야 하므로 운동 시간은 4초여야 한다.
가속도는 $v - t$ 그래프에서 기울기를 의미하므로 A와 B의 기울기가 $1 : 2$여야 한다.
따라서 $v = 20 \text{m/s}$이고, 기울기는 2.5m/s^2이므로 가속도가 2.5m/s^2이다.

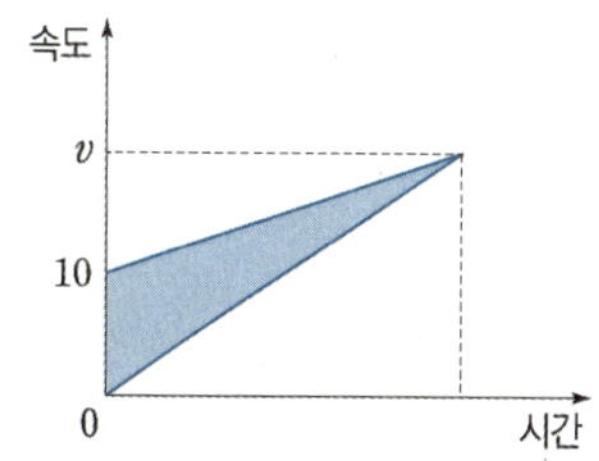

정답 : ㄷ

그림과 같이 기준선에 정지해 있던 자동차가 출발하여 직선 경로를 따라 운동한다. 자동차는 구간 A에서 등가속도, 구간 B에서 등속도, 구간 C에서 등가속도 운동한다. A, B, C의 길이는 모두 같고, 자동차가 구간을 지나는 데 걸린 시간은 A에서가 C에서의 4배이다.

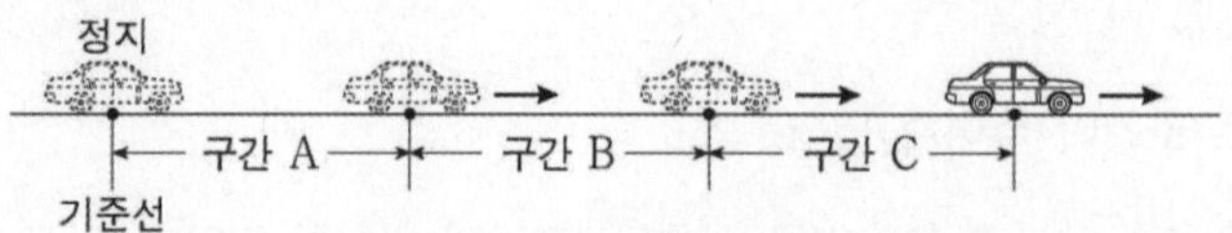

자동차의 운동에 대한 설명으로 옳은 것만을 <보기>에서 있는 대로 고른 것은? (단, 자동차의 크기는 무시한다.) [3점]

〈 보 기 〉

ㄱ. 평균 속력은 B에서가 A에서의 2배이다.
ㄴ. 구간을 지나는 데 걸린 시간은 B에서가 C에서의 2배이다.
ㄷ. 가속도의 크기는 C에서가 A에서의 8배이다.

0. 문제 상황 파악하기

각 구간에서 서로 다른 운동을 하고, 구간에서의 시간 조건과 구간 길이는 모두 동일하다는 조건을 이용해서 각 구간의 끝에서의 속도 비를 구하면 될 것이다.

1. 각 지점에서의 순간 속도 구하기

속도가 정해진 값이 아무것도 없는데 비율을 구해야 할 때는 적절한 곳의 속도를 v라 두고 나머지 지점의 속도를 αv, βv 따위로 표현해서 비율을 뽑아낼 수 있다.

구간 A를 지나는 데 걸리는 시간이 구간 C보다 4배라는 점에서 구간 A에서보다 구간 C에서 평균 속도가 4배라는 점을 알 수 있다. 또한 구간 C에서 속도가 감소하는 운동을 하면 절대로 평균 속도가 4배가 나올 수 없다. 따라서 구간 A와 구간 C에서 모두 물체는 속도가 증가하는 운동을 할 것이다.

그럼 구간 A의 오른쪽 끝(구간 A와 B의 경계)에서의 속도를 v라 두면 편할 것이다.
그러면 자동적으로 구간 B의 오른쪽 끝(구간 B와 C의 경계)에서의 속도도 v가 된다.
구간 A에서의 평균 속도가 $\frac{1}{2}v$이므로, 구간 C에서의 평균 속도는 $2v$이다. 따라서 구간 C의 오른쪽 끝에서의 속도는 $3v$가 된다. 이로써 이 문항의 운동의 기본 물리량을 구했고, 실전에서도 여기까지 분석하면 된다.

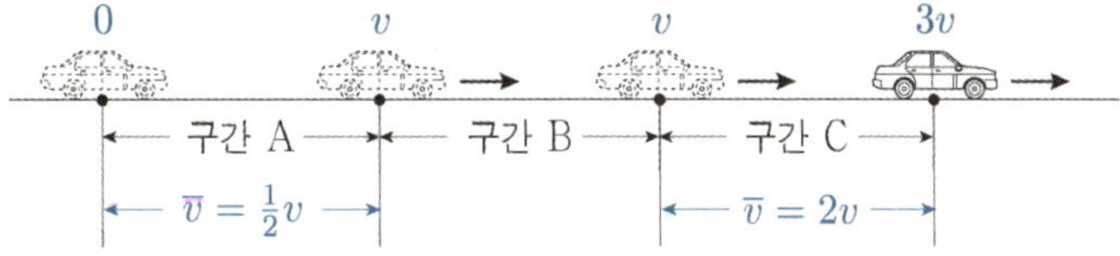

2. 〈보기〉 판단하기

ㄱ. 보기 ㄱ은 참이다. (ㄱ 맞음)

ㄴ. 보기 ㄴ은 참이다. 평균 속도가 구간 C가 B의 2배이기 때문이다. (ㄴ 맞음)

ㄷ. 보기 ㄷ은 참이다. 구간 A와 C에서 속도 변화량 비율은 $1:2$, 시간 비율은 $4:1$이므로, 가속도 비율은 $1:8$이다. (ㄷ 맞음)
보기 ㄷ을 판단할 때, 이런 방법도 있다.
등가속도 운동이란, 결국 일정한 알짜힘을 받는 상황이므로, 알짜힘이 한 일이 운동 에너지 변화량으로 나타나게 된다. 따라서 한 물체의 속도 제곱의 변화량이 알짜힘이 한 일에 비례하게 된다.
$$\Delta(v^2) \propto W_{\text{알짜힘}}F = F\Delta x.$$
각 구간의 변위가 같으므로, 알짜힘의 크기와 속도 제곱의 변화량이 비례한다.
한 물체의 운동이므로 가속도의 크기와 속도 제곱의 변화량이 비례한다.
$\Delta(v^2) \propto a$ 속도 제곱의 변화량 비가 $v^2 - 0^2 : (3v)^2 \quad v^2$이므로, 가속도 비 또한 $1:8$이 된다.

정답 : ㄱ, ㄴ, ㄷ

그림과 같이 직선 도로에서 자동차 A가 속력 $3v$로 기준선 Q를 지나는 순간 기준선 P에 정지해 있던 자동차 B가 출발하여 기준선 S에 동시에 도달한다. A가 Q에서 기준선 R까지 등가속도 운동하는 동안 A의 가속도와 B가 P에서 R까지 등가속도 운동하는 동안 B의 가속도는 크기와 방향이 서로 같고, R에서 S까지 A와 B가 등가속도 운동하는 동안 A와 B의 가속도는 크기와 방향이 서로 같다. A가 S에 도달하는 순간 A의 속력은 v이고, B가 P에서 R까지 운동하는 동안, R에서 S까지 운동하는 동안 B의 평균 속력은 각각 $3.5v$, $6v$이다. R와 S사이의 거리는 L이다.

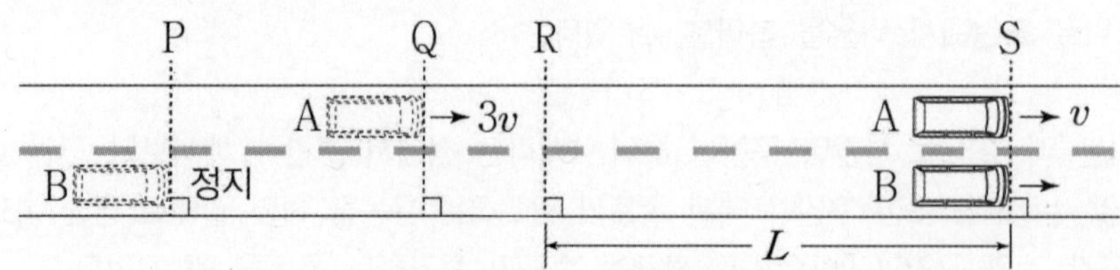

P와 Q사이의 거리는? (단, A, B의 크기는 무시한다.) [3점]

① $\frac{11}{20}L$　　　② $\frac{3}{5}L$　　　③ $\frac{13}{20}L$　　　④ $\frac{7}{10}L$　　　⑤ $\frac{3}{4}L$

B의 평균 속력이 주어졌으므로, R에서와 S에서의 B의 속력을 각각 $7v$, $5v$라고 하자.
R에서 S까지의 A와 B의 가속도가 같으므로, R에서 A의 속력은 $5v$이다.
($2a\Delta x = \Delta(v^2)$임을 이용하면 편하다)

R에 도착할 때까지 A와 B는 가속도가 동일하고 속도 변화량의 크기비가 $2:7$이므로, 운동 시간을 $2t$, $7t$로 둘 수 있다.
R에서 S까지의 속도 변화량의 크기비가 $4v:2v = 2:1$이므로 운동 시간비는 $2:1$인 $2T$, T로 둘 수 있다.
총 운동 시간이 동일해야 하므로 $2t + 2T = 7t + T$이고 $T = 5t$이다.

R~S에서 $30vt = L$을 얻는다.
P와 Q사이의 거리는 'R까지 B의 변위' $-$ 'A의 변위'로 구한다.
$\left(\dfrac{0+7v}{2}\right)(7t) - \left(\dfrac{3v+5v}{2}\right)(2t)$를 계산하면, $\dfrac{33}{2}vt = \dfrac{11}{20}L$이다.

정답 : ① $\dfrac{11}{20}L$

그림과 같이 직선 경로에서 물체 A가 속력 v로 $x=0$을 지나는 순간 $x=0$에 정지해 있던 물체 B가 출발하여, A와 B는 $x=4L$을 동시에 지나고, $x=9L$을 동시에 지난다. A가 $x=9L$을 지나는 순간 A의 속력은 $5v$이다. 표는 구간 I, II, III에서 A, B의 운동을 나타낸 것이다. I에서 B의 가속도의 크기는 a이다.

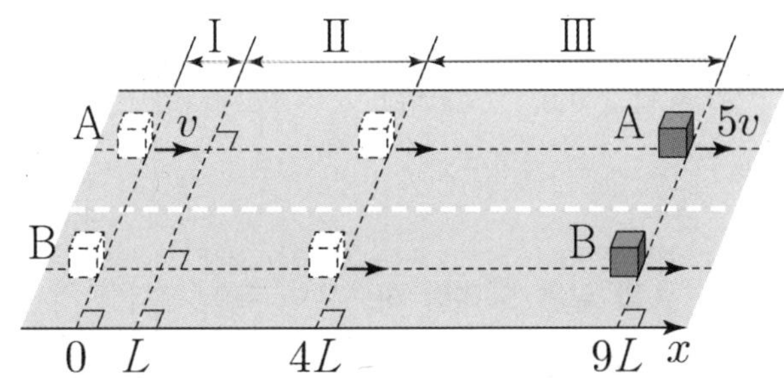

물체 \ 구간	I	II	III
A	등속도	등가속도	등속도
B	등가속도	등속도	등가속도

III에서 B의 가속도의 크기는? (단, 물체의 크기는 무시한다.) [3점]

① $\dfrac{11}{5}a$　　② $2a$　　③ $\dfrac{9}{5}a$　　④ $\dfrac{8}{5}a$　　⑤ $\dfrac{7}{5}a$

A는 구간 I과 III에서 등속도 운동을 하므로 $x = L$에서 속력 v, $x = 4L$에서 속력 $5v$이다.

구간 I, II, III에서 A의 평균 속도의 크기비가 $1 : 3 : 5$이고 구간의 거리비가 $1 : 3 : 5$이므로 A가 각 구간을 지나는 데 걸린 시간이 모두 같다. 이를 t라 하면, t는 $vt = L$을 만족한다.

B는 구간 II에서 등속도 운동을 하므로 구간 I과 II에 대해 평균 속도의 크기비가 $1 : 2$이고, 구간의 거리비가 $1 : 3$이므로 구간을 지나는 데 걸린 시간비가 $2 : 3$이다. 그런데 B는 A와 $x = 4L$을 $2t$일 때 동시에 지나므로, 두 구간을 지나는 데 걸린 시간은 각각 $0.8t$, $1.2t$이다. $x = 4L$에서의 B의 속력은 구간 II에서의 평균 속력과 같으므로 $\dfrac{3L}{1.2t} = 2.5v$이다.

구간 III에서 B의 평균 속도는 A와 같은 $5v$여야 하므로 $x = 9L$에서 B의 속력은 $7.5v$이다.

구간 III에서 B는 시간 t동안 $5v$만큼 속도가 변했으므로 가속도는 $\dfrac{5v}{t}$이다.

$a = \dfrac{2.5v}{0.8t}$이므로 이를 a에 관해 나타내면 $\dfrac{8}{5}a$이다.

정답 : ④ $\dfrac{8}{5}a$

그림과 같이 수평면에서 운동하던 물체가 왼쪽 빗면을 따라 올라간 후 곡선 구간을 지나 오른쪽 빗면을 따라 내려온다. 물체가 왼쪽 빗면에서 거리 L_1과 L_2를 지나는 데 걸린 시간은 각각 t_0으로 같고, 오른쪽 빗면에서 거리 L_3을 지나는 데 걸린 시간은 $\dfrac{t_0}{2}$이다.

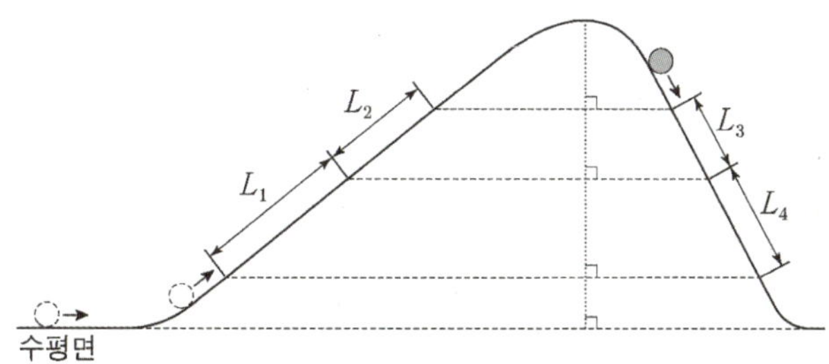

$L_2 = L_4$일 때, $\dfrac{L_1}{L_3}$은? (단, 물체의 크기, 마찰과 공기 저항은 무시한다.)

① $\dfrac{3}{2}$　　　② $\dfrac{5}{2}$　　　③ 3　　　④ 4　　　⑤ 6

0. 문제 상황 파악하기

주어진 조건이라고는 구간 운동 시간 비율과 $L_2 = L_4$밖에 없다. 이를 통해 거리 비율을 구할 수 있는 만큼 꺼내야 한다.

1. 두 빗면의 정보 분석

빗면에서 속도가 변화하는 빠르기는 각 빗면에서 일정하며, 두 빗면의 같은 높이에 위치한 지점에서 물체의 속도가 동일하기 때문에 L_4를 지나는 시간은 $\dfrac{t_0}{2}$이다.

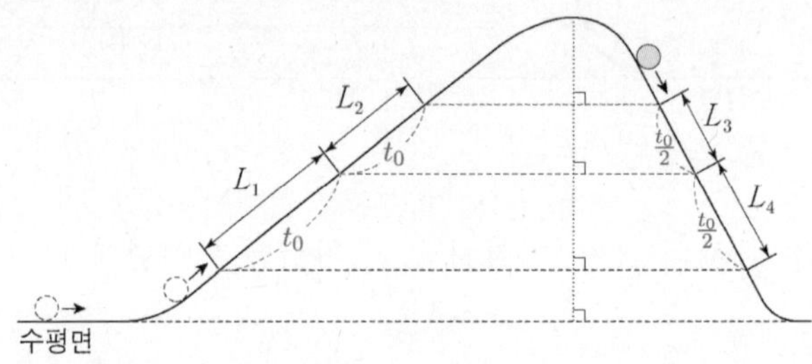

속도 변화량이 같을 때(높이 변화량이 같을 때), 시간은 왼쪽 빗면에서 2배가 걸렸으므로, 왼쪽 빗면과 오른쪽 빗면의 빗면 가속도 비율은 $1:2$이다. (결과적으로 문제의 답을 내는 데에는 필요가 없지만, 기본적인 조건 조사에 해당하므로 구하는 게 맞다.)

2. 길이 비 비교

$L_2 = L_4$이고, 이 두 구간 L_2, L_4의 시간비가 $2:1$라는 것에서 출발해 보자. 두 조건을 통해 평균 속도 비는 바로 구할 수 있다. 이를 각각 v, $2v$로 두도록 하자. 같은 높이에 있는 두 지점을 지나는 한 물체의 속력은 같으므로, 같은 높이에 있는 구간 L_2와 L_3의 평균 속도가 v로 같고, 구간 L_1, L_4의 평균 속도가 $2v$로 같다.

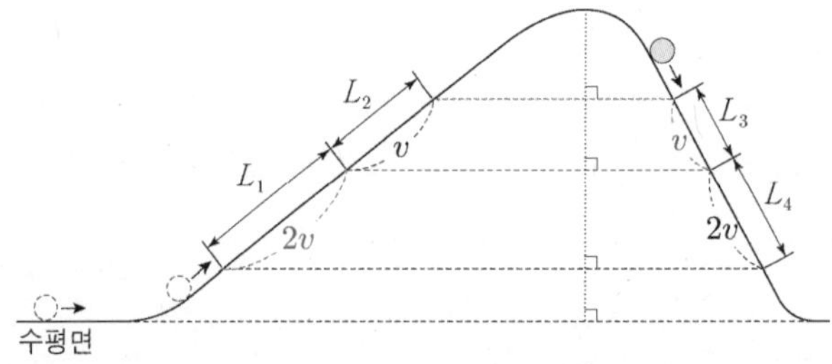

따라서 L_1의 길이는 L_2, L_4의 2배이며, L_3의 길이는 L_2, L_4의 절반이다. 따라서 답은 4가 된다.

정답 : ④ 4

01 08학년도 6월 평가원 2번

그림 (가)는 직선 도로 상에서 자동차 A, B가 오른쪽으로 운동하는 것을 나타낸 것이다. B는 20m/s의 일정한 속력으로 운동한다. 그림 (나)는 B에 대한 A의 속도를 시간에 따라 나타낸 것이다.

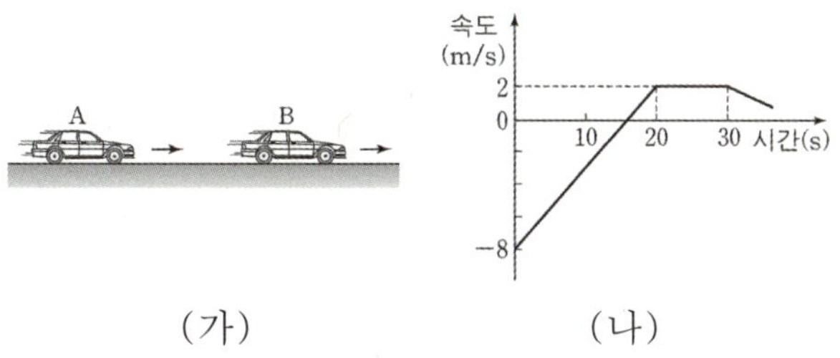

(가)   (나)

지면에 대한 A의 운동을 설명한 것으로 옳은 것을 <보기>에서 모두 고른 것은? (단, 오른쪽을 양(+)의 방향으로 한다.) [3점]

─────── <보 기> ───────

ㄱ. 10초일 때 가속도의 크기는 0.5m/s²이다.

ㄴ. 25초일 때 속력은 18m/s이다.

ㄷ. 20초부터 30초까지 이동한 거리는 220m이다.

02 08학년도 수능 2번

그림 (가)와 같이 직선 도로에서 10m 떨어져 있던 철수와 영희가 자전거를 타고 동시에 출발하여 운동하고 있다. 그림 (나)는 철수와 영희의 속도를 시간에 따라 나타낸 것이다.

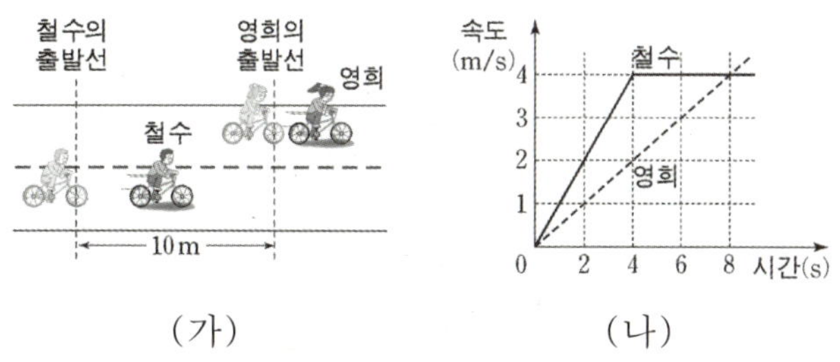

(가)   (나)

철수와 영희의 운동에 대한 설명으로 옳은 것을 <보기>에서 모두 고른 것은?

─────── <보 기> ───────

ㄱ. 0초부터 4초까지 철수의 가속도는 일정하다.

ㄴ. 0초부터 8초까지 영희의 평균 속력은 2m/s이다.

ㄷ. 6초일 때 철수가 영희를 추월한다.

03 12학년도 6월 평가원 6번

그림 (가)는 자동차 A, B가 직선 도로 위의 동일한 출발선에 정지해 있다가 A가 출발하고 2초 후 B가 출발하는 것을 나타낸 것이다. 그림 (나)는 A가 출발한 순간부터 A, B의 가속도를 시간에 따라 나타낸 것이다.

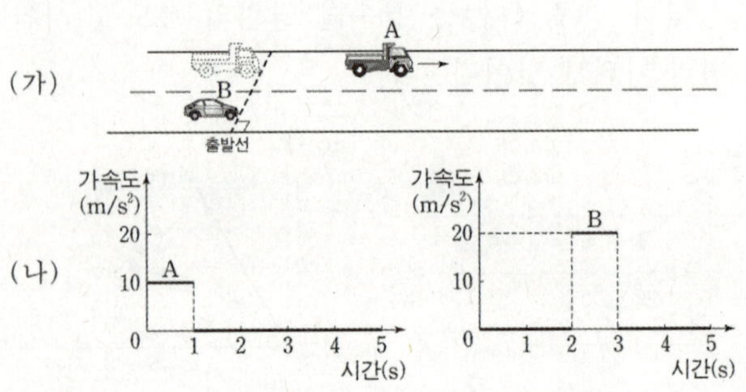

A가 출발한 순간부터 B가 A를 앞지를 때까지 걸린 시간은? (단, A, B는 도로와 평행한 직선 경로를 따라 운동하며, A, B의 크기는 무시한다.) [3점]

① 3초   ② 3.5초   ③ 4초

④ 4.5초   ⑤ 5초

04 13학년도 9월 평가원 5번

그림과 같이 빗면 위의 P점에 물체를 가만히 놓았더니 물체가 등가속도 직선 운동을 하여 Q점을 지나 R점을 통과하고 있다. 물체가 Q를 지날 때의 속력은 2m/s이다.

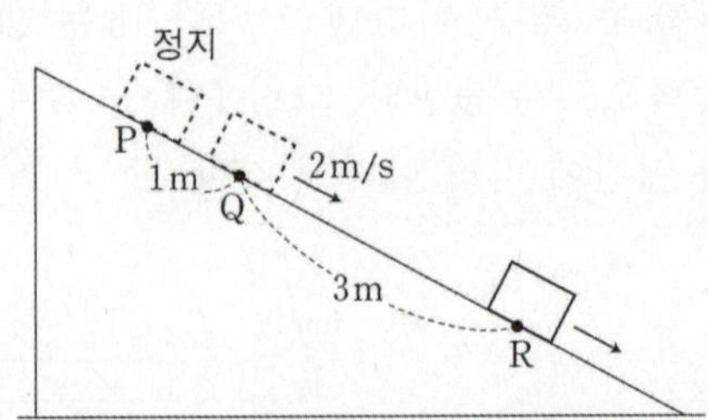

이에 대한 설명으로 옳은 것만을 <보기>에서 있는 대로 고른 것은? (단, 물체의 크기는 무시한다.)

[3점]

─────< 보 기 >─────

ㄱ. 가속도의 크기는 2m/s²이다.

ㄴ. Q에서 R까지 이동하는 데 걸린 시간은 1초이다.

ㄷ. Q에서 R까지의 평균 속력은 P에서 Q까지의 평균 속력의 2배이다.

그림과 같이 직선 도로에서 $t=0$일 때 자동차 A가 속력 v로 기준선 P를 통과하는 순간, 기준선 Q에서 정지해 있던 자동차 B가 출발하였다. A, B는 각각 속력이 증가하는 등가속도 직선 운동을 하고, 가속도 크기는 B가 A의 2배이다. A는 $t=2$초일 때 B를 스쳐 지나가 $t=3$초일 때 Q에 도달하였다. P, Q 사이의 거리는 L이다.

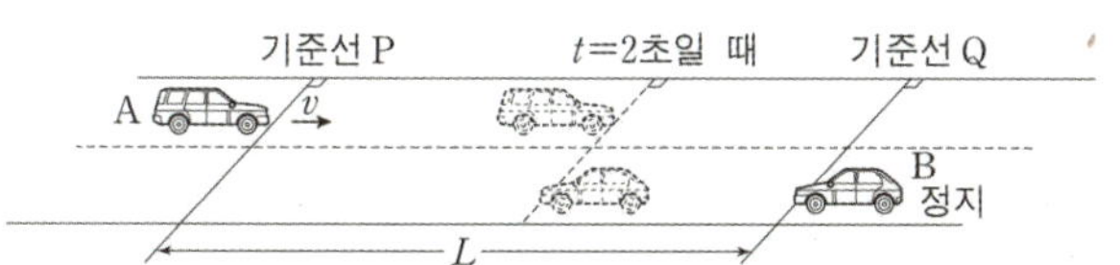

A가 Q에 도달했을 때, B가 Q로부터 이동한 거리는? (단, A, B는 도로와 평행한 직선 경로를 따라 운동하며, A와 B의 크기는 무시한다.) [3점]

① $\dfrac{1}{3}L$　　② $\dfrac{1}{2}L$　　③ $\dfrac{3}{4}L$

④ L　　⑤ $\dfrac{3}{2}L$

그림과 같이 왼쪽 빗면에 A를 가만히 놓고 잠시 후 오른쪽 빗면에 B를 가만히 놓았더니, A, B는 점 P, Q를 동시에 통과하여 수평면의 점 O에서 만났다. A, B는 빗면에서 각각 시간 t_A, t_B동안 등가속도 운동하여 거리 L을 이동하였고, 수평면에서 등속 직선 운동하여 각각 s, $2s$를 이동하였다.

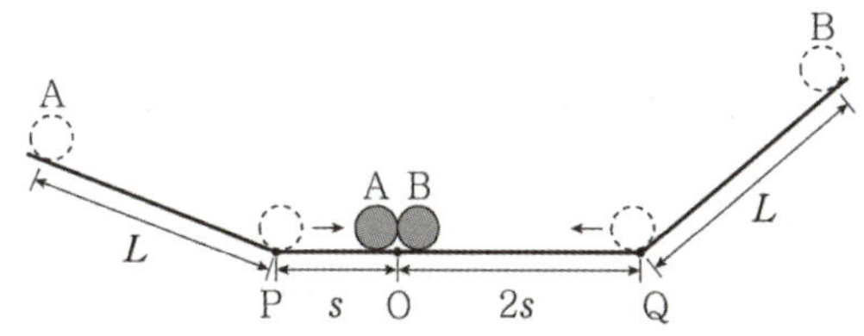

이에 대한 옳은 설명만을 <보기>에서 있는 대로 고른 것은? (단, 물체의 크기는 무시한다.) [3점]

<보 기>

ㄱ. 충돌 직전의 속력은 B가 A의 2배이다.

ㄴ. 빗면에서 가속도의 크기는 B가 A의 2배이다.

ㄷ. $t_A : t_B = 2 : 1$이다.

07 15년 4월 교육청 4번

그림과 같이 물체 A가 수평면의 점 p를 v의 속력으로 통과하는 순간 경사면의 점 q에서 물체 B를 가만히 놓았다. B를 가만히 놓은 순간부터 A는 등속도, B는 등가속도 운동하여 각각 L만큼 이동한 순간 만난다.

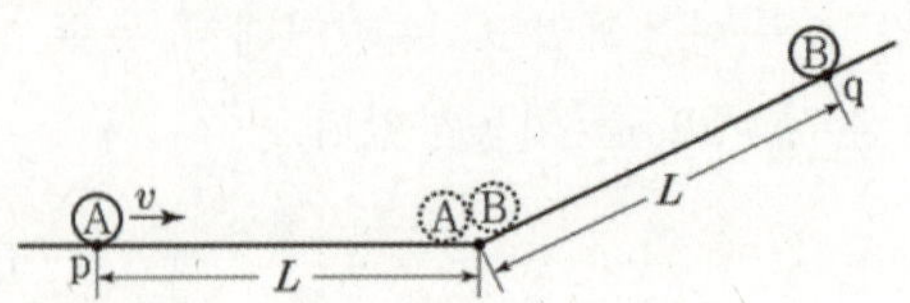

B를 가만히 놓은 순간부터 A와 B가 만나는 순간까지, 이에 대한 설명으로 옳은 것만을 <보기>에서 있는 대로 고른 것은? (단, 물체의 크기는 무시한다.)

[3점]

<보 기>

ㄱ. B의 운동량의 크기는 증가한다.

ㄴ. B의 가속도의 크기는 $\dfrac{2v^2}{L}$이다.

ㄷ. B를 가만히 놓은 순간부터 A와 B의 속력이 같아질 때까지 걸린 시간은 $\dfrac{L}{2v}$이다.

08 16년 10월 교육청 8번

그림과 같이 마찰이 없는 빗면 위에서 물체 P가 기준선 a를 지나는 순간 기준선 b에 있던 물체 Q를 가만히 놓았더니 P, Q가 등가속도 직선 운동하여 기준선 c를 각각 v_P, v_Q의 속력으로 동시에 통과하였다. a, b, c 사이의 간격은 L이다.

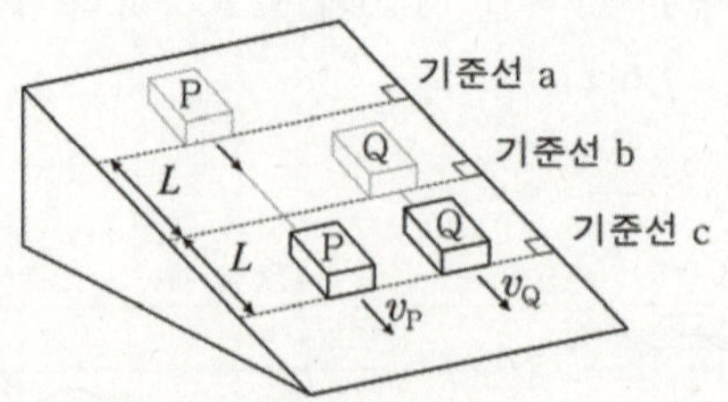

$\dfrac{v_P}{v_Q}$는? (단, 물체의 크기는 무시한다.) [3점]

① $\dfrac{\sqrt{6}}{2}$ ② $\dfrac{4}{3}$ ③ $\dfrac{3}{2}$

④ $\sqrt{3}$ ⑤ 2

그림 (가)는 직선 도로에서 0초일 때 자동차 A가 기준선을 v_0의 속력으로 통과하고, 자동차 B는 정지 상태에서 A와 같은 방향으로 출발하는 모습을 나타낸 것이다. 0초에서 4초까지 A, B의 이동 거리는 서로 같다. 그림 (나)는 A, B의 가속도를 시간에 따라 나타낸 것이다.

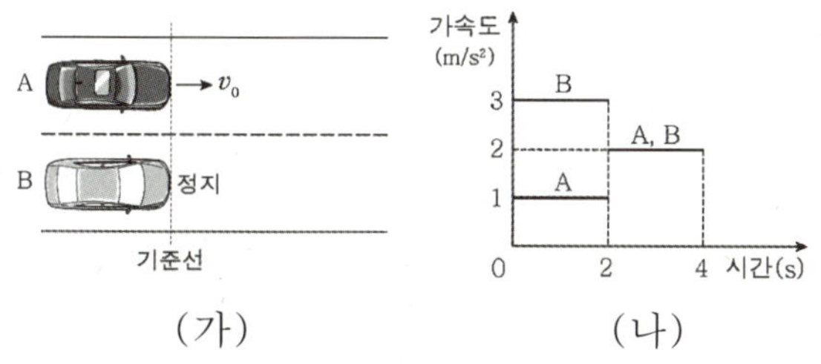

v_0은? (단, A, B는 도로와 평행한 직선 경로를 따라 운동한다.) [3점]

① 1m/s ② 2m/s ③ 3m/s

④ 4m/s ⑤ 5m/s

다음은 물체의 운동을 분석하기 위한 실험이다.

[실험 과정]

(가) 그림과 같이 빗면에서 직선 운동하는 수레를 디지털 카메라로 동영상 촬영한다.

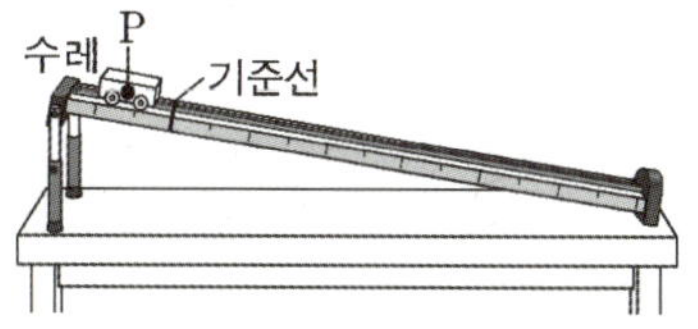

(나) 동영상 분석 프로그램을 이용하여 수레의 한 지점 P가 기준선을 통과하는 순간부터 0.1초 간격으로 P의 위치를 기록한다.

[실험 결과]

시간(초)	0	0.1	0.2	0.3	0.4	0.5
위치(cm)	0	6	14	24	㉠	50

○ 수레는 가속도의 크기가 ㉡인 등가속도 직선 운동을 하였다.

이에 대한 설명으로 옳은 것만을 <보기>에서 있는 대로 고른 것은? [3점]

─── <보 기> ───

ㄱ. ㉠은 36이다.

ㄴ. ㉡은 2m/s^2이다.

ㄷ. P가 기준선을 통과하는 순간의 속력은 0.4m/s이다.

11 18년 7월 교육청 4번

그림은 직선 도로에서 10m 간격을 유지하며 5m/s의 일정한 속력으로 운동하는 자동차 A, B를 나타낸 것이다. A, B는 터널 내부에서 각각 등가속도 직선 운동을 하고, B가 터널에 들어가는 순간부터 A가 터널을 나오는 순간까지 A와 B 사이의 거리는 1초에 2m씩 증가한다.

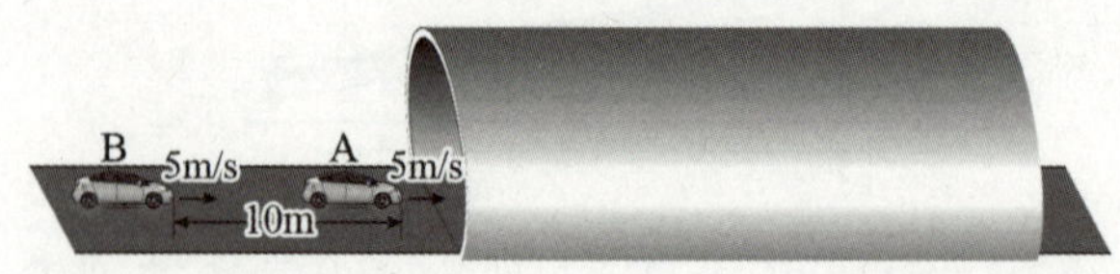

이에 대한 설명으로 옳은 것만을 <보기>에서 있는 대로 고른 것은? (단, A와 B의 크기는 무시한다.) [3점]

<보 기>

ㄱ. A가 터널을 빠져나온 순간부터 2초 후에 B가 터널을 빠져 나온다.

ㄴ. B가 터널에 들어가는 순간 A의 속력은 7m/s이다.

ㄷ. 터널 안에서 B의 가속도의 크기는 1.5m/s^2이다.

12 19년 10월 교육청 4번

그림과 같이 수평면 위의 두 지점 p, q에 정지해 있던 물체 A, B가 동시에 출발하여 각각 r까지는 가속도의 크기가 a로 동일한 등가속도 직선 운동을, r부터는 등속도 운동을 한다. p와 q 사이의 거리는 5m이고 r를 지난 후 A와 B의 속력은 각각 6m/s, 4m/s이다.

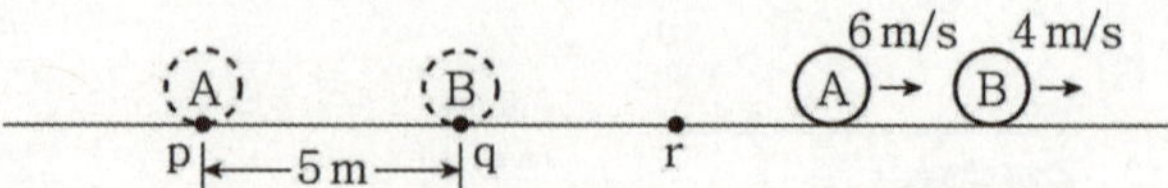

이에 대한 옳은 설명만을 <보기>에서 있는 대로 고른 것은? (단, A, B는 동일 직선상에서 운동하며, 크기는 무시한다.) [3점]

<보 기>

ㄱ. $a = 2\text{m/s}^2$이다.

ㄴ. B가 q에서 r까지 운동한 시간은 1초이다.

ㄷ. A가 출발한 순간부터 B와 충돌할 때까지 걸리는 시간은 5초이다.

13 20년 4월 교육청 16번

그림과 같이 직선 도로에서 기준선 P를 속력 v_0으로 동시에 통과한 자동차 A, B가 각각 등가속도 운동하여 A가 기준선 Q를 통과하는 순간 B는 기준선 R를 통과한다. A, B의 가속도는 방향이 반대이고 크기가 a로 같다. A, B가 각각 Q, R를 통과하는 순간, 속력은 B가 A의 3배이다. P와 Q 사이, Q와 R 사이의 거리는 각각 $3L$, $2L$이다.

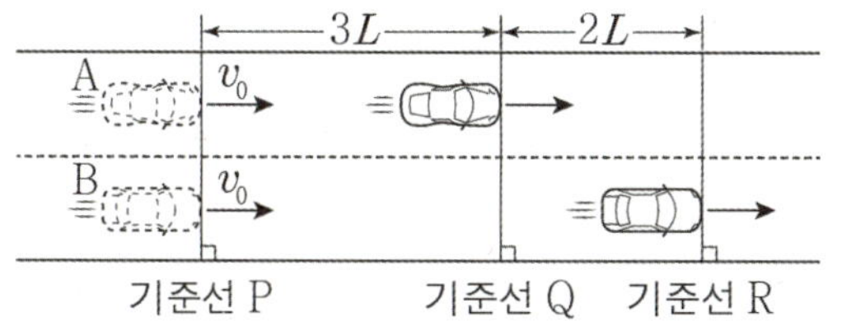

a는? (단, A, B는 도로와 나란하게 운동하며, A, B의 크기는 무시한다.) [3점]

① $\dfrac{v_0^2}{10L}$ ② $\dfrac{v_0^2}{8L}$ ③ $\dfrac{v_0^2}{6L}$

④ $\dfrac{v_0^2}{4L}$ ⑤ $\dfrac{v_0^2}{2L}$

14 21년 4월 교육청 18번

그림 (가)와 같이 마찰이 없는 빗면에서 가만히 놓은 물체 A가 점 p를 지나 점 q를 v의 속력으로 통과하는 순간, 물체 B를 p에 가만히 놓았다. p와 q사이의 거리는 L이고, A가 p에서 q까지 운동하는 동안 A의 평균 속력은 $\dfrac{4}{5}v$이다. 그림 (나)는 (가)의 A, B가 운동하여 B가 q를 지나는 순간 A가 점 r를 지나는 모습을 나타낸 것이다.

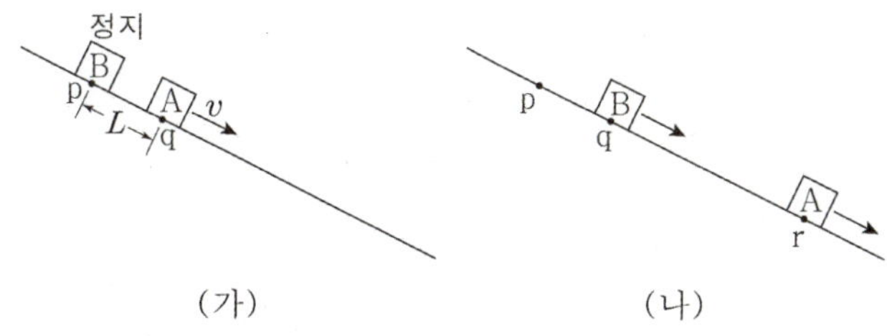

q와 r 사이의 거리는? (단. 물체의 크기, 공기 저항은 무시한다.)

① $\dfrac{5}{2}L$ ② $3L$ ③ $\dfrac{7}{2}L$

④ $4L$ ⑤ $\dfrac{9}{2}L$

15

그림과 같이 등가속도 직선 운동을 하는 자동차 A, B가 기준선 P, R를 각각 v, $2v$의 속력으로 동시에 지난 후, 기준선 Q를 동시에 지난다. P에서 Q까지 A의 이동 거리는 L이고, R에서 Q까지 B의 이동 거리는 $3L$이다. A, B의 가속도의 크기와 방향은 서로 같다.

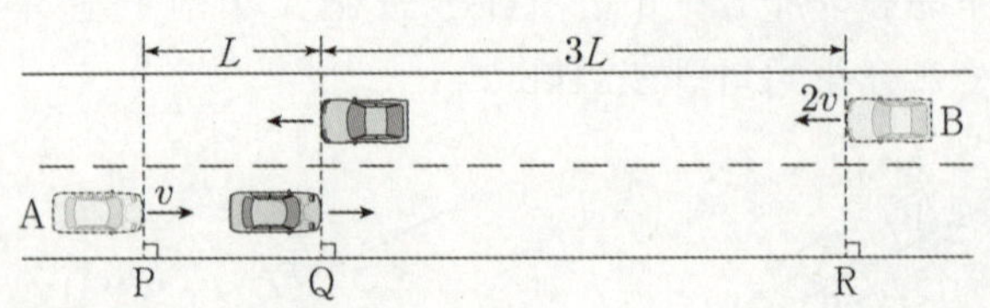

A의 가속도의 크기는? [3점]

① $\dfrac{3v^2}{16L}$ ② $\dfrac{3v^2}{8L}$ ③ $\dfrac{3v^2}{4L}$

④ $\dfrac{9v^2}{8L}$ ⑤ $\dfrac{4v^2}{3L}$

16

그림과 같이 빗면의 점 p에 가만히 놓은 물체 A가 점 q를 v_A의 속력으로 지나는 순간 물체 B는 p를 v_B의 속력으로 지났으며, A와 B는 점 r에서 만난다. p, q, r는 동일 직선상에 있고, p와 q사이의 거리는 $4d$, q와 r 사이의 거리는 $5d$이다.

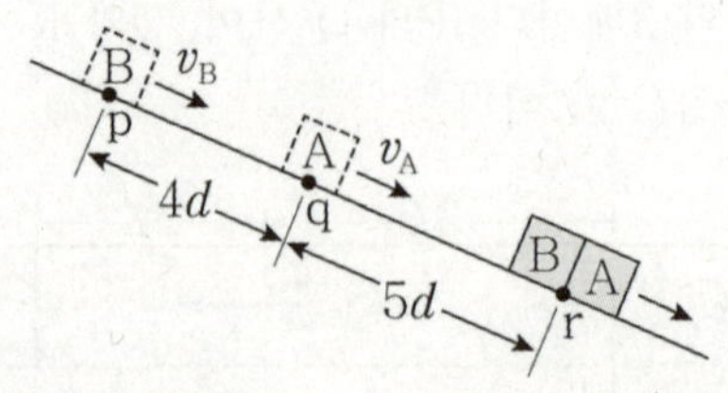

$\dfrac{v_A}{v_B}$는? (단, 물체의 크기, 모든 마찰과 공기 저항은 무시한다.)

① $\dfrac{4}{9}$ ② $\dfrac{1}{2}$ ③ $\dfrac{5}{9}$

④ $\dfrac{2}{3}$ ⑤ $\dfrac{4}{5}$

17 22학년도 수능 16번

그림과 같이 직선 도로에서 속력 v로 등속도 운동하는 자동차 A가 기준선 P를 지나는 순간 P에 정지해 있던 자동차 B가 출발한다. B는 P에서 Q까지 등가속도 운동을, Q에서 R까지 등속도 운동을, R에서 S까지 등가속도 운동을 한다. A와 B는 R를 동시에 지나고, S를 동시에 지난다. A, B의 이동 거리는 P와 Q사이, Q와 R사이, R와 S사이가 모두 L로 같다.

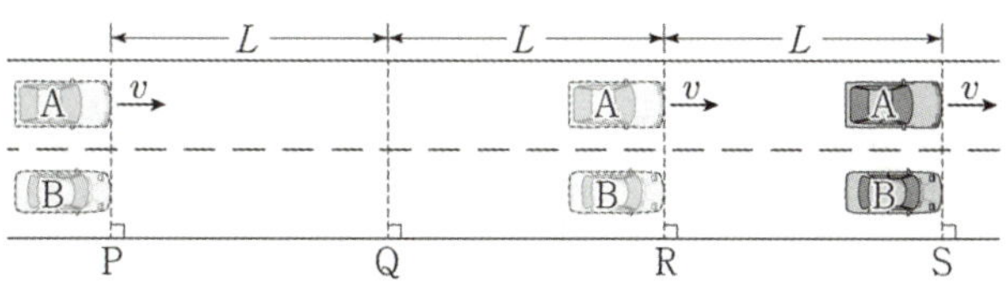

이에 대한 설명으로 옳은 것만을 <보기>에서 있는 대로 고른 것은? [3점]

<보 기>

ㄱ. A가 Q를 지나는 순간, 속력은 B가 A보다 크다.

ㄴ. B가 P에서 Q까지 운동하는 데 걸린 시간은 $\dfrac{4L}{3v}$이다.

ㄷ. B의 가속도의 크기는 P와 Q 사이에서가 R와 S 사이에서보다 작다.

---

18 24학년도 6월 평가원 18번

그림과 같이 직선 도로에서 출발선에 정지해 있던 자동차 A, B가 구간 I에서는 가속도의 크기가 $2a$인 등가속도 운동을, 구간 II에서는 등속도 운동을, 구간 III에서는 가속도의 크기가 a인 등가속도 운동을 하여 도착선에서 정지한다. A가 출발선에서 L만큼 떨어진 기준선 P를 지나는 순간 B가 출발하였다. 구간 III에서 A, B 사이의 거리가 L인 순간 A, B의 속력은 각각 v_A, v_B이다.

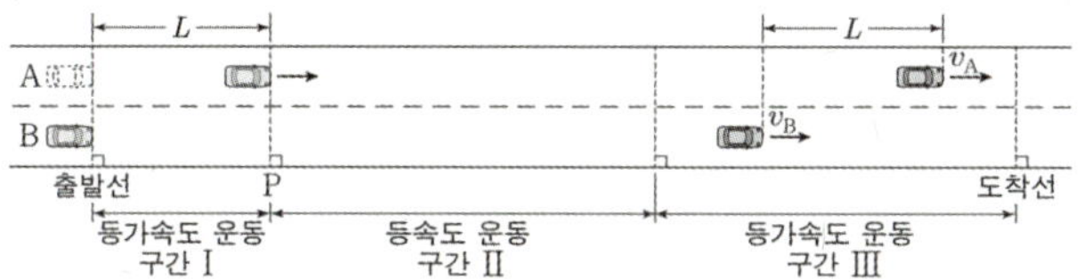

$\dfrac{v_A}{v_B}$는? [3점]

① $\dfrac{1}{4}$ ② $\dfrac{1}{3}$ ③ $\dfrac{1}{2}$

④ $\dfrac{2}{3}$ ⑤ 1

그림과 같이 빗면에서 물체가 등가속도 직선 운동을 하여 점 a, b, c, d를 지난다. a에서 물체의 속력은 v이고, 이웃한 점 사이의 거리는 각각 L, $6L$, $3L$이다. 물체가 a에서 b까지, c에서 d까지 운동하는 데 걸린 시간은 같고, a와 d 사이의 평균 속력은 b와 c 사이의 평균 속력과 같다.

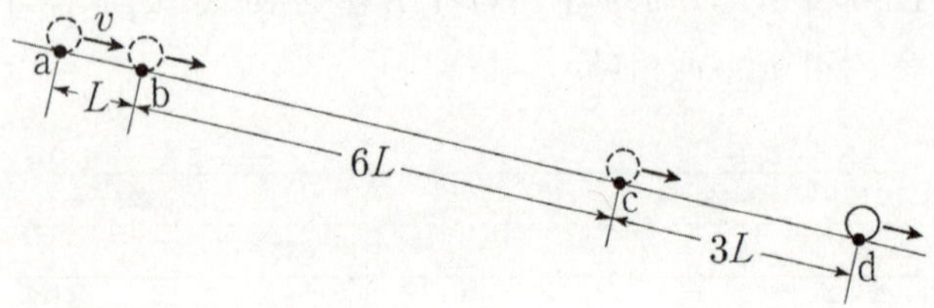

물체의 가속도의 크기는?
(단, 물체의 크기는 무시한다.)

① $\dfrac{5v^2}{9L}$ 　　② $\dfrac{2v^2}{3L}$ 　　③ $\dfrac{7v^2}{9L}$

④ $\dfrac{8v^2}{9L}$ 　　⑤ $\dfrac{v^2}{L}$

그림과 같이 직선 도로에서 서로 다른 가속도로 등가속도 운동을 하는 자동차 A, B가 각각 속력 v_A, v_B로 기준선 P, Q를 동시에 지난 후, 기준선 S에 동시에 도달한다. 가속도의 방향은 A와 B가 같고, 가속도의 크기는 A가 B의 $\dfrac{2}{3}$배이다. B가 Q에서 기준선 R까지 운동하는 데 걸린 시간은 R에서 S까지 운동하는 떼 걸린 시간의 $\dfrac{1}{2}$배이다. P와 Q사이, Q와 R 사이, R과 S사이에서 자동차의 이동 거리는 모두 L로 같다.

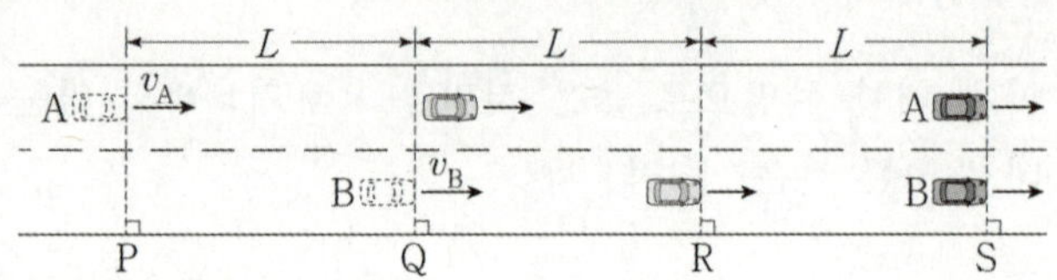

$\dfrac{v_A}{v_B}$는? [3점]

① $\dfrac{9}{4}$ 　　② $\dfrac{3}{2}$ 　　③ $\dfrac{7}{6}$

④ $\dfrac{8}{7}$ 　　⑤ $\dfrac{8}{9}$

21 24년 4월 교육청 17번

그림 (가)는 마찰이 없는 빗면에서 등가속도 직선 운동하는 물체 A, B의 속력이 각각 $3v$, $2v$일 때 A와 B 사이의 거리가 $7L$인 순간을, (나)는 B가 최고점에 도달한 순간 A와 B 사이의 거리가 $3L$인 것을 나타낸 것이다. 이후 A와 B는 A의 속력이 v_A일 때 만난다.

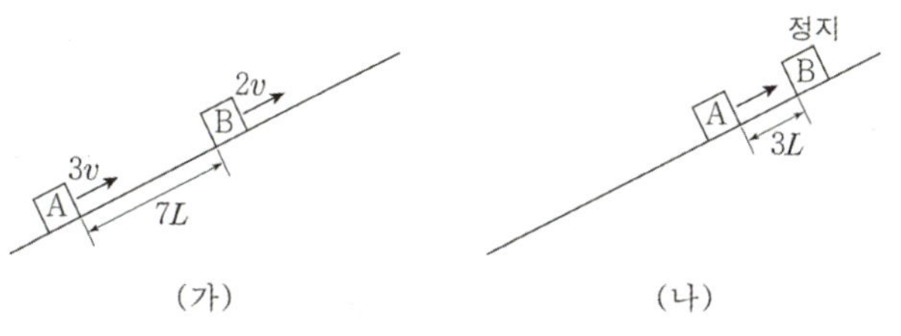

v_A는? (단, 물체의 크기는 무시한다.)

① $\dfrac{1}{5}v$ ② $\dfrac{1}{4}v$ ③ $\dfrac{1}{3}v$

④ $\dfrac{1}{2}v$ ⑤ v

22 24년 7월 교육청 19번

그림과 같이 직선 도로에서 서로 다른 가속도로 등가속도 운동하는 물체 A, B가 시간 $t=0$일 때 기준선 P, Q를 각각 v, v_0의 속력으로 지난 후, $t=T$일 때 기준선 R, P를 $4v$의 속력으로 지난다. P와 Q 사이, Q와 R 사이의 거리는 각각 x, $3L$이다. 가속도의 방향은 A와 B가 서로 반대이고, 가속도의 크기는 B가 A의 2배이다.

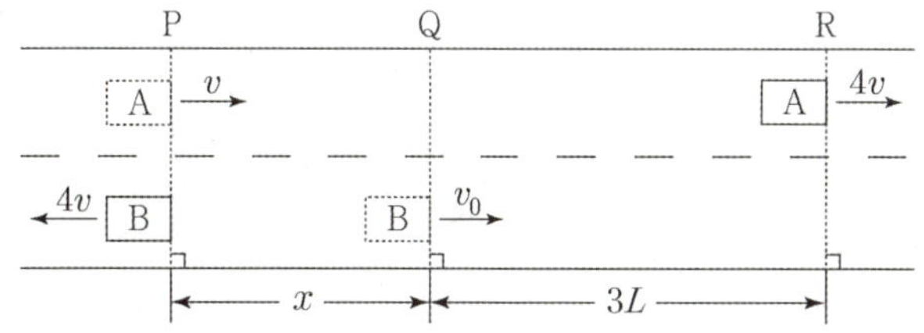

이에 대한 설명으로 옳은 것만을 <보기>에서 있는 대로 고른 것은? (단, A, B의 크기는 무시한다.)

<보 기>

ㄱ. $v_0 = 2v$이다.

ㄴ. $x = 2L$이다.

ㄷ. $t=0$부터 $t=T$까지 B의 평균 속력은 $\dfrac{5}{2}v$이다.

---

① ㄴ ② ㄷ ③ ㄱ, ㄴ

④ ㄱ, ㄷ ⑤ ㄱ, ㄴ, ㄷ

힘 그리고 계의 분석

02 힘 그리고 계의 분석

앞서 Kinematics(운동학)의 Chapter 1에서는 물체의 운동에 관한 기본 물리량들에 대해 다루었다면, 이제 Kinetics (운동역학)에서는 물체의 운동 상태를 변화시킬 수 있는 원인인 힘과 운동을 함께 공부해볼 것이다. 힘은 가속도와 정말 밀접한 관련이 있으며, 이후 Chapter 3에서 다룰 힘의 시간적 효과인 운동량과 충격량, Chapter 4에서 다룰 힘의 공간적 효과인 일, 에너지와도 깊이 연관되는 물리량이다. 역학에서 "역(力)"자가 힘을 나타내는 것만 봐서도 알 수 있듯 역학의 중추가 되는 물리량인 만큼 비중 있게 학습해야 한다.

이 Chapter에서는 **여러 가지 힘의 정의, 뉴턴 운동 법칙, 힘의 해석법, 역학계** 등에 대해 깊게 탐구하고, 이 Chapter에서 가장 무게감 있는 주제인 **복합적 상황에서의 계의 분석**을 해볼 것이다.

| 힘

1. 힘의 정의

앞서 Chapter 1에서 물체가 가속하는 상황에 대해 다루었다.
여기서 물체의 가속의 원인이 되는 것이 힘이다.
다시 말해, 힘은 질량을 가진 물체의 속도나 물체의 모양을 변화시키는 요인이다.
물리학 1에서는 용수철을 제외하면, 물체의 모양의 변화는 다루지 않으므로, 직관적으로는 힘을 밀어내거나 당기는
것이라는 개념으로도 설명할 수 있다.

힘은 방향과 크기를 모두 가지는 물리량이므로, 벡터량으로 표현한다.
힘의 단위는 뉴턴$(\mathrm{N} = \mathrm{kg} \times \mathrm{m/s^2})$이며, 일반적으로 F라는 기호로 표기한다.

2. 알짜힘과 합력

(1) 합력

합력은 한 물체에 작용하는 두 개 이상의 힘의 합을 말한다.
힘을 합할 때는 벡터의 합성을 이용하여 벡터끼리 합한다.
예를 들어 물체에 세 개의 힘 $\vec{F_1}$, $\vec{F_2}$, $\vec{F_3}$이 작용할 때, $\vec{F_1}+\vec{F_2}$, $\vec{F_1}+\vec{F_3}$, $\vec{F_2}+\vec{F_3}$, $\vec{F_1}+\vec{F_2}+\vec{F_3}$의
네 가지의 힘의 합의 경우의 수가 존재하는데, 이를 모두 합력이라고 부를 수 있다.
"합력"의 의미는 그저 힘을 벡터끼리 합한 것이라는 의미이다.

(2) 알짜힘

알짜힘은 실존하는 힘이 아닌, 결과적으로 물체의 운동에 관여하게 되는 하나의 힘을 말한다.
여러 힘들이 복합적으로 물체의 운동 상태에 영향을 미치지만, 결론적으로 물체에 작용하는 하나의 가상의 힘이
알짜힘인 것이다.

이 알짜힘을 구하는 방법은 **한 물체에 작용하는 모든 힘의 합력**을 구하는 것이다.
따라서 '합력은 알짜힘'이라고 할 때는 그 합력이 **"모든 힘의 합력"**이어야 하므로, 알짜힘은 일반적인 합력과 달리,
오직 하나만 존재한다.

'알짜힘'의 실전적 의미를, '**각각의 모든 힘의 합력**'이면서, '**가속도와 너무나도 긴밀한 관계를 가지는 물리량**'이라고
받아들이면 매우 좋다.
물체의 운동 상태에 직접적인 결과를 가져오는 힘을 말할 때, 합력보다는 알짜힘을 가지고 말하는 것이 조금 더
자연스러울 것이다.

❙뉴턴 운동 법칙

1. 뉴턴 운동 제 1법칙 : 관성 법칙

> 물체에 작용한 알짜힘이 0이면, 물체의 속도가 변하지 않는다.
> 즉, 물체는 가속되지 않는다.

다시 말하면, 물체에 작용하는 알짜힘이 0일 때, 정지해 있던 물체는 계속 정지해 있고, 운동하던 물체는 계속 등속 직선 운동을 한다.

물체에 여러 개의 힘이 작용하더라도 알짜힘이 0이면 물체는 가속되지 않는다.

따라서 물체가 속도가 일정한 운동을 한다면, 물체에 작용하는 알짜힘이 0인 것을 알 수 있다.

위 상황을 힘의 입장에서 바라보게 되면, 물체에 작용한 힘들이 서로 힘의 균형을 이루고 있으므로,
이때 물체는 **힘의 평형 상태에 있다**고 말한다.

2. 뉴턴 운동 제 2법칙 : 가속도 법칙

> 제 2법칙 : 물체에 작용한 알짜힘은 물체의 질량과 가속도의 곱과 같다.
> $$\vec{F} = m\vec{a}$$

가속도의 입장에서 보면, 물체의 가속도(a)는 물체에 작용하는 알짜힘의 크기(F)에 비례하고, 물체의 질량 (m)에 반비례한다. 가속도는 **단위 질량당 힘**으로도 정의할 수 있음을 알 수 있다.

$$a = \frac{F}{m}$$

여기서 F는 원칙상 알짜힘이어야 한다.

알짜힘 대신 합력을 이루는 각각의 힘들에 대응되는 가속도는, 물체의 운동 상태를 설명하는 진짜 가속도가 아닌, 단위 질량당 힘에 불과하다.

이 중에서 의미가 있는 것이 앞서 Chapter 1에서 다루었던 **중력 가속도**와 **빗면 가속도**이다.

물론 이 둘 역시 다른 힘이 작용하지 않고 오직 중력, 빗면힘에 의해서만 가속될 때, 물체의 진짜 가속도가 될 수 있다.

힘은 항상 두 물체 사이에서 상호 작용하는데, A가 B에게 힘 (F_{AB})을 작용하면, 동시에 B도 A에게 반대 방향으로 같은 크기의 힘 (F_{BA})를 작용한다.

$$F_{AB} = F_{BA}, \ \vec{F}_{AB} = -\vec{F}_{BA}$$

모든 작용하는 힘에는 각각에 대응되는 반작용이 있다.
이 작용과 반작용이라는 두 힘은 힘을 가하는 주어와 힘을 받는 목적어가 서로 뒤바뀐 관계인데,
예를 들어 A가 B를 미는 힘의 반작용은 B가 A를 미는 힘이다.

만약 문제에서 어떤 힘의 반작용인 힘을 찾는 것을 요구한다면, 힘을 가하는 주어와 힘을 받는 목적어를 바꾸어 주면 쉽게 찾을 수 있다.

예를 들어, 발문에서 모터가 물체를 일정한 크기의 힘 F로 당겼다고 하면, 물체도 모터를 F로 당기는 것이다. 그런데 왜 모터는 힘을 받았음에도 운동 상태가 변하지 않냐고 물어본다면, 모터는 고정되어 있어 운동 상태가 변하지 않는 것처럼 보이는 것뿐이다.

아래는 작용 반작용 관계에 있는 두 힘의 특징이다.
이후 Chapter 4의 용수철 파트에서 다시 등장할 성질이니 기억해두자.

> 같은 시간 동안 서로 반대 방향으로 크기가 같은 힘이 작용한다.
> (1) 시간 동일, (2) 방향 반대, (3) 크기 동일

(1) 중력

중력의 크기는 물체의 질량 m에 중력 가속도 g를 곱한 mg이다. 물체는 항상 연직 아래 방향으로 중력을 받는다.
중력이 작용하는 방향과 나란한 방향을 연직 방향이라고 한다.
연직 방향은 항상 수평면에 수직이다.

> 중력 : 연직 아래 방향으로 mg의 크기로 항상 작용하는 힘

중력은 물체가 자유 낙하를 하는 상황이든, 수평면 위에 정지해 있든 관계없이 물체에 항상 작용한다.

(2) 수직항력

땅 위에 서 있을 때, 우리는 중력을 받음에도 불구하고 아래로 가속 운동하지 않는다. 그 이유는 땅이 우리를 중력의
크기만큼 밀어 올리기 때문이다.
수직항력은 $\vec{F}_N$ 또는 $\vec{N}$으로 보통 표시하며, 수직항력이란 이름에서 알 수 있듯 접촉면과 수직한 방향으로 저항하는
힘이다. 수직항력의 크기를 알려주는 명시적인 공식은 없으며, 물체에 작용하는 힘의 크기를 분석하여 간접적으로 알
수 있는 힘이다. 수직항력은 중력과 달리 상황에 따라서 크기가 변할 수 있는 힘이다.

> 수직항력 : 접촉면에 수직한 방향으로 물체를 미는 힘

수직항력의 크기에 대해 살펴보기 위해 물체가 수평면에 있는 경우와 빗면에 있는 경우를 나누어 살펴보자.

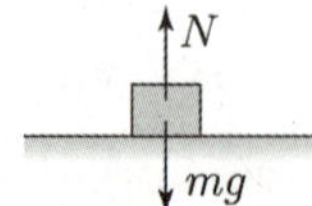

물체가 수평면에 있을 때, 물체를 들거나 누르고자 하는 다른 힘이 없다면 수직항력의 크기는 중력의 크기와
같아지며, 물체를 들거나 누르고자 하는 힘이 있다면, 그 힘과 수직항력의 합의 크기가 중력의 크기와 같아진다.
물체가 수평면상에 정지해 있는 것은 힘의 평형이 이루어진 상황이므로, 수직항력의 크기가 중력과 같아 알짜힘이
0임을 파악할 수 있는 것이다.

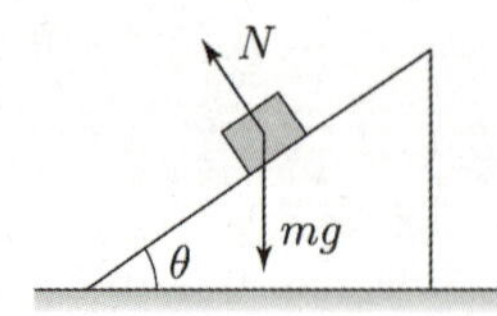

만약 빗면에서 물체를 들거나 누르고자 하는 다른 힘이 없다고 가정한다면, 빗면에서의 수직항력의 크기는 중력의 크기와 빗면의 각도에 따라 결정된다. 중력을 빗면과 수평, 수직인 두 성분힘으로 나누었을 때, 수직항력은 빗면과 수직인 성분힘과 크기가 같다. 빗면이 수평면과 이루는 각도를 θ라 했을 때 이 힘의 크기는 $mg\cos\theta$가 된다.

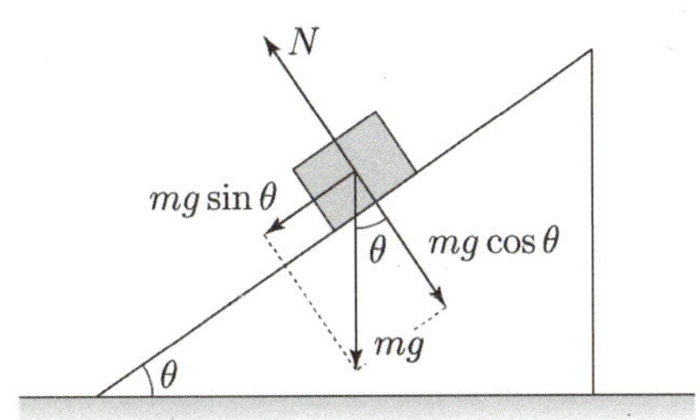

(3) 빗면힘

빗면 상황의 분석에서는 빗면과 나란하지 않은 방향의 외력은 물리학I 수준에서는 분석할 수 없으므로 논외로 하자. 빗면상에서 물체에 작용하는 외력은 운동 방향과 나란한 방향의 것만 생각한다.

아래와 같이 수평면과 이루는 각도가 θ인 빗면 위에 물체가 운동하고 있다.

빗면힘[7]이란 빗면에서 가속의 직접적 원인이 되는 힘으로, **실제로 작용하는 힘은 아니며,** 중력 벡터와 수직항력 벡터를 더한 결과이다. 아래 그림에서, mg벡터와 N벡터를 더한 결과인 $mg\sin\theta$벡터가 빗면힘 벡터인데, mg벡터와 N벡터의 시점이 일치하므로, 두 벡터를 변으로 하는 평행사변형을 그렸을 때 mg벡터와 N벡터의 시점에서 출발한 대각선 벡터인 $mg\sin\theta$벡터가 두 벡터를 합한 벡터가 된다.

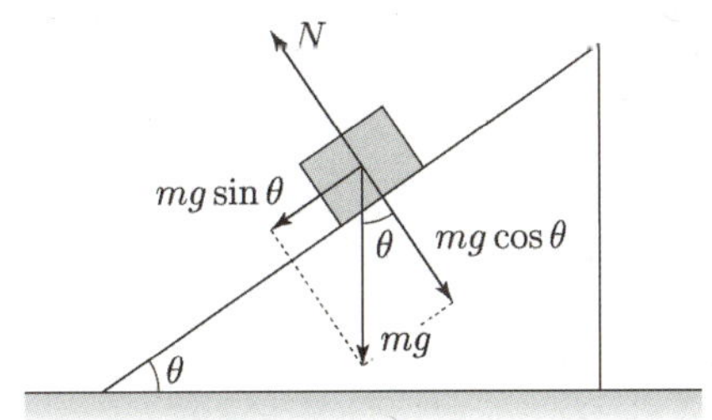

외부에서 힘이 가해지지 않는 상황에서, 물체에 가해지는 힘의 근원은 오직 중력뿐이다.
빗면에 있는 물체에 작용하는 중력을 i) 빗면을 누르는 힘과, ii) 빗면을 따라 미끄러지려 하는 힘으로 분해할 수 있는데, 앞서 다루었던 수직항력 N은 i)에 의해 빗면이 받는 힘에 대한 반작용으로서 i)을 상쇄[8]하게 된다.

따라서 물체에는 ii) 빗면을 따라 미끄러지려 하는 힘만이 남게 되며, 이 힘이 곧 중력과 수직항력을 벡터합한 결과가 된다.

따리서 빗면힘은 운동 방향과 나란한 방향으로 $mg\sin\theta$의 크기로 작용하는 힘이다. 빗면힘은 물체에 작용하는 중력의 크기와 빗면의 기울기에 의해서만 결정되는 힘이므로 사실 빗면힘은 외부 힘과 무관하게 정해진다.

---

7) 앞서 Chapter 1. 직선 운동의 분석에서 다루었던 빗면 가속도가 바로 이 빗면힘에 의한 가속도이다.

8) 상쇄란 힘의 존재가 없어지는 것이 아니라 합이 0이 됨을 의미한다는 것에 주의하자.

F는 문제 발문에서 사용하는 경우가 있으므로 $mg\sin\theta$을 f로 치환하여 f로 빗면힘을 표시하는 것이 유용하다.

사실 빗면힘을 직접 θ를 대입하여 $\sin\theta$값을 계산하여 구할 일은 물리학I 에서는 없다. 그런데도 알고 있는 것이 왜 좋은가?

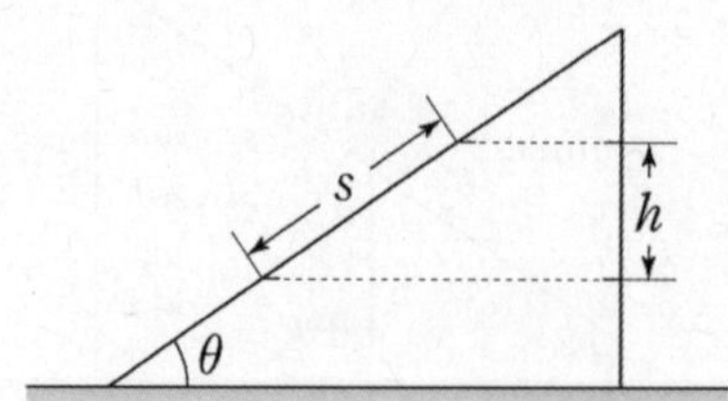

첫 번째 이유 : $\sin\theta$는 빗면에서 이동한 거리 s와 높이 변화 h에 대해 $\sin\theta = \dfrac{h}{s}$를 만족한다.

빗면에서의 **이동 거리**와 **높이 변화**의 비 조건은 충분히 나올 수 있는 조건이기 때문에 $mg\sin\theta$를 알고 있다면 원래 빙 돌아서 가야 구할 수 있는 빗면힘 조건을 더 빠르게 알 수 있는 경우가 있다.

두 번째 이유 : $mg\sin\theta$는 나중에 에너지 단원에서의 도구 정리에서 빛을 발한다. 뒤에서 다루겠지만,
식을 조금만 바꾸어 관찰하면 빗면에서 운동하는 물체의 가속도를 a라 하면,

$ma = mg\dfrac{h}{s}$이고, $mas = mgh$이다.

이를 해석하면 '운동 에너지 증가/감소량 크기＝퍼텐셜 에너지 감소/증가량 크기[9]'가 되어 역학적 에너지 보존 법칙을 의미하게 된다.

---

9) 빗면에서의 퍼텐셜 에너지 변화량의 크기는 $|\Delta E_\mathrm{P}| = fs$가 된다.

(4) 장력

물체에 연결된 줄(실)이 팽팽할 때, 줄(실)은 물체를 당기게 된다. 줄(실)이 팽팽히 당겨진 상태에서, 이러한 힘을 장력이라 한다. **줄(실)에 걸린 장력의 크기는 줄(실)에 의해서 물체에 작용하는 힘의 크기와 동일**하다.
줄(실)의 질량이 없는 경우, 장력은 **줄(실)의 모든 지점에서 동일**하다.
장력이 T인 경우에, 줄(실)은 줄(실)의 끝에 연결된 두 물체를 T의 힘으로 각각 당기게 된다.
이와 마찬가지로 줄(실)의 양쪽에서 각각 T의 힘으로 당기게 되면, 줄(실)에 걸리는 장력은 T이다.

> 줄(실)에 걸리는 장력의 크기 = 양쪽 물체를 당기는 힘의 크기

만약 발문이나 보기에서 '실 p가 물체 A를 당기는 힘'이라는 문구가 나왔다면, '실 p에 걸리는 장력의 크기'라고 생각하면 충분하며, 실이 또 다른 물체를 당기는 힘과도 동일하다는 것으로 인식하면 된다.

용수철 저울 : 장력을 재는 용도 외 다른 어떤 의미도 없고, 운동 상태를 변화시키거나 힘에 영향을 주지 않는다.
　　　　　용수철을 단순히 실의 일부라고 생각하는 것도 좋다.
　　　　　용수철 저울은 **단지 장력을 눈으로 볼 수 있게 해주는 도구일 뿐**이란 것을 기억하자.

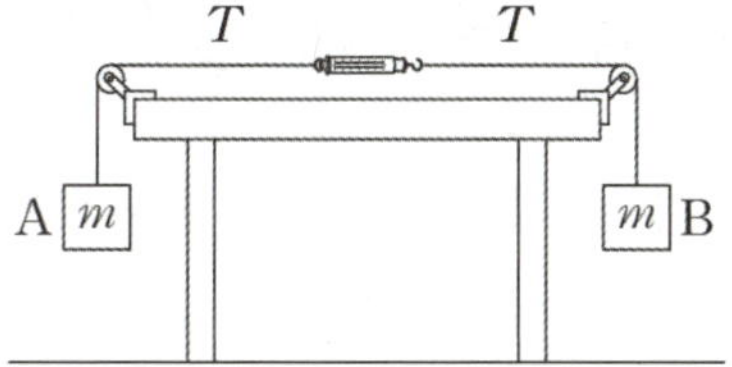

특히 용수철 저울에 대해, 다음과 같은 오개념을 가지는 경우가 많다.
줄(실)을 양쪽에서 각각 T의 힘으로 당기면 뭔가 T와 T를 더해서 용수철 저울에서 $2T$만큼의 힘이 측정될 거 같다는 상상을 하기 쉽다. 충분히 그럴 수 있다.
만약 용수철에 걸린 탄성력이 $2T$라면, 용수철의 왼쪽 끝은 왼쪽으로 T의 알짜힘을 받아 가속되어야 하는데, 실제로 용수철은 멈춰 있음을 생각해 보자. 틀렸다는 걸 알 수 있을 것이다.
줄(실)의 양쪽에서 각각 T의 힘으로 당기게 되어도, 줄(실)에 걸리는 장력은 T이다.
따라서 용수철 저울에 표시되는 눈금도 T이다.

한 덩어리로 묶어서 보기 (역학계)

두 개 이상의 물체를 하나의 묶음으로 덩어리 취급하여 관찰하는 도구이다. 사실 '계'라는 개념은 꼭 운동 상태가 같을 필요는 없으나, 지금 설명하는 '덩어리 취급하기'에서는 운동 상태가 같은 것들을 묶어서 보는 것을 '계로 묶는다'라고 설명하겠다.

계 : 동일한 운동을 하는 부분들로 구성된 조직

접촉된 상태로 운동하거나, **팽팽한 실로 연결된 상태로 운동**하는 경우가 계로 취급할 수 있는 경우에 해당한다. 물체가 서로 기울기가 다른 빗면에 놓여 있거나, 고정도르래에 매달려 있어도 계로 취급이 가능하다.

단, **실이 느슨한 상태로 운동하는 경우는 계로 취급할 수 없다**는 점에 주의하자. 동일한 계로 취급하려면, 같은 운동 상태를 가져야 하는데, 실이 느슨하면 서로 속도와 가속도, 이동 거리가 같지 않기 때문에, 운동 상태가 같지 않다. 따라서 실이 느슨한 상태는 계로 취급할 수 없다.

1. 내부힘과 외부힘

내부힘과 외부힘은 계를 설정하였을 때 힘을 나누는 하나의 기준이다.

내부힘 : 계에 포함된 물체들 사이에서 주고받는 힘이다. 계의 운동에는 영향을 미치지 못한다.
외부힘 : 계의 외부와 상호작용하는 힘이다. 계의 운동에 영향을 미친다.

2. 계를 이루는 물체들의 성질

한 덩어리의 역학계로 운동하는 경우, **속도**, **가속도**, **변위**가 동일하다.
계를 이루는 물체들 간의 **속도가 동일**하므로 물체들의 **운동량/운동량 변화량 비가 유지**되며,
계를 이루는 물체들 간의 **가속도가 동일**하므로 물체들의 **알짜힘 비가 유지**되고,
계를 이루는 물체들 간의 **변위가 동일**하므로 물체들의 **에너지 변화량 비가 유지**된다.

따라서 역학계의 물체들에 대해, 아래 물리량들의 비는 질량비와 같게 된다.

$$m \propto E_\text{K} \propto \Delta E_\text{K} \propto |p| \propto \sum F$$

같은 계에 속한 물체들은 같은 가속도를 가지며
따라서 구성 요소들의 알짜힘은 질량에 비례하게 된다.

$$(m_A + m_B)a = \begin{cases} \boxed{m_A}\, a \\ \text{나눠 가진다!} \\ \boxed{m_B}\, a \end{cases}$$

만약 두 개 이상의 물체가 **계를 이루어 운동하는 상황에서는, 전체 계의 알짜힘은 질량비대로 물체들에 분배**된다.

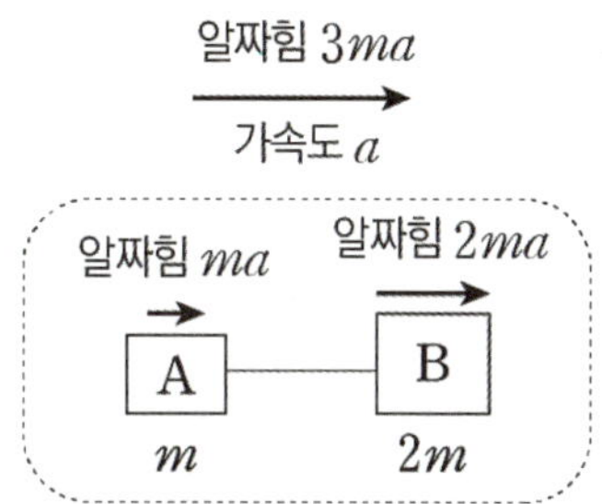

위 그림처럼 질량이 각각 m, $2m$인 물체 A와 B가 계를 이루어 가속도 a로 등가속도 운동하고 있다. 이때 계의 알짜힘 $F_계 = 3ma$이다. 물체 A와 B의 알짜힘은 각각 $F_A = ma$, $F_B = 2ma$가 된다.

이를 일반화하면 아래와 같다.

두 개 이상의 물체가 계를 이루어 운동하는 상황에서, 각 물체의 질량비가 $l : m : n \cdots$ 이라면,
각 물체에 작용하는 알짜힘의 크기도 $l : m : n \cdots$ 이 되도록 알짜힘이 분배된다.

일반적으로, 계를 묶은 상태에서는 계 전체의 알짜힘, 계의 질량, 계의 가속도를 알아내야 한다.
계를 하나의 물체 취급하게 되면, 계의 내부력은 무시할 수 있고, 계의 모든 외부 힘의 합력이 계 전체의 알짜힘이
된다.

상황 여러 가지를 나누어 분석해보도록 하자. 실제 문제에서는 계의 알짜힘과 총 질량을 알 수 있는 경우가
대부분인데, 이 두 조건을 이용해서 계의 가속도를 꺼내면 된다.

(1) 수평면 상에서 운동하는 계의 분석

계 기준으로 보았을 때 가해지는 힘(손이나 모터로 당기거나 미는 힘)이 없다면, 계의 외부힘이 0이 된다.
가해지는 힘이 있다면 그 힘들의 합력이 계의 알짜힘이 된다.

그림 (가)는 물체 A와 B를, (나)는 물체 A와 C를 각각 실로 연결하고 수평 방향의 일정한 힘 F로 당기는 모습을 나타낸 것이다. 질량은 C가 B의 3배이고, 실은 수평면과 나란하다. 등가속도 직선운동을 하는 A의 가속도의 크기는 (가)에서가 (나)에서의 2배이다.

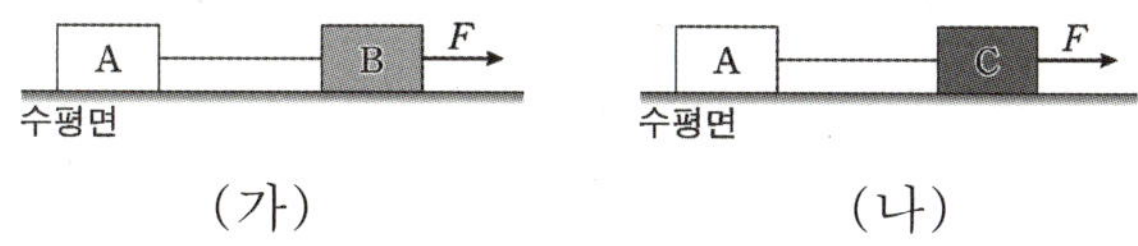

이에 대한 설명으로 옳은 것만을 <보기>에서 있는 대로 고른 것은? (단, 실의 질량, 마찰과 공기 저항은 무시한다.)

<보 기>

ㄱ. A의 질량은 B의 질량과 같다.
ㄴ. C에 작용하는 알짜힘의 크기는 B에 작용하는 알짜힘의 크기의 3배이다.
ㄷ. (가)에서 실이 A를 당기는 힘의 크기는 (나)에서 실이 C를 당기는 힘의 크기와 같다.

---

1. 계의 정보 찾기

계 기준 외부 힘은 F가 유일하므로, (가)와 (나)에서의 계의 알짜힘이 F로 동일하다. 알짜힘이 동일하므로, 계의 가속도와 질량은 반비례할 것이다.
계의 가속도는 (가)에서가 (나)에서의 2배이므로, 계의 질량은 (나)에서가 (가)에서의 2배가 된다.
따라서 A, B, C의 질량비는 $1:1:3$이 됨을 알 수 있다.

2. 보기 판단하기

ㄱ. 앞서 구하였듯, 참이다. **(ㄱ 맞음)**

ㄴ. 질량비는 $B:C = 1:3$이고 가속도의 비는 $B:C = 2:1$이므로 알짜힘의 크기는 $B:C = 2:3$이다.
(ㄴ 틀림)

ㄷ. (가)와 (나)에서 실에 걸리는 장력은, 각각 (가)와 (나)에서 A가 받는 알짜힘과 같으므로 같지 않다. 따라서 옳지 않다. **(ㄷ 틀림)**

정답 : ㄱ

(2) 연직면 상에서 운동하는 계 분석 (고정 도르래)

고정 도르래에 연결된 채 연직면 상에서 운동하는 계에 외부력이 작용하지 않는다면, **물체의 질량비를 통해 가속도를 구할 수 있다.** 반대로 **가속도를 통해 물체의 질량비도 알 수 있다.**

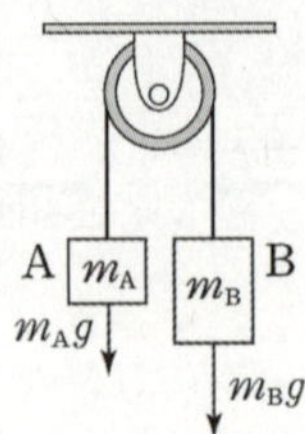

$$a = \frac{m_B - m_A}{m_A + m_B} g$$

일반적인 방식대로 이 계의 가속도를 구하면,

알짜힘이 시계 방향으로 $(m_B - m_A)g$이므로 가속도는 $\dfrac{m_B - m_A}{m_A + m_B}g$이다. $(m_B > m_A)$

쉽게 풀어서 생각하면, 연직 방향으로 운동하는 두 물체의 가속도는 $\dfrac{(\text{무거운 쪽} - \text{가벼운 쪽})}{(\text{무거운 쪽} + \text{가벼운 쪽})}g$이다.

여기서 분모와 분자를 서로 **더해**보자. 도르래에 연결된 양쪽 중 **무거운 쪽** 질량의 두 배가 나온다.
분모에서 분자를 **빼**보자. **가벼운 쪽** 질량의 두 배가 나온다.

따라서 만약 문제에서 가속도가 $\dfrac{(\ )}{(\ )}g$꼴로 주어지는 경우, 우리는 그 **분자와 분모의 합($2m_B$)과 차($2m_A$)의 비율**을 통해 **무거운 물체와 가벼운 물체의 질량비**를 쉽게 찾을 수 있다.

예를 들어 문제에서 연직 방향으로 운동하는 두 물체로 이루어진 계의 가속도가 $\dfrac{1}{5}g$라면,
두 물체의 질량비가 $(5+1):(5-1) = 3:2$임을 곧바로 찾을 수 있다.

문제 상황에 따라 $\dfrac{2}{4}g$의 경우처럼 분모와 분자가 약분되더라도,
분모와 분자의 합과 차의 비율인 $3:1$이 곧 질량비가 된다.

만약 물체의 질량비가 문제에 제시된 경우에는, $a = \dfrac{m_B - m_A}{m_A + m_B}g$에 대입하여 가속도를 그냥 구하면 된다.

여기서 자주 나오는 질량비에 따른 가속도 몇 개는 외워 두는 것이 속도 향상에 도움이 된다.
예를 들면, 아래와 같다. 직접 그림을 생각해 보면서 계산해 보고 자연스럽게 익히길 바란다.

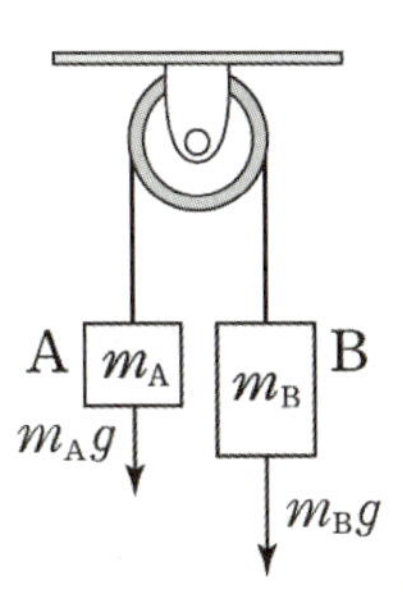

$m_A : m_B \ (m_B > m_A)$	가속도
$1 : 3$	$\dfrac{1}{2}g$
$1 : 2$	$\dfrac{1}{3}g$
$3 : 5$	$\dfrac{1}{4}g$
$2 : 3$	$\dfrac{1}{5}g$

예제(2) 17학년도 9월 평가원 12번

그림 (가)는 물체 A, B, C를 실 p, q로 연결한 후, 손이 A에 연직 방향으로 일정한 힘 F를 가해 A, B, C 가 정지한 모습을 나타낸 것이다. 그림 (나)는 (가)에서 A를 놓은 순간부터 물체가 운동하여 C가 지면에 닿고 이후 B가 C와 충돌하기 전까지 A의 속력을 시간에 따라 나타낸 것이다.

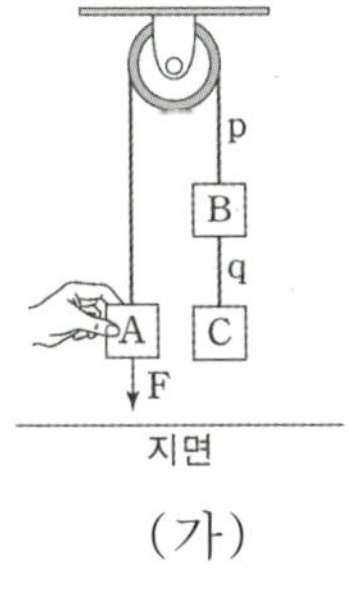

(가)

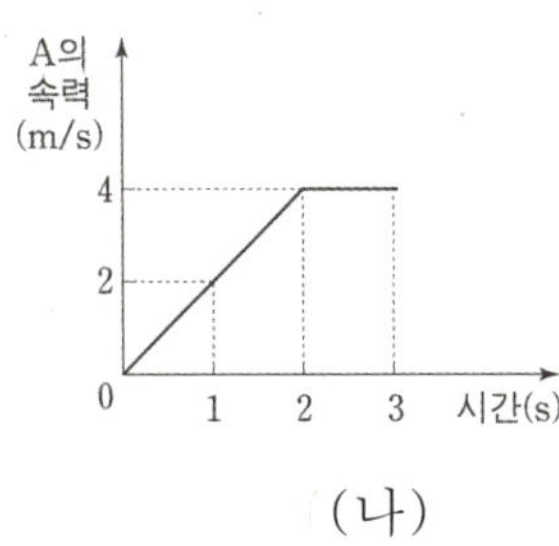

(나)

이에 대한 설명으로 옳은 것만을 <보기>에서 있는 대로 고른 것은? (단, 중력 가속도는 $10\,\mathrm{m/s^2}$이고, 모든 마찰과 공기 저항은 무시한다.) [3점]

〈보 기〉

ㄱ. F의 크기는 C에 작용하는 중력의 크기와 같다.
ㄴ. 질량은 A가 C의 2배이다.
ㄷ. 1초일 때, p가 B를 당기는 힘의 크기는 q가 B를 당기는 힘의 크기보다 크다.

0. 문제 상황 파악하기

먼저, 시간이 지남에 따라 계의 변화가 생긴다는 것을 알 수 있다.

0~2초에서는 A, B, C가 계를 이루어 운동하며, 2초 후에 C가 바닥에 충돌한 순간부터는 A와 B만이 계를 이루어 운동하게 된다.

그래프에서 2초 이후 A와 B의 가속도가 0인 것을 보아, 둘의 질량이 같다는 것을 알 수 있다.

따라서 F는 C의 무게와 같다. (ㄱ 맞음)

1. 질량비 결정하기

0~2초 동안 A, B, C의 가속도가 2이다. 중력 가속도가 $g = 10\mathrm{m/s^2}$이므로

이를 $\frac{1}{5}g$로 바꾸면, 도르래 기준으로 무거운 쪽과 가벼운 쪽의 질량비가 $3:2$인 것을 알 수 있다.

A와 B의 질량이 같으므로, $m_\mathrm{A} : (m_\mathrm{B} + m_\mathrm{C}) = 2:3$에서 $m_\mathrm{A} : m_\mathrm{B} : m_\mathrm{C} = 2:2:1$임을 알 수 있다. (ㄴ 맞음)

2. ㄷ 해결하기

2-1) 수식적 관점

실 p, q에 걸린 장력의 크기를 비교하는 중인데, 이런 경우에는 상대적으로 작용하는 힘의 개수가 적은 물체를 보는 것이 편리하다. 따라서 물체 B가 아닌 A, C를 통해 장력을 구하자.

1초일 때, A의 알짜힘은 위로 $2m_\mathrm{A}\mathrm{N}$이다. A에는 아래로 $10m_\mathrm{A}\mathrm{N}$의 중력이 작용하므로,

위 방향으로 $12m_\mathrm{A}\mathrm{N}$의 장력이 작용해야 한다.

1초일 때, C의 알짜힘은 아래로 $2m_\mathrm{C}\mathrm{N}$이다. C에는 아래로 $10m_\mathrm{C}\mathrm{N}$의 중력이 작용하므로,

위 방향으로 $8m_\mathrm{C}\mathrm{N}$의 장력이 작용해야 한다. (ㄷ 맞음)

2-2) 논리적 관점

1초일 때, A는 중력 반대 방향으로 이동하고 C는 중력 방향으로 이동한다. 그러니 p는 A의 중력보다 강한 힘으로 A를 당기는 것이 분명하고, q는 C의 중력보다 약한 힘으로 C를 당기는 것이 분명하다. 이때 물체의 무게가 A > C이므로, p의 장력이 q의 장력보다 클 수밖에 없다. (ㄷ 맞음)

정답 : ㄱ, ㄴ, ㄷ

(3) 수평면+연직면 상에서 운동하는 계 분석

수평면과 연직면 상에 걸쳐서 운동하는 계에 외부력이 작용하지 않는다면, **물체의 질량비를 통해 가속도를 구할 수 있다.** 반대로 **가속도를 통해 물체의 질량비도 구할 수 있다.**

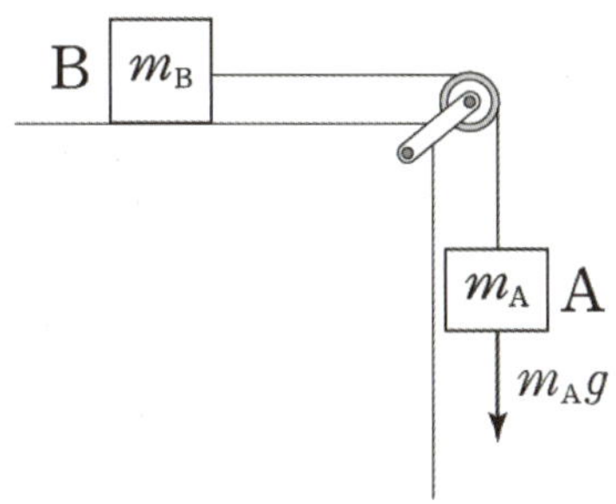

$$a = \frac{m_A}{m_A + m_B}g$$

일반적인 방식대로 계의 가속도를 구하면, 알짜힘이 시계 방향으로 $m_A\,g$이므로 가속도는 $\dfrac{m_A}{m_A + m_B}g$이다.

여기서는 두 물체의 질량 합이 분모, 두 물체 중 외력에 관여하는 질량이 **분자**에 있다.
간단히 변형하면, **분모에서 분자를 뺀 값**과 **분자**의 비율이 두 물체의 **질량비**가 될 것을 알 수 있다.

그러므로 만약 이같은 문제 상황에서 가속도가 $\dfrac{(\ )}{(\ )}g$의 형태로 주어진다면, 가장 먼저 분모에서 분자를 빼자.
그러면 자연스럽게 두 물체의 질량비가 나올 것이다.

예를 들어 위 그림과 같은 상황에서 가속도가 $\dfrac{3}{5}g$라면, **분모에서 분자를 뺀 값**과 **분자**의 비율인 $2:3$이 질량비가 될 것이다. 여기서 결론적 힘에 관여하는 질량은 m_A이므로, $m_A : m_B = 3 : 2$임을 알 수 있다.

만약 물체의 질량비가 문제에 제시된 경우에는, $a = \dfrac{m_A}{m_A + m_B}g$에 대입하여 가속도를 그냥 구하면 된다.

여기서도 자주 나오는 질량비에 따른 가속도 몇 개는 외워 두는 것이 속도 향상에 도움이 된다.
예를 들면, 아래와 같다. 직접 그림을 생각해 보면서 계산해 보고 자연스럽게 익히길 바란다.

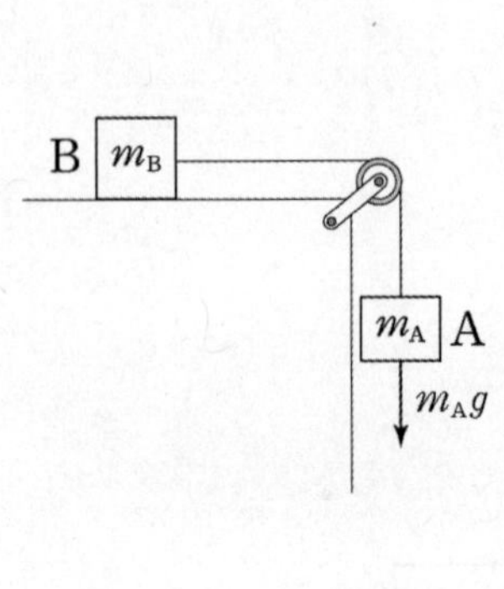

$m_A : m_B$	가속도
3 : 1	$\dfrac{3}{4}g$
2 : 1	$\dfrac{2}{3}g$
3 : 2	$\dfrac{3}{5}g$
2 : 3	$\dfrac{2}{5}g$
1 : 2	$\dfrac{1}{3}g$
1 : 3	$\dfrac{1}{4}g$

그림 (가), (나)와 같이 물체 A, B가 실로 연결되어 각각 등가속도 운동을 하고 있다. A, B의 질량은 각각 m, $2m$이고, (가)에서 A는 마찰이 없는 수평면에서 운동한다.

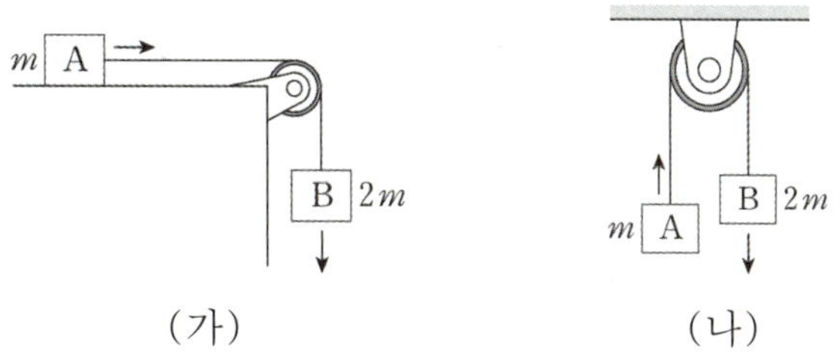

(가)   (나)

이에 대한 설명으로 옳은 것만을 <보기>에서 있는 대로 고른 것은? (단, 중력 가속도는 g이고, 실의 질량, 도르래의 마찰과 공기 저항은 무시한다.) [3점]

<보 기>

ㄱ. A의 가속도의 크기는 (가)에서가 (나)에서의 2배이다.

ㄴ. B가 받는 알짜힘의 크기는 (가)에서가 (나)에서의 2배이다.

ㄷ. (가)에서 실이 B를 당기는 힘의 크기는 $2mg$이다.

질량비에 따라 구한 (가)에서 계의 가속도는 $\frac{2}{3}g$이고, (나)에서 계의 가속도는 $\frac{1}{3}g$이다.

ㄱ. 앞서 구한 가속도에 따라 옳다. **(ㄱ 맞음)**

ㄴ. (가)와 (나)에서 B가 받는 알짜힘의 크기의 비는 (가)와 (나)에서의 가속도 비이므로 옳다. **(ㄴ 맞음)**

ㄷ. (기)에시 실에 걸리는 장력이 곧 A의 알짜힘이므로, 장력의 크기는 $\frac{2}{3}mg$이다.

또한, 장력이 $2mg$라면, B에 작용하는 알짜힘의 크기가 0이므로, 가속 운동을 하는 것과 모순이다. 따라서 옳지 않다. **(ㄷ 틀림)**

정답 : ㄱ, ㄴ

그림 (가), (나)는 물체 A, B를 실로 연결한 후 가만히 놓았을 때 A, B가 s만큼 이동한 순간의 모습을 나타낸 것이다. A, B의 질량은 각각 m, $2m$이다.

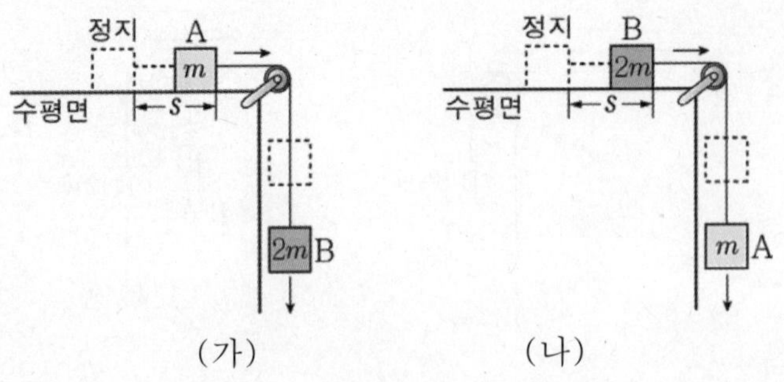

s만큼 이동하는 동안 (가)에서가 (나)에서의 2배인 물리량만을 <보기>에서 있는 대로 고른 것은? (단, 실의 질량, 모든 마찰과 공기 저항은 무시한다.) [3점]

〈 보 기 〉

ㄱ. A의 가속도의 크기
ㄴ. A의 운동 에너지 증가량
ㄷ. 실이 B를 당기는 힘의 크기

1. 기본적인 운동 분석

질량비에 따라 구한 (가)에서 계의 가속도는 $\dfrac{2}{3}g$이고, (나)에서 계의 가속도는 $\dfrac{1}{3}g$이다.

문제에서 묻지는 않았지만 기본 물리량인 이동 시간비는 보기로 가기 전에 구해 주는 것이 맞다.
정지 상태에서 출발하여 같은 거리만큼 이동했으므로,

$\Delta x = \dfrac{1}{2}at^2$에 따라 (가)에서의 이동 시간은 (나)에서의 이동 시간의 $\dfrac{\sqrt{2}}{2}$배이다.

2. 보기 판단하기

ㄱ. 앞서 구한 것처럼, (가)의 가속도가 (나)의 2배이다. 따라서 옳다. **(ㄱ 맞음)**

ㄴ. 정지 상태에서 출발하여 같은 거리만큼 이동했으므로
    $2a\Delta x = v^2 - v_0^2$ (v는 나중 속력)를 간단히 쓰게 되면 $a \propto v^2$이다.

    따라서 v^2는 (가)에서가 (나)에서의 2배이다.
    또한, 에너지 관점으로 접근한다면, (가)와 (나)에서 가속도가 2 : 1이므로 A의 알짜힘의 크기도 2 : 1이다.
    알짜힘이 작용하는 거리가 동일하므로 A의 운동 에너지는 (가)에서가 (나)에서의 2배이다. **(ㄴ 맞음)**

ㄷ. (가)에서 실에 걸리는 장력은 A의 알짜힘과 같으므로, $\dfrac{2}{3}mg$이다.

    (나)에서 실에 걸리는 장력은 B의 알짜힘과 같으므로, $\dfrac{2}{3}mg$이다.

    또한, 장력이 (가)에서가 (나)에서의 2배라고 가정하면,
    (기)에서 A에 걸리는 알짜힘이 (나)에서 B에 걸리는 알짜힘의 2배이므로 (가)에서의 가속도의 크기가
    (나)에서의 가속도의 크기의 4배라는 잘못된 결론이 나온다. 따라서 옳지 않다. **(ㄷ 틀림)**

정답 : ㄱ, ㄴ

(4) 복합적인 상황에서의 계의 분석

그림 (가)와 같이 수평 방향의 일정한 힘 F가 작용하여 물체 A, B가 함께 운동하던 중에 A와 B 사이의 실이 끊어진다. 실이 끊어진 후에도 A에는 F가 계속 작용하고, A, B는 각각 등가속도 직선 운동을 한다. B의 질량은 2kg이고, B의 가속도의 크기는 실이 끊어지기 전과 후가 같다. 그림 (나)는 실이 끊어지기 전과 후 A의 속력을 시간에 따라 나타낸 것이다.

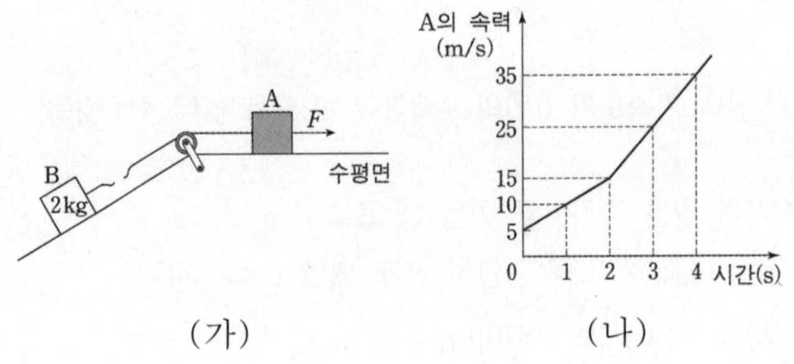

이에 대한 설명으로 옳은 것만을 <보기>에서 있는 대로 고른 것은? (단, 실의 질량, 모든 마찰과 공기 저항은 무시한다.)

〈 보 기 〉

ㄱ. A의 질량은 4kg이다.

ㄴ. 1초일 때, B에 작용하는 알짜힘의 크기는 10N이다.

ㄷ. 3초일 때, B의 운동량의 크기는 20kg·m/s이다.

0. 문제 상황 파악하기

(나)를 보니 2초일 때 실이 끊어짐에 따라 계의 변화가 생기겠고,

(나)에서는 0~2초 동안의 A와 B의 가속도와, 2초 이후의 A의 가속도를 알 수 있다.

0~2초 동안의 A와 B의 가속도는 그림의 오른쪽 방향으로 5m/s^2이며,

2초 이후의 A의 가속도는 오른쪽 방향으로 10m/s^2이다.

발문에서 B의 가속도의 크기는 실이 끊어지기 전과 후가 같다고 하였으므로,

2초 이후의 B의 가속도는 왼쪽 방향으로 5m/s^2이다.

1. B에 대한 힘 분석

실이 끊어진 후 B에 작용하는 알짜힘은 왼쪽 방향으로 10N이다.

이는 빗면에 의해 B에 가해지는 빗면힘의 크기이기도 하다.

실이 끊어지기 전 B에 작용하는 알짜힘은 오른쪽 방향으로 10N이다.

따라서 실이 끊어지기 전 B에 작용하는 장력의 크기는 20N이다.

2. A에 대한 힘 분석

실이 끊어진 전과 후의 A에 가해지는 힘의 차이는 장력이다.

즉, 왼쪽으로 20N만큼의 힘이 실이 끊어지면서 없어진다. 이 차이가 곧 알짜힘의 차이이다.

그리고, 실이 끊어진 전과 후의 A의 알짜힘은 모두 오른쪽 방향으로 크기가 $1:2$이다.

이를 통해 실이 끊어지기 전과 후의 A의 알짜힘은 각각 오른쪽 방향으로 20N,

오른쪽 방향으로 40N이 된다는 점을 알 수 있다.[10]

F는 실이 끊어진 후 A의 알짜힘이므로 $F=40\text{N}$이고, A의 질량은 4kg임을 구할 수 있다.

3. 보기 판단하기

ㄱ. A의 질량은 4kg이다. 따라서 옳다. **(ㄱ 맞음)**

ㄴ. 앞서 구하였던 결과에 따라, 옳다. **(ㄴ 맞음)**

ㄷ. 실이 끊어진 후 B의 가속도가 왼쪽 방향으로 5m/s^2이고, 2초일 때 속도가 오른쪽 방향으로 15m/s이므로, 3초일 때 속도는 오른쪽 방향으로 10m/s이다.
따라서 B의 운동량은 오른쪽 방향으로 $20\text{kg}\cdot\text{m/s}$이다. 따라서 옳다. **(ㄷ 맞음)**

정답 : ㄱ, ㄴ, ㄷ

---

10) $F-10=5(m_\text{A}+2)$, $F=10m_\text{A}$에 대한 연립방정식을 풀어도 같은 결과를 얻을 수 있다.

그림과 같이 물체 A, B를 실로 연결하고 A에 연직 아래로 일정한 힘 F를 작용하여 일정한 거리만큼 이동시킨 순간 F를 제거하였다. 표는 F를 제거하기 전과 후 A의 가속도의 크기와 실이 B를 당기는 힘의 크기를 나타낸 것이다. F를 제거한 후, A에 작용하는 알짜힘은 F의 크기의 $\dfrac{1}{15}$배이고 방향은 F와 반대이다. A의 질량은 m이다.

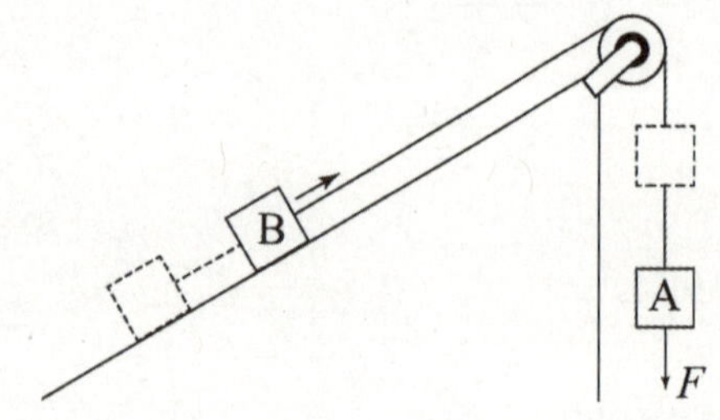

구분	F 제거 전	F 제거 후
A의 가속도의 크기	$2a$	a
실이 B를 당기는 힘의 크기	$3T$	T

F의 크기는? (단, 중력 가속도는 g이고, 실의 질량, 모든 마찰 및 공기 저항은 무시한다.) [3점]

① mg ② $2mg$ ③ $3mg$ ④ $4mg$ ⑤ $5mg$

0. 문제 상황 파악하기

표를 보았을 때, F 제거 전과 F 제거 후의 가속도의 크기를 조건으로 제시했다.
만약 F 제거 전, A의 가속도의 방향이 위 방향이었다고 한다면,
F 제거 후에도 가속도의 방향은 위 방향일 것이고 오히려 가속도의 크기가 커져야 하므로 모순이 생긴다.
따라서 F 제거 전, A의 가속도의 방향은 아래 방향이라고 결론지을 수 있다.
그리고 발문에서 알 수 있듯, F 제거 후 A의 가속도의 방향은 위 방향이다.

1. 힘 분석하기

발문에 의해 F 제거 후 A의 알짜힘은 위로 $\dfrac{1}{15}F$이다.

F 제거 전에는 가속도의 크기가 2배이고 방향이 반대이므로, F 제거 전 A의 알짜힘은 아래로 $\dfrac{2}{15}F$이다.

이를 이용하여 F 제거 전과 후의 A에 작용하는 힘을 분석하면, 아래 그림과 같다.

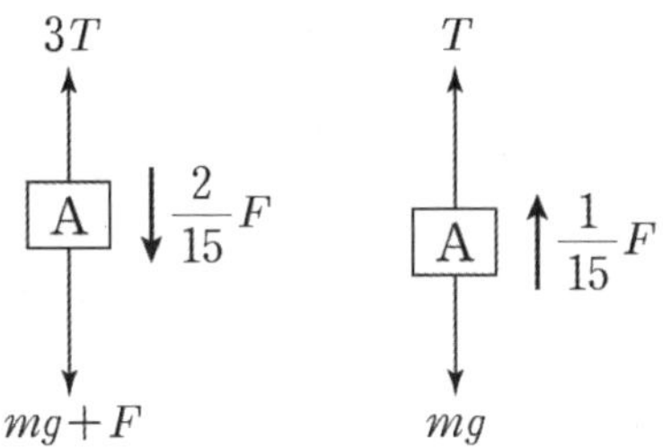

위 그림에 따라, 두 식 $\dfrac{2}{15}F=(mg+F)-3T$, $\dfrac{1}{15}F=T-mg$을 얻는다.
이 둘을 연립하여 T가 소거하면, $F=3mg$를 얻게 된다.[11]

정답 : ③ $3mg$

---

11) 교육청 문제 중에서도 연립방정식 계산이 상당히 더러운 축에 속한다. 평가원/수능에서는 이 정도 연립식 계산을 요구하지는 않는다. 대부분 눈으로 연립 가능한 수준이며 대입법으로 연립이 쉽게 풀리는 정도에서 끝나니 너무 걱정하지는 말자.

그림 (가)는 물체 A, B, C를 실로 연결하여 수평면의 점 p에서 B를 가만히 놓아 물체가 등가속도 운동하는 모습을, (나)는 (가)의 B가 점 q를 지날 때부터 점 r를 지날 때까지 운동 방향과 반대 방향으로 크기가 $\frac{1}{4}mg$인 힘을 받아 물체가 등가속도 운동하는 모습을 나타낸 것이다. p와 q사이, q와 r 사이의 거리는 같고 B가 q, r를 지날 때 속력은 각각 $4v$, $5v$이다. A, B, C의 질량은 각각 m, m, M이다.

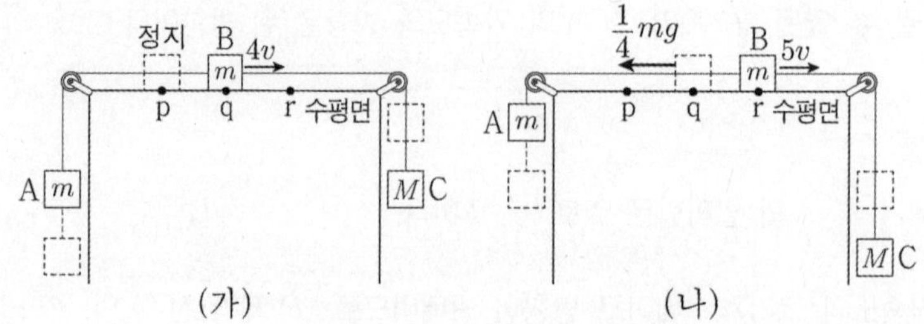

M은? (단, 중력 가속도는 g이고, 물체의 크기, 실의 질량, 모든 마찰은 무시한다.)

① $\frac{4}{3}m$　　　② $\frac{7}{5}m$　　　③ $\frac{11}{7}m$　　　④ $\frac{15}{8}m$　　　⑤ $\frac{5}{2}m$

1. 속도 정보를 이용해서 가속도 정보 찾기

p, q, r에서의 속력이 각각 0, $4v$, $5v$이므로, p와 q사이, q와 r사이의 평균 속력의 비는 $4 : 9$이다.
p와 q사이, q와 r 사이의 거리가 같으므로 걸린 시간의 비는 $9 : 4$이다.
속도 변화량의 비가 $4 : 1$이므로 가속도의 크기의 비는 $16 : 9$이다.

2. 힘 분석

(가)의 계의 합력은 오른쪽 방향으로 $Mg - mg$이고,

(나)의 계의 합력은 오른쪽 방향으로 $Mg - \frac{5}{4}mg$이다.

(가)와 (나)의 합력의 크기 비는 $16 : 9$이므로 $11mg = 7Mg$를 얻는다.

따라서 $M = \frac{11}{7}m$이다.

정답 : ③ $\frac{11}{7}m$

▌추가 테마들

실로 연결되어 있는 두 개 이상의 물체에서, **실을 끊은 후 나누어진 두 계의 알짜힘을 서로 더하면,**
실이 끊어지기 전 초기 계의 알짜힘과 같다.

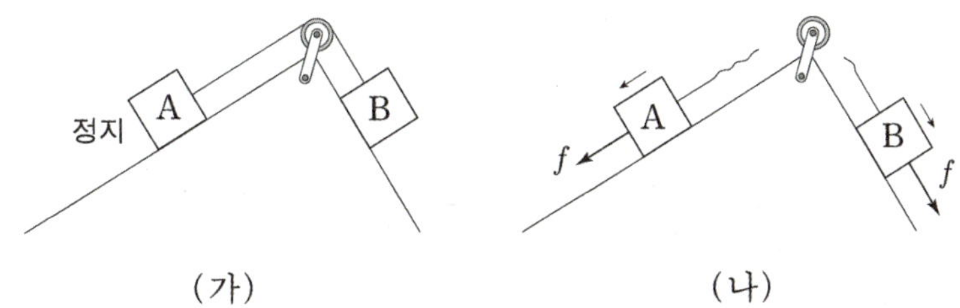

위 그림처럼 빗면에 물체 A와 B가 실로 연결된 채 정지해 있는 상황이 있다.
이때 실이 끊어지기 전 전체 계의 알짜힘은 0이다.
실을 끊었을 때에도 두 물체의 알짜힘의 합은 0이어야 하므로,
실이 끊어진 후, 물체 A가 받는 알짜힘의 크기가 f라면, 물체 B가 받는 알짜힘의 크기도 f이고,
방향이 다를 것이다.

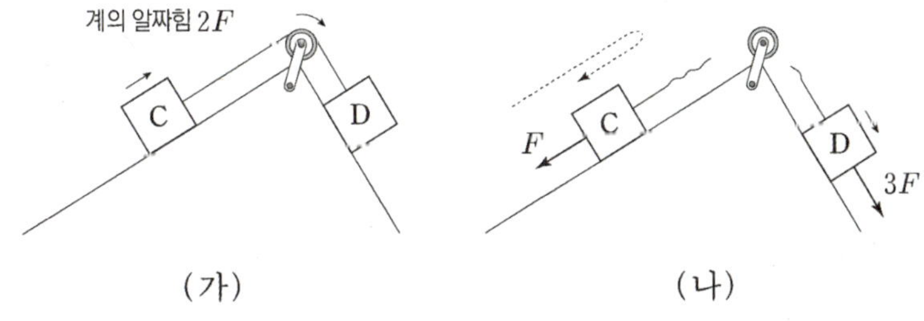

위 그림처럼 빗면에 물체 C와 D가 실로 연결된 채 오른쪽으로 계의 알짜힘이 $2F$인 상태로 가속 운동하고 있다.
실을 끊었을 때에도 두 물체의 알짜힘의 합은 오른쪽으로 $2F$이어야 하므로,
실이 끊어진 후, 물체 C가 받는 알짜힘이 왼쪽으로 F라면, 물체 B가 받는 알짜힘은 오른쪽으로 $3F$일 것이다.

여기서 알 수 있는 한 가지 점이 있다.

실이 끊어지는 경우, 양쪽의 계에 대해 ΔF가 동일하다.
따라서 $\Delta a = \dfrac{\Delta F}{m}$에서 Δa와 m는 반비례하게 된다.

그림 (가)는 수평면 위에 있는 물체 A가 물체 B, C에 실 p, q로 연결되어 정지해 있는 모습을 나타낸 것이다. 그림 (나)는 (가)에서 p, q 중 하나가 끊어진 경우, 시간에 따른 A의 속력을 나타낸 것이다. A, B의 질량은 같고, C의 질량은 2kg이다.

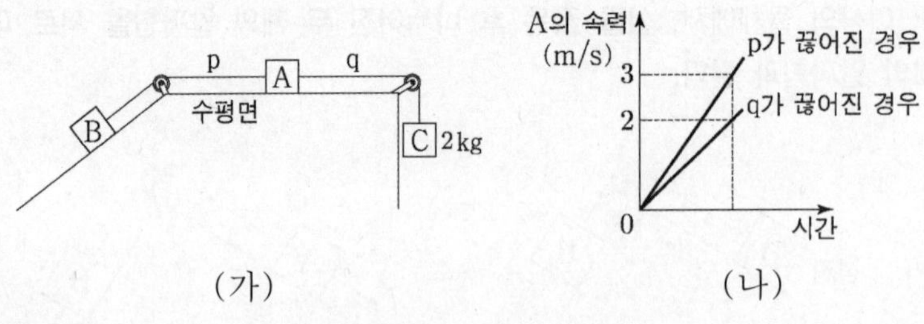

(가)   (나)

A의 질량은? (단, 실의 질량, 마찰과 공기 저항은 무시한다.)

① 3kg   ② 4kg   ③ 5kg   ④ 6kg   ⑤ 7kg

1. 끊기 전 상황 분석

(가)에서 계 A, B, C가 정지해 있는 상태이므로 계의 알짜힘은 0이다.
따라서 C가 받는 중력과 B가 받는 빗면힘이 힘의 평형을 이루고 있다.
따라서 B가 받는 빗면힘의 크기는 $2g$ 이다.

2. 각 실을 끊는 상황 분석

계 A, B, C가 정지해 있는 상태이므로 계의 알짜힘은 0이다.
이 상황에서 실 p또는 q가 끊어진 상황을 생각해 보아야 한다.
실을 끊은 후 나누어진 두 계의 알짜힘을 서로 더하면, 실이 끊어지기 전 초기 계의 알짜힘 0과 같다.
달리 말하면, 끊어진 후 나누어진 두 계의 알짜힘의 크기가 서로 같고 방향이 반대라는 것이다.

실 p가 끊어진 경우, B가 받는 알짜힘과 계 A, C가 받는 알짜힘은 크기가 같고 방향이 반대이다.
따라서 계 A, C가 받는 알짜힘은 $2g$ 이다.

실 q가 끊어진 경우, C가 받는 알짜힘과 계 A, B가 받는 알짜힘은 크기가 같고 방향이 반대이다.
따라서 계 A, B가 받는 알짜힘은 $2g$ 이다.

실 p또는 q가 끊어진 두 경우의 알짜힘의 크기가 같고, 가속도의 크기가 $3:2$이므로,
계 A, C와 계 A, B의 질량비는 $(A+C):(A+B)=2:3$이다.
A와 B의 질량이 같으므로, $A=6\text{kg}$이다.

정답 : ④ 6kg

그림 (가)와 같이 질량이 각각 $3m$, $2m$, $4m$인 물체 A, B, C가 실로 연결된 채 정지해 있다. 실 p, q는 빗면과 나란하다. 그림 (나)는 (가)에서 p가 끊어진 후, A, B, C가 등가속도 운동하는 모습을 나타낸 것이다.

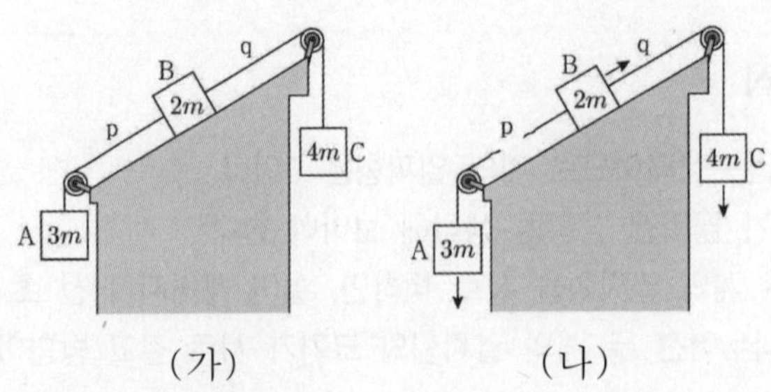

(가)　　　　　(나)

(나)의 상황에 대한 설명으로 옳은 것만을 <보기>에서 있는 대로 고른 것은? (단, 중력 가속도는 g이고, 실의 질량, 모든 마찰과 공기 저항은 무시한다.)

〈 보 기 〉

ㄱ. 가속도의 크기는 A가 B의 2배이다.

ㄴ. A에 작용하는 알짜힘의 크기는 C에 작용하는 알짜힘의 크기보다 작다.

ㄷ. q가 B를 당기는 힘의 크기는 mg이다.

1. 실이 끊어지기 전 분석

(가)에서, 계 전체가 정지해 있으므로 힘의 평형이 이루어져 있다.
힘의 평형을 이루려면, B가 받는 빗면힘이 왼쪽으로 mg여야 한다.

2. 실이 끊어진 후 분석

(나)에서, A는 중력 가속도 g로 자유 낙하하므로,
B와 C의 경우 계의 알짜힘의 크기는 A에 의해 변한 $3mg$이고, 방향은 오른쪽 방향이다.

계의 질량이 $6m$이므로 가속도의 크기는 $\dfrac{1}{2}g$이다.

3. 보기 판단하기

ㄱ. 바로 직전에 구한 바에 의하여 옳다. **(ㄱ 맞음)**

ㄴ. A에 작용하는 알짜힘의 크기는 A가 받는 중력의 크기인 $3mg$이고,
C에 작용하는 알짜힘의 크기는 계 B, C가 받는 알짜힘 $3mg$를 $1:2$의 질량비대로 분배한 $2mg$이다.
따라서 옳지 않다. **(ㄴ 틀림)**

ㄷ. ㄴ에서 C에 작용하는 알짜힘의 크기는 $2mg$라는 것을 구했다.
C는 $4mg$의 중력을 아래로 받으므로 장력의 크기는 $2mg$가 되어야 한다. 따라서 옳지 않다.
B에 작용하는 빗면힘의 크기가 mg이므로, 만약 q의 장력이 mg라면 B는 정지해 있어야 하는데,
이게 말이 안 된다는 것을 통해서도 옳지 않다는 것을 판단할 수 있다. **(ㄷ 틀림)**

정답 : ㄱ

그림 (가)와 같이 물체 A, B, C를 실로 연결하고 A를 점 p에 가만히 놓았더니, 물체가 각각의 빗면에서 등가속도 운동하여 A가 점 q를 속력 $2v$로 지나는 순간 B와 C 사이의 실이 끊어진다. 그림 (나)와 같이 (가) 이후 A와 B는 등속도, C는 등가속도 운동하여, A가 점 r를 속력 $2v$로 지나는 순간 C의 속력은 $5v$가 된다. p와 q 사이, q와 r 사이의 거리는 같다. A, B, C의 질량은 각각 M, m, $2m$이다.

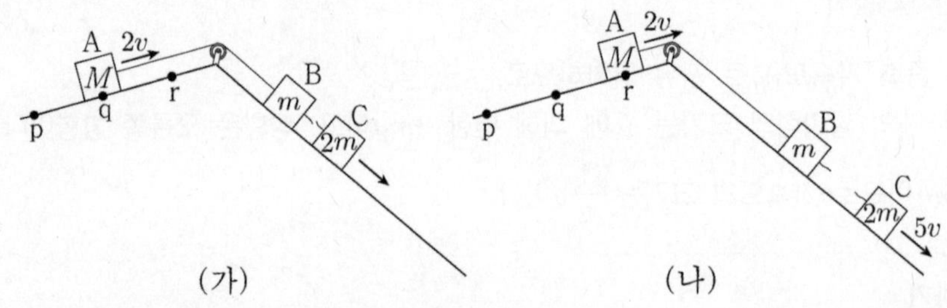

M은? (단, 물체의 크기, 실의 질량, 모든 마찰은 무시한다.)

① $2m$ 　　② $3m$ 　　③ $4m$ 　　④ $5m$ 　　⑤ $6m$

---

1. 가속도 정보 찾기

A를 점 p에 가만히 놓는 시각을 $t = 0$이라 하자.
$t = 0$에서 (가)까지 걸린 시간과, (가)에서 (나)까지 걸린 시간비는 $2 : 1$이다.
C에 대해, $t = 0$에서 (가)까지의 속도 변화량의 크기와 (가)에서 (나)까지의 속도 변화량의 크기의 비는 $2 : 3$이다.
따라서 실이 끊어지기 전까지의 가속도와 실이 끊어진 후 C의 가속도의 크기비는 $1 : 3$이다.
이 가속도를 각각 a, $3a$라 두자. 이때 $3a$는 오른쪽 빗면의 빗면가속도이다.

2. 힘 분석을 통해 M 구하기

실이 끊어진 후 A와 B는 등속도 운동을 하므로, 힘의 평형이 성립한다.
B는 빗면 아래 방향으로 $3ma$라는 힘을 받으므로 A가 빗면 아래 방향으로 받는 힘의 크기도 $3ma$이다.

실이 끊어지기 전 계 A, B, C의 합력은 오른쪽 방향으로 $6ma$이다.
계의 알짜힘은 $(M + 3m)a$이므로 $M = 3m$이다.

정답 : ② $3m$

그림 (가)와 같이 질량이 각각 $2m$, m, $3m$인 물체 A, B, C를 실로 연결하고 B를 점 p에 가만히 놓았더니 A, B, C는 등가속도 운동을 한다. 그림 (나)와 같이 B가 점 q를 속력 v_0으로 지나는 순간 B와 C를 연결한 실이 끊어지면, A와 B는 등가속도 운동하여 B가 점 r에서 속력이 0이 된 후 다시 q와 p를 지난다. p, q, r는 수평면상의 점이다.

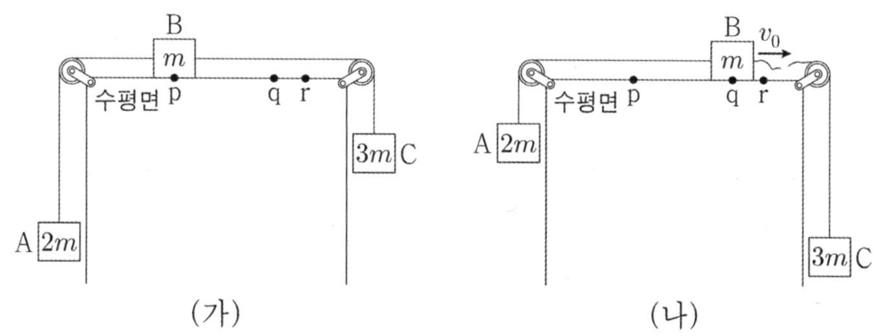

이에 대한 설명으로 옳은 것만을 <보기>에서 있는 대로 고른 것은? (단, 중력 가속도는 g이고, 물체의 크기, 실의 질량, 모든 마찰과 공기 저항은 무시한다.) [3점]

〈 보 기 〉

ㄱ. (가)에서 B가 p와 q 사이를 지날 때, A에 연결된 실이 A를 당기는 힘의 크기는 $\dfrac{7}{3}mg$이다.

ㄴ. q와 r 사이의 거리는 $\dfrac{3v_0^2}{4g}$이다.

ㄷ. (나)에서 B가 p를 지나는 순간 B의 속력은 $\sqrt{5}\,v_0$이다.

(가)와 (나)에서 가속도는 바로 알 수 있다.

(가)에서 계의 알짜힘은 오른쪽으로 mg이므로, 계의 가속도는 오른쪽으로 $\frac{1}{6}g$이다.

(나)에서 계의 알짜힘은 왼쪽으로 $2mg$이므로 계의 가속도는 왼쪽으로 $\frac{2}{3}g$이다.

p~q, q~r에서 B의 속도 변화량의 크기가 같고 가속도의 크기가 $1:4$이므로 걸린 시간이 $4:1$이다.
p~q, q~r에서 평균 속도가 같고 걸린 시간이 $4:1$이므로 두 구간의 길이는 $4:1$이다.
이 정도까지 파악하고 ㄱ~ㄷ으로 넘어가 보자.

ㄱ. (가)에서 A의 가속도가 $\frac{1}{6}g$이므로 A의 알짜힘은 위 방향으로 $\frac{1}{3}mg$이다.

 따라서 실이 A를 당기는 힘은 $\frac{7}{3}mg$이다. (**ㄱ 맞음**)

ㄴ. q→r의 길이 L에 대하여, $2\left(\frac{2}{3}g\right)L = v_0^2$이고, $L = \frac{3v_0^2}{4g}$이다. (**ㄴ 맞음**)

ㄷ. q→p에서 변위는 $4L$이므로, (나)에서 B가 p를 지나는 속력을 v라 하면, $2\left(\frac{2}{3}g\right)(4L) = v^2 - v_0^2$이다.

 계산하면, $v = \sqrt{5}\,v_0$이다. (**ㄷ 맞음**)

정답 : ㄱ, ㄴ, ㄷ

그림 (가)는 물체 A, B, C를 실 p, q로 연결하고 A에 수평 방향으로 일정한 힘 20N을 작용하여 물체가 등가속도 운동하는 모습을, (나)는 (가)에서 A에 작용하는 힘 20N을 제거한 후, 물체가 등가속도 운동하는 모습을 나타낸 것이다. (가)와 (나)에서 물체의 가속도의 크기는 a로 같다. p가 B를 당기는 힘의 크기와 q가 B를 당기는 힘의 크기의 비는 (가)에서 2 : 3이고, (나)에서 2 : 9이다.

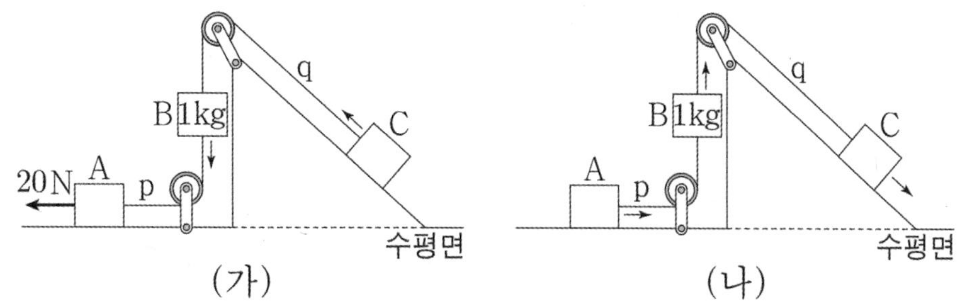

이에 대한 설명으로 옳은 것만을 <보기>에서 있는 대로 고른 것은? (단, 중력 가속도는 10m/s^2이고, 물체는 동일 연직면상에서 운동하며, 실의 질량, 공기 저항과 모든 마찰은 무시한다.) [3점]

〈보 기〉

ㄱ. p가 A를 당기는 힘의 크기는 (가)에서가 (나)에서의 5배이다.

ㄴ. $a = \dfrac{5}{3}\text{m/s}^2$이다.

ㄷ. C의 질량은 4kg이다.

(가)에서 20N을 제거했는데 가속도의 크기가 a로 같고 방향이 다르다는 것은, (가)와 (나)의 계의 알짜힘의 크기가 10N으로 같고 방향이 반대라는 것을 의미한다.

(가)에서 계의 알짜힘이 왼쪽 방향으로 10N이므로 C에 작용하는 빗면힘이 20N임을 얻는다.

(가)에서 실 p, q에 걸리는 장력을 각각 $2T_1$, $3T_1$이라 하고,
(나)에서 실 p, q에 걸리는 장력을 각각 $2T_2$, $9T_2$이라 하자.

(가)와 (나)에서 A의 알짜힘의 크기가 같으므로 $20\text{N} - 2T_1 = 2T_2$
(가)와 (나)에서 B의 알짜힘의 크기가 같으므로 $10\text{N} - T_1 = 7T_2 - 10\text{N}$

두 식을 연립하면 $T_1 = \dfrac{25}{3}\text{N}$, $T_2 = \dfrac{5}{3}\text{N}$을 얻는다.

ㄱ. 마지막 계산 결과에 의해 그렇다. 5배가 된다. **(ㄱ 맞음)**

ㄴ. (가)의 B의 알짜힘은 $10\text{N} - T_1 = \dfrac{5}{3}\text{N}$이고 가속도는 $\dfrac{5}{3}\text{m/s}^2$이다. **(ㄴ 맞음)**

ㄷ. (가)의 C의 알짜힘은 $3T_1 - 20\text{N} = 5\text{N}$이고 가속도가 $\dfrac{5}{3}\text{m/s}^2$이므로 질량은 3kg이다. **(ㄷ 틀림)**

정답 : ㄱ, ㄴ

▌이 챕터의 팁

1. 그림 활용의 팁

아래 그림처럼 힘을 표시하는 습관을 들이도록 하자.

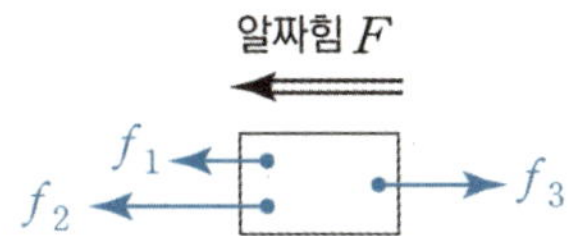

알짜힘은 물체 밖에 분리하여 방향과 함께 표시하는 것이 물체의 운동 상태를 나타내기에 좋다.
더욱 확실하게 구분하려면 알짜힘을 두 줄 화살표(⇐)로 표현하는 것도 좋은 방법이다.
실제 물체에 작용하는 힘의 경우에는 물체에 작용점이 있게끔 화살표와 함께 표시하자.
이렇게 구분해서 표시해야 알짜힘과 합력의 요소가 되는 각 힘들을 헷갈리지 않을 수 있으며
더 빠른 상황 판단이 가능할 것이다.

> 각각의 힘(합력의 요소힘) : 작용점을 물체에 두고 힘을 표시
> 알짜힘 : 따로 분리해서 물체 밖에 힘을 표시, 두 줄 화살표(⇐) 사용

2. 가속도 표시

힘 유형이나 에너지 유형에서는 가속도를 $\frac{(\ )}{(\ )}g$의 형태로 쓰는 습관을 들이자.

예를 들어, 중력 가속도를 $10\mathrm{m/s^2}$로 하자고 했더라도 가속도를 $2\mathrm{m/s^2}$ 대신 $\frac{1}{5}g$로 사용하는 습관을 들이자는 거다.

왜냐하면 g의 앞에 곱해진 수 $\frac{(\ )}{(\ )}$가 의미가 크기 때문이다.

물론 단순히 변위나 나중 속도값과 같은 기본 물리량을 계산할 때에는 가속도를 $\frac{1}{5}g$ 대신 $2\mathrm{m/s^2}$로 사용하는 게
맞겠으나, 이 값은 이 힘 분석 유형에서는 질량비를 끌어내는 결정적 조건이 되곤 한다. 또한, 역학적 에너지 보존
유형에서는 운동 에너지 변화량과 중력 퍼텐셜 에너지 변화량의 비를 알 수 있는 중요한 값이다.

01 13학년도 수능 2번

그림 (가)는 마찰이 없는 수평면에서 질량이 각각 1kg인 수레와 추를 실로 연결한 후 수레를 잡고 있는 모습을 나타낸 것이다. 수레를 가만히 놓은 후 수레의 속도를 시간에 따라 나타내었더니 그림 (나)의 A와 같았다.

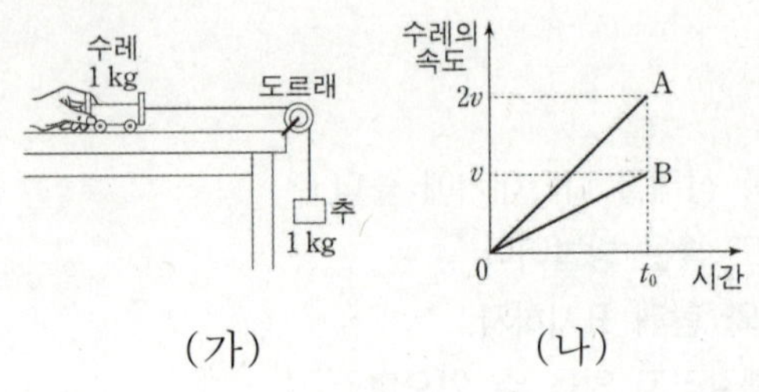

다음은 (가)에서 조건을 바꾸고 수레를 가만히 놓아 (나)의 B와 같은 결과를 얻을 수 있는 방법에 대해 세 학생이 나눈 대화이다.

옳게 말한 학생만을 있는 대로 고른 것은? (단, 실의 질량, 도르래의 마찰, 공기 저항은 무시한다.)

① 철수   ② 영희   ③ 민수

④ 철수, 민수   ⑤ 영희, 민수

02 14학년도 6월 평가원 3번

그림과 같이 물체 A, B, C가 도르래를 통해 실 p, q로 연결되어 일정한 속력 v로 운동하고 있다. A, C의 질량은 각각 m, $3m$이다.

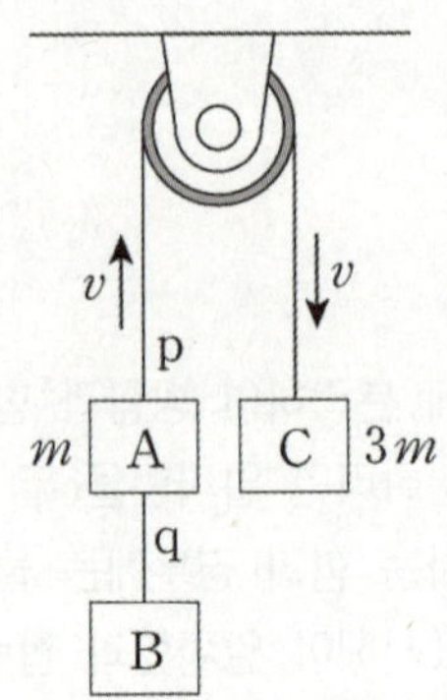

이에 대한 설명으로 옳은 것만을 <보기>에서 있는 대로 고른 것은? (단, 중력 가속도는 g이고, 실의 질량, 모든 마찰과 공기 저항은 무시한다.) [3점]

———— < 보 기 > ————

ㄱ. p가 A를 당기는 힘과 q가 A를 당기는 힘은 크기가 같다.

ㄴ. q가 B를 당기는 힘의 크기는 $2mg$이다.

ㄷ. q가 B를 당기는 힘과 지구가 B를 당기는 힘은 작용과 반작용의 관계이다.

03 · 14년 4월 교육청 4번

그림과 같이 물체 A, B, C가 실 p, q로 연결되어 등가
속도 운동을 한다. A, B, C의 질량은 각각 m, m,
$2m$이고, B는 마찰이 없는 수평면에서 운동한다.

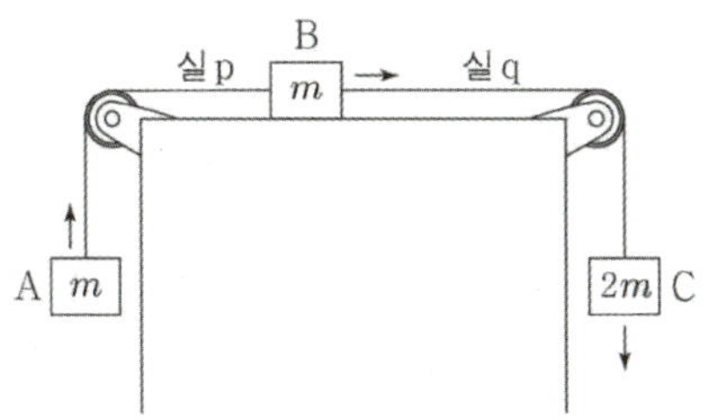

이에 대한 설명으로 옳은 것만을 <보기>에서 있는
대로 고른 것은? (단, 중력 가속도는 g이고, 모든 마
찰과 공기 저항은 무시한다.) [3점]

> ─── <보 기> ───
>
> ㄱ. p가 B를 당기는 힘의 크기는 q가 B를 당기는
> 힘의 크기와 같다.
> ㄴ. A가 받는 알짜힘의 크기는 B가 받는 알짜힘의
> 크기와 같다.
> ㄷ. C의 가속도의 크기는 $\frac{1}{4}g$이다.

04 · 15학년도 9월 평가원 7번

그림 (가)와 같이 마찰이 없는 수평면에서 물체 A, B
를 실로 연결하고, B를 수평 방향으로 일정한 힘 F_0
으로 잡아 당겼더니 A와 B가 함께 운동하다가 2초일
때 실이 끊어졌다. 그림 (나)는 A, B의 속도를 시간
에 따라 나타낸 것이다. A의 질량은 2kg이다.

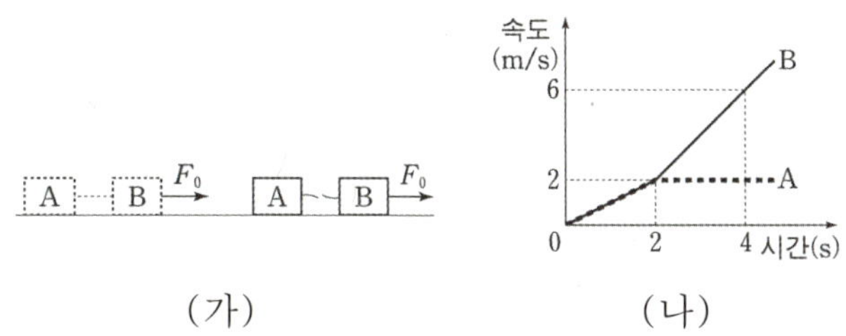

(가)　　　　　　　　(나)

이에 대한 설명으로 옳은 것만을 <보기>에서 있는
대로 고른 것은? (단, 실의 질량은 무시한다.) [3점]

> ─── <보 기> ───
>
> ㄱ. B의 질량은 2kg이다.
> ㄴ. $F_0 = 4\text{N}$이다.
> ㄷ. A와 B 사이의 거리는 4초일 때가 2초일 때보
> 다 6m 더 크다.

그림 (가)는 물체 A와 B가 용수철 저울과 실로 연결되어 정지해 있는 모습을, (나)는 수평한 책상면 위에 놓인 A가 B와 용수철 저울과 실로 연결되어 등가속도 운동을 하는 모습을 나타낸 것이다. A, B의 질량은 각각 m이다.

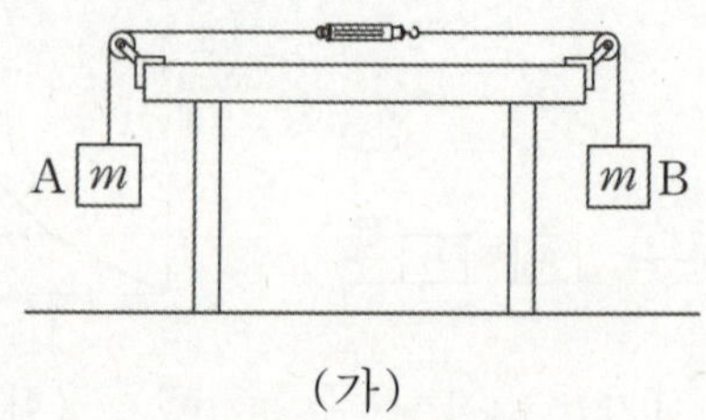

(가)

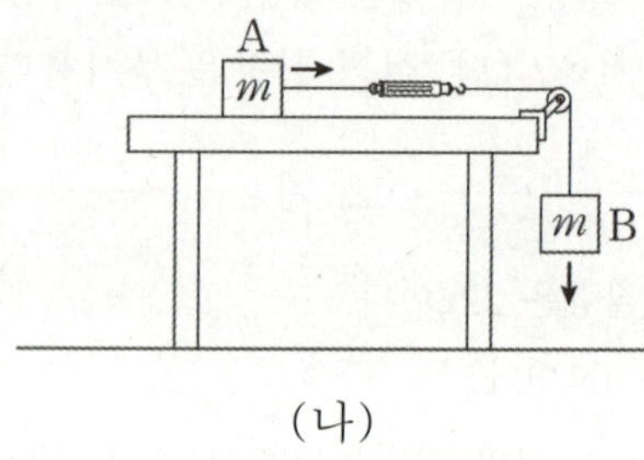

(나)

이에 대한 설명으로 옳은 것만을 <보기>에서 있는 대로 고른 것은? (단, 중력 가속도는 g이고, 실과 용수철 저울의 질량, 마찰과 공기 저항은 무시한다.)

[3점]

<보 기>

ㄱ. (가)에서 용수철 저울로 측정한 힘의 크기는 $2mg$이다.

ㄴ. (나)에서 A의 가속도의 크기는 $\frac{1}{2}g$이다.

ㄷ. (나)에서 용수철 저울로 측정한 힘의 크기는 $\frac{1}{2}mg$이다.

그림 (가)와 같이 물체 A와 실로 연결된 질량 m인 물체 B가 수평 방향으로 당기는 힘 F에 의해 정지해 있다. 그림 (나)는 (가)에서 F가 작용하는 실이 끊어진 후, B가 수평면에서 가속도의 크기가 $\frac{1}{3}g$인 등가속도 운동하는 모습을 나타낸 것이다.

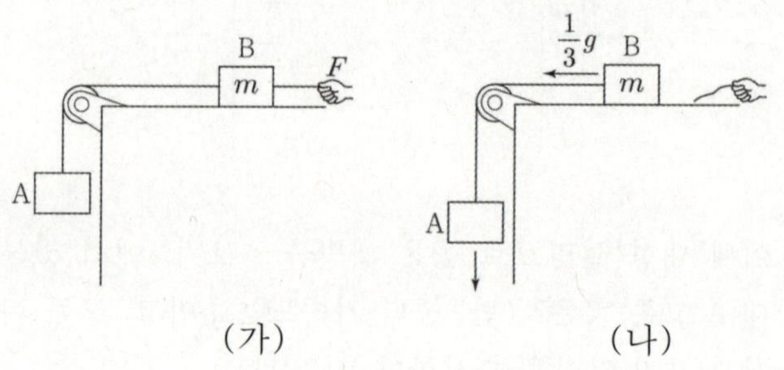

(가)   (나)

이에 대한 설명으로 옳은 것만을 <보기>에서 있는 대로 고른 것은? (단, 중력 가속도는 g이고, 실의 질량, 모든 마찰과 공기 저항은 무시한다.) [3점]

<보 기>

ㄱ. A의 질량은 $2m$이다.

ㄴ. (가)에서 F의 크기는 $\frac{1}{2}mg$이다.

ㄷ. 실이 A를 당기는 힘의 크기는 (가)와 (나)에서 같다.

07 16년 7월 교육청 6번

그림 (가)와 (나)는 수평면 위에 놓여 있는 물체 A
와 B를 실로 연결한 후 (가)에서는 B에 수평 방향으
로 크기가 F인 힘을, (나)에서는 A에 수평 방향으로
크기가 $2F$인 힘을 작용하는 것을 나타낸 것이다. A
와 B의 질량은 각각 m_A, m_B이다.

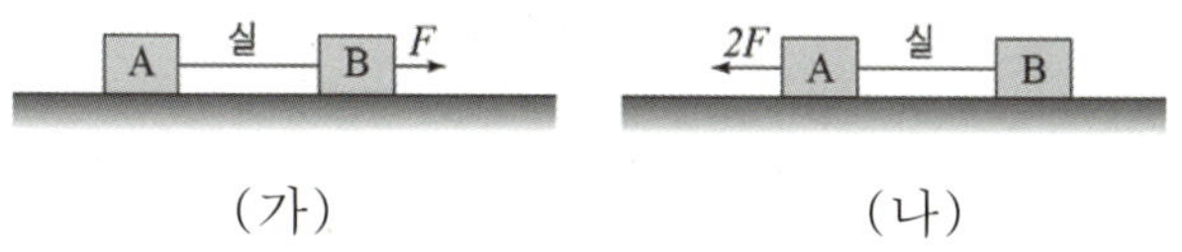

(가)　　　　　　　　(나)

(가)와 (나)에서 실이 B에 작용하는 힘의 크기가 같
을 때, $m_A : m_B$는? (단, 모든 마찰, 공기 저항 및 실
의 질량은 무시한다.)

① 1 : 1　　　② 1 : 2　　　③ 2 : 1

④ 2 : 3　　　⑤ 3 : 2

08 16년 10월 교육청 9번

그림 (가)는 수평면에 정지해 있는 질량이 2kg인 물
체에 연직 위 방향으로 힘 F가 작용하는 모습을,
(나)는 F의 크기를 시간에 따라 나타낸 것이다.

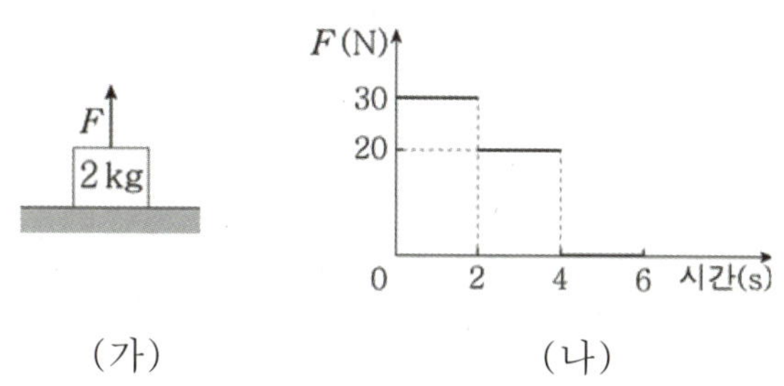

(가)　　　　　　　　(나)

0~6초 동안 물체의 이동 거리는? (단, 중력 가속도
는 10m/s^2이고, 공기 저항은 무시한다.) [3점]

① 30m　　　② 35m　　　③ 40m

④ 100m　　　⑤ 230m

그림 (가)와 같이 물체 A, B, C가 실 p, q로 연결되어 등가속도 운동한다. 그림 (나)는 (가)에서 q가 끊어진 후 A, B는 등가속도 운동하고 C는 등속도 운동하는 모습을 나타낸 것이다. A의 가속도의 크기는 (나)에서가 (가)에서의 2배이고 A, C의 질량은 각각 m, $2m$이다.

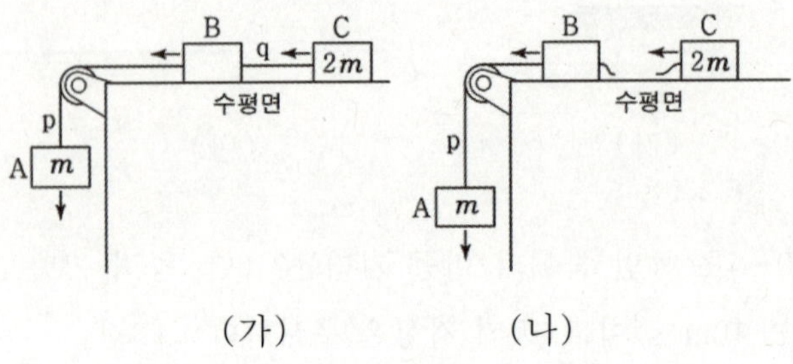

이에 대한 설명으로 옳은 것만을 <보기>에서 있는 대로 고른 것은? (단, 실의 질량, 모든 마찰과 공기 저항은 무시한다.) [3점]

───── <보 기> ─────

ㄱ. B의 질량은 $2m$이다.

ㄴ. (나)에서 C에 작용하는 알짜힘은 0이다.

ㄷ. p가 A를 당기는 힘의 크기는 (가)에서가 (나)에서보다 작다.

다음은 질량이 m인 추, 질량이 $2m$인 수레를 이용하여 힘, 질량, 가속도 사이의 관계를 알아보는 실험이다.

[실험 과정]

(가) 수레와 추를 도르래를 통해 실로 연결한 후 추를 가만히 놓고 수레의 속도를 측정한다.

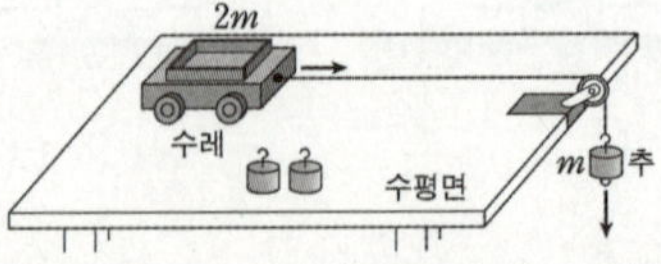

(나) 수레 위의 추와 실에 매달린 추의 수를 바꾸어 가며 과정 (가)를 반복한다.

실험	수레 위의 추의 수	실에 매달린 추의 수
A	0	1
B	0	2
C	1	2

[실험 결과]

그래프의 ㉠, ㉡, ㉢은 표의 실험 A, B, C의 결과를 순서 없이 나타낸 것이다.

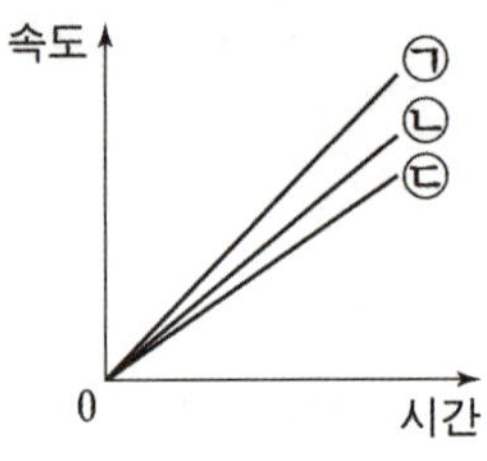

실험 A, B, C의 결과로 옳은 것은?

	A	B	C
①	㉠	㉡	㉢
②	㉠	㉢	㉡
③	㉡	㉠	㉢
④	㉢	㉠	㉡
⑤	㉢	㉡	㉠

그림 (가)와 같이 질량이 각각 m, 2kg인 물체 A, B를 실로 연결한 후 A를 가만히 놓았더니 A가 0.5m 이동하였을 때 실이 끊어졌다. 그림 (나)는 A가 움직이는 순간부터 A의 가속도를 이동 거리에 따라 나타낸 것이다.

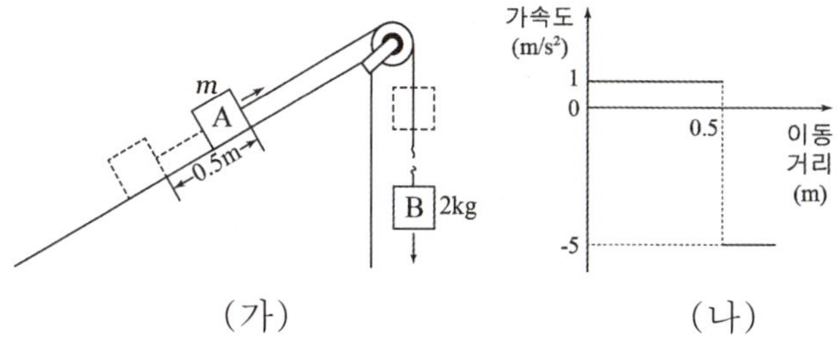

(가)   (나)

m은? (단, 중력 가속도는 $10m/s^2$이고, 실의 질량, 모든 마찰 및 공기 저항은 무시한다.) [3점]

① 1kg   ② 1.5kg   ③ 2kg

④ 2.5kg   ⑤ 3kg

그림 (가)는 질량이 각각 4kg, 2kg, m인 물체가 실로 연결되어 경사면과 수평면에서 운동하는 모습을, (나)는 (가)에서 질량 m인 물체에 경사면과 나란하게 아래쪽으로 20N의 힘이 작용할 때 운동하는 모습을 나타낸 것이다. (가), (나)에서 모든 물체는 각각 가속도의 크기가 $1m/s^2$인 직선 운동을 한다.

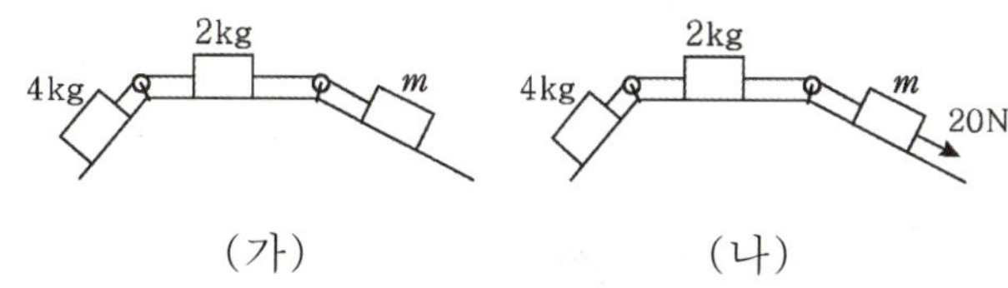

(가)   (나)

m은? (단, 실의 질량, 모든 마찰과 공기 저항은 무시한다.)

① 1kg   ② 2kg   ③ 3kg

④ 4kg   ⑤ 5kg

13

다음은 힘과 가속도 사이의 관계를 알아보는 실험이다.

[준비물]
수레, 질량이 같은 추 4개, 운동 센서, 도르래, 실

[실험 과정]
(가) 그림과 같이 수레와 추를 도르래를 통해 실로
　　연결한 후 수레를 가만히 놓고 운동 센서를
　　이용하여 수레의 가속도를 측정한다.

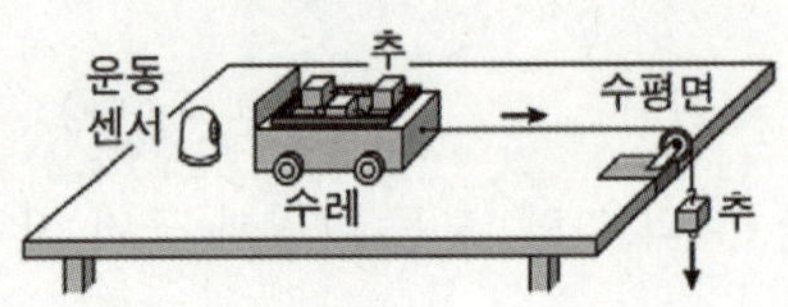

(나) 표와 같이 추의 위치를 바꾸어 가며 과정
　　(가)를 반복한다.

실험	실에 매달린 추의 수	수레 위의 추의 수
I	1	3
II	2	2
III	3	1
IV	4	0

실험 I~IV에서 수레의 가속도를 나타낸 그래프로
가장 적절한 것은?

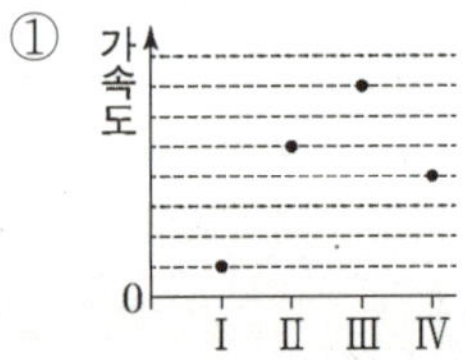
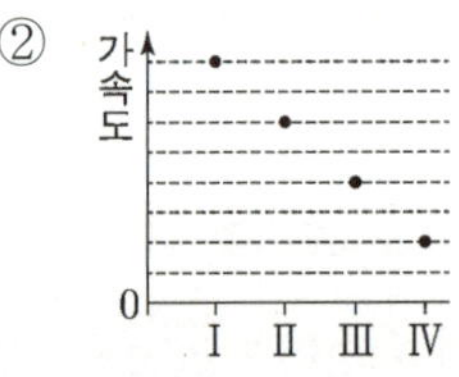
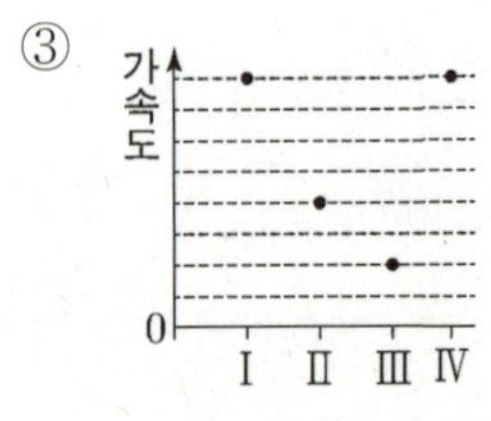
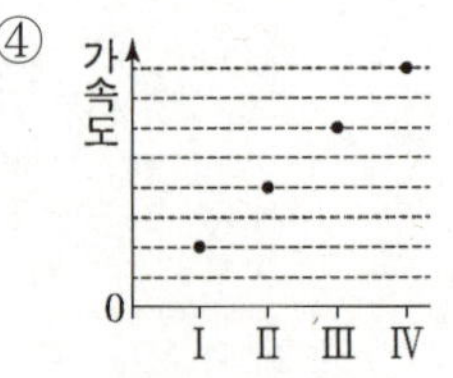
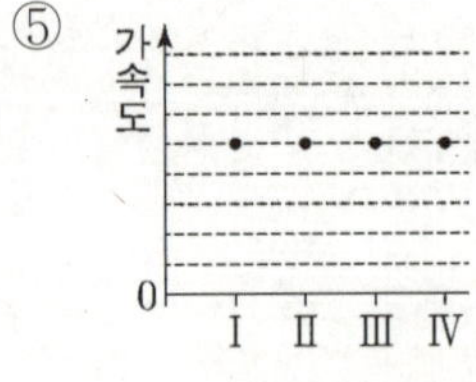

14

그림 (가)와 같이 질량이 1kg인 물체 A와 B가 실로
연결되어 있으며 A에 수평면과 나란하게 왼쪽으로
힘 F가 작용하고 있다. 그림 (나)는 (가)에서 F의
크기를 시간에 따라 나타낸 것이다. B는 0~2초 동안
정지해 있었고, 2~6초 동안 점 p에서 점 q까지 L만
큼 이동하였다. 3초일 때 실이 B를 당기는 힘의 크기
는 T이다.

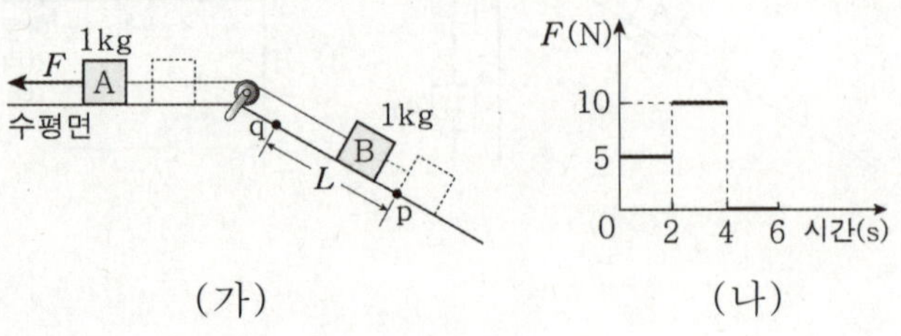

L과 T로 옳은 것은? (단, 물체의 크기, 실의 질량,
모든 마찰과 공기 저항은 무시한다.) [3점]

	L	T
①	5m	2.5N
②	5m	7.5N
③	10m	2.5N
④	10m	7.5N
⑤	10m	10N

15 19년 7월 교육청 18번

그림 (가)는 수평면 위의 질량 2kg인 물체 A와 빗면 위의 질량 3kg인 물체 B가 실로 연결되어 등가속도 운동하는 것을, (나)는 (가)에서 A와 B를 서로 바꾸어 연결하고 B에 수평 방향으로 10N의 힘을 계속 작용하여 A, B를 등가속도 운동시키는 것을 나타낸 것이다. (가), (나)에서 A의 가속도의 크기는 같다.

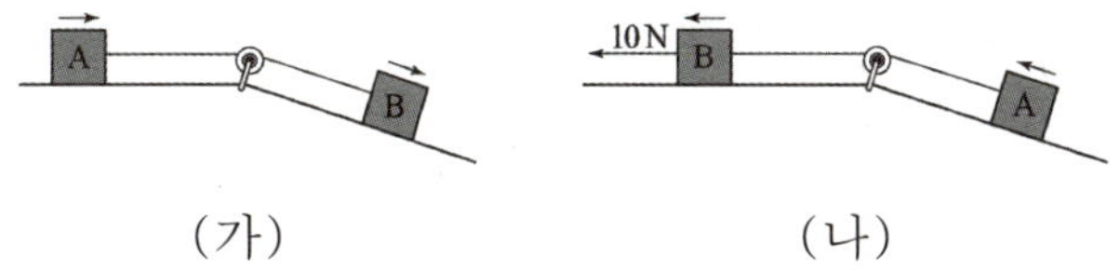

(가)　　　　　　　　　(나)

(가), (나)에서 실이 A에 작용하는 힘의 크기를 각각 F_1, F_2라 할 때, $\dfrac{F_2}{F_1}$는? (단, 실의 질량, 모든 마찰 및 공기 저항은 무시한다.) [3점]

① $\dfrac{2}{3}$　　　② $\dfrac{4}{3}$　　　③ $\dfrac{3}{2}$

④ $\dfrac{5}{2}$　　　⑤ $\dfrac{8}{3}$

16 20년 4월 교육청 20번

그림 (가)와 같이 질량이 각각 $2m$, m, $2m$인 물체 A, B, C가 실로 연결된 채 각각 빗면에서 일정한 속력 v로 운동한다. 그림 (나)는 (가)에서 A가 점 p에 도달하는 순간, A와 B를 연결하고 있던 실이 끊어져 A, B, C가 각각 등가속도 직선 운동하는 모습을 나타낸 것이다. (나)에서 실이 B에 작용하는 힘의 크기는 $\dfrac{5}{6}mg$이고, 실이 끊어진 순간부터 A가 최고점에 도달할 때까지 C는 d만큼 이동한다.

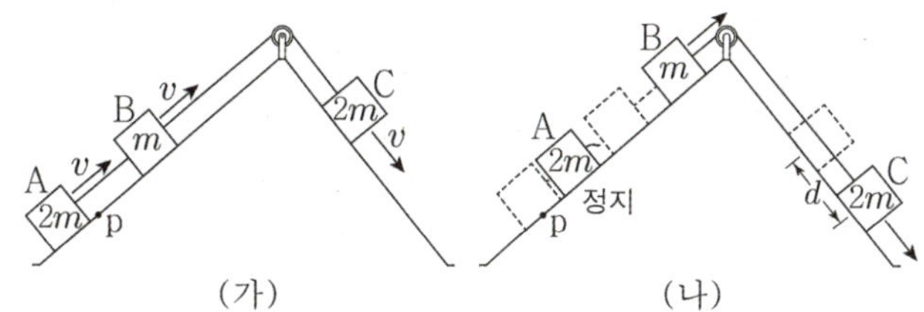

(가)　　　　　　　　　(나)

d는? (단, 중력 가속도는 g이고, 물체의 크기, 실의 질량과 모든 마찰은 무시한다.) [3점]

① $\dfrac{8v^2}{3g}$　　　② $\dfrac{10v^2}{3g}$　　　③ $\dfrac{4v^2}{g}$

④ $\dfrac{14v^2}{3g}$　　　⑤ $\dfrac{16v^2}{3g}$

17 20학년도 9월 평가원 16번

그림 (가)는 저울 위에 고정된 수직 봉을 따라 연직 방향으로 운동할 수 있는 로봇을 수직 봉에 매달고 로봇이 정지한 상태에서 저울의 측정값을 0으로 맞춘 모습을 나타낸 것이고, (나)는 (가)의 로봇이 운동하는 동안 저울에서 측정한 힘을 시간에 따라 나타낸 것이다. 로봇의 질량은 0.1kg이고, t_1일 때 정지해 있다.

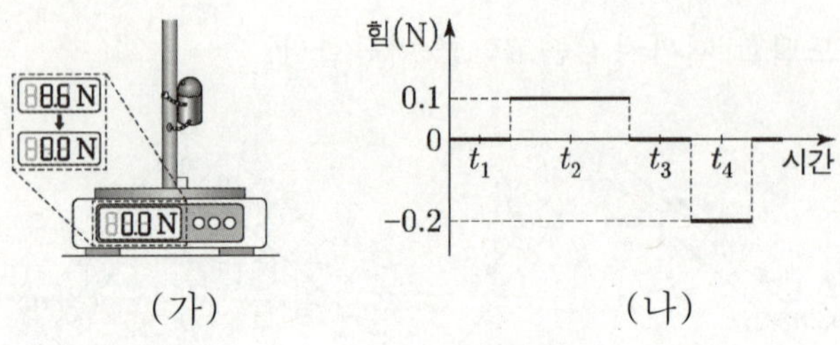

(가)   (나)

로봇의 운동에 대한 설명으로 옳은 것만을 <보기>에서 있는 대로 고른 것은? [3점]

<보 기>

ㄱ. t_2일 때, 로봇에 작용하는 알짜힘의 방향은 연직 윗방향이다.

ㄴ. t_3일 때, 속력은 0이다.

ㄷ. t_4일 때, 가속도 크기는 1m/s^2이다.

---

18 20년 3월 교육청 4번

그림 (가), (나)는 물체 A, B를 실로 연결한 후 가만히 놓았을 때 A, B가 L만큼 이동한 순간의 모습을 나타낸 것이다. (가), (나)에서 A, B가 L만큼 운동하는 데 걸린 시간은 각각 t_1, t_2이다. 질량은 B가 A의 4배이다.

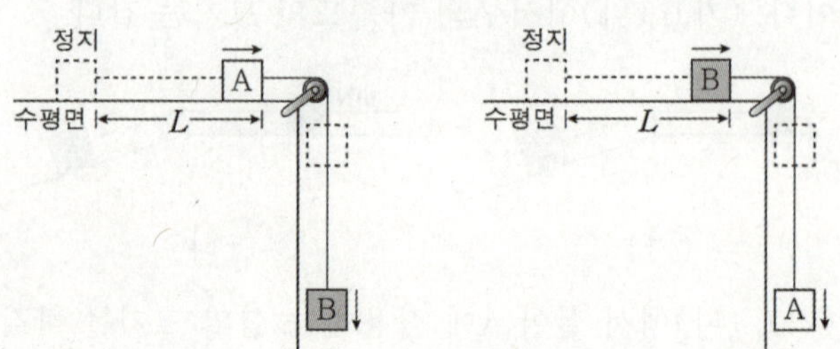

$\dfrac{t_2}{t_1}$는? (단, 실의 질량, 모든 마찰과 공기 저항은 무시한다.) [3점]

① $\sqrt{2}$ ② 2   ③ $2\sqrt{2}$

④ 3   ⑤ 4

그림 (가)는 물체 A와 질량이 m인 물체 B를 실로 연결한 후, 손이 A에 연직 아래 방향으로 일정한 힘 F를 가해 A, B가 정지한 모습을 나타낸 것이다. 실이 A를 당기는 힘의 크기는 F의 크기의 3배이다. 그림 (나)는 (가)에서 A를 놓은 순간부터 A, B가 가속도의 크기 $\frac{1}{8}g$로 등가속도 운동을 하는 모습을 나타낸 것이다.

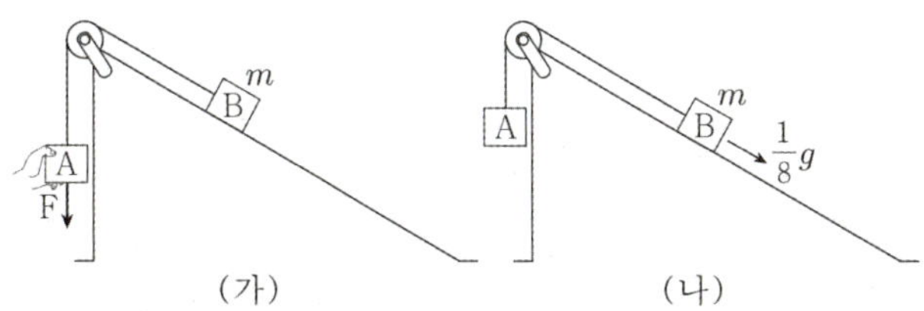

(나)에서 실이 A를 당기는 힘의 크기는? (단, 중력 가속도는 g이고, 실의 질량, 모든 마찰과 공기 저항은 무시한다.) [3점]

① $\frac{1}{4}mg$ ② $\frac{3}{8}mg$ ③ $\frac{1}{2}mg$

④ $\frac{5}{8}mg$ ⑤ $\frac{3}{4}mg$

그림은 물체 A, B, C, D가 실로 연결되어 가속도의 크기가 a_1인 등가속도 운동을 하고 있는 것을 나타낸 것이다. 실 p를 끊으면 A는 등속도 운동을 하고, 이후 실 q를 끊으면 A는 가속도의 크기가 a_2인 등가속도 운동을 한다. p를 끊은 후 C와, q를 끊은 후 D의 가속도의 크기는 서로 같다. A, B, C, D의 질량은 각각 $4m$, $3m$, $2m$, m이다.

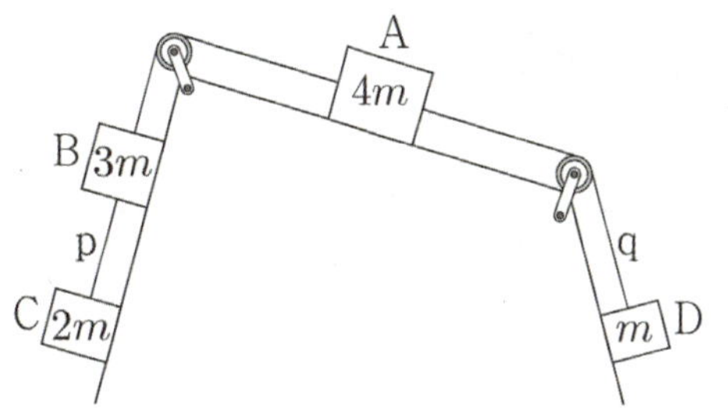

$\dfrac{a_1}{a_2}$은? (단, 실의 질량 및 모든 마찰은 무시한다.)

① 2 ② $\frac{9}{5}$ ③ $\frac{8}{5}$

④ $\frac{7}{5}$ ⑤ $\frac{6}{5}$

그림과 같이 빗면 위의 물체 A가 질량 2kg인 물체 B와 실로 연결되어 등가속도 운동을 한다. 표는 A가 점 p를 통과하는 순간부터 A의 위치를 2초 간격으로 나타낸 것이다. p와 점 q 사이의 거리는 8m이다.

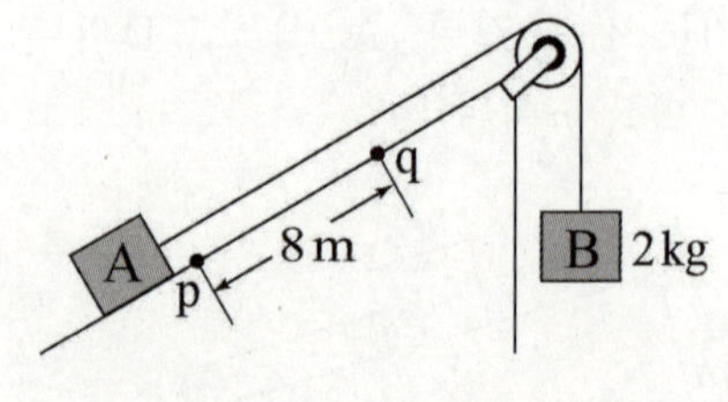

시간	0초	2초	4초
A의 위치	p	q	q

실이 A를 당기는 힘의 크기는? (단, 중력 가속도는 10m/s²이고, 물체의 크기, 실의 질량, 모든 마찰과 공기 저항은 무시한다.) [3점]

① 16N   ② 20N   ③ 24N

④ 28N   ⑤ 32N

그림 (가)는 물체 A, B, C를 실 p, q로 연결하여 C를 손으로 잡아 정지시킨 모습을, (나)는 C를 가만히 놓은 후 시간에 따른 C의 속력을 나타낸 것이다. 1초일 때 p가 끊어졌다. A, B의 질량은 각각 2kg, 1kg이다.

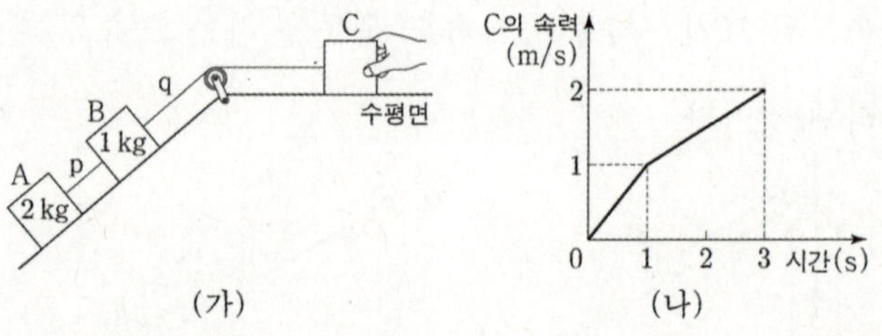

이에 대한 설명으로 옳은 것만을 <보기>에서 있는 대로 고른 것은? (단, 실의 질량, 모든 마찰은 무시한다.)

<보 기>

ㄱ. 1~3초까지 C가 이동한 거리는 3m이다.

ㄴ. C의 질량은 1kg이다.

ㄷ. q가 B를 당기는 힘의 크기는 0.5초일 때가 2초일 때의 3배이다.

---

23 22년 4월 교육청 10번

그림 (가)는 물체 A와 실로 연결된 물체 B에 수평 방향으로 일정한 힘 F를 작용하여 A, B가 등가속도 운동하는 모습을, (나)는 (가)에서 F를 제거한 후 A, B가 등가속도 운동하는 모습을 나타낸 것이다. A의 가속도의 크기는 (가)에서와 (나)에서가 같고, 실이 B를 당기는 힘의 크기는 (가)에서가 (나)에서의 2배이다.

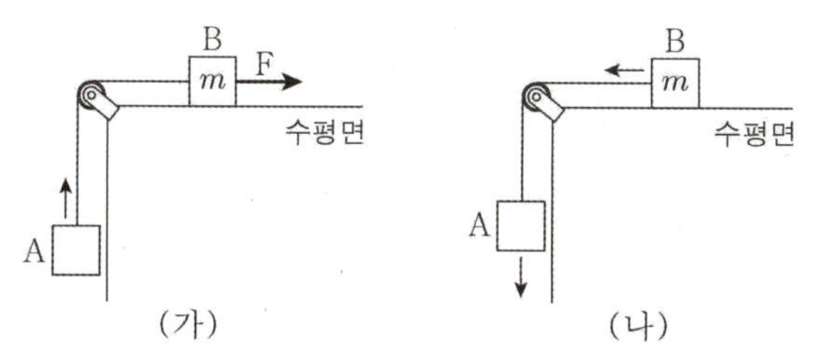

F의 크기는? (단, 중력 가속도는 g이고, 실의 질량, 마찰은 무시한다.)

① mg　　② $2mg$　　③ $3mg$

④ $4mg$　　⑤ $5mg$

24 23학년도 9월 평가원 14번

그림 (가)는 질량이 각각 M, m, $4m$인 물체 A, B, C가 빗면과 나란한 실 p, q로 연결되어 정지해 있는 것을, (나)는 (가)에서 물체의 위치를 바꾸었더니 물체가 등가속도 운동하는 것을 나타낸 것이다. (가)에서 p가 B를 당기는 힘의 크기는 $\dfrac{10}{3}mg$이다.

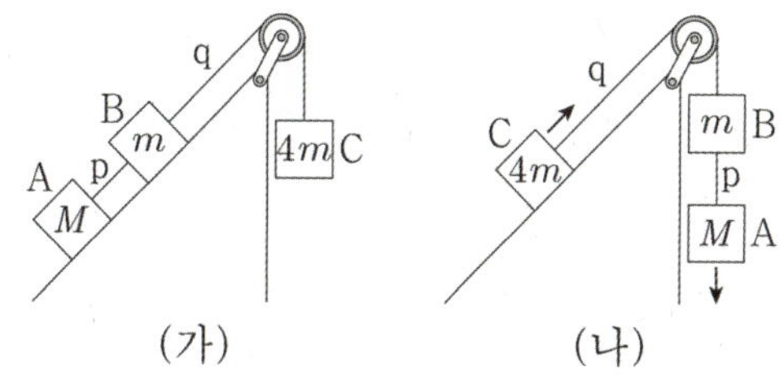

(나)에서 q가 C를 당기는 힘의 크기는?
(단, 중력 가속도는 g이고, 실의 질량 및 모든 마찰은 무시한다.)

① $\dfrac{13}{3}mg$　　② $4mg$　　③ $\dfrac{11}{3}mg$

④ $\dfrac{10}{3}mg$　　⑤ $3mg$

그림 (가)와 같이 물체 A, B, C를 실 p, q로 연결하고 수평면 위의 점 O에서 B를 가만히 놓았더니 물체가 등가속도 운동하여 B의 속력이 v가 된 순간 q가 끊어졌다. 그림 (나)와 같이 (가) 이후 A, B가 등가속도 운동하여 B가 O를 $3v$의 속력으로 지난다. A, C의 질량은 각각 $4m$, $5m$이다.

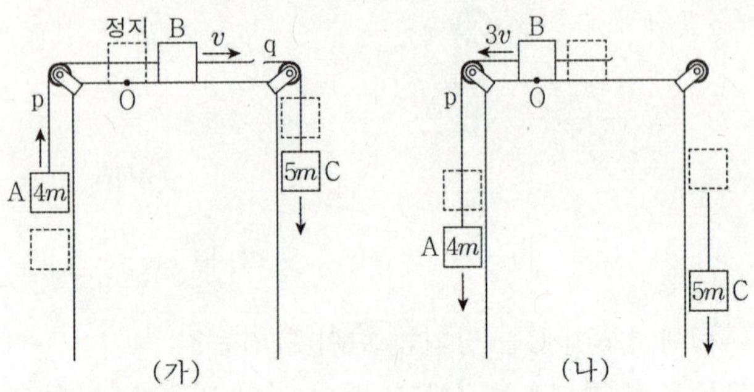

(나)에서 p가 A를 당기는 힘의 크기는? (단, 중력 가속도는 g이고, 물체의 크기, 실의 질량, 마찰은 무시한다.) [3점]

① $\dfrac{1}{2}mg$ ② $\dfrac{2}{3}mg$ ③ $\dfrac{3}{4}mg$

④ $\dfrac{4}{5}mg$ ⑤ $\dfrac{5}{6}mg$

그림 (가), (나)와 같이 마찰이 있는 동일한 빗면에 놓인 물체 A가 각각 물체 B, C와 실로 연결되어 서로 반대 방향으로 등가속도 운동을 하고 있다. (가)와 (나)에서 A의 가속도의 크기는 각각 $\dfrac{1}{6}g$, $\dfrac{1}{3}g$이고, 가속도의 방향은 운동 방향과 같다. A, B, C의 질량은 각각 $3m$, m, $6m$이고, 빗면과 A 사이에는 크기가 F로 일정한 마찰력이 작용한다.

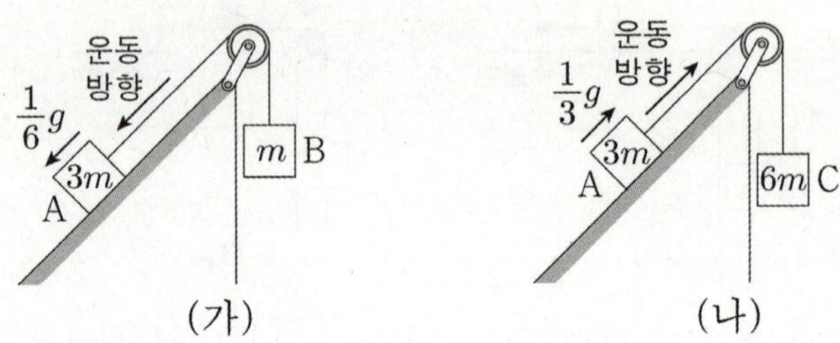

F는? (단, 중력 가속도는 g이고, 빗면에서의 마찰 외의 모든 마찰과 공기 저항, 실의 질량은 무시한다.) [3점]

① $\dfrac{1}{3}mg$ ② $\dfrac{2}{3}mg$ ③ mg

④ $\dfrac{3}{2}mg$ ⑤ $\dfrac{5}{2}mg$

27 23년 7월 교육청 08번

그림 (가)는 물체 A, B가 실로 연결되어 서로 다른 빗면에서 속력 v로 등속도 운동하다가 A가 점 p를 지나는 순간 실이 끊어지는 것을 나타낸 것이다. 그림 (나)는 (가) 이후 A와 B가 각각 빗면을 따라 등가속도 운동을 하다가 A가 다시 p에 도달하는 순간 B의 속력이 $4v$인 것을 나타낸 것이다.

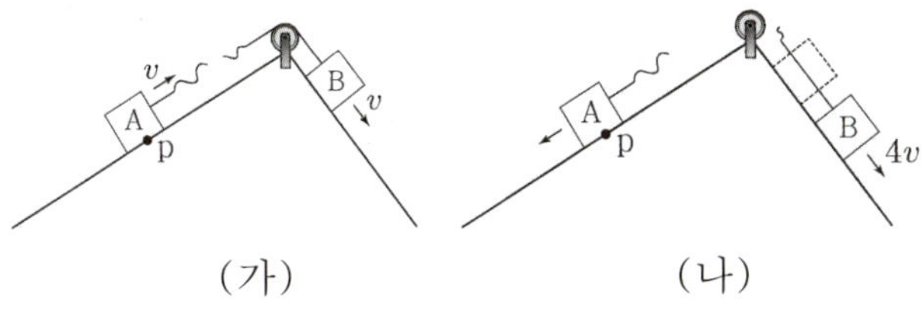

(가)   (나)

A, B의 질량을 각각 m_A, m_B라 할 때, $\dfrac{m_A}{m_B}$는?

(단, 물체의 크기, 실의 질량, 모든 마찰은 무시한다.) [3점]

① 2   ② $\dfrac{3}{2}$ ③ $\dfrac{4}{3}$

④ $\dfrac{5}{4}$ ⑤ $\dfrac{6}{5}$

28 24학년도 9월 평가원 8번

그림은 물체 A, B, C가 실 p, q로 연결되어 등속도 운동을 하는 모습을 나타낸 것이다. p를 끊으면, A는 가속도의 크기가 $6a$인 등가속도 운동을, B와 C는 가속도의 크기가 a인 등가속도 운동을 한다. 이후 q를 끊으면, B는 가속도의 크기가 $3a$인 등가속도 운동을 한다. A, C의 질량은 각각 m, $2m$이다.

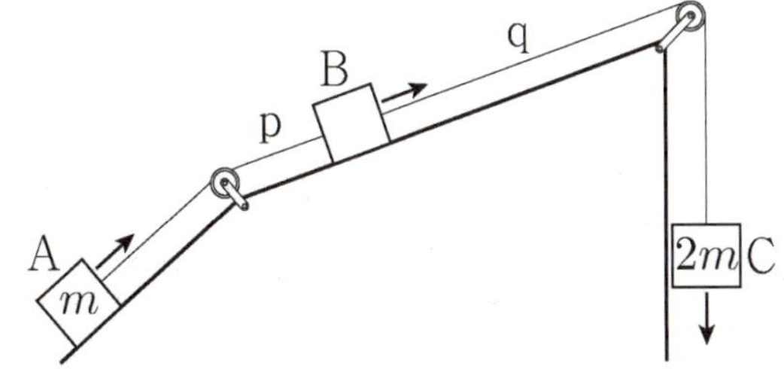

이에 대한 설명으로 옳은 것만을 <보기>에서 있는 대로 고른 것은? (단, 중력 가속도는 g이고, 실의 질량, 모든 마찰과 공기 저항은 무시한다.) [3점]

─── <보 기> ───

ㄱ. B의 질량은 $4m$이다.

ㄴ. $a = \dfrac{1}{8}g$이다.

ㄷ. p를 끊기 전, p가 B를 당기는 힘의 크기는 $\dfrac{2}{3}mg$이다.

그림 (가), (나)는 직육면체 모양의 물체 A, B가 수평면에 놓여 있는 상태에서 A에 각각 크기가 F, $2F$인 힘이 연직 방향으로 작용할 때, A, B가 정지해 있는 모습을 나타낸 것이다. A, B의 질량은 각각 m, $3m$이고, B가 A를 떠받치는 힘의 크기는 (가)에서가 (나)에서의 2배이다.

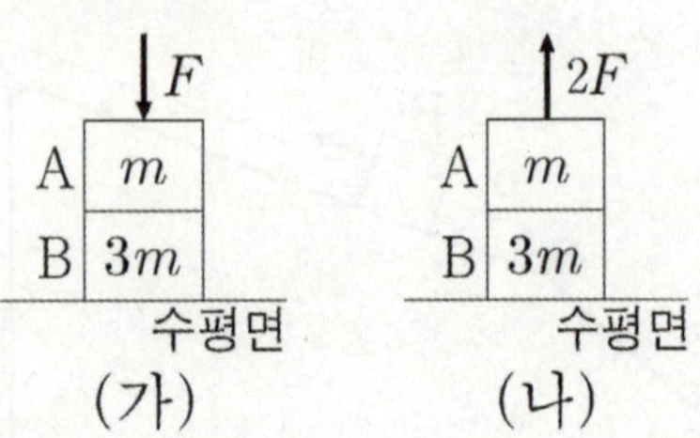

이에 대한 설명으로 옳은 것만을 <보기>에서 있는 대로 고른 것은? (단, 중력 가속도는 g이다.)

< 보 기 >

ㄱ. A에 작용하는 중력과 B가 A를 떠받치는 힘은 작용 반작용 관계이다.

ㄴ. $F = \dfrac{1}{5}mg$이다.

ㄷ. 수평면이 B를 떠받치는 힘의 크기는 (가)에서가 (나)에서의 $\dfrac{7}{6}$배이다.

그림(가)와 같이 질량이 각각 $7m$, $2m$, 9kg인 물체 A~C가 실 p, q로 연결되어 2m/s로 등속도 운동한다. 그림(나)는 (가)에서 실이 끊어진 순간부터 C의 속력을 시간에 따라 나타낸 것이다. ㉠과 ㉡은 각각 p와 q중 하나이다.

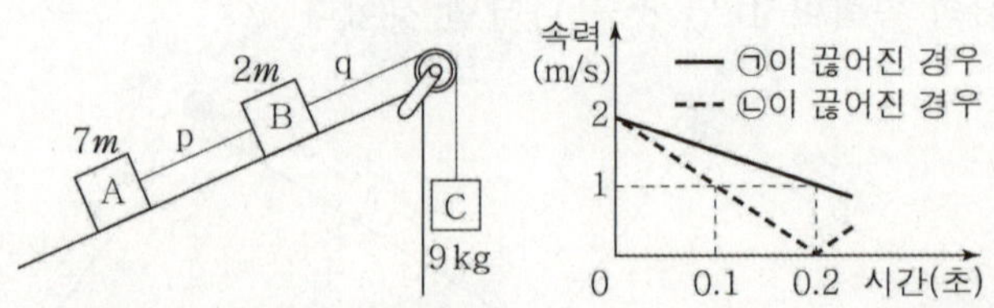

p가 끊어진 경우, 0.1초일 때 A의 속력은? (단, 중력 가속도는 $10m/s^2$이고, 실의 질량과 모든 마찰은 무시한다.) [3점]

① 1.6m/s ② 1.8m/s ③ 2.2m/s

④ 2.4m/s ⑤ 2.6m/s

31 24학년도 수능 10번

그림 (가)는 물체 A, B, C를 실로 연결하고 C에 수평 방향으로 크기가 F인 힘을 작용하여 A, B, C가 속력이 증가하는 등가속도 운동을 하는 모습을 나타낸 것이다. 그림 (나)는 (가)에서 B의 속력이 v인 순간 B, C를 연결한 실이 끊어졌을 때, 실이 끊어진 순간부터 B가 정지한 순간까지 A와 B, C가 각각 등가속도 운동을 하여 d, $4d$만큼 이동한 것을 나타낸 것이다. A의 가속도의 크기는 (나)에서가 (가)에서의 2배이다. B, C의 질량은 각각 m, $3m$이다.

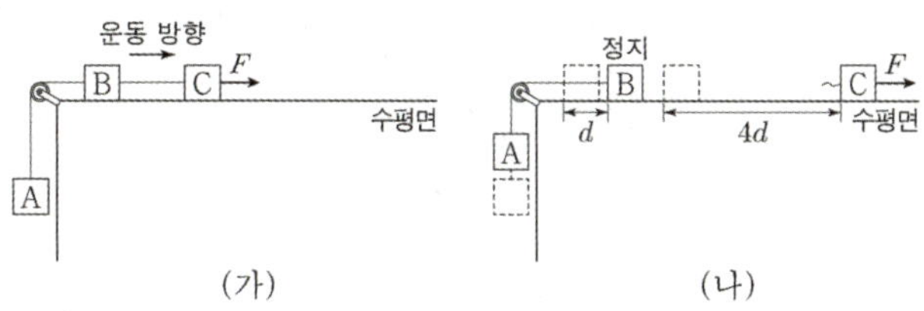

(가)   (나)

이에 대한 설명으로 옳은 것만을 <보기>에서 있는 대로 고른 것은?(단, 중력 가속도는 g이고, 물체는 동일 연직면상에서 운동하며, 물체의 크기, 실의 질량, 공기 저항과 모든 마찰은 무시한다.) [3점]

<보 기>

ㄱ. (나)에서 B가 정지한 순간 C의 속력은 $3v$이다.

ㄴ. A의 질량은 $3m$이다.

ㄷ. F는 $5mg$이다.

---

32 24년 3월 교육청 14번

그림은 물체 A~D가 실 p, q, r로 연결되어 정지해 있는 모습을 나타낸 것이다. A와 B의 질량은 각각 $2m$, m이고, C와 D의 질량은 같다. p를 끊었을 때, C는 가속도의 크기가 $\frac{2}{9}g$로 일정한 직선 운동을 하고, r이 D를 당기는 힘의 크기는 $\frac{10}{9}mg$이다.

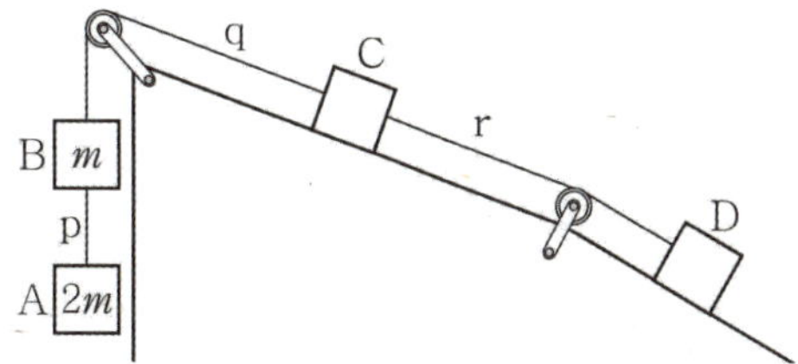

r을 끊었을 때, D의 가속도의 크기는? (단, g는 중력 가속도이고, 실의 질량, 공기 저항, 모든 마찰은 무시한다.) [3점]

① $\frac{2}{5}g$ ② $\frac{1}{2}g$ ③ $\frac{5}{9}g$

④ $\frac{3}{5}g$ ⑤ $\frac{5}{8}g$

33 24년 4월 교육청 11번

그림 (가)와 같이 물체 A, B, C를 실로 연결하고 수평면상의 점 p에서 B를 가만히 놓았더니 물체가 등가속도 운동하여 B가 점 q를 지나는 순간 B와 C 사이의 실이 끊어진다. 그림 (나)는 (가) 이후 A, B가 등가속도 운동하여 B가 점 r에서 속력이 0이 되는 순간을 나타낸 것이다. A, C의 질량은 각각 m, $5m$이고, p와 q사이의 거리는 q와 r사이의 거리의 $\frac{2}{3}$배이다.

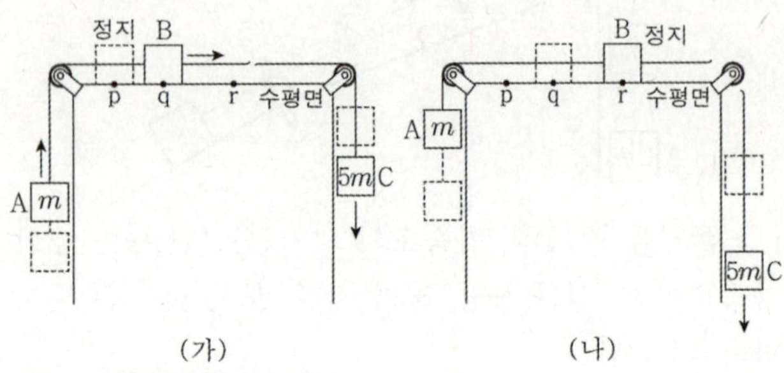

B의 질량은? (단, 물체의 크기, 실의 질량, 마찰은 무시한다.) [3점]

① m ② $2m$ ③ $3m$

④ $4m$ ⑤ $5m$

34 25학년도 6월 평가원 5번

그림 (가)는 실 p에 매달려 정지한 용수철저울의 눈금 값이 0인 모습을, (나)는 (가)의 용수철저울에 추를 매단 후 정지한 용수철저울의 눈금 값이 10N인 모습을 나타낸 것이다. 용수철저울의 무게는 2N이다.

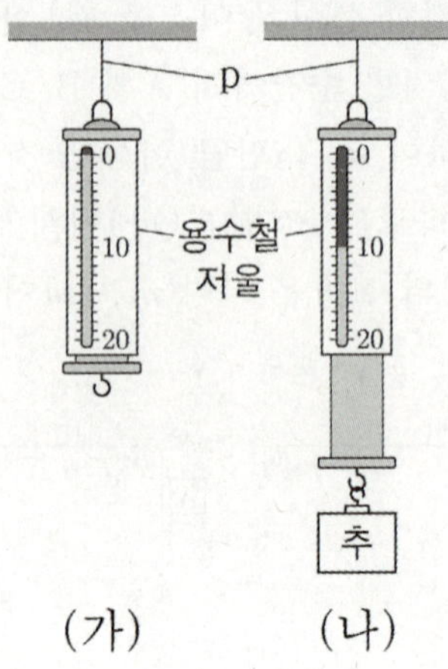

이에 대한 설명으로 옳은 것만을 <보기>에서 있는 대로 고른 것은? [3점]

<보 기>

ㄱ. (가)에서 용수철저울에 작용하는 알짜힘은 0이다.

ㄴ. (나)에서 p가 용수철저울에 작용하는 힘의 크기는 12N이다.

ㄷ. (나)에서 추에 작용하는 중력과 용수철저울이 추에 작용하는 힘은 작용 반작용 관계이다.

그림 (가)와 같이 물체 A, B, C가 실로 연결되어 등가속도 운동한다. A, B의 질량은 각각 $3m$, $8m$이고, 실 p가 B를 당기는 힘의 크기는 $\frac{9}{4}mg$이다. 그림 (나)는 (가)에서 A, C의 위치를 바꾸어 연결했을 때 등가속도 운동하는 모습을 나타낸 것이다. B의 가속도의 크기는 (나)에서가 (가)에서의 2배이다.

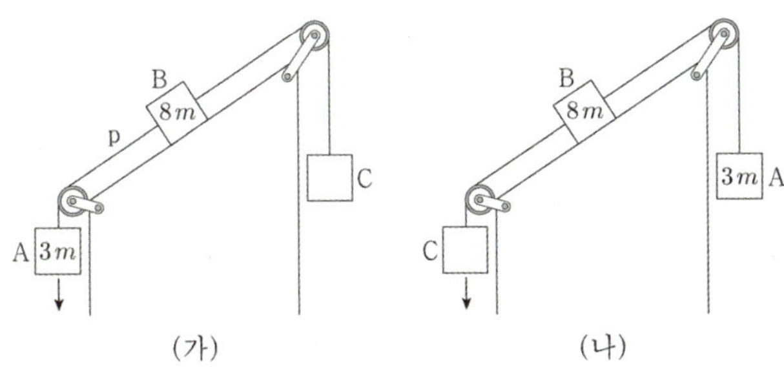

C의 질량은? (단, 중력 가속도는 g이고, 실의 질량, 모든 마찰은 무시한다.) [3점]

① $4m$ ② $5m$ ③ $6m$

④ $7m$ ⑤ $8m$

그림 (가)는 물체 A, B를 실로 연결하고 A를 손으로 잡아 정지시킨 모습을 나타낸 것이다. 그림 (나)는 (가)에서 A를 가만히 놓은 순간부터 A의 속력을 시간에 따라 나타낸 것이다. $4t$일 때 실이 끊어졌다. A, B의 질량은 각각 $3m$, $2m$이다.

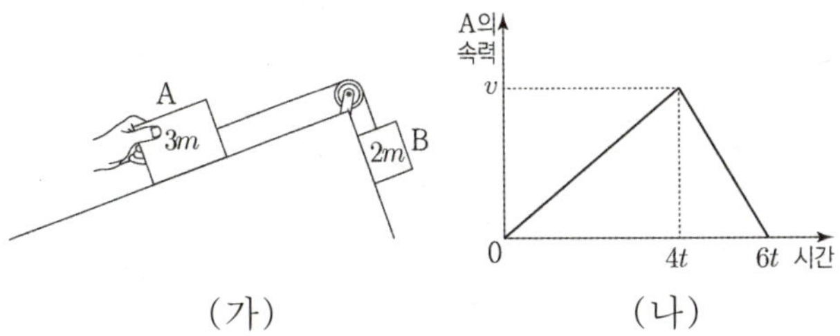

이에 대한 설명으로 옳은 것만을 <보기>에서 있는 대로 고른 것은? (단, 실의 질량, 공기 저항과 모든 마찰은 무시한다.) [3점]

───── <보 기> ─────

ㄱ. A의 운동 방향은 t일 때와 $5t$일 때가 같다.

ㄴ. $5t$일 때, 가속도의 크기는 B가 A의 $\frac{11}{4}$배이다.

ㄷ. $4t$부터 $6t$까지 B의 이동 거리는 $\frac{19}{4}vt$이다.

37 25학년도 9월 평가원 7번

그림과 같이 수평면에 놓여 있는 자석 B 위에 자석 A가 떠 있는 상태로 정지해 있다. A에 작용하는 중력의 크기와 B가 A에 작용하는 자기력의 크기는 같고, A, B의 질량은 각각 m, $3m$이다.

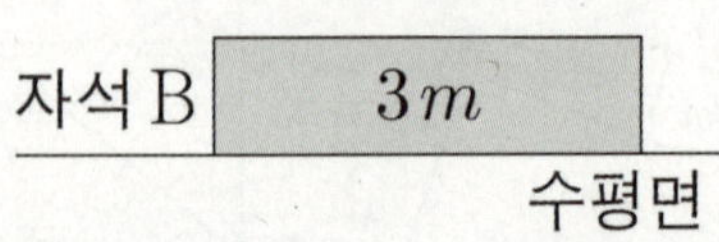

이에 대한 설명으로 옳은 것만을 <보기>에서 있는 대로 고른 것은? (단, 중력 가속도는 g이다.) [3점]

─────<보 기>─────

ㄱ. A가 B에 작용하는 자기력의 크기는 $3mg$이다.

ㄴ. 수평면이 B를 떠받치는 힘의 크기는 $4mg$이다.

ㄷ. A에 작용하는 중력과 B가 A에 작용하는 자기력은 작용 반작용 관계이다.

38 24년 10월 교육청 10번

그림 (가)는 저울 위에 놓인 무게가 5N인 ㄷ자형 나무 상자와 무게가 각각 3N, 2N인 자석 A, B가 실로 연결되어 정지해 있는 모습을 나타낸 것이다. 그림 (나)는 (가)의 상자가 90° 회전한 상태로 B는 상자에, A는 스탠드에 실로 연결되어 정지해 있는 모습을 나타낸 것이다. (가)와 (나)에서 A와 B 사이에 작용하는 자기력의 크기는 같고, (가)에서 실이 A를 당기는 힘의 크기는 8N이다.

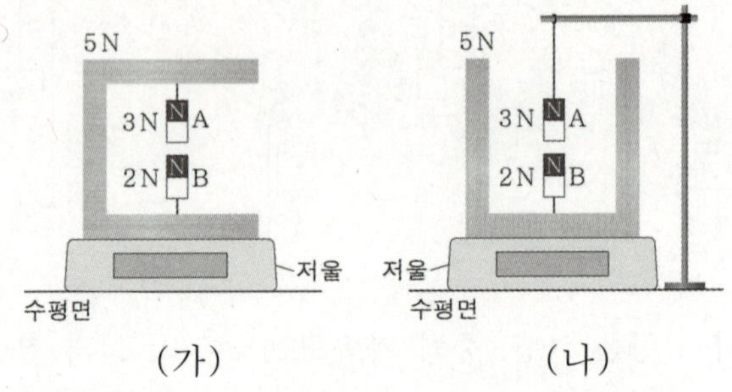

(가)와 (나)에서 저울의 측정값은? (단, A, B는 동일 연직선상에 있고, 실의 질량은 무시하며, 자기력은 A와 B 사이에서만 작용한다.) [3점]

	(가)	(나)
①	10N	2N
②	10N	3N
③	10N	7N
④	5N	3N
⑤	5N	5N

그림은 물체 A, B, C가 실 p, q, r로 연결되어 정지해 있는 모습을 나타낸 것으로, q가 B에 작용하는 힘의 크기는 r이 C에 작용하는 힘의 크기의 $\frac{3}{2}$배이다. r을 끊으면 A, B, C가 등가속도 운동을 하다가 B가 수평면과 나란한 평면 위의 점 O를 지나는 순간 p가 끊어진다. 이후 A, B는 등가속도 운동을 하며, 가속도의 크기는 A가 B의 2배이다. r이 끊어진 순간부터 B가 O에 다시 돌아올 때까지 걸린 시간은 t_0이다. A, C의 질량은 각각 $6m$, m이다.

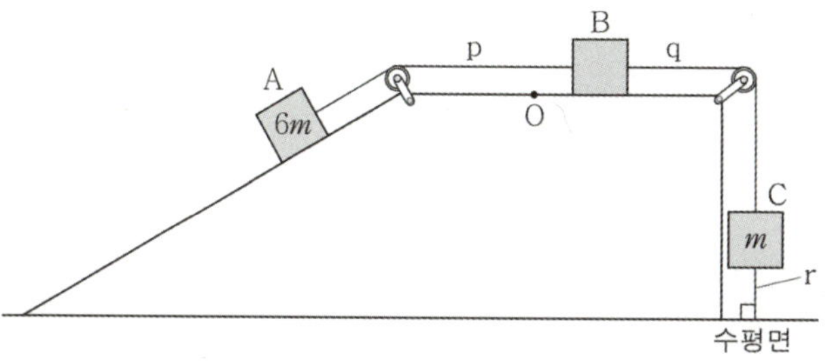

p가 끊어진 순간 C의 속력은? (단, 중력 가속도는 g이고, 물체는 동일 연직면상에서 운동하며, 물체의 크기, 실의 질량, 모든 마찰은 무시한다. [3점]

① $\frac{1}{9}gt_0$　　　② $\frac{1}{11}gt_0$　　　③ $\frac{1}{13}gt_0$

④ $\frac{1}{15}gt_0$　　　⑤ $\frac{1}{17}gt_0$

그림은 실 p로 연결된 물체 A와 자석 B가 정지해 있고, B의 연직 아래에는 자석 C가 실 q에 연결되어 정지해 있는 모습을 나타낸 것이다. A, B, C의 질량은 각각 4kg, 1kg, 1kg이고, B와 C 사이에 작용하는 자기력의 크기는 20N이다.

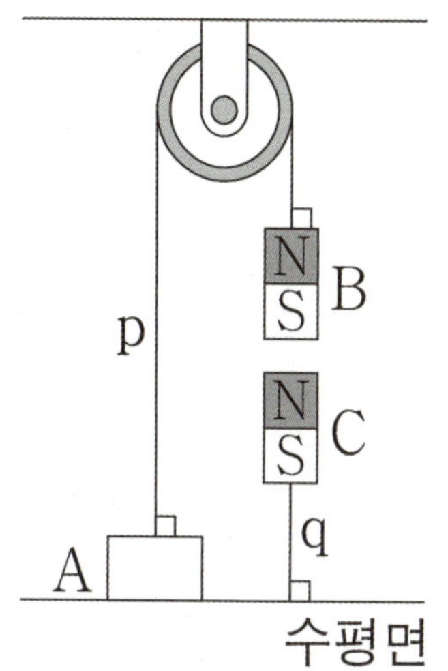

이에 대한 설명으로 옳은 것만을 <보기>에서 있는 대로 고른 것은? (단, 중력 가속도는 10m/s^{2}이고, 실의 질량과 모든 마찰은 무시하며, 자기력은 B와 C 사이에만 작용한다.)

———— <보 기> ————

ㄱ. 수평면이 A를 떠받치는 힘의 크기는 10N이다.

ㄴ. B에 작용하는 중력과 p가 B를 당기는 힘은 작용 반작용 관계이다.

ㄷ. B가 C에 작용하는 자기력의 크기는 q가 C를 당기는 힘의 크기와 같다.

Chapter

03

운동량과 충격량을 다루는 법

03 운동량과 충격량을 다루는 법

고전 역학의 네 단원 중 가장 개념이 compact한 단원이다. 물리학I에서는 1차원 상에서의 운동에 대해서만 다룬다. 충돌 상황도 마찬가지다. 기출 문제들이 고전 역학 중에서는 쉬운 난이도로 출제되어 왔으며, 유형도 정해져 있었으나, 15개정 교육과정으로 교육과정이 개정되면서 2021학년도를 시작으로 2023학년도까지 치러진 3년간의 평가원 모의고사와 수능에서는 그리 쉽지만은 않은 문항들을 보여주었다. 이전에도 운동량 보존 개념을 이용한 문항들이 출제되어 오긴 했으나, 개정 전에는 운동량 보존 법칙이 교육과정의 내용은 아니었기에 그리 강조되지 않은 반면, 개정 이후 운동량 보존 법칙이 꽤나 중요하게 다뤄짐에 따라 문항 난이도도 이전에 비해 높아지는 추세이다. 나와 있는 기출들이 쉽다고 얕봐서는 안 되는 단원이며, 철저히 학습해 두어야 할 것이다.

먼저 한가지 짚고 갈 것이 있다면, '**충돌한다**', '**만난다**', '**위치가 동일하다**'라는 표현을 유연하게 같은 의미 취급할 수 있어야 한다는 것이다. 같은 의미로 받아들이면 편할 때가 많을 것이다.

▎운동량

1. 운동량

운동량은 물체의 운동 정도를 나타내는 물리량이다.
운동량은 질량과 속도의 곱으로 나타내며, 크기와 방향 값을 모두 갖는 벡터량이다.

$$\vec{p} = m\vec{v}, \ p = mv$$

(1) 운동량의 크기

운동량의 크기는 질량 m과 속력 v의 곱 mv와 같다.

(2) 운동량의 방향

운동량은 방향을 가지는 벡터값이며, 방향은 속도 $\vec{v}$와 같다.

나중 운동량(p_2)에서 처음 운동량(p_1)을 뺀 값이다. Δv가 나중 속도(v_2)에서 처음 속도(v_1)를 뺀 값일 때, 질량이 m인 물체의 운동량의 변화량은 아래와 같다.

$$\Delta p = p_2 - p_1 = mv_2 - mv_1 = m\Delta v$$

따라서 운동량의 변화량은 질량 m에 속도 변화량 Δv를 곱한 값이 된다. 식을 조금 변형하게 되면 아래처럼도 표현할 수 있다.

$$\Delta p = m\Delta v = m(a\Delta t) = F\Delta t$$

여기서 $F\Delta t$를 새로운 물리량인 '충격량(I)'으로 정의하게 된다. 이 물리량에 대해 아래에서 탐구해 보자.

충격량

1. 충격량

충격량은 물체가 받은 충격의 정도를 나타내는 물리량이며, $impulse$의 앞글자를 따서 I로 표시한다.
충격량은 힘과 힘이 가해진 시간의 곱으로 나타내며[12], 크기와 방향 값을 모두 갖는 벡터량이다.

$$\vec{I} = \vec{F}\Delta t, \quad I = F\Delta t$$
$$\text{(정확히는 힘}(F)\text{의 시간}(t)\text{에 대한 적분값 } \int F dt \text{이다.)}$$

(1) 충격량의 크기

충격량의 크기는 힘의 크기와 힘이 작용한 시간의 곱과 같다. (힘이 일정할 때)

(2) 충격량의 방향

충격량도 운동량과 마찬가지로 방향을 가지는 벡터값이며, 방향은 힘의 방향과 같다.

☞ 오개념 주의!

'충격량? 충격량이란 단어에서 "량"은 양을 나타내니까 충격량은 스칼라량인가…?'
'뭔가 충격은 방향성이 없을 거 같기도 한데…'

위처럼 충격량이 스칼라량인지 헷갈릴 수 있다. 이럴 때는 충격량의 정의를 생각해 보면 된다.
충격량이란 물체가 받은 충격의 정도를 나타내는 물리량이자, 힘(F)과 충돌 시간(t)의 곱으로 나타낸다.
여기서 힘(F)이 벡터량이므로 충격량(I)은 방향이 존재하는 벡터량이다.

---

12) 정확히는 물체가 받은 힘을 시간에 대해 적분한 값 $\vec{I} = \int \vec{F} dt$, $I = \int F dt$으로, $F-t$그래프의 밑넓이와 같다. 변하는 힘의 평균 힘을 찾아서 힘이 일정하다고 생각해서 평균 힘 F와 힘이 작용한 시간을 곱하는 것으로 계산을 단순화시킬 수 있다.

충격량이란 앞서 살펴보았듯이 어떤 정해진 시간 동안 운동량의 총변화량이다.

$$F\Delta t = m\Delta v$$
$$\| \qquad \|$$
$$I = \Delta p$$

$$F\Delta t = m\Delta v$$
$$I = \Delta p \text{ (충격량은 운동량의 변화량과 같다.)}$$

위 식은 $F = ma$식을 $a = \dfrac{\Delta v}{\Delta t}$로 고쳐보면 간단히 증명이 가능하다.

이러한 충격량과 운동량의 관계를 통해 힘의 정의 $ver.2$를 끌어낼 수 있다.

$$\frac{\Delta \vec{p}}{\Delta t} = \vec{F}, \ \frac{I}{\Delta t} = F$$

힘은 단위 시간당 운동량을 얼마나 변하게 하였는가를 의미한다.
따라서 일정 시간 동안 힘이 얼마나 가해졌는지를 아는 것은, 해당 시간 동안 물체의 운동량이 얼마나 변했는지를
아는 것과 같다.
물체의 운동 상태가 변했다는 것은 충격을 받았다는 것을 의미하는데, 운동량의 변화량은 일정 시간 동안 힘을 얼마나
받았는가, 곧 충격량이 얼마인가로 설명된다.

(1) 충격력

충돌 시 물체에 작용하는 힘을 충격력이라고 부른다. 문항에서는 **'충돌 시 받은 평균 힘의 크기'** 따위로 묻곤 한다. 지금까지 다루었던 그 힘 맞다. 충격력은 특별히, 충격량과 이름도 비슷하고 이름에서 느껴지는 느낌도 비슷한 물리량이라서, 이 둘을 구별하는 것을 주로 물어보게 된다. 따라서 충격량과 충격력을 비교하여 확실히 구별해둘 필요가 있다.

앞서 살펴본 것과 같이 충돌 현상에서의 힘(충격력) F와 충격량 I은 아래 식을 만족한다.

$$I = F\Delta t$$

충격력이 같을 때, 충돌 시간이 길수록 **충격량**이 크고, 충돌 시간이 짧을수록 **충격량**이 작다.

충격량이 같을 때, 충돌 시간이 길수록 **충격력**이 작고, 충돌 시간이 짧을수록 **충격력**이 크다.

(2) 힘-시간 그래프에서의 충격량과 충격력

곡선으로 그려진 힘-시간 그래프에서, 함숫값은 충격력, 곡선의 밑넓이(적분값)는 충격량을 의미한다.

충격량 : 곡선의 밑넓이
충격력 : 곡선의 함숫값

위로 더 많이 솟아올라 있는 형태일수록 충돌 시 주고받은 평균 힘(충격력)이 크며,
평균 힘의 크기는 함숫값의 평균이기도 하므로 함숫값의 최고점과 0 사이 중간 어디인가에 있을 것인데, 눈으로 정확한 비교가 힘든 경우에는 충돌 시간과 적분값을 이용해서 $\dfrac{적분값}{충돌 시간}$ 을 구하여 평균 힘의 크기를 비교하면 정확하다.

다음은 충돌에 대한 실험이다.

[실험 과정]

(가) 그림과 같이 수레 A 또는 B를 벽면에 매달린 용수철을 향해 운동시킨다. A, B의 질량은 각각 1 kg, 4 kg이다.

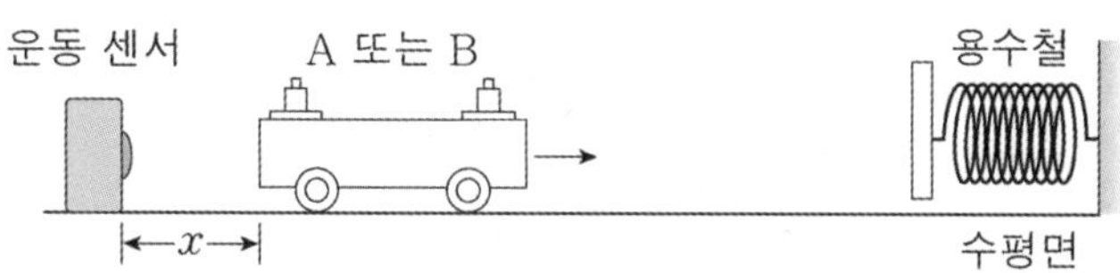

(나) 수레가 용수철과 충돌하기 전부터 충돌한 후까지 고정된 운동 센서와 수레 사이의 거리 x를 측정한다.

[실험 결과]

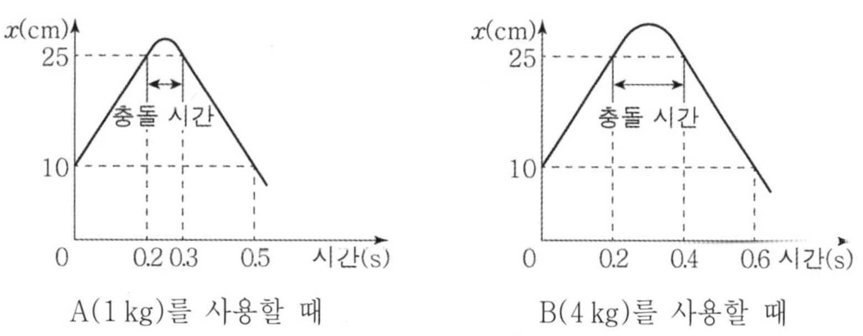

충돌하는 동안 A, B가 용수철로부터 받은 충격량의 크기를 각각 I_A, I_B, 평균 힘의 크기를 각각 F_A, F_B 라 할 때, $I_A : I_B$와 $F_A : F_B$로 옳은 것은?

	$I_A : I_B$	$F_A : F_B$			$I_A : I_B$	$F_A : F_B$
①	1 : 4	1 : 4		②	1 : 4	1 : 2
③	1 : 2	1 : 4		④	1 : 2	1 : 2
⑤	1 : 2	1 : 1				

충격량의 크기를 구하려면 운동량 변화량의 크기를 구하거나 힘과 힘이 작용한 시간을 구해야 하는데 힘의 크기는 아직 모르는 상태이다. 따라서 운동량 변화량의 크기를 구하기로 하자.

그래프에서, 충돌 전 기울기와 충돌 후 기울기를 구함으로써 충돌 전후 속도 변화량의 크기를 구할 수 있다. 이때 두 그래프에서 충돌 전의 속도가 같고, 충돌 후 속도도 같다.
따라서 속도 변화량의 크기도 같고 A와 B의 운동량 변화량의 크기 비는 질량비와 같다. 그러므로 충격량의 크기 비는 $1:4$이다.

충격량의 크기 비를 구했고 힘이 가해진 시간을 알고 있으므로 힘의 크기도 구할 수 있다.
힘이 가해진 시간 비가 $1:2$이므로 $I=F\Delta t$를 이용하면 $F_\mathrm{A}:F_\mathrm{B}=1:2$이다.

$I_\mathrm{A}:I_\mathrm{B}=1:4$, $F_\mathrm{A}:F_\mathrm{B}=1:2$이므로 답은 ②이다.

정답 : ② $1:4,\ 1:2$

그림 (가)는 마찰이 없는 수평면에서 물체 A가 정지해 있는 두 물체 B, C를 향해 등속 운동을 하는 모습을, (나)는 A, B가 충돌하고 다시 B, C가 충돌한 후 A, B, C가 모두 같은 방향으로 속력이 v인 등속 운동을 하는 모습을 나타낸 것이다. 그림 (다)는 두 번의 충돌 과정에서 B가 받은 힘의 크기를 시간에 따라 나타낸 것으로 시간 축과 곡선이 만드는 면적은 각각 $3S$, S이다. A와 B의 질량은 같다.

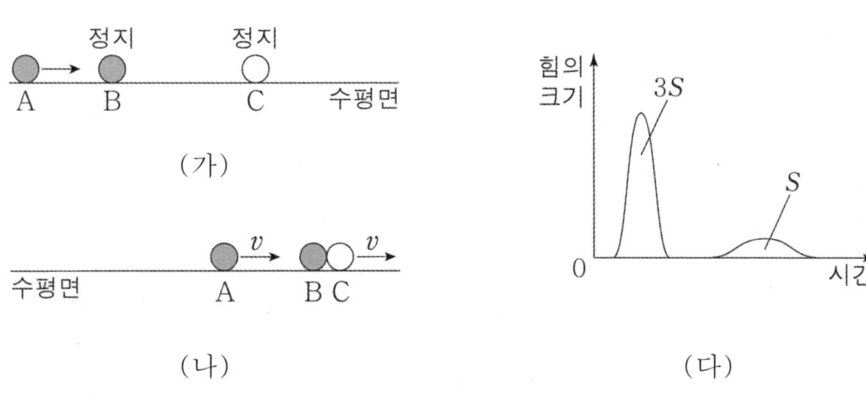

(가)에서 A의 속력은? [3점]

① $\dfrac{5}{2}v$　　② $3v$　　③ $\dfrac{7}{2}v$　　④ $4v$　　⑤ $5v$

곡선의 밑넓이(적분값)는 충격량의 크기이자 운동량 변화량의 크기를 의미한다.

(다)를 통해, A와 B가 충돌할 때 서로 $3S$만큼 운동량이 변한다는 것을 알 수 있다.

그리고 B와 C가 충돌할 때, 서로 S만큼 운동량이 변한다.

A는 초기 속도를 아직 모르기 때문에 운동량의 변화량을 알 수 없다.

그러나, B와 C는 초기 속도를 알기에 운동량의 변화를 알 수 있다.

B는 두 번의 충돌을 거치면서, 정지 상태에서 나중에는 v의 속도로 운동하므로 v만큼 속도가 변했다.

B는 1차 충돌에서 오른쪽으로 $3S$, 2차 충돌에서 왼쪽으로 S만큼 운동량이 변했으므로

B의 나중 운동량은 오른쪽으로 $2S$이다. A와 B의 질량을 M이라 하면 $2S = Mv$을 만족한다.

C는 B와 충돌하며, 정지 상태에서 나중에는 v의 속도로 운동하므로 v만큼 속도가 변했다.

C는 B와 충돌하며 오른쪽으로 S만큼 운동량이 변했다.

C의 질량을 m이라 하면 C의 나중 운동량은 mv이므로 $S = mv$를 만족한다.

$2S = Mv$, $S = mv$를 통해 $M = 2m$을 얻는다. 따라서 세 물체의 질량은 A$(2m)$, B$(2m)$, C(m)이다.

(가)에서 A의 속도를 오른쪽으로 V라 두자. A의 운동량 변화량은 왼쪽으로 $3S$이다$(-3S)$.

A의 처음 운동량은 오른쪽으로 $2mV$이고 나중 운동량은 오른쪽으로 $2mv$이므로

$2mv - 2mV = -3S$이 성립한다.

$S = mv$이므로 정리하면, $V = \dfrac{5}{2}v$를 얻는다.

정답 : ① $\dfrac{5}{2}v$

다른 풀이 1

물론, 뒤이어 나올 운동량 보존을 이용한다면, 중간 과정을 생각하지 않고 풀이하는 것이 가능하다.

B의 운동량의 변화량의 크기가 $2S$, C의 운동량의 변화량의 크기가 S인데 둘의 속력이 같으므로 B의 질량이 C의 질량의 2배이다.

따라서 세 물체의 질량은 A$(2m)$, B$(2m)$, C(m)라고 할 수 있다.

총 질량이 $5m$이므로, (나)에서 총 운동량은 $5mv$이다.

(가)와 (나)에 대해, 운동량 보존 법칙에 의해 A의 처음 속력은 $\dfrac{5}{2}v$이다.

다른 풀이 2

앞선 풀이가 운동량의 변화량에 주목하여 푼 풀이였다면, 이번엔 뒤이어 나올 운동량 보존 법칙 $ver.1$을 이용하여 풀어 보도록 하자. 깔끔하게 정리하기 위해 표를 활용해서 해설을 작성하였다. 실전에서 표를 그리는 것은 자유이며, 그리는 데 시간은 조금 더 들지만 실수를 줄일 수 있는 방법이므로 유연하게 활용하자.

세 물체의 운동량을 표로 나타내보자. A, B의 질량을 M이라 하고, C의 질량을 m이라 하자.

구분	초기 (가)	첫 번째 충돌	두 번째 충돌 (나)
A (M)			Mv
B (M)	0		Mv
C (m)	0	0	mv
합			

오른쪽 방향의 운동량을 양의 방향(+)으로 설정했다.
표의 마지막 가로줄에는 모두 같은 값이 들어가야 한다.

A는 첫 번째 충돌 이후 속도가 일정하다.
B의 운동량은 첫 번째 충돌 이후 오른쪽으로 $3S$이고, 두 번째 충돌 이후 오른쪽으로 $2S$이다.

구분	초기 (가)	첫 번째 충돌	두 번째 충돌 (나)
A (M)	$\dfrac{5}{2}Mv$	Mv	Mv
B (M)	0	$3S = \dfrac{3}{2}Mv$	$Mv = 2S$
C (m)	0	0	mv
합	$\dfrac{5}{2}Mv$	$\dfrac{5}{2}Mv$	$\dfrac{5}{2}Mv$

A의 초기 운동량이 $\dfrac{5}{2}Mv$이고, 질량이 M이므로 (가)에서 A의 속력은 $\dfrac{5}{2}v$이다.

한편, C의 질량을 구해보면 (나)에서 $mv = \dfrac{1}{2}Mv$이고 $m = \dfrac{1}{2}M$이다.

❘ 운동량 보존 법칙

개별 물체의 운동량이 보존된다는 것이 아니다. 충돌에 관여하는 물체 모두를 통틀어서 운동량이 보존된다는 것이다.
명심하자. **운동량 보존의 대상은 "전체"이다.** 운동량 보존은 중간에 여러 번의 충돌이 일어났더라도, 중간 충돌을
생각하지 않고 처음 상태와 마지막 상태 사이의 운동량 보존을 적용할 수 있다는 점에서도 꽤나 편리한 법칙이다.

(1) 외부 힘의 부재

외부에서 가하는 힘이 있다면 물체의 운동량은 무조건 변할 수밖에 없다.
힘이 일정 시간 동안 가해진다면 물체는 충격량을 받고, 이는 물체의 운동량의 변화를 가져오기 때문이다.
이 충격량은 한 물체에 작용하여 한 물체의 운동량을 변화시킬 수도, 두 물체 모두에 작용하여 전체 운동량을
변화시킬 수도 있다.
즉, 외부 힘의 존재 때문에 전체 운동량이 변하는 것은 두 물체 간의 힘의 작용이 이루어지지 않는 상황에서도,
이루어지는 상황에서도 모두 해당된다.
이처럼 외부 힘이 존재할 때는 전체 운동량이 필히 변하기 때문에, 운동량이 보존됨을 논할 때는 이제 기본 전제로
외부 힘은 없는 상황에 대해 다루기로 하자.

(2) 작용과 반작용

작용과 반작용의 관계란, 두 물체 사이에서 서로에게 작용하는 힘의 관계를 말한다.
두 물체에 가해지는 **작용과 반작용 관계**의 힘은 운동량 보존의 두 번째 전제이자 근거가 된다.

아래는 앞서 Chapter 2에서 다루었던 작용 반작용 관계에 있는 힘의 성질이다.

> 같은 시간 동안 서로 반대 방향으로 크기가 같은 힘이 작용한다.
> (1) 시간 동일, (2) 방향 반대, (3) 크기 동일

두 물체에 같은 시간 동안 반대 방향으로 같은 크기의 힘이 작용하므로,
두 물체가 받는 **충격량이 크기가 같고 방향이 반대**이다.
따라서 **운동량의 변화량도 크기가 같고 방향이 반대**이므로, **전체 운동량이 보존**된다.

(1) 운동량 보존 법칙 *ver.*1

외부에서 가하는 힘이 없고, 작용-반작용 관계의 힘만이 두 물체에 작용하는 경우에 전체 운동량이 보존된다는
법칙이다. 서로를 밀어내거나, 충돌하는 경우가 작용 반작용의 관계에 해당한다.

충돌에 관여하는 질량이 각각 m_1, m_2인 두 물체의 충돌 전 운동량을 각각 p_1, p_2, 충돌 후 운동량을 $p_1{}'$, $p_2{}'$이라
하자. 이때, 두 물체의 충돌 전 속도는 v_1, v_2이며, 충돌 후의 속도는 $v_1{}'$, $v_2{}'$이다.
이를 이용해서 **충돌 전후의 전체 운동량이 보존된다**는 식을 써 주게 되면, 아래와 같다.

$$\text{충돌 전 총 운동량} = \text{충돌 후 총 운동량}$$
$$p_1 + p_2 = p_1{}' + p_2{}'$$
$$m_1 v_1 + m_2 v_2 = m_1 v_1{}' + m_2 v_2{}'$$

(2) 운동량 보존 법칙 *ver.*2

운동량 보존 법칙의 정의를 변형하여, 약간 더 실전적인 관점으로 볼 수 있는 방법에 대해 소개하겠다.

$v_1{}' - v_1 = \Delta v_1$, $v_2{}' - v_2 = \Delta v_2$라 하면,
앞선 박스의 두 번째 식 $m_1 v_1 + m_2 v_2 = m_1 v_1{}' + m_2 v_2{}'$을 $m_1 \Delta v_1 + m_2 \Delta v_2 - 0$이라고 쓸 수 있나.
따라서 $m_1 \Delta v_1 = - m_2 \Delta v_2$가 성립한다.

부호 '$-$'는 속도 변화량이 방향이 반대라는 것을 의미하므로, 잠시 제쳐두고 다음처럼 식을 생각할 수 있다.

$$m_1 |\Delta v_1| = m_2 |\Delta v_2|$$

이를 비례식으로 바꾸어 주게 되면, $m_1 : m_2 = |\Delta v_2| : |\Delta v_1|$이다.
이 식은 아래 박스와 같이 해석할 수 있다.

$$\text{충돌에 관여하는 두 물체의 \textbf{질량비}가 } a : b \text{일 때,}$$
$$\text{두 물체의 \textbf{속도 변화량의 크기 비}는 } b : a \text{이다.}$$

이처럼 운동량 보존은 두 가지 관점으로 접근이 가능하다. 대체로는 비율 관계를 이용하는 것이 편하지만,
운동량 보존을 아래 두 관점으로 모두 바라볼 수 있도록 하자.

$$\boxed{\begin{array}{l} \text{① 처음 총 운동량 = 나중 총 운동량,} \\ \text{② 질량비가 } a:b\text{일 때, 속도 변화량의 크기 비는 } b:a \end{array}}$$

아래 그림처럼 질량이 각각 m, $4m$인 물체 A와 B가 각각 오른쪽으로 5m/s, 1m/s로 운동하고 있다.
잠시 뒤, 두 물체는 충돌을 하게 되고, 충돌 직후 물체 B는 오른쪽으로 2m/s로 운동하게 된다.

$$\begin{array}{cc} \text{A} & \text{B} \\ (m) \xrightarrow{\;5\text{m/s}\;} & (4m) \xrightarrow{\;1\text{m/s}\;} \end{array}$$

충돌 직후 물체 A의 속도를 구해보자.

i) 먼저 운동량 보존 법칙 $ver.1$을 적용해 문항을 풀어 보자.

충돌 전 총 운동량과 나중 운동량이 같아야 하므로,
$p_\text{A} + p_\text{B} = p_\text{A}{}' + p_\text{B}{}'$의 의미대로 식을 쓰면, 아래와 같이 v에 대한 등식을 쓸 수 있다.
(v는 충돌 직후 물체 A의 속도이다.)

$$5m + 4m = mv + 8m$$

이 식을 풀어주면 $v = 1$을 얻는다.
따라서 충돌 직후 A의 속도는 오른쪽으로 1m/s이다.

이런 식으로 푸는 것이 운동량 보존 법칙의 정의를 살려서 푼 풀이이다.

ii) 이번엔 운동량 보존 법칙 $ver.2$을 적용해 조금 다른 관점으로 풀어 보자.

A가 B를 뒤쫓아가서 충돌하는 상황이므로,
충돌 전후, 속도 변화량의 방향(속도의 방향이 아니다!)은 A는 왼쪽, B는 오른쪽이다.
충돌하는 두 물체의 질량비가 1 : 4이므로, 두 물체의 속도 변화량의 크기 비는 4 : 1이다.
충돌 전후 물체 B의 속도 변화량은 오른쪽으로 1m/s이므로, 물체 A의 속도 변화량은 왼쪽으로 4m/s임을 알
수 있다. 따라서 충돌 직후 A의 속도는 오른쪽으로 1m/s이다.

이런 식으로 실전에서는 비율 관계를 통해 운동량 보존을 적용하는 것이 유용한 도구가 된다.

그림과 같이 수평면에서 $+x$ 방향의 속력 7 m/s로 운동하던 물체 A가 정지해 있던 물체 B와 충돌한 후 $-x$ 방향으로 운동하여 높이가 0.2 m인 최고점까지 올라갔다. A, B의 질량은 각각 1 kg, 3 kg이고, 충돌 후 B의 속력은 v이다.

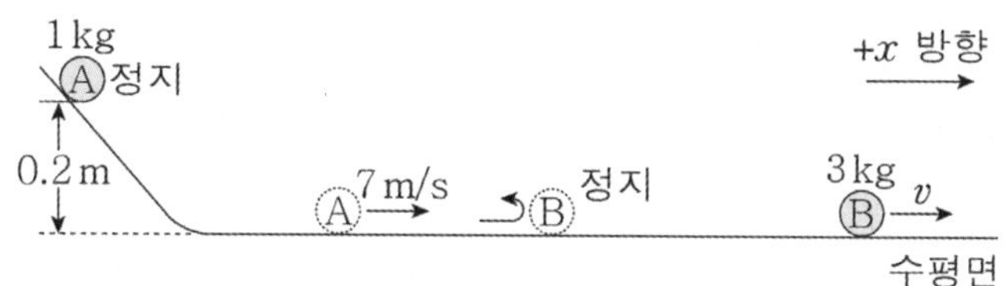

v는? (단, 중력 가속도는 $10\,\text{m/s}^2$이고, 물체의 크기, 모든 마찰과 공기 저항은 무시한다.)

① 1 m/s ② 1.5 m/s ③ 2 m/s ④ 2.5 m/s ⑤ 3 m/s

0. 문항 파악하기

'물체 A가 정지해 있던 물체 B와 충돌한 후 $-x$ 방향으로 운동하여 높이가 0.2m인 최고점까지 올라갔다.'라는 발문은 충돌 직후 A의 속도를 알려 준 조건임을 눈치챌 수 있다.
A의 처음 속도와 나중 속도를 알고 있으니 A의 속도 변화량을 알 수 있고,
A와 B의 질량비를 알고 있으므로 B의 속도 변화량을 알 수 있다.

1. 답 구하기

$v = \sqrt{2gh}$ [13)]이므로 충돌 후 A의 속도는 왼쪽으로 2m/s이다.
따라서 A의 속도 변화량은 왼쪽으로 9m/s이다.
운동량의 변화량을 구해도 되지만, 질량비가 $1:3$이므로 B의 속도 변화량은 오른쪽으로 3m/s이다.
따라서 답은 $v = 3\text{m/s}$이다.

정답 : ⑤ 3m/s

---

13) 역학적 에너지 보존 법칙에 의해 $\frac{1}{2}mv^2 = mgh$이기 때문이다.

그림 (가)는 마찰이 없는 수평면에서 운동량의 크기가 $2p$로 같은 물체 A, B, C가 각각 등속도 운동하는 것을 나타낸 것이다. 그림 (나)는 (가) 이후 모든 충돌이 끝나 A, B, C가 크기가 각각 p, p, $2p$인 운동량으로 등속도 운동하는 것을 나타낸 것이다. (가)→(나) 과정에서 C가 B로부터 받은 충격량의 크기는 $4p$이다.

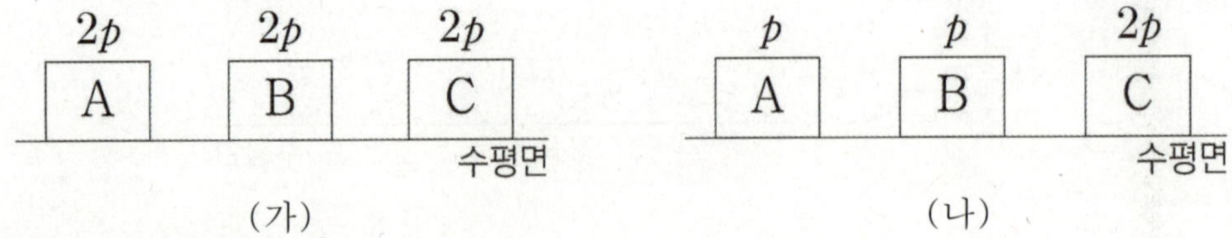

이에 대한 설명으로 옳은 것만을 <보기>에서 있는 대로 고른 것은? (단, A, B, C는 동일 직선상에서 운동한다.) [3점]

〈 보 기 〉

ㄱ. (가)에서 운동 방향은 A와 B가 같다.

ㄴ. A의 운동 방향은 (가)에서와 (나)에서가 같다.

ㄷ. (가)→(나) 과정에서 B가 A로부터 받은 충격량의 크기는 $3p$이다.

---

(1) (나)에서 A와 B가 운동 방향이 같은 경우에는 총 운동량의 합이 0 또는 $4p$가 되는데 (가)에서는 어떤 경우에도 운동량의 합이 0 또는 $4p$가 될 수 없다. 따라서 (나)에서 A와 B의 운동 방향은 반대이다.

(2) (나)는 모든 충돌이 끝난 상태이다.

(3) (가)→(나) 과정에서 C는 유일하게 B와 충돌하며 운동량의 변화량 크기는 $4p$이다.

(1)을 고려하면, (나)에서 A가 ←이고 B가 →이다. (그 반대라면 (2)에 위배된다.)

(3)을 고려하면, C는 B와 충돌 후 ←에서 →로 바뀌어야 (2)를 만족한다.

총 운동량의 합은 →방향 $2p$이므로 (가)의 A와 B는 →이다.

(or, (나)의 A를 고려하면, (가)의 A는 ←일 수 없다.)

이로써 (가)와 (나)의 모든 물체의 운동량의 방향을 알아냈다.

(ㄱ 맞음)

(ㄴ 틀림)

B가 A로부터 받은 충격량의 크기

= A가 B로부터 받은 충격량의 크기

= (가)에서 (나)까지 A의 운동량의 변화량의 크기 = $3p$ **(ㄷ 맞음)**

정답 : ㄱ, ㄷ

그림과 같이 우주 공간에서 점 O를 향해 질량이 각각 m인 물체 A, B와 질량이 $2m$인 우주인이 v_0의 일정한 속도로 운동한다. 우주인은 O에 도착하는 속도를 줄이기 위해 O를 향해 A, B의 순서로 물체를 하나씩 민다. A, B를 모두 민 후에, 우주인의 속도는 $\frac{1}{3}v_0$이 되고, A와 B는 속도가 서로 같으며 충돌하지 않는다.

A를 민 직후에 우주인의 속도는?

① $\frac{1}{3}v_0$　　② $\frac{4}{9}v_0$　　③ $\frac{2}{3}v_0$　　④ $\frac{7}{9}v_0$　　⑤ $\frac{8}{9}v_0$

처음 우주인과 물체가 함께 운동할 때, 전체 운동량은 $4mv_0$이다.

A와 B를 모두 민 후, A와 B의 속도를 v라 하자.

A를 민 후, 우주인과 B의 속도를 V라 하자.
전체 운동량은 A를 민 후에도 변하지 않으므로 운동량 보존 법칙에 의해 $4mv_0 = 3mV + mv$이다.

B를 민 후, 우주인의 속도는 $\dfrac{1}{3}v_0$이고 전체 운동량은 A, B를 민 후에도 변하지 않는다.

조금 더 단순히 보기 위해 B와 우주인의 운동량에 주목해 보자.

B를 밀기 전후 B와 우주인의 운동량은 보존되므로, 운동량 보존 법칙에 의해 $3mV = \dfrac{1}{3}(2m)v_0 + mv$이다.

두 식 $4mv_0 = 3mV + mv$, $3mV = \dfrac{1}{3}(2m)v_0 + mv$에서 v를 소거하여 연립하면 $V = \dfrac{7}{9}v_0$를 얻는다.

정답 : ④ $\dfrac{7}{9}v_0$

다른 풀이

처음 전체 운동량은 $4mv_0$이다. A와 B를 모두 민 후, A와 B의 속도를 v라 하자.

A와 B를 모두 민 후의 전체 운동량은 $\dfrac{2}{3}mv_0 + 2mv$이다. 이 값이 $4mv_0$이므로 $v = \dfrac{5}{3}v_0$를 얻는다.

A를 밀기 전후의 상황을 보자.
우주인과 B를 하나의 계 S로 보면 S와 A의 질량비는 $3 : 1$이므로,
S와 A의 속도 변화량의 크기 비는 $1 : 3$이다.

A의 속도 변화량의 크기는 $\dfrac{2}{3}v_0$이므로 S의 속도 변화량의 크기는 $\dfrac{2}{9}v_0$이다.

따라서 S는 A를 밀고나서 속도가 $\dfrac{2}{9}v_0$만큼 감소하므로 A를 민 직후의 속도는 $\dfrac{7}{9}v_0$이다.

정답 : ④ $\dfrac{7}{9}v_0$

두 물체 사이에 **질량이 없는 용수철이 양쪽으로 힘을 작용하는 경우**에는 특별히 **운동량 보존을 적용할 수가 있다.**
(작용 반작용은 아니지만 효과는 같다고 생각하면 편하다.)

단, 이때에도 외부에서 두 물체에 힘이 가해지면 성립하지 않는다.
한쪽 물체가 벽에 붙어있는 상태에서 용수철이 힘을 가하는 경우에도 벽이 계에 외력이 가하는 경우에 해당하므로
운동량 보존이 성립하지 않는다.

계의 외부에서 힘이 가해지지 않는 상황인 경우(이런 경우를 용수철이 양쪽으로 free하게 힘을 작용한다고 하자), 두
물체 사이에서 힘을 작용하는 용수철은 아래와 같이 작용 반작용의 세 가지 성질을 만족한다.

> 같은 시간 동안 서로 반대 방향으로 크기가 같은 힘이 작용한다.
> (1) 시간 동일, (2) 방향 반대, (3) 크기 동일

따라서 탄성력이 용수철의 양쪽 방향으로 작용할 때, 두 물체의 운동량 변화량은 부호만 반대이고 크기가 같으므로
전체 운동량이 보존된다.
즉, 용수철이 양쪽으로 힘을 free하게 가하는 경우엔, 이를 작용 반작용 관계의 힘으로 취급해도 되고, 운동량 보존을
적용할 수 있다는 것이다.

그림과 같이 마찰이 없는 수평면에서 물체 A와 B 사이에 용수철을 넣어 압축시킨 후, 동시에 가만히 놓았더니 A와 B가 분리되어 서로 반대 방향으로 운동하였다. 분리된 후, A의 속력은 v이고 B는 정지해 있던 물체 C와 충돌한 후 한 덩어리가 되어 운동한다. A, B, C의 질량은 각각 $3m$, m, $2m$이다.

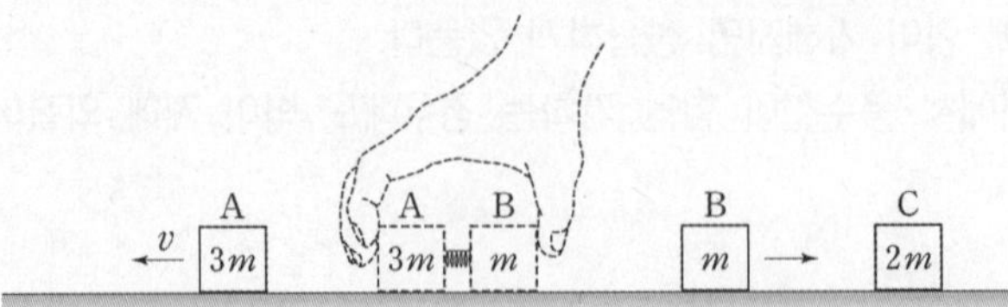

이에 대한 설명으로 옳은 것만을 <보기>에서 있는 대로 고른 것은? (단, 물체의 크기, 용수철의 질량, 공기 저항은 무시한다.) [3점]

───────────── 〈 보 기 〉 ─────────────

ㄱ. 충돌 직전 B의 속력은 $3v$이다.

ㄴ. B와 C가 한 덩어리가 된 물체의 운동량의 크기는 분리된 A의 운동량의 크기와 같다.

ㄷ. B와 C가 한 덩어리가 된 물체의 운동 에너지는 충돌 직전 B의 운동 에너지와 같다.

0. 문항 파악하기

물체들의 운동을 간단히 생각하면 용수철이 분리되어 두 물체 A와 B가 운동하다가 B는 멈춰있던 C와 충돌하는 운동이다. 살펴봐야 할 것은 두 순간 A와 B가 분리될 때와, B와 C가 충돌할 때이다.

1. 분리와 충돌 분석하기

먼저 A와 B가 분리될 때를 살펴보면, 용수철이 두 물체에 힘을 free하게 가하는 상황이므로 작용 반작용과 같은 효과를 낸다. 이때 A와 B의 전체 운동량이 보존된다. 따라서 속도 변화량은 질량비에 반비례하고, B의 속도는 오른쪽으로 $3v$가 된다.

이어서 C와 B가 충돌할 때를 살펴보면, 충돌 전 B와, 충돌 후 B, C덩어리는 운동량이 보존되므로, 충돌 후 한 덩어리로 운동할 때의 덩어리의 운동량도 $3mv$이다. 따라서 B, C의 최종 속도는 오른쪽으로 v이다.

2. 보기 판단하기

ㄱ. A와 분리될 때부터 C와 충돌하기 전까지 B의 속력은 $3v$이다. (ㄱ 맞음)

ㄴ. 처음 전체 운동량이 0이므로 $p_A + p_B + p_C = 0$이고 A의 운동량과 B, C 덩어리의 운동량의 크기는 $p_A = -(p_B + p_C)$이므로 같을 수밖에 없다. (ㄴ 맞음)

ㄷ. 충돌 전 B와 충돌 후 B, C 덩어리의 질량비는 $1 : 3$이고 충돌 전 B와 충돌 후 B, C 덩어리는 속력비가 $3 : 1$이므로 운동 에너지는 $3 : 1$이다. 이 챕터의 뒷부분에서 다루겠지만 비탄성 충돌의 경우 충돌 시 운동 에너지가 열 에너지, 소리 에너지 등등으로 바뀌어 손실되므로, 비탄성 충돌의 경우, 언제나 운동 에너지는 감소할 수밖에 없다. 비탄성 충돌임을 빠르게 판단하는 방법으로는 충돌 선후 상대 속도의 크기가 일정한지를 체크해보는 것이다. 일정하다면 탄성 충돌이며, 일정하지 않다면 비탄성 충돌이다.
두 번째 방법으로, 충돌 전 B와 충돌 후 B, C는 운동량 보존 법칙에 의해 운동량이 같다.

운동량 p와 질량 m을 아는 경우, 운동 에너지 E_K는 $E_K = \dfrac{p^2}{2m}$이다.

따라서 운동량이 같을 때 질량이 작을수록 운동 에너지가 크다. 따라서 충돌 전 B가 질량이 작으므로 운동 에너지가 크다. (ㄷ 틀림)

정답 : ㄱ, ㄴ

▌운동량 그래프 해석의 주의점

운동량 그래프를 해석할 때에는 꼭 아래의 두 가지 정보를 모두 얻어내야만 한다.

① 운동량 값
② 운동량의 변화량

② 운동량 변화량에 집중하다 보면, ① 운동량 값을 살피지 못해서 막히는 경우가 정말 생각보다 많다.
② 운동량 변화량만 확인할 것이 아니라 ① 운동량 값도 꼭 확인할 것을 명심하고 의식적으로 주의하도록 하자.

예제(7) 15학년도 6월 평가원 7번

그림 (가)는 수평면에 정지해 있는 동전 B를 향해 손가락으로 동전 A를 튕기는 모습을 나타낸 것이다.
B는 A와 충돌한 후 정지해 있던 동전 C와 충돌한다. 그림 (나)는 이 과정에서 A, B, C의 운동량을 시간
에 따라 나타낸 것이다. A와 B의 충돌 시간은 $2T$이고, B와 C의 충돌 시간은 T이다. B의 질량은 C의 2배
이다.

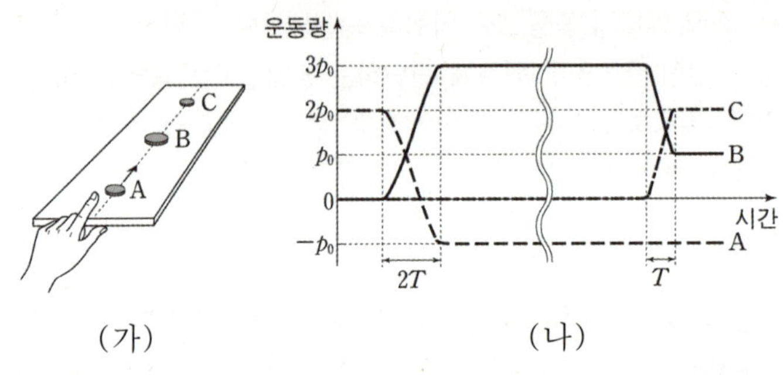

(가)   (나)

이에 대한 설명으로 옳은 것만을 <보기>에서 있는 대로 고른 것은? (단, A~C는 동일 직선 상에서 운동
한다.) [3점]

〈 보 기 〉

ㄱ. A는 B와 충돌 후 충돌 전과 반대 방향으로 움직인다.
ㄴ. B가 C와 충돌한 후, C의 속력은 B의 속력의 2배이다.
ㄷ. B가 받은 평균 힘의 크기는 A와 충돌하는 동안이 C와 충돌하는 동안보다 크다.

운동량 그래프를 해석할 때에는 꼭 두 가지 정보 ① 운동량 값, ② 운동량의 변화량을 모두 얻어내야만 한다고
했었다. 이에 주의하면서 문항에 접근하도록 하자.

두 번의 충돌이 그래프에 나타나 있고 이때 시간 간격과 운동량 변화량을 알고 있다. 또한 두 번의 충돌 후의
운동량 값을 알고 있으므로 질량 조건과 연립하여 속도를 구할 수 있다.

ㄱ. 운동량 그래프에서의 부호가 바뀌었으므로 운동 방향이 바뀌었다고 해석한다. (ㄱ 맞음)

ㄴ. B와 C의 충돌 이후, B와 C의 운동량 크기 비는 $1:2$이다.
B와 C의 질량비는 $2:1$이므로, B와 C의 속력비는 $1:4$이다. (ㄴ 틀림)

ㄷ. 평균 힘의 크기는 충돌 시 운동량-시간 그래프에서 평균 기울기의 크기를 의미한다.
첫 번째 충돌과 두 번째 충돌을 비교하면 두 번째 충돌이 평균변화율의 절댓값이 더 크므로(더 가파르므로)
처음 충돌이 나중 충돌보다 평균 힘의 크기가 작다. (ㄷ 틀림)

정답 : ㄱ

❚ 여러 가지 충돌

모든 충돌은 작용-반작용 관계의 크기가 같은 힘이 같은 시간 동안 반대 방향으로 작용하므로, 전체 운동량이
보존된다. 이는 모든 충돌에 대해 기본적으로 적용되는 원리이다.

운동량이 항상 보존되는 것은 확인하였다. 그럼 충돌 시 에너지는 보존이 될까?
정답은 "에너지 보존 법칙 때문에 충돌 시에도 에너지는 보존된다."이다.

다만, 그냥 '에너지의 보존 여부'가 아니라 **'운동 에너지'의 보존 여부**는 충돌의 유형에 따라 달라질 수 있다. 왜냐하면
운동 에너지는 전체 에너지의 일부이며, 충돌할 때 에너지는 소리, 열 등의 형태로도 방출될 수 있기 때문이다. 운동
에너지가 다른 에너지로 바뀌어 방출된다면 운동 에너지는 손실될 것이며, 다른 에너지로 바뀌어 방출되는 것이
없다면 운동 에너지는 손실되지 않을 것이다.

1. 탄성 충돌 (완전 탄성 충돌)

탄성 충돌은 충돌 전후, 전체 운동 에너지가 보존되는 경우를 말한다. 따라서 충돌 전 전체 운동 에너지와 충돌 후
전체 운동 에너지가 같다.

2. 비탄성 충돌

비탄성 충돌은 충돌 전후, 전체 운동 에너지가 손실되는 경우를 말한다. 앞서 말했듯, 에너지 자체는 보존되나, 다른
형태로 바뀌어 빠져나간 상황이다. 따라서 충돌 전 전체 운동 에너지는 충돌 후 전체 운동 에너지보다 크다.

(1) 완전 비탄성 충돌

비탄성 충돌 중에서 특별한 충돌로 완전 비탄성 충돌이 있는데, 이는 두 물체가 충돌 후 한 덩어리로 함께 운동하는
경우를 말한다.

질량이 각각 m_1, m_2인 두 물체가 충돌 전 v_1, v_2라는 속도로 운동하다가, 충돌 후 V라는 속도로 한 덩어리로 함께
운동한다, 이 충돌은 충돌 후 한 덩어리로 운동함을 통해 완전 비탄성 충돌이란 것을 알 수 있다.

처음 전체 운동량과 나중 전체 운동량이 같음을 통해 아래 식이 성립한다.

$$m_1 v_1 + m_2 v_2 = (m_1 + m_2) V$$

V에 대해 정리한다면 $V = \dfrac{m_1 v_1 + m_2 v_2}{m_1 + m_2}$ 를 얻는다.

탄성 충돌에서 상대 속도에 대한 고찰

본 내용은 사실 몰라도 전혀 상관이 없으며, 상당히 특수한 스킬이라서 문제풀이에 큰 도움은 되지 않을 것임을 먼저 말해두겠다. 그래도 충돌 현상에 대한 고찰로써 더 심화된 도구를 가지고 있기를 원할 수 있으므로 자세히 설명해두겠다.

주의를 주자면 이런 멋진 도구를 통해 문제를 풀고자 하는 마음은 이해하나, **절대 실전에서 이를 주된 풀이 방향으로 삼지 마라**. 이 도구는 특수한 케이스에 적용되는 성질이며, 검산을 위한 심화 도구로 적절하다.

탄성 충돌에서는
충돌 전후의 상대 속도의 크기가 같고 방향이 반대이다.

충돌 전후 운동 에너지가 보존되는 충돌을 탄성 충돌(＝완전 탄성 충돌)이라고 한다.(탄성 충돌과 완전 탄성 충돌은 같은 개념이다.) 탄성 충돌의 경우에는, 충돌 전후 가까워지고 멀어지는 빠르기인 상대 속도의 크기가 같다는 것이고, 반대로 상대 속도의 크기가 충돌 전후 같다면 이는 탄성 충돌이라는 것이다.

증명 과정은 아래와 같다.

질량이 각각 m_1, m_2인 두 물체 A, B가 충돌하는 상황이 있다.
충돌 전후 A의 속도는 각각 v_1, v_1'이며, 충돌 전후 B의 속도는 각각 v_2, v_2'이다.

먼저, 충돌 전후로 전체 운동량이 보존되므로, 처음 운동량 = 나중 운동량임을 이용해서 아래 결과를 이끌어 낼 수 있다.

$$m_1 v_1 + m_2 v_2 = m_1 v_1' + m_2 v_2'$$

식을 조금 변형해 주면,

$$m_1(v_1 - v_1') = m_2(v_2' - v_2)$$을 얻는다. …㉠

탄성 충돌의 경우, 특별히 충돌 전후의 전체 운동 에너지가 보존되므로,
처음 운동 에너지 = 나중 운동 에너지임을 이용해서 아래 결과를 이끌어낼 수 있다.

$$\frac{1}{2}m_1 v_1^2 + \frac{1}{2}m_2 v_2^2 = \frac{1}{2}m_1 v_1'^2 + \frac{1}{2}m_2 v_2'^2$$

식을 조금 변형해 주면,

$$m_1\left(v_1^2 - v_1'^2\right) = m_2\left(v_2'^2 - v_2^2\right)$$이고, 아래처럼 더 변형할 수 있다.

$$m_1(v_1 + v_1')(v_1 - v_1') = m_2(v_2' + v_2)(v_2' - v_2) \quad …㉡$$

㉠을 ㉡에 대입하면,

$$(v_1 + v_1') = (v_2' + v_2)$$이라는 결과를 얻는다. 이를 아래처럼 바꾸어 줄 수 있다.

$$(v_1 - v_2) = (v_2' - v_1') \quad …㉢$$

㉢을 통해, **탄성 충돌**에서는 충돌 전후의 **상대 속도의 크기가 같고 방향이 반대**라고 해석할 수 있다.

만약 질량이 같은 경우엔 조금 더 구체적인 성질을 찾을 수 있다.

질량이 같은 두 물체가 **탄성 충돌**하는 경우, **속도의 교환**이 일어난다.
역으로, **질량이 같은** 두 물체의 충돌에서, **속도의 교환**이 일어나는 경우, **탄성 충돌**이 된다.

i)질량 동일, ii)탄성 충돌, iii)두 물체의 속도가 서로 교환됨
세 조건 중 두 가지가 성립한다면 나머지 하나도 자동으로 성립한다.

증명 과정은 아래와 같다.

$m_1(v_1 - v_1') = m_2(v_2' - v_2)$ $\cdots$ ㉠에서 $m_1 = m_2$이므로 $(v_1 - v_1') = (v_2' - v_2)$라는 관계를 추가로 얻을 수 있다.

따라서 $(v_1 - v_2) = (v_2' - v_1')$ $\cdots$ ㉡과 연립하면,
$v_1 = v_2'$, $v_2 = v_1'$라는 결론을 얻게 된다.

만약 $v_1 = v_2'$, $v_2 = v_1'$중 하나가 성립하면, 나머지 하나도 무조건 성립하게 된다.

이는 질량이 같은 물체가 탄성 충돌하는 경우, 속도의 교환이 일어난다고 해석할 수 있다.

운동량의 변화는 힘의 시간적 효과이다

뒤이어 나올 Chapter 4의 "에너지의 변화는 힘의 공간적 효과이다'와 비교하여 봐 두도록 하자.

1. 일정한 힘을 일정한 시간 동안 받는 경우에 대한 고찰

힘 조건과 시간 조건이 함께 묶여 등장하는 경우가 있다.
예를 들어, 아래 문항의 발문에서, 밑줄 친 부분에 주목해 보자. Chapter 4에서 뒤이어 나올 문제니 지금 풀려고
하지 마라. 밑줄 친 발문만 눈여겨 봐 두자.

예시문항 17학년도 9월 평가원 20번

그림과 같이 물체가 높이 h인 곳에서 가만히 출발하여 마찰이 없는 면을 따라 높이 $2h$인 곳에 도달한
다. 물체는 수평면 구간 A와 B를 지나는 도중에 각각 운동 방향으로 크기가 같은 힘 F를 같은 시간 동안
받는다. 높이 $2h$인 곳에 도달하였을 때 물체의 속력은 0이다.

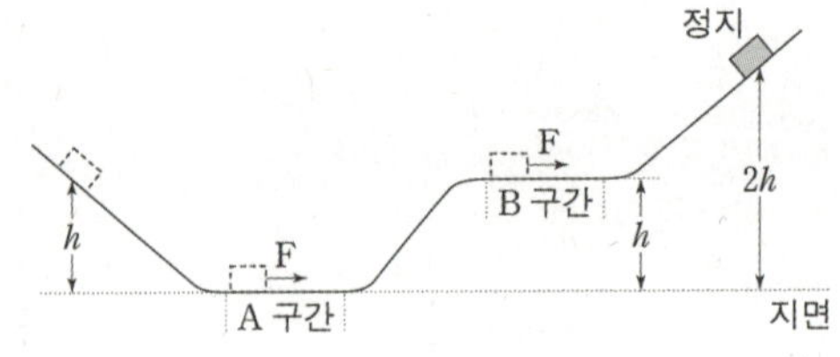

이런 식으로 **힘 조건**과 **시간 조건**이 동시에 묶여 등장하는 경우에, 두 조건이 융합되었을 때의 의미를 파악할 줄
알아야 한다.[14] 결론을 먼저 말하자면, **힘 조건과 힘을 받은 시간 조건이 함께 등장한 것은 두 조건을 합친
것의 차원이 '운동량/충격량 차원'**이며, 힘을 받은 구간의 속도 변화량에 관한 조건을 구해야 할 것이라는
걸 미리 눈치채라는 이야기이다.[15]

위 문항을 예시로 들어 밑줄 친 부분을 어떻게 파악해야 하는지 살펴보자.
A 구간과 B 구간에서 같은 크기의 힘을 같은 시간 동안 받았다는 것은, $\Delta p = I = F\Delta t$에서 F의 크기와
Δt가 두 구간에서 같음을 의미하므로, 두 구간의 **운동량 변화량이 같음**을 의미한다.
두 구간에서 운동하는 물체는 하나의 물체이므로 두 구간에서의 운동량 변화량이 같다는 것을
속도 변화량이 같다는 것으로 해석할 수 있다.
이처럼 힘 조건과 힘을 받은 시간 조건이 합쳐져 속도 변화량 조건을 끌어낼 수가 있다.

---

14) '묶여 등장한다'라는 표현을 쓴 이유는, 서로 연관성이 크게 없는 힘 조건과 시간 조건을 이야기하고자 하는 게 아님을 말하기
위해서이다.

15) '차원'이라는 단어가 중요한 건 아니다. 잘 모르겠다면 '운동량 관점'이라는 말로 대체해서 이해해도 된다.

비슷하지만 조금 다른 예시를 통해 더 살펴보기로 하자.

아래 그림처럼 오른쪽으로 운동하던 질량이 $2m$, m인 두 물체 A와 B가 각각 운동 반대 방향으로 일정한 힘 $2F$, F를 t, $3t$동안 받아 정지하였다. 힘을 받기 직전 두 물체의 속력의 비를 구해보자.

이 예시의 다른 점은 물체가 두 개라는 것이다. 또한 힘의 크기와 시간이 같지 않기도 하다.

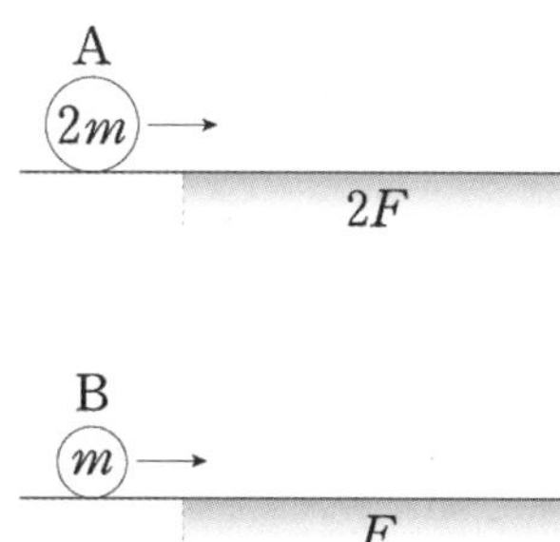

운동 반대 방향으로의 힘과 질량 조건을 먼저 합하여 가속도를 찾는 것도 좋은 방법이다. 실전에서 그 방법이 가장 먼저 보였다면 그렇게 풀면 된다.

우리는 힘 조건과 힘을 받은 시간 조건을 합쳐서 살펴보는 관점으로 풀어보도록 하자.

두 물체가 각각 운동 반대 방향으로 힘 $2F$, F를 t, $3t$동안 받아 정지하였다는 것을 통해 힘을 받아 감소한 운동량의 크기가 $2 : 3$이라는 것을 알 수 있다. 감소한 운동량이 곧 힘을 받기 전 운동량일 것이므로, 힘을 받기 전 운동량의 크기 비가 $2 : 3$이다. 질량의 비가 $2 : 1$이므로 처음 속력의 비는 $1 : 3$임을 알 수 있다.

여기서 주의해야 할 것은, 앞선 기출 문항에서는 물체가 한 개였으므로 두 구간의 운동량의 변화량 비가 곧 속도 변화량 비였지만, 이 예시에서는 질량이 다른 두 물체가 등장했으므로 이를 신경을 써 주어야 한다는 것이다.

이렇게 두 예시를 통해, 다음과 같은 풀이 루틴을 세울 수 있다.

$step 1$. **힘 조건**과 **시간 조건**이 동시에 묶여 등장했음을 파악한다.
$step 2$. 두 조건을 묶어 충격량의 비(또는 값)(=운동량 변화량의 비(또는 값))를 구한다.
$step 3$. 질량비로 나누어 **속도 변화량** 비(또는 값) 조건을 찾는다.

꼭 다음을 기억하자.

힘 조건과 **시간 조건**이 합쳐지면 이는 **운동량/충격량 차원**이며, 이는 **속도 변화량**을 구하는 것으로 이어진다.

아직 출제되지 않은 것

1. 운동량 보존 유형에서의 운동 에너지 체크

아직까지는 평가원/수능에서 이를 직접적으로 물어본 적은 없었지만, 매우 중요하고 만약 출제되었을 때 모르고 있으면 속수무책으로 당할 수밖에 없는 매우 치명적인 주제이다. 미출제 요소이면서도 꽤나 중요한 부분이므로 공부할 때에도 항상 생각은 하고 있어야 한다.

운동 에너지를 포함한 역학적 에너지뿐 아니라 소리 에너지, 열에너지 등을 포함하는 총 에너지는 언제나 보존된다. 에너지는 늘어날 수도, 줄어들 수도 없다.

충돌 문항에서 주의할 점은, **충돌 전후 운동 에너지가 보존된다는 보장은 없으며, 운동 에너지는 절대 충돌하기 전보다 충돌한 후가 더 크면 안 된다**는 것이다.
왜냐하면, 충돌 현상에서 충돌 전의 운동 에너지였던 에너지는 비탄성 충돌의 경우, 소리 에너지, 열에너지 등으로 전환되어 운동 에너지가 충돌 과정에서 손실될 수 있지만, 다른 에너지를 흡수하여 운동 에너지로 전환되지는 않기 때문이다.
(운동 에너지는 한 물체가 아닌 충돌하는 모든 물체, 즉, 충돌에 참여하는 계의 운동 에너지를 말하는 것이다.)

운동 에너지는 충돌 전후 손실되거나 유지되는 것만 가능하다.
이 자체로도 하나의 조건이 되며, 발문에서 언급하지 않더라도 생각해 낼 수 있어야 한다.

예제(8)

그림과 같이 질량이 각각 $m, 2m$인 물체 A, B가 서로 마주 보고 운동하고 있다. A와 B 중 하나의 속력이 충돌 전과 충돌 후가 같을 때, 충격량의 크기는?

A   B

(m) $\xrightarrow{6v_0}$ $\xleftarrow{2v_0}$ $(2m)$

충돌 전과 후의 속력이 같은 물체가 i) A인 경우와 ii) B인 경우로 나누어 풀어 보도록 하자.

i) 충돌 후 A의 운동량의 크기가 $6mv_0$로 일정하고,
두 물체의 운동량의 변화량의 크기가 $12mv_0$이므로 B의 나중 운동량의 크기는 $8mv_0$이다.
B가 충돌 전보다 속력이 커졌으므로 A, B의 운동 에너지의 합이 증가하였다.
따라서 이 경우는 불가능하다.

ii) 충돌 후 B의 운동량의 크기가 $4mv_0$로 일정하고,
두 물체의 운동량의 변화량의 크기가 $8mv_0$이므로 A의 나중 운동량의 크기는 $2mv_0$이다.
A가 충돌 전보다 속력이 작아졌으므로 A, B의 운동 에너지의 합이 감소하였다.
따라서 이 경우가 문제가 원하는 경우이다.
이때 운동량 변화량의 크기가 $8mv_0$이므로 충격량의 크기 또한 $8mv_0$이다.

정답 : $8mv_0$

01 10학년도 9월 평가원 4번

그림 (가)는 마찰이 없는 수평면에서 ⊓ 모양의 물체 A가 5cm/s의 속도로 운동하고, A의 안쪽에 물체 B가 정지해 있는 모습을 나타낸 것이다. A, B의 질량은 각각 $4m$, m이고, A의 안쪽 너비는 L이며, B의 크기는 무시한다. 그림 (나)는 A의 충돌 전후의 속도를 시간에 따라 나타낸 것이다.

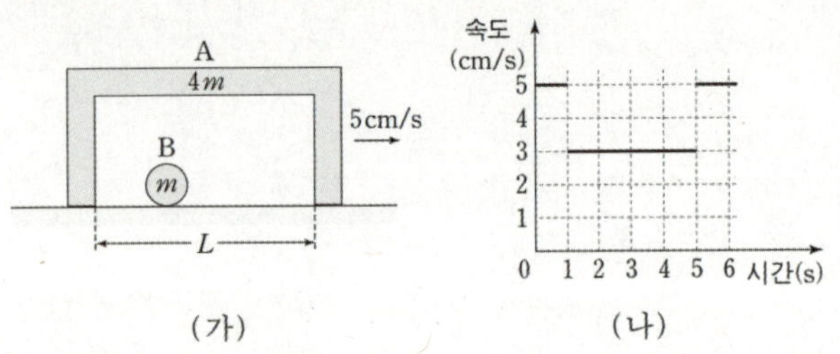

A, B에 대한 설명으로 옳은 것만을 <보기>에서 있는 대로 고른 것은? [3점]

───── <보 기> ─────

ㄱ. 3초일 때 B의 속력은 8cm/s이다.

ㄴ. L은 20cm이다.

ㄷ. 충돌 과정에서 B가 A로부터 받은 충격량의 크기는 1초일 때와 5초일 때가 서로 같다.

02 12학년도 수능 10번

그림 (가)는 마찰이 없는 수평면에서 질량이 같은 세 물체 A, B, C가 동일 직선 상에서 운동하는 어느 순간의 모습을 나타낸 것이다. 이때 A, B, C의 운동량의 크기는 각각 $2p$, p, p이다. 그림 (나)는 (가)에서 먼저 A와 B가 충돌하여 한 덩어리가 된 후 다시 C와 충돌하여 세 물체가 한 덩어리가 되어 정지한 모습을 나타낸 것이다.

이에 대한 설명으로 옳은 것만을 <보기>에서 있는 대로 고른 것은? (단, 물체의 크기와 공기 저항은 무시한다.)

───── <보 기> ─────

ㄱ. (가)에서 A, B, C의 운동량의 합은 0이다.

ㄴ. (가)에서 B와 C의 운동 방향은 같다.

ㄷ. A와 B가 충돌한 직후, A, B가 한 덩어리가 된 물체의 운동량의 크기는 p이다.

03 13학년도 9월 평가원 3번

그림 (가)는 마찰이 없는 수평면에서 물체 A와 C가 정지해 있는 물체 B를 향해 각각 $3v$, v의 일정한 속력으로 동일 직선상에서 운동하는 것을 나타낸 것이다. 그림 (나)는 A와 C가 동시에 B와 충돌한 후 한 덩어리가 되어 v의 속력으로 등속도 운동하는 것을 나타낸 것이다. B와 C의 질량은 m으로 같다.

A의 질량은?

① m ② $1.5m$ ③ $2m$

④ $2.5m$ ⑤ $3m$

04 13학년도 수능 7번

그림 (가)는 마찰이 없는 수평면에서 물체 A, B가 서로를 향해 등속 직선 운동을 하는 것을 나타낸 것이다. 그림 (나)는 A와 B의 운동량을 시간에 따라 나타낸 것이다. A와 B의 운동 에너지의 합은 충돌 전과 충돌 후가 같다.

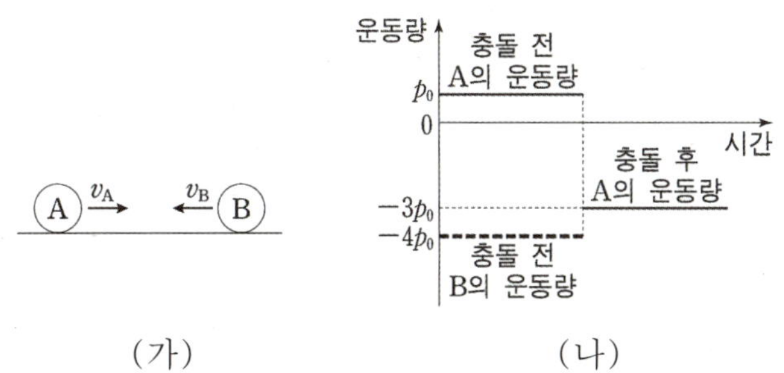

이에 대한 설명으로 옳은 것만을 <보기>에서 있는 대로 고른 것은? (단, 물체의 크기는 무시한다.)

─────── <보 기> ───────

ㄱ. 충돌 후 B의 운동량은 $-p_0$이다.

ㄴ. 충돌하는 동안 B가 A로부터 받은 충격량의 크기는 $4p_0$이다.

ㄷ. 질량은 B가 A의 4배이다.

그림 (가)와 같이 수평면에서 물체 A가 정지해 있는 물체 B를 향해 등속 직선 운동한다. 그림 (나)는 A가 $x=0$을 통과한 순간부터 A와 B의 위치 x를 시간에 따라 나타낸 것이다.

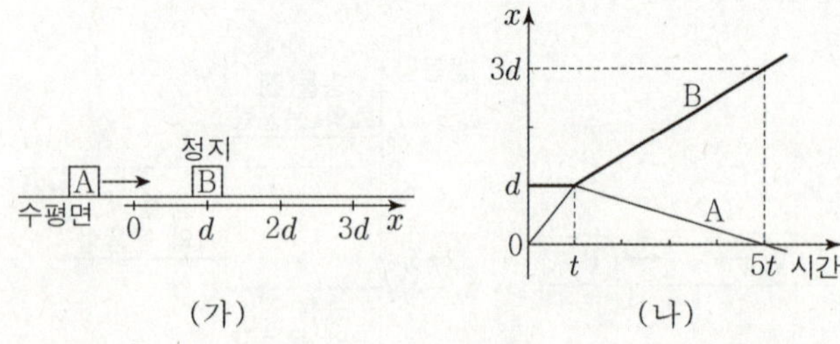

A, B의 질량을 각각 m_A, m_B라 할 때, $\dfrac{m_B}{m_A}$는? (단, A, B의 크기는 무시한다.) [3점]

① $\dfrac{5}{2}$ ② 3 ③ $\dfrac{7}{2}$

④ 4 ⑤ $\dfrac{9}{2}$

그림과 같이 질량이 2kg인 물체 A가 3m/s의 속력으로 등속도 운동을 하다가 물체 B와 0.2초 동안 충돌한 후 반대 방향으로 1m/s의 속력으로 등속도 운동을 한다.

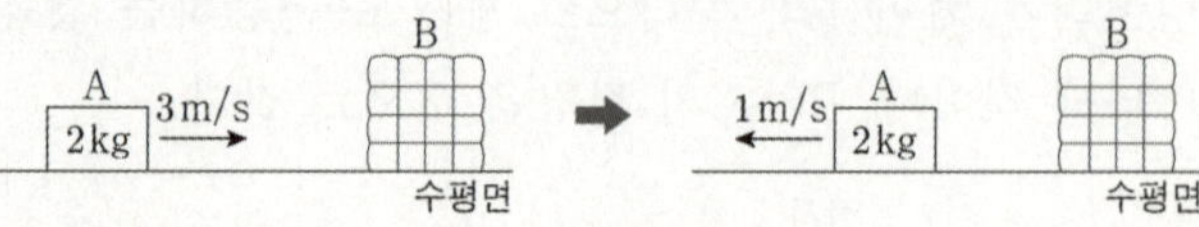

충돌하는 동안 A가 B로부터 받은 평균 힘의 크기는? [3점]

① 10N ② 20N ③ 30N

④ 40N ⑤ 50N

그림 (가)는 마찰이 없는 수평면에서 물체 A가 정지해 있는 물체 B를 향해 운동하는 모습을 나타낸 것이고, (나)는 A의 위치를 시간에 따라 나타낸 것이다. A, B의 질량은 각각 m_A, m_B이고, 충돌 후 운동 에너지는 B가 A의 3배이다.

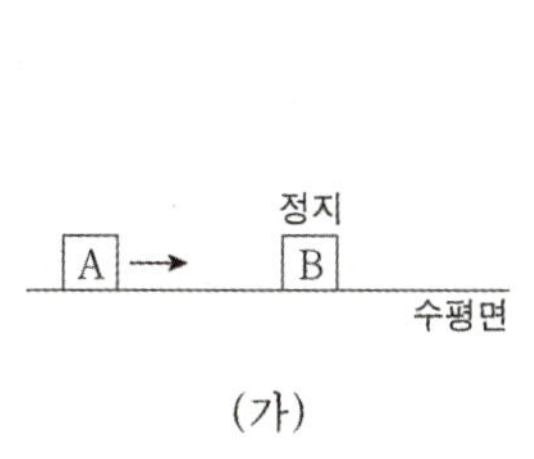

(가)

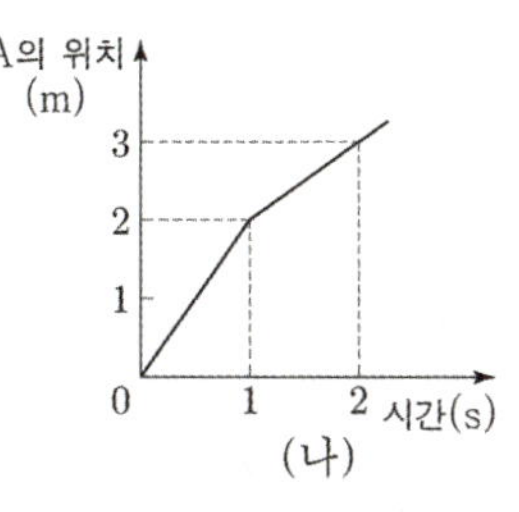

(나)

$m_A : m_B$는? (단, A와 B는 동일 직선상에서 운동한다.) [3점]

① 2 : 1　　　② 3 : 1　　　③ 3 : 2

④ 4 : 3　　　⑤ 5 : 2

그림 (가)는 마찰이 없는 수평면에서 물체 A가 정지해 있는 물체 B를 향하여 등속도 운동을 하는 모습을, (나)는 (가)에서 A와 B사이의 거리를 시간에 따라 나타낸 것이다. 벽에 충돌 직후 B의 속력은 충돌 직전과 같다. A, B는 질량이 각각 m_A, m_B이고, 동일 직선상에서 운동한다.

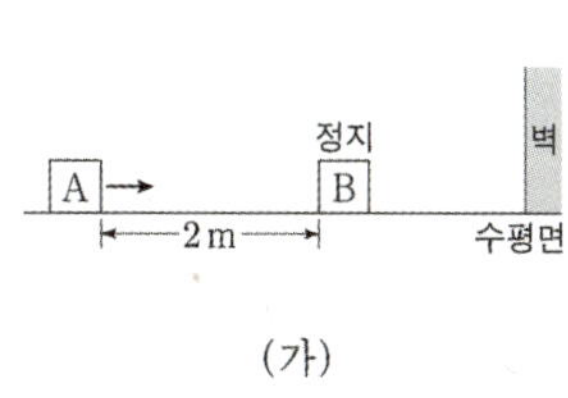

(가)

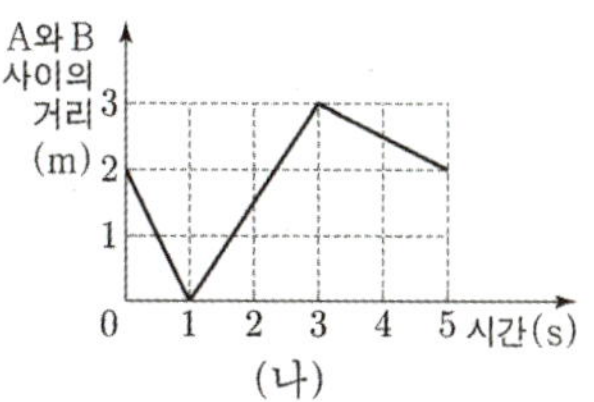

(나)

$m_A : m_B$는? [3점]

① 5 : 3　　　② 3 : 2　　　③ 1 : 1

④ 2 : 5　　　⑤ 1 : 3

09 22학년도 수능 13번

그림 (가)는 마찰이 없는 수평면에서 물체 A, B가 등속도 운동하는 모습을, (나)는 A와 B사이의 거리를 시간에 따라 나타낸 것이다. A의 속력은 충돌 전이 2m/s이고, 충돌 후가 1m/s이다. A와 B는 질량이 각각 m_A, m_B이고 동일 직선상에서 운동한다. 충돌 후 운동량의 크기는 B가 A보다 크다.

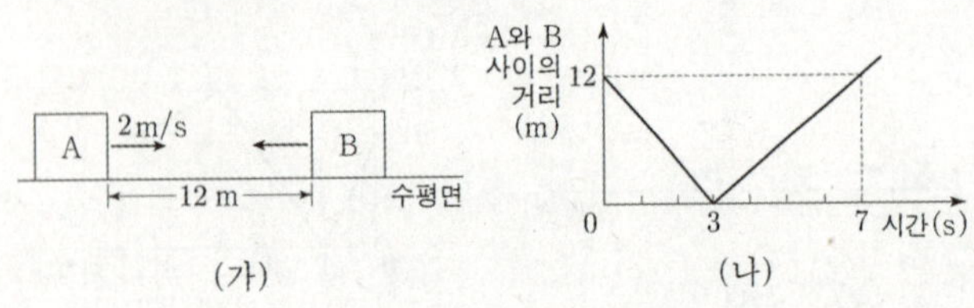

$m_A : m_B$는? [3점]

① 1 : 1   ② 4 : 3   ③ 5 : 3

④ 2 : 1   ⑤ 5 : 2

10 21년 4월 교육청 6번

그림은 물체 A가 v_0의 속력으로 등속도 운동을 하다가 정지해 있는 물체 B와 충돌한 후, A, B가 같은 방향으로 각각 등속도 운동을 하는 모습을 나타낸 것이다. A, B의 질량은 각각 $3m$, m이고, 충돌 후 속력은 B가 A의 2배이다.

충돌하는 동안 A가 B로부터 받은 충격량의 크기는? [3점]

① $\frac{3}{5}mv_0$ ② $\frac{4}{5}mv_0$ ③ $\frac{6}{5}mv_0$

④ $\frac{8}{5}mv_0$ ⑤ $\frac{9}{5}mv_0$

11 22년 3월 교육청 9번

그림 (가)와 같이 마찰이 없는 수평면에서 물체 A가 정지해 있는 물체 B를 향해 운동한다. A, B, C의 질량은 각각 M, m, m이다. 그림 (나)는 (가)의 순간부터 A와 C 사이의 거리를 시간에 따라 나타낸 것이다.

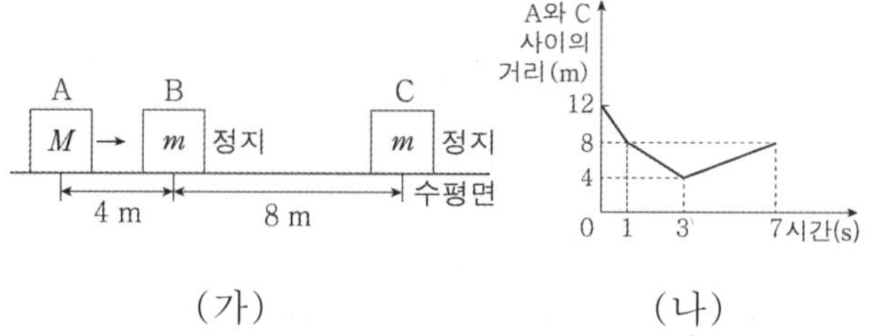

（가）　　　　　　　　　（나）

이에 대한 옳은 설명만을 <보기>에서 있는 대로 고른 것은? (단, A, B, C는 동일 직선상에서 운동하고, 물체의 크기는 무시한다.) [3점]

<보 기>

ㄱ. 2초일 때 B의 속력은 2m/s이다.

ㄴ. $M = 2m$이다.

ㄷ. 5초일 때 B의 속력은 1m/s이다.

---

12 22년 4월 교육청 7번

그림과 같이 수평면에서 물체 A, B가 각각 $4v$, v의 속력으로 운동하다가 A와 B가 충돌한 후 A는 충돌 전과 반대 방향으로 v의 속력으로 운동한다. A와 충돌한 후 B는 정지해 있는 물체 C와 충돌한 후 한 덩어리가 되어 운동한다. A, B의 질량은 각각 m, $5m$이고 B가 A로부터 받은 충격량의 크기는 B가 C로부터 받은 충격량의 크기의 2배이다.

C의 질량은? (단, A, B, C는 동일 직선상에서 운동하고, 마찰과 공기 저항은 무시한다.)

① $\dfrac{5}{4}m$　　　　② $\dfrac{3}{2}m$　　　　③ $\dfrac{5}{3}m$

④ $\dfrac{7}{4}m$　　　　⑤ $\dfrac{7}{3}m$

13

그림 (가)와 같이 마찰이 없는 수평면에서 운동량의 크기가 각각 $2p$, p, p인 물체 A, B, C가 각각 $+x$, $+x$, $-x$방향으로 동일 직선상에서 등속도 운동한다. 그림 (나)는 (가)에서 A와 C의 위치를 시간에 따라 나타낸 것이다. B와 C의 질량은 같다.

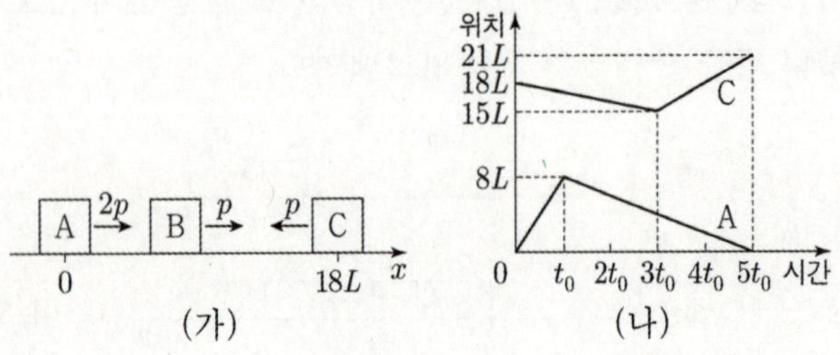

(가) (나)

이에 대한 설명으로 옳은 것만을 <보기>에서 있는 대로 고른 것은? (단, 물체의 크기는 무시한다.)

[3점]

<보 기>

ㄱ. 질량은 C가 A의 4배이다.

ㄴ. $2t_0$일 때, B의 운동량의 크기는 $\frac{7}{2}p$이다.

ㄷ. $4t_0$일 때, 속력은 C가 B의 5배이다.

14

그림 (가)는 수평면에서 물체 A, B가 각각 속력 $2v$, $3v$로 정지한 물체 C를 향해 운동하는 모습을 나타낸 것이다. B, C의 질량은 각각 m, $2m$이다. 그림 (나)는 (가)의 순간부터 B와 C사이의 거리를 시간 t에 따라 나타낸 것이다. A는 충돌 후 속력 v로 충돌 전과 같은 방향으로 운동한다.

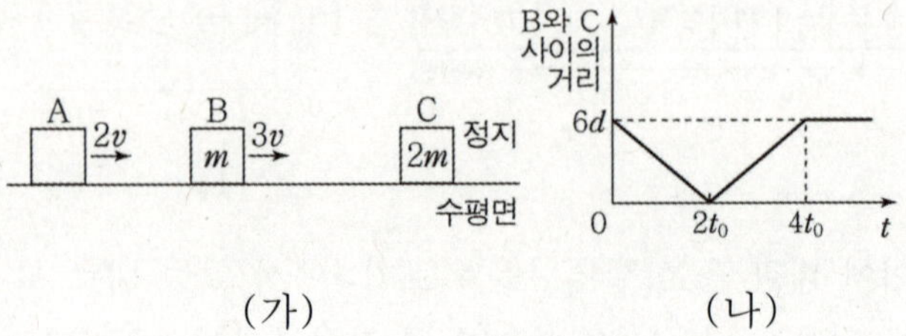

(가) (나)

이에 대한 옳은 설명만을 <보기>에서 있는 대로 고른 것은? (단, A, B, C는 동일 직선상에서 운동하고, 물체의 크기, 모든 마찰과 공기 저항은 무시한다.

[3점]

<보 기>

ㄱ. A의 질량은 $3m$이다.

ㄴ. 충돌 과정에서 받은 충격량의 크기는 C가 A의 2배이다.

ㄷ. $t = 0$일 때, A와 B사이의 거리는 $4d$이다.

---

15 23학년도 수능 16번

그림 (가)와 같이 수평면에서 벽 p와 q 사이의 거리가 8m인 물체 A가 4m/s의 속력으로 등속도 운동하고, 물체 B가 p와 q사이에서 등속도 운동한다. 그림 (나)는 p와 B사이의 거리를 시간에 따라 나타낸 것이다. B는 1초일 때와 3초일 때 각각 q와 p에 충돌한다. 3초 이후 A는 5m/s의 속력으로 등속도 운동한다.

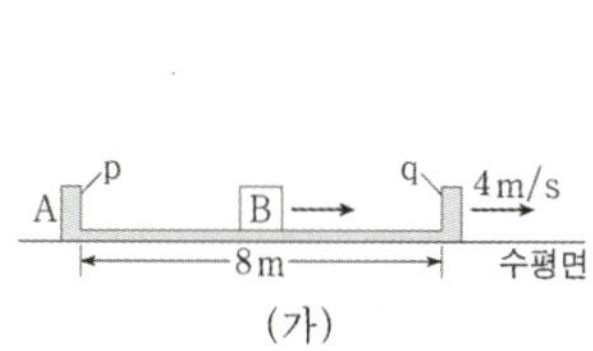

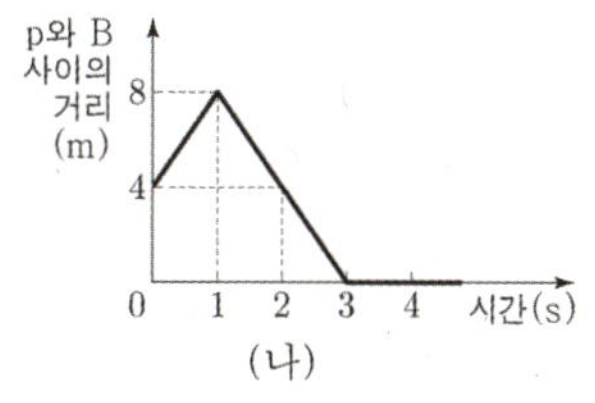

이에 대한 설명으로 옳은 것만을 <보 기>에서 있는 대로 고른 것은? (단, A와 B는 동일 직선상에서 운동하며, 벽과 B의 크기, 모든 마찰은 무시한다.) [3점]

─── <보 기> ───

ㄱ. 질량은 A가 B의 3배이다.

ㄴ. 2초일 때, A의 속력은 6m/s이다.

ㄷ. 2초일 때, 운동 방향은 A와 B가 같다.

16 23년 4월 교육청 13번

그림 (가)는 수평면에서 물체 A, B, C가 등속도 운동하는 모습을 나타낸 것이다. B의 속력은 1m/s이다. 그림 (나)는 A와 C 사이의 거리, B, C 사이의 거리를 시간 t에 따라 나타낸 것이다. A, B, C는 동일 직선상에서 운동한다.

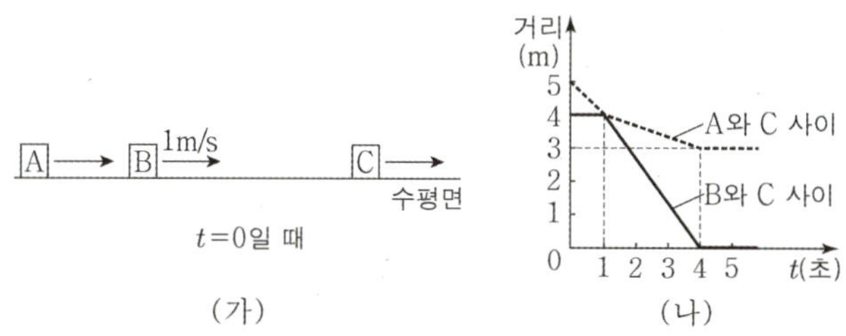

A, C이 질량을 각각 m_A, m_C라 할 때, $\dfrac{m_C}{m_A}$는? (단, 물체의 크기는 무시한다.) [3점]

① $\dfrac{3}{2}$ 　　② 2 　　③ $\dfrac{5}{2}$

④ 3 　　⑤ $\dfrac{7}{2}$

17

그림 (가)와 같이 마찰이 없는 수평면에서 v_0의 속력으로 등속도 운동을 하던 물체 A, B가 벽과 충돌한 후, 충돌 전과 반대 방향으로 각각 v_0, $\frac{1}{2}v_0$의 속력으로 등속도 운동을 한다. 그림 (나)는 A, B가 충돌하는 동안 벽으로부터 받은 힘의 크기를 시간에 따라 나타낸 것이다. A, B의 질량은 각각 $2m$, m이고, 충돌 시간은 각각 t_0, $3t_0$이다.

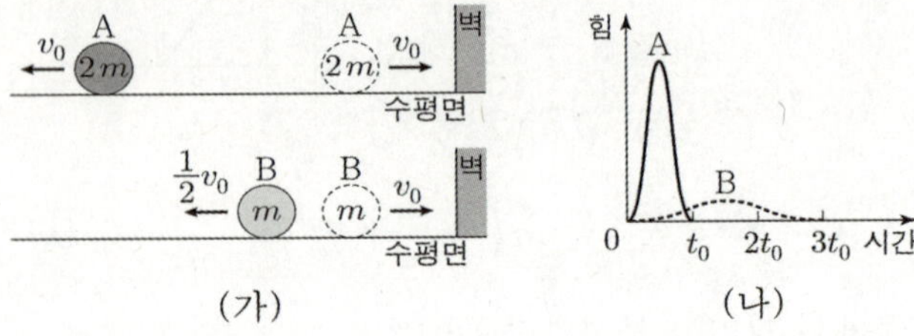

(가) (나)

이에 대한 설명으로 옳은 것만을 <보기>에서 있는 대로 고른 것은?

<보 기>

ㄱ. A가 충돌하는 동안 벽으로부터 받은 충격량의 크기는 $4mv_0$이다.

ㄴ. (나)에서 B의 곡선과 시간 축이 만드는 면적은 $\frac{1}{2}mv_0$이다.

ㄷ. 충돌하는 동안 벽으로부터 받은 평균 힘의 크기는 A가 B의 8배이다.

18

그림 (가)와 같이 마찰이 없는 수평면에서 물체 A, B, C가 등속도 운동을 한다. A, B, C의 운동량의 크기는 각각 $4p$, $4p$, p이다. 그림 (나)는 A와 B 사이의 거리(S_{AB}), B와 C 사이의 거리(S_{BC})를 시간 t에 따라 나타낸 것이다.

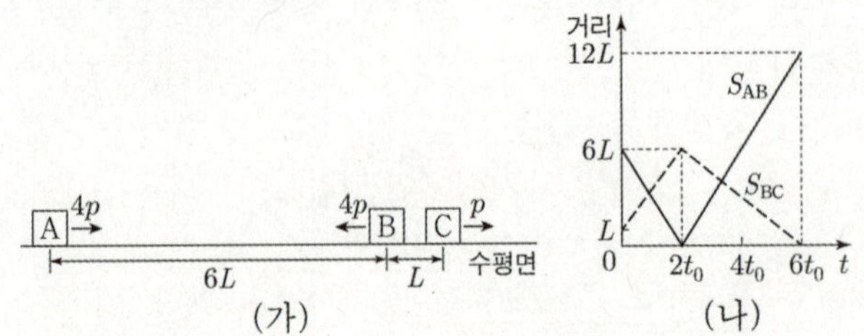

(가) (나)

이에 대한 설명으로 옳은 것만을 <보기>에서 있는 대로 고른 것은? (단, A, B, C는 동일 직선상에서 운동하고, 물체의 크기는 무시한다.) [3점]

<보 기>

ㄱ. $t = t_0$일 때, 속력은 A와 B가 같다.

ㄴ. B와 C의 질량은 같다.

ㄷ. $t = 4t_0$일 때, B의 운동량의 크기는 $4p$이다.

---

19 24학년도 9월 평가원 10번

그림 (가)의 I~III과 같이 마찰이 없는 수평면에서 운동량의 크기가 p로 같은 물체 A, B가 서로를 향해 등속도 운동을 하다가 충돌한 후 각각 등속도 운동을 하고, 이후 B는 벽과 충돌한 후 운동량이 크기가 $\frac{1}{3}p$인 등속도 운동을 한다. 그림 (나)는 (가)에서 B가 받은 힘의 크기를 시간에 따라 나타낸 것이다. B와 A, B오 벽의 충돌 시간은 각각 T, $2T$이고, 곡선과 시간 축이 만드는 면적은 각각 $2S$, S이다. A, B의 질량은 각각 m, $2m$이다.

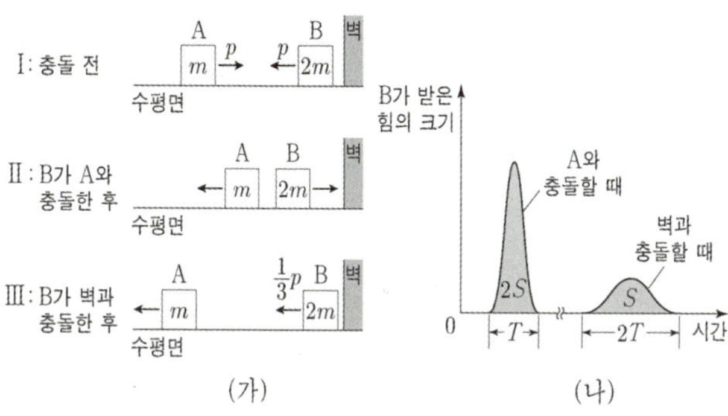

이에 대한 설명으로 옳은 것만을 <보기>에서 있는 대로 고른 것은? (단, A, B는 동일 직선상에서 운동한다.)

─── < 보 기 > ───

ㄱ. B가 받은 평균 힘의 크기는 A와 충돌하는 동안과 벽과 충돌하는 동안이 같다.

ㄴ. II에서 B의 운동량의 크기는 $\frac{1}{3}p$이다.

ㄷ. III에서 물체의 속력은 A가 B의 2배이다.

20 24학년도 9월 평가원 17번

그림 (가)와 같이 마찰이 없는 수평면에서 물체 A와 B 사이에 용수철을 넣어 압축시킨 후, A와 B를 동시에 가만히 놓았더니, 정지해 있던 A와 B가 분리되어 등속도 운동을 하는 물체 C, D를 향해 등속도 운동을 한다. 이때 C, D의 속력은 각각 $2v$, v이고, 운동 에너지는 C가 B의 2배이다. 그림 (나)는 (가)에서 물체가 충돌하여 A와 C는 정지하고, B와 D는 한 덩어리가 되어 속력 $\frac{1}{3}v$로 등속도 운동을 하는 모습을 나타낸 것이다.

C의 질량이 m일 때, D의 질량은? (단, 물체는 동일 직선상에서 운동하고, 용수철의 질량은 무시한다.)

[3점]

① $\frac{1}{2}m$ ② m ③ $\frac{3}{2}m$

④ $2m$ ⑤ $\frac{5}{2}m$

그림 (가)는 마찰이 없는 없는 수평면에서 x축을 따라 운동하는 물체 A, B, C를 나타낸 것이다. 그림 (나)는 (가)의 순간부터 A, B의 위치 x를 시간 t에 따라 나타낸 것이다. A, B, C의 운동량의 합은 항상 0이다.

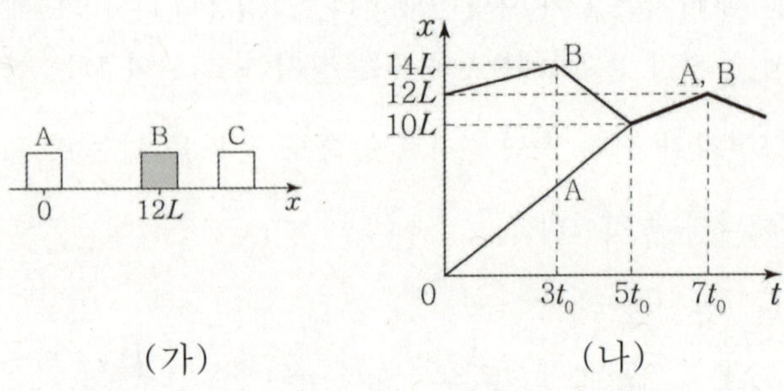

(가)　　　　　　　　　　(나)

이에 대한 옳은 설명만을 <보기>에서 있는 대로 고른 것은? (단, 물체의 크기는 무시한다.)

< 보 기 >

ㄱ. $t = t_0$일 때, C의 운동 방향은 $-x$방향이다.

ㄴ. $t = 4t_0$일 때, 운동량의 크기는 A가 B의 2배이다.

ㄷ. 질량은 C가 B의 8배이다.

그림 (가)와 같이 수평면에서 물체 A가 정지해 있는 물체 B, C를 향해 운동하고 있다. 그림 (나)는 (가)의 순간부터 A의 속력을 시간에 따라 나타낸 것으로, A의 운동 방향은 일정하다. A, B, C의 질량은 각각 $2m$, m, $4m$이고 $6t$일 때 B와 C가 충돌한다.

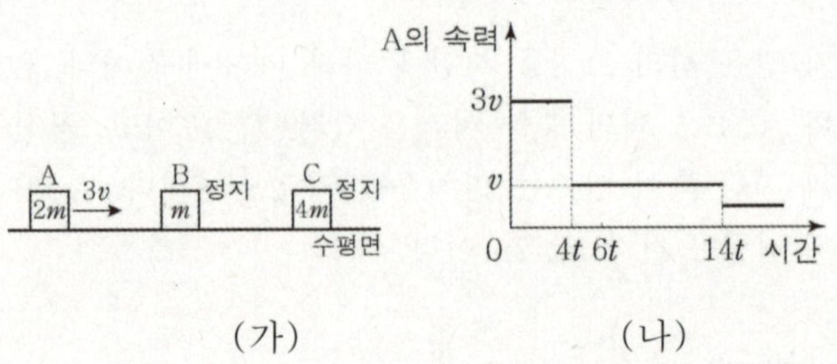

(가)　　　　　　　　　　(나)

$8t$일 때, C의 속력은? (단, 물체의 크기, 공기 저항, 모든 마찰은 무시한다.) [3점]

① $\dfrac{3}{4}v$　　　② $\dfrac{15}{16}v$　　　③ $\dfrac{5}{4}v$

④ $\dfrac{21}{16}v$　　　⑤ $\dfrac{4}{3}v$

23

그림 (가)는 마찰이 없는 수평면에서 0초일 때 물체 A, B가 같은 방향으로 등속도 운동하는 모습을 나타낸 것으로, A와 B 사이의 거리와 B와 벽 사이의 거리는 12m로 같다. 그림 (나)는 (가)에서 A와 B 사이의 거리를 시간에 따라 나타낸 것이다. A, B의 질량은 각각 1kg, 4kg이고, A와 B는 동일 직선상에서 운동한다.

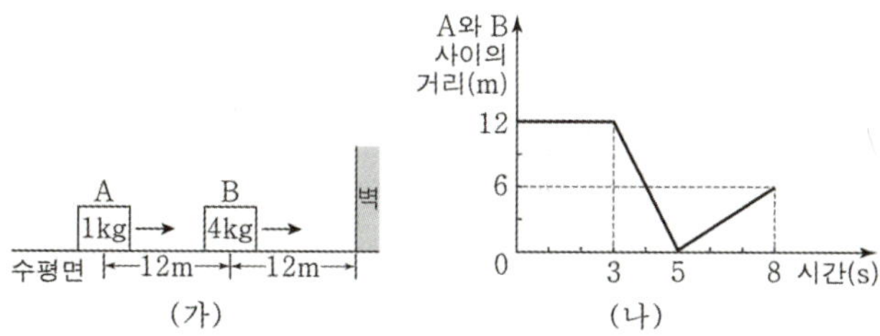

7초일 때, A의 속력은?
(단, 물체의 크기는 무시한다.)

① $\dfrac{9}{5}$m/s ② $\dfrac{12}{5}$m/s ③ 3m/s

④ $\dfrac{18}{5}$m/s ⑤ $\dfrac{21}{5}$m/s

24

다음은 충돌하는 두 물체의 운동량에 대한 실험이다.

[실험 과정]

(가) 그림과 같이 수평한 직선 레일 위에서 수레 A를 정지한 수레 B에 충돌시킨다. A, B의 질량은 각각 2kg, 1kg이다.

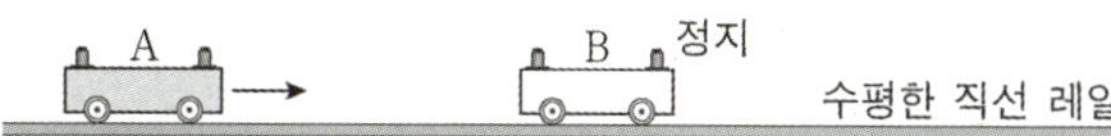

(나) (가)에서 시간에 따른 A와 B의 위치를 측정한다.

[실험 결과]

시간(초)	0.1	0.2	0.3	0.4	0.5	0.6	0.7	0.8
A의 위치(cm)	6	12	18	24	28	31	34	37
B의 위치(cm)	26	26	26	26	30	36	42	48

○ 수레는 가속도의 크기가 ⓛ인 등가속도 직선 운동을 하였다.

이에 대한 설명으로 옳은 것만을 <보기>에서 있는 대로 고른 것은? [3점]

<보 기>

ㄱ. 0.2초일 때, A의 속력은 0.4m/s이다.

ㄴ. 0.5초일 때, A와 B의 운동량의 합은 크기가 1.2kg · m/s이다.

ㄷ. 0.7초일 때, A와 B의 운동량은 크기가 같다.

그림 (가)와 같이 질량이 같은 두 물체 A, B를 빗면에서 높이가 각각 $4h$, h인 지점에 가만히 놓았더니, 각각 벽과 충돌한 후 반대 방향으로 운동하여 높이 h에서 속력이 0이 되었다. 그림 (나)는 A, B가 벽과 충돌하는 동안 벽으로부터 받은 힘의 크기를 시간에 따라 나타낸 것이다.

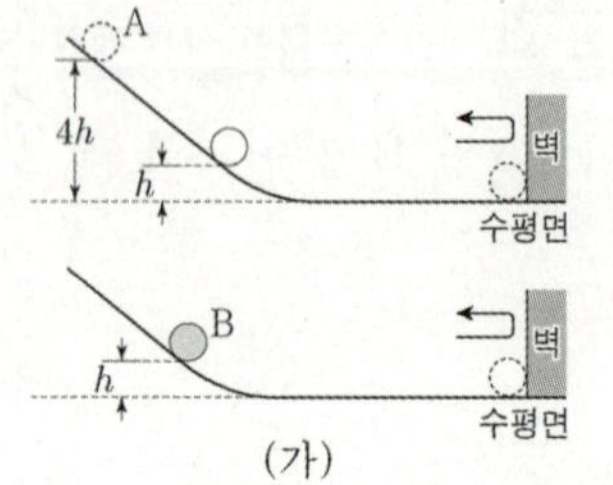
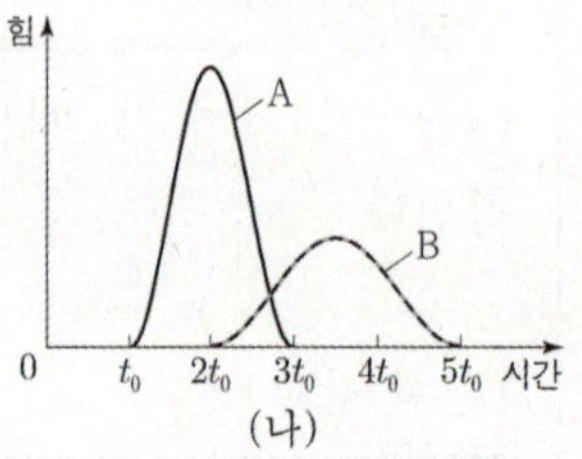

이에 대한 설명으로 옳은 것만을 <보기>에서 있는 대로 고른 것은? (단, 물체의 크기, 모든 마찰과 공기 저항은 무시한다.) [3점]

<보 기>

ㄱ. A의 운동량의 크기는 충돌 직전이 충돌 직후의 2배이다.

ㄴ. (나)에서 곡선과 시간 축이 만드는 면적은 A가 B의 $\dfrac{3}{2}$배이다.

ㄷ. 충돌하는 동안 벽으로부터 받은 평균 힘의 크기는 A가 B의 2배이다.

다음은 수레를 이용한 충격량에 대한 실험이다.

[실험 과정]

(가) 그림과 같이 속도 측정 장치, 힘 센서를 수평면상의 마찰이 없는 레일과 수직하게 설치한다.

(나) 레일 위에서 질량이 0.5kg인 수레 A가 일정한 속도로 운동하여 고정된 힘 센서에 충돌하게 한다.

(다) 속도 측정 장치를 이용하여 충돌 직전과 직후 A의 속도를 측정한다.

(라) 충돌 과정에서 힘 센서로 측정한 시간에 따른 힘 그래프를 통해 충돌 시간을 구한다.

(마) A를 질량이 1.0kg인 수레 B로 바꾸어 (나)~(라)를 반복한다.

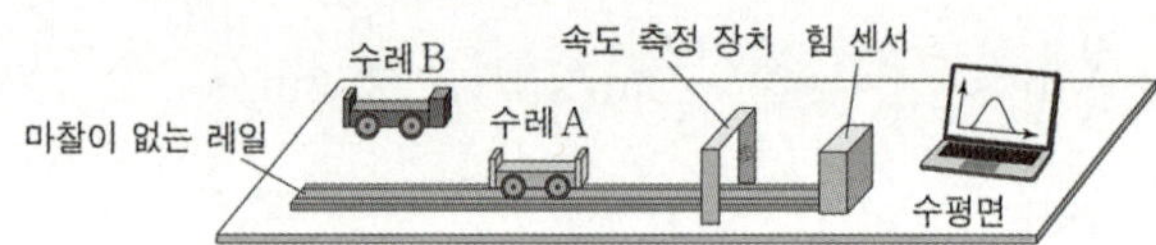

[실험 결과]

수레	질량 (kg)	속도(m/s) 충돌 직전	속도(m/s) 충돌 직후	충돌 시간 (s)
A	0.5	0.4	-0.2	0.02
B	1.0	0.4	-0.1	0.05

※충돌 시간 : 수레가 힘 센서로부터 힘을 받는 시간

이에 대한 설명으로 옳은 것만을 <보기>에서 있는 대로 고른 것은? [3점]

<보 기>

ㄱ. 충돌 직전 운동량의 크기는 A가 B보다 작다.

ㄴ. 충돌하는 동안 힘 센서로부터 받은 충격량의 크기는 A가 B보다 크다.

ㄷ. 충돌하는 동안 힘 센서로부터 받은 평균 힘의 크기는 A가 B보다 작다.

---

27 25학년도 9월 평가원 12번

그림 (가)는 마찰이 없는 수평면에서 물체 A가 정지해 있는 물체 B를 향해 속력 v로 등속도 운동하는 모습을 나타낸 것이다. 그림 (나)는 (가)의 A와 B가 $x = 2d$에서 충돌한 후 각각 등속도 운동하여, A가 $x = d$를 지나는 순간 B가 $x = 4d$를 지나는 모습을 나타낸 것이다. 이후, B는 정지해 있던 물체 C와 $x = 6d$에서 충돌하여, B와 C가 한 덩어리로 $+x$방향으로 속력 $\frac{1}{3}v$로 등속도 운동을 한다. B, C의 질량은 각각 $2m$, m이다.

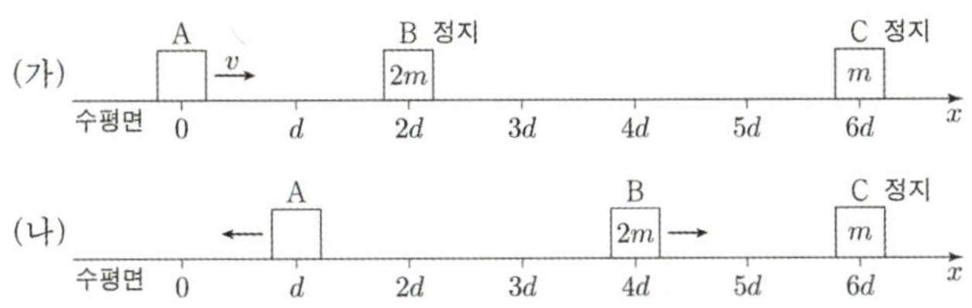

A의 질량은? (단, 물체의 크기는 무시하고, A, B, C는 동일 직선상에서 운동한다.) [3점]

① m ② $\frac{4}{5}m$ ③ $\frac{3}{5}m$

④ $\frac{2}{5}m$ ⑤ $\frac{1}{5}m$

28 24년 10월 교육청 16번

그림 (가), (나)는 마찰이 없는 수평면에서 속력 v로 등속도 운동하던 물체 A, C가 각각 정지해 있던 물체 B, D와 충돌 후 한 덩어리가 되어 운동하는 모습을 나타낸 것이다. 각각의 충돌 과정에서 받은 충격량의 크기는 B가 C의 $\frac{2}{3}$배이다. B와 C의 질량은 같고, 충돌 후 속력은 B가 C의 2배이다.

A, D의 질량을 각각 m_A, m_D라고 할 때, $\frac{m_D}{m_A}$는?

① 2   ② 3   ③ 4

④ 5   ⑤ 6

그림 (가)는 수평면에서 물체가 벽을 향해 등속도 운동하는 모습을 나타낸 것이다. 물체는 벽과 충돌한 후 반대 방향으로 등속도 운동하고, 마찰 구간을 지난 후 등속도 운동한다. 그림 (나)는 물체의 속도를 시간에 따라 나타낸 것으로, 물체는 벽과 충돌하는 과정에서 t_0 동안 힘을 받고, 마찰 구간에서 $2t_0$ 동안 힘을 받는다. 마찰 구간에서 물체가 운동 방향과 반대 방향으로 받은 평균 힘의 크기는 F이다.

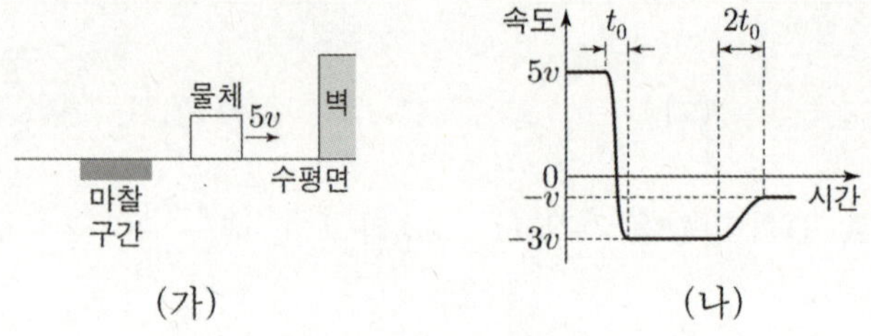

벽과 충돌하는 동안 물체가 벽으로부터 받은 평균 힘의 크기는? (단, 마찰 구간 외의 모든 마찰은 무시한다.) [3점]

① $2F$ ② $4F$ ③ $6F$

④ $8F$ ⑤ $10F$

그림 (가)는 마찰이 없는 수평면에서 물체 A가 정지해 있는 물체 B, C를 향해 속력 $4v$로 등속도 운동하는 모습을 나타낸 것이다. A는 정지해 있는 B와 충돌한 후 충돌 전과 같은 방향으로 속력 $2v$로 등속도 운동한다. 그림 (나)는 B의 속도를 시간에 따라 나타낸 것이다. A, C의 질량은 각각 $4m$, $5m$이다.

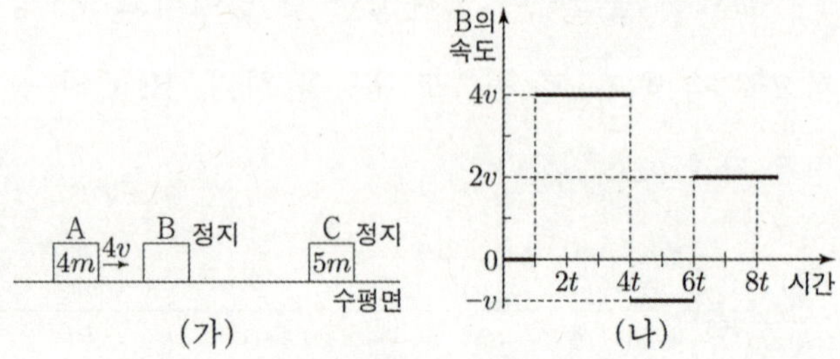

이에 대한 설명으로 옳은 것만을 <보기>에서 있는 대로 고른 것은? (단, 물체는 동일 직선상에서 운동하고, 물체의 크기는 무시한다.)

———— <보 기> ————

ㄱ. B의 질량은 $2m$이다.

ㄴ. $5t$일 때, C의 속력은 $2v$이다.

ㄷ. A와 C 사이의 거리는 $8t$일 때가 $7t$일 때보다 $2vt$만큼 크다.

Chapter

04

일과 에너지 그리고
역학적 에너지 보존

04 일과 에너지 그리고 역학적 에너지 보존

역학의 마지막 주제인 일, 에너지 단원이다. 이 단원은 어렵기로 악명이 높은데 사실 개념이 그렇게 어려운 것은 아니다. 하지만 난이도가 높은 융합형 문항들이 역학 전체를 포괄하고 있음에도 불구하고 일, 에너지 단원으로 분류되기 때문에 이 단원이 어렵다는 말이 나오는 것이다. Chapter 4는 결코 어려운 내용을 담고 있지 않기 때문에 공부하기 전부터 겁을 먹지 말자. 학습만 꼼꼼히 잘 되어 있다면 충분히 해볼 만하다!

일, 에너지 단원에서는 두 가지 부류의 문항이 출제된다. 먼저 일과 에너지의 관계를 묻거나 에너지 보존을 묻는 문항이 출제된다. 이 문항들은 대부분 2페이지, 3페이지에 실리는 난이도 중~상 정도의 문항들이다. 대부분은 Chapter 4의 내용으로 그리 어렵지 않게 풀 수 있다. (앞 단원들과의 융합이 아예 없지는 않으나 Chapter 1, 2의 내용이 가볍게 들어가는 정도이며 Chapter 4가 단독 주인공으로 등장하는 문항들이다.)

나머지 한 부류는 융합형 문항이다. 융합형 문제로 출제되는 대부분의 문항들은 난이도가 매우 높다.
융합형 문항이란, Chapter 1에서의 '등가속도 운동', Chapter 2에서의 '뉴턴 운동 법칙', Chapter 3에서의 '운동량과 충격량의 관계', Chapter 4에서의 '일-운동 에너지 정리'와 '역학적 에너지 보존'을 결합하여 출제하는 문항들을 말한다. 이 문항들이 보통 4페이지에 킬러로 등장하게 되며, 최상위권을 변별하게 된다. 이 문항들은 고전 역학(Chapter 1~5)의 전체적인 학습이 완벽히 되어 있는지를 묻는다. 풀이를 이해하는 것은 그리 어렵지 않으나, 그 풀이를 생각해 내는 게 어렵다는 것이 학생들이 융합형 문항을 어렵게 느끼도록 하는 요인이다. 이를 극복하려면 상황에 맞는 적절한 물리량의 관계를 찾고 추론할 수 있는 능력이 필요하다. 먼저, 앞선 단원 각각의 교과 내용과 도구, 그리고 태도들을 잘 익히는 것이 1차적으로 해야 할 일이다.
즉, 각 단원들(Chapter 1~4)의 학습을 먼저 완벽하게 하는 것이 융합형 고난도 문항을 풀기 위한 첫 단계라 할 수 있다.

우리 교재에서는 Chapter 4에서 일, 에너지와 고난도 융합 문제를 모두 다루지 않고 학습의 단계를 효율적으로 나누기 위해서 아래와 같이 Chapter 4와 Chapter 5를 나누었다.
Chapter 4에서는 교과서보다 더 깊은 이해를 위해 기존 교재들의 서술 순서를 채택하지 않고 서술의 방식을 재구성하였다. 그리고 이 챕터의 주인공이라고 할 수 있는 두 물리량인 일과 에너지 사이의 유기성을 훨씬 잘 받아들일 수 있도록 그 어떤 교재보다 상세히 서술하였다. 여러분은 이 챕터에서는 일과 에너지의 정의와 관계, 그리고 역학적 에너지 보존의 실전적 도구를 익히고, 전반적인 일, 에너지 문항을 만났을 때 꼭 필요한 태도를 익히는 연습을 하게 될 것이며, 이어 Chapter 5에서는 고난도 융합형 문항들을 통해 상황에 따른 적절한 도구를 선택하는 방법과 일관적이고 실전적인 태도를 익히게 될 것이다.

▍일

1. 일의 정의

(1) 일의 정의

힘을 가하여 물체에 에너지를 전달하는 것을 **'물체에 일을 한다.'**라고 정의한다.
여기서 힘은 보존력과 비보존력으로 분류할 수 있고, 이에 따라 어떤 힘이 가한 일의 효과가 달라진다.

정확하게 정의하면, **일(W)이란 물체에 전달/전환된 에너지**이다.

비보존력이 한 일은 전달된 에너지라고 하는 것이, **보존력이 한 일은 전환된 에너지**라고 하는 것이 말로 할 때
자연스럽다. 즉, 일은 **에너지가 얼마나 전달/전환되었는가**를 의미한다.

$$W = \Delta E$$

(2) 양의 일과 음의 일

양의 일, 음의 일에서의 부호를 공간적 방향이라고 생각하면 곤란하다.

비보존력이 한 일의 경우,
양의 일이란, 에너지가 **외부에서 물체로** 전달되는 것이고,
음의 일이란, 에너지가 **물체에서 외부로** 전달되는 것이다.

보존력이 한 일의 경우,
양의 일은 **퍼텐셜 에너지로부터 운동 에너지로의 에너지 전환**을,
음의 일은 **운동 에너지로부터 퍼텐셜 에너지로의 에너지 전환**을 의미한다.

일(W)은 **변위(Δx)와 힘(F)을 곱한 값**으로 구한다.

$$W = \vec{F} \cdot \vec{\Delta x}$$

이때, 변위(Δx)와 힘(F)는 모두 벡터량이다. 벡터의 두 가지 곱하기 연산 중 위 곱은 스칼라곱(내적)으로, 결과가 스칼라량인 연산이다. 따라서 **일(W)은 스칼라량**이다.

위 식 $W = \vec{F} \cdot \vec{\Delta x}$을 벡터끼리의 계산이 아닌 스칼라량들의 계산으로 표현하면 아래와 같다.

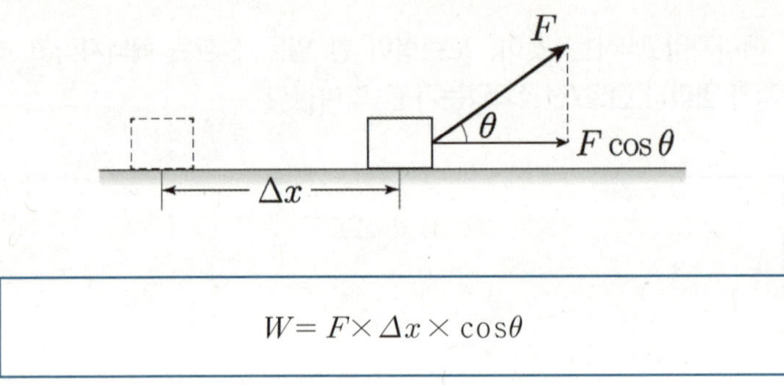

$$W = F \times \Delta x \times \cos\theta$$

여기서 θ는 두 벡터 $\vec{F}$와 $\vec{\Delta x}$가 이루는 각의 크기이다. 이 식의 우변을 $F\cos\theta$와 Δx의 곱으로 보자.

Δx는 변위의 크기이므로, **이동 거리**와 같다.
벡터 $\vec{F}$를 변위 벡터 $\vec{\Delta x}$의 방향과 나란한 방향과 변위 벡터 $\vec{\Delta x}$와 수직인 방향으로 분해하여 얻은 두 벡터의 성분 중 **변위 벡터 $\vec{\Delta x}$와 나란한 방향인 $\vec{F}$의 성분의 크기**가 $F\cos\theta$가 된다.

물론 물리학Ⅰ 수준에서는 $\vec{F}$와 $\vec{\Delta x}$는 평행한 경우가 대부분이므로 $\cos\theta$값이 1 또는 -1이 되기 때문에 다음과 같이 일을 ±**(힘의 크기와 변위의 크기의 곱)**으로 생각하여도 문제없다.

$$W = F\Delta x : \text{양의 일}$$
(힘과 변위의 방향이 동일한 경우)

$$W = -F\Delta x : \text{음의 일}$$
(힘과 변위의 방향이 반대인 경우)

▌일과 에너지의 관계

물체의 운동 상태와 관련된 에너지이다.
질량 m인 물체가 속력 v로 운동할 때, 운동 에너지 E_K를 다음과 같이 정의한다.

$$E_\mathrm{K} = \frac{1}{2}mv^2 \ [\text{단위} : \text{J(줄)}]$$

☞ 운동 에너지의 정확한 정의

운동 에너지란, 물체를 정지 상태에서 어떤 속도까지 가속시키는 데 필요한 일의 양으로 정의한다.
(수능 수준이므로 가속도가 변하는 상황은 배제하고 증명하겠다.)

질량이 m인 물체를 정지 상태에서 속도 v가 될 때까지 가속시키는 상황을 생각해 보자.
이때 필요한 일의 양 W는 일의 정의에 의해 $W = F\Delta x$이다.
여기서 $F = ma$로 쓸 수 있고 $\Delta x = \bar{v}\Delta t$이므로 $F\Delta x = ma\bar{v}\Delta t$가 성립한다.
가속도 a는 $a = \dfrac{\Delta v}{\Delta t}$이고, 처음 속도가 0이므로 $\Delta v = v$이다.
또한 평균 속도 $\bar{v}$는 $\bar{v} = \dfrac{0+v}{2}$이므로 W를 다시 쓰게 되면 $W = \dfrac{1}{2}mv^2$이 된다.
따라서 운동 에너지는 $\dfrac{1}{2}mv^2$임을 얻는다.

$$\therefore E_\mathrm{K} = \frac{1}{2}mv^2$$

에너지가 모두 그렇듯, 운동 에너지는 크기만 갖는 값으로, 스칼라량이다.
운동 에너지의 단위는 일과 마찬가지로 줄(J)이라고 하며, $1\mathrm{J} = 1\mathrm{kg \cdot m^2/s^2} = 1\mathrm{N \cdot m}$이다.

2. 알짜힘이 한 일 (일-운동 에너지 정리)

앞서 운동 에너지를 정의하였다. 이제 **일과 운동 에너지 사이의 관계**를 알아보자.

수평면 위에서 질량이 m인 물체에 F의 힘을 가하여 가속도 a로 가속시키는 상황이 있다. (알짜힘이 F가 된다.)
이 상황을 수식으로 표현하면 Newton의 제 2법칙에 의해 $F = ma$가 된다.
힘 F가 거리 Δx만큼 작용하는 동안 한 일을 W라 하면 일의 정의에 의해 $W = F\Delta x$이다.
처음 속도를 v_0, 나중 속도를 v라고 하자.

$W = F\Delta x$에서,

F 대신 $ma = m\dfrac{v - v_0}{\Delta t}$을, Δx 대신 $\dfrac{v + v_0}{2}\Delta t$을 대입하면, 아래와 같다.

$$W = m\left(\frac{v - v_0}{\Delta t}\right)\left(\frac{v + v_0}{2}\Delta t\right) = \frac{1}{2}mv^2 - \frac{1}{2}mv_0^2 = \Delta E_\mathrm{K}$$

$$W = \Delta E_\mathrm{K}$$

앞에서 이끌어낸 식이 바로 '**일-운동 에너지 정리**'이다.
'**일-운동 에너지 정리**'는 "**알짜힘이 한 일은 운동 에너지 변화량과 같다**"라는 정리이다.
결국 알짜힘을 통해 물체에 전달된 에너지는 물체의 운동 에너지 변화량과 같다는 것이다.

일-운동 에너지 정리는 'Chapter 1. 직선 운동의 분석'에서 다루었던 등가속도 운동의 공식 $2a\Delta x = v^2 - v_0^2$에 양변에 $\dfrac{m}{2}$을 곱한 것이기도 하다.

"**알짜힘이 한 일은 운동 에너지 변화량과 같다**"를 자주 반복하여 말이 익숙해질 수 있도록 하자.

우리는 **알짜힘이 한 일을 운동 에너지 변화량으로** 읽을 수 있어야 하며,
거꾸로 **운동 에너지 변화량을 알짜힘이 한 일로** 읽을 수도 있어야 한다.

대부분의 경우에는 좌변의 '알짜힘이 한 일'은 '알짜힘의 크기×변위'가 되며,
(양/음의 일 고려도 해서 부호도 붙여 주어야 한다.)
그 값이 **운동 에너지 변화량**과 같음을 이용하여 풀이를 하게 된다.

반대로 운동 에너지 변화량을 알고 있는 경우, 알짜힘의 크기 또는 알짜힘이 작용한 거리를 구하는 것도 많이 나오는 패턴이다.

그림은 질량이 각각 m, $2m$인 물체 A, B를 실로 연결하고 서로 다른 빗면의 점 p, r에 정지시킨 모습을 나타낸 것이다. A를 가만히 놓았더니 A가 점 q를 지나는 순간 실이 끊어지고 A, B는 빗면을 따라 가속도의 크기가 각각 $3a$, $2a$인 등가속도 운동을 한다. B는 마찰 구간이 시작되는 점 s부터 등속도 운동을 한다. A가 수평면에 닿기 직전 A의 운동 에너지는 마찰 구간에서 B의 운동 에너지의 2배이다. p와 s의 높이는 h_1로 같고, q와 r의 높이는 h_2로 같다.

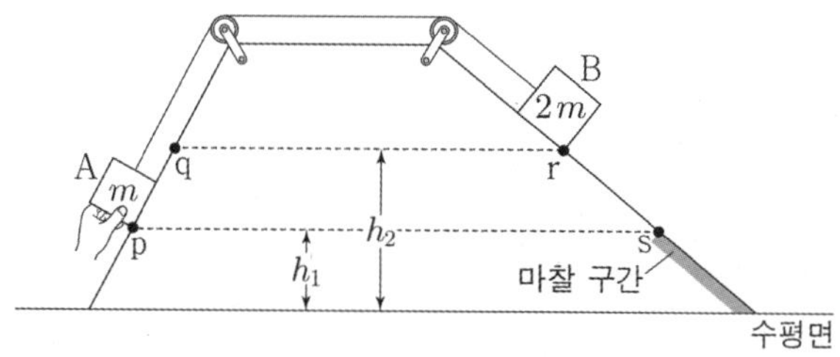

$\dfrac{h_2}{h_1}$는? (단, 실의 질량, 물체의 크기, 공기 저항, 마찰 구간 외의 모든 마찰은 무시한다.) [3점]

① $\dfrac{3}{2}$ ② $\dfrac{7}{4}$ ③ 2 ④ $\dfrac{9}{4}$ ⑤ $\dfrac{5}{2}$

1. 계의 가속도 정보 찾기

두 빗면의 빗면가속도의 크기가 각각 $3a$, $2a$이므로

실이 끊어지기 전까지 계의 알짜힘은 오른쪽으로 ma이며 가속도는 오른쪽으로 $\frac{1}{3}a$이다.

두 빗면의 빗면가속도가 $3:2$이므로
p에서 q까지 거리와 r에서 s까지 거리의 비율이 $2:3$이며, 이 거리를 $2d$, $3d$라 하자.

2. 일-에너지 정리로 운동 에너지 변화량 구하기

알고 있는 정보가 1)거리 정보, 2)질량 정보, 3)가속도 정보이므로,
'알짜힘이 한 일=운동 에너지 변화량'을 이용해 보기로 하자.

B는 마찰 구간에서의 운동 에너지가 s에서의 운동 에너지와 동일하므로,
r에서 s까지 알짜힘이 한 일을 구하면 된다.

B는 r에서 s까지 거리 $3d$중에서 $2d$만큼은 가속도 $\frac{1}{3}a$로,

나머지 d만큼은 가속도 $2a$로 운동한다. 따라서 B의 운동 에너지 변화량은 $\frac{16}{3}mad$이다.

A는 p에서 q까지 올라가는 동안 $2d$만큼은 가속도 $\frac{1}{3}a$로,

실이 끊어진 뒤 q에서 p를 지나 수평면까지 변위(이동거리가 아닌) $2d+l$(p에서 수평면까지의 거리를 l이라

하자.)만큼은 가속도 $3a$로 운동한다. 따라서 A의 운동 에너지 변화량은 $\frac{20}{3}mad+3mal$이다.

발문에 따라 A가 수평면에 닿기 직전 A의 운동 에너지는 $\frac{32}{3}mad$가 되어야 하므로, $l=\frac{4}{3}d$이다.

왼쪽 경사면에서 $h_1:h_2=l:l+2d$이다.

따라서 $\dfrac{h_2}{h_1}=\dfrac{5}{2}$이다.

정답 : ⑤ $\dfrac{5}{2}$

앞서 **알짜힘이 한 일**에 대해 살펴보았다. 이번엔 **중력이 한 일**에 대해 알아보도록 하자.

연직 방향(중력이 작용하는 방향과 나란한 방향)으로 운동하는 질량이 m인 물체에 대해 생각해 보자.
(공기 저항이 작용하지 않는다고 하자)

이 물체에는 중력이 작용하고 있다. 중력은 연직 아래 방향으로 크기 mg로 작용하고 있다. 중력이 물체에 거리 Δh만큼 작용하는 동안을 살펴보도록 하자.

먼저, 위 그림처럼 **물체가 아래로 내려가고 있는 상황**을 생각해 보자. 중력 mg는 연직 아래 방향으로 작용하므로 물체의 이동 방향과 중력의 방향이 같기 때문에 **중력은 양의 일을 하였다.**

이때 물체가 거리 Δh만큼 중력 mg를 받았기 때문에 중력이 한 일은 $mg\Delta h$이다.

운동 방향으로 힘을 받았으므로 물체의 속력은 빨라질 것이다. 즉, **물체는 운동 에너지를 얻게 된 것**이고, 여기서 운동 에너지의 변화량은 **다른 어떤 것으로부터 운동 에너지로 전환된 에너지**이므로 **중력이 한 일**인 $mg\Delta h$와 같다. 즉, $mg\Delta h$만큼 운동 에너지가 증가한 것이다.

반대로, 위 그림처럼 **물체가 위로 올라가고 있는 상황**을 생각해 보자. 중력 mg는 연직 아래 방향으로 작용하므로 물체의 이동 방향과 중력의 방향이 반대이기 때문에 **중력은 음의 일을 하였다.**

이때 물체가 거리 Δh만큼 중력 mg를 받았기 때문에 중력이 한 일은 $-mg\Delta h$이다.

운동 반대 방향으로 힘을 받았으므로 물체의 속력은 느려질 것이다. 즉, **물체는 운동 에너지를 잃게 된 것**이고, 여기서 운동 에너지의 변화량은 **운동 에너지로부터 운동 에너지가 아닌 다른 어떤 것으로 전환된 에너지**이므로 **중력이 한 일**인 $-mg\Delta h$와 같다. 즉, $mg\Delta h$만큼 운동 에너지가 감소한 것이다.

(1) 중력 퍼텐셜 에너지

중력에 의하여 물체에 저장되는 에너지를 말한다.

예를 들어 손에서 공을 떨어뜨려 낙하시킬 때, 중력을 받음에 따라 **어떤 에너지**에서 운동 에너지로 에너지의 전환이 일어난다. 이때 '**어떤 에너지**'를 **퍼텐셜 에너지**로 정의하며, **퍼텐셜 에너지**를 운동 에너지의 창고라 생각하자.

높이가 내려오면 이 퍼텐셜 에너지 창고에서 에너지를 꺼내어 운동 에너지로 쓴다.
높이가 높아지면 운동 에너지를 조금 떼어내어 퍼텐셜 에너지 창고에 보관한다.

창고에서 우리가 사과를 꺼내고 넣을 때 누군가가 빼앗아가거나 사과를 더 주지 않는다면 사과의 총 개수는 언제나 일정할 것이다. 이렇듯 운동 에너지와 퍼텐셜 에너지의 합은 외부에서 힘이 개입하지 않는다면 언제나 일정하다.

정리하면 퍼텐셜 에너지는 우리가 편의를 위해 가정한, **운동 에너지로 변할 수 있는 잠재성을 지닌 에너지 창고**인 셈이다.

그 중에서도 **중력에 의해 다른 에너지로의 전환이 일어나게 될 에너지**이므로, **중력에 의한 퍼텐셜 에너지**라고 한다. 이를 줄여서 **중력 퍼텐셜 에너지**라 한다.

앞서 물체가 올라가는 상황과 내려가는 상황을 비교했을 때, '운동 에너지가 아닌 다른 어떤 것'이라 하였다. 그 **다른 어떤 것**이 바로 **중력 퍼텐셜 에너지**이다.

(2) 중력이 한 일과 중력 퍼텐셜 에너지의 관계

중력 퍼텐셜 에너지와 중력이 한 일의 관계를 살펴보자. 앞서 중력이 한 일이란 것은 중력 퍼텐셜 에너지와 운동 에너지 사이 전환되는 에너지를 뜻한다고 했었다.

물체가 아래로 내려가고 있는 상황에서는 중력에 의해 물체의 **중력 퍼텐셜 에너지가 운동 에너지**로 전환되었다고 할 수 있다. 이때, **중력이 한 일은 양의 값**을 갖는다.
반대로,
물체가 위로 올라가고 있는 상황에서는 중력에 의해 물체의 **운동 에너지가 중력 퍼텐셜 에너지**로 전환되었다고 할 수 있다. 이때, **중력이 한 일은 음의 값**을 갖는다.

중력이 한 일은 아래 항상 표와 같이 중력 퍼텐셜 에너지가 운동 에너지로 전환될 때 양의 값을 가지며, 이 방향을 기준으로 생각해 주자.

$W_{중력} > 0$	중력 퍼텐셜 에너지 → 운동 에너지
$W_{중력} < 0$	운동 에너지 → 중력 퍼텐셜 에너지

높이 변화량 Δh에 따른 두 에너지 변화량에 주목하여 다음을 살펴보자. 뒤이어 나올 기준선 개념은 여기서는 생각하지 말기로 하자.

A $\quad\begin{bmatrix} E_\text{K} \uparrow mg\Delta h \\ E_\text{P} \downarrow mg\Delta h \end{bmatrix}$

Δh

B

만약 물체가 자유 낙하하여 A 지점에서 출발하여 아래로 Δh만큼 떨어진 B지점까지 물체가 내려갔다고 해보자. 이때, 중력 퍼텐셜 에너지는 $mg\Delta h$만큼 줄어든다. 그만큼 운동 에너지가 $mg\Delta h$만큼 늘어나게 된다. 이때 변환된 에너지이므로, 중력이 한 일은 $mg\Delta h$이다.

A $\quad\begin{bmatrix} E_\text{K} \downarrow mg\Delta h \\ E_\text{P} \uparrow mg\Delta h \end{bmatrix}$

Δh

B

반대로 물체를 위로 쏘아 올려 B지점에서 출발하여 위로 Δh만큼 떨어진 A 지점까지 물체가 올라갔다고 해보자. 이때, 중력 퍼텐셜 에너지는 $mg\Delta h$만큼 늘어난다. 그만큼 운동 에너지가 $mg\Delta h$만큼 줄어들게 된다. 이때 변환된 에너지이므로, 중력이 한 일은 $-mg\Delta h$이다.

따라서 높이 변화량 Δh에 따른 **중력 퍼텐셜 에너지 변화량**은 아래와 같다.

$$\Delta E_\text{P} = mg\Delta h$$

(3) 중력 퍼텐셜 에너지의 기준선

중력 퍼텐셜 에너지는 기준이 되는 한 지점과 다른 한 지점 사이의 상대적인 값이기 때문에 본래 **변화량(차이)만이 물리적인 의미를 가진다.** 하지만 만약 기준선을 정하게 되면 중력 퍼텐셜 에너지 '값' 자체가 의미를 가지기 때문에 에너지 '값' 비교가 가능해진다. 기준선으로부터의 **높이의 차이**를 구할 수 있기 때문이다.

기준선을 설정하는 행위는 어떤 지점 p가 기준선으로부터 **얼마나 높이 떨어져 있는지**를 체크하겠다는 것이므로 **'차이를 구하겠다'**는 의미를 내포하는 행위이다.

기준선을 설정하게 되면, 다른 어떤 지점에서의 중력 퍼텐셜 에너지의 값이 정해지며, 이는 기준선으로부터의 높이 차이 h에 비례하게 되고, 기준선보다 물체가 위쪽 방향에 있을 때 양수 값을 가진다. 따라서 물체의 중력 퍼텐셜 에너지는 다음과 같다.

$$E_\mathrm{P} = mgh$$
$$(h\text{는 기준선으로부터의 높이})$$

기출 문제들의 발문을 분석해보면, 중력 퍼텐셜 에너지의 **기준선을 설정해주지 않는 이상,**
문제에서 **퍼텐셜 에너지 '변화량' 조건은 나올 수 있으나, 퍼텐셜 에너지 '값' 조건을 주지는 않는다.**
물론, **'단, 수평면에서의 중력에 의한 퍼텐셜 에너지를 0으로 한다.'**와 같은 조건이 나오면 문제에서 **기준선을 설정한** 것이므로 중력 퍼텐셜 에너지 값을 구하는 게 가능하다.

만약 문제에서 기준선을 정하지 않았는데, 퍼텐셜 에너지 '값'을 구해야 할 필요가 있는 경우,
기준선은 대체 어디에 설정해야 하는 것일까?

기준선은 기준을 잡는 사람 마음대로 **어디에 설정해도 문제없다.**
꼭 수평면, 바닥면을 기준으로 해야 한다는 규칙은 없다는 것이다.
그러나, 아무 곳에나 기준선을 잡는다고 해서 문제가 모두 쉽게 풀릴 리가 없다.

따라서, 기준선에 대해 문제에서 설정을 해 주지 않는다면, **'어느 지점을 중력 퍼텐셜 에너지의 기준선으로 잡는지'**가 중요해지고 이를 통해 풀이 과정이 단순해질 수도 있고 번거로워질 수도 있다. 이는 기출문제를 많이 경험해 보면서 감을 잡는 방법밖에 없다.

(1) 탄성력(용수철 힘)

먼저 용수철의 성질에 대해 짚고 넘어가자.

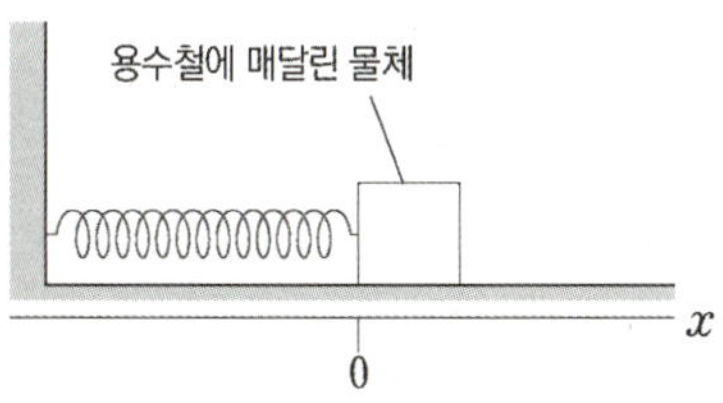

용수철이 위 그림과 같이 평형인 상태를 유지하고 있다. 용수철은 한쪽은 고정된 벽과, 다른 한쪽은 움직일 수 있는 물체와 연결되어 있다.

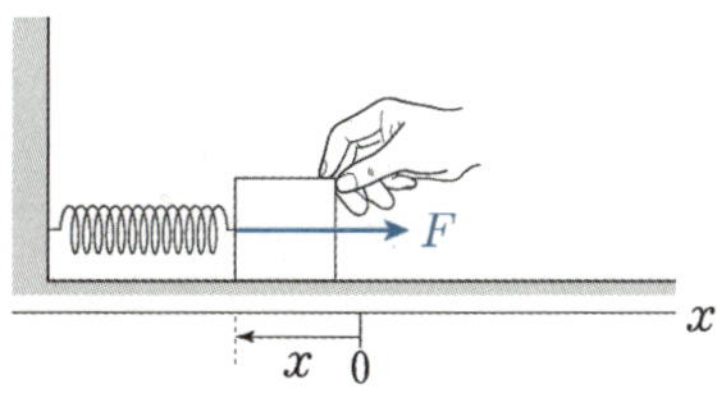

만약 위 그림처럼 물체에 왼쪽 방향으로 힘을 주어 용수철을 압축시킨다면, 용수철은 오른쪽으로 물체를 밀게 될 것이며 원래 평형 상태로 돌아가고자 할 것이다.

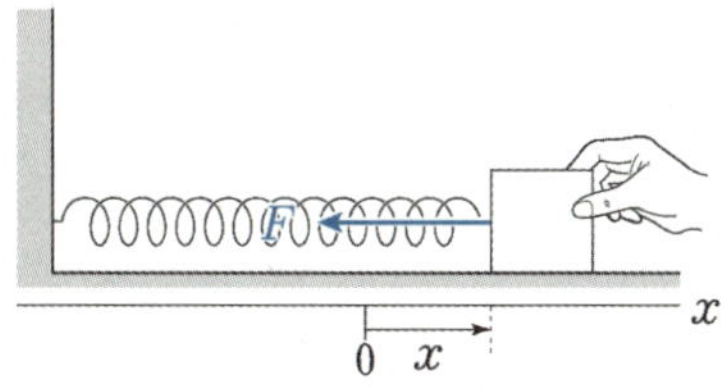

반대로 위 그림처럼 물체에 오른쪽 방향으로 당기는 힘을 가하게 되면, 용수철은 왼쪽으로 물체를 당기게 될 것이며 원래 평형 상태로 돌아가고자 할 것이다.

용수철이 변형된 길이가 크면 클수록 되돌아가려는 성질도 크다.
이렇게 원래의 평형 상태로 다시 되돌아오려는 힘을 복원력이라 하며, 용수철의 복원력은 극단적으로 변형되지 않는 이상 변형된 길이에 비례한다.
용수철의 복원력은 용수철이 작용하는 힘이므로 용수철 힘이라고 부르며, 간단히 말하면 용수철이 가지는 탄성력이라는 얘기다.

이러한 용수철 힘의 성질은 훅(Hooke)의 법칙이라고 불리는데, 이를 발견한 영국의 과학자 훅을 기리기 위해 이름 붙여진 것이다.

$$\vec{F} = -k\vec{x}$$
(k는 탄성 계수 또는 용수철 상수) [단위 : N]

$\vec{F}$는 용수철 힘이며, k는 용수철 상수이고, $\vec{x}$는 용수철이 변형된 변위를 말한다.
훅의 법칙에 의하면, 용수철 힘이 작용하는 방향은 변형된 방향과 반대이다. 훅의 법칙에서 $-$가 바로 힘의 방향과 변위 방향이 반대라는 것을 의미한다.

탄성 계수(용수철 상수) k는 **단위 길이만큼 용수철을 변화시키기 위해선 얼마의 힘이 필요한지**를 나타내는 상수로써, **용수철의 상대적 강도**를 나타내게 된다.
탄성 계수(용수철 상수)는 그냥 k라는 문자 그대로 둬도 문제가 없거나, 문제 후반부에 (단,~~)을 통해 실제 값이 주어지는 경우가 대부분이다. 하지만 가끔은 k의 실제 값을 구해야 할 때도 있는데, 이 경우에는 탄성력과 변형된 길이, 탄성에 의한 퍼텐셜 에너지를 이용해서 공식에 조건들을 넣어서 k를 역으로 구하게 될 것이다.
참고로 전기력 단원에서의 쿨롱 상수 k는 문항에서 그냥 하나의 비례상수 정도로 쓰이며 실제 값을 이용하지 않는 반면, 탄성 계수는 실제 값을 계산에 사용하기 때문에 그 자체로 의미가 있다.

훅의 법칙에 의하면, 탄성 계수가 정해져 있을 때, **용수철 힘의 크기**는 변위의 크기이므로, **변형된 길이에 비례**한다.

식의 '$-$'는 $\vec{x}$와 반대 방향으로 탄성력이 작용한다는 의미이다. 우리는 덧셈과 뺄셈의 $+$, $-$도 사용해야 하므로, 헷갈릴 여지가 크다. **방향을 나타내는 '$-$'는 웬만큼 숙달되지 않았다면 사용하지 마라.** 계산할 때 정말 헷갈릴 거다. 대부분의 경우에 용수철의 원래 길이를 알기 때문에 탄성력의 방향은 부호 '$-$'를 사용하기보다는 눈으로 직접 확인하는 게 훨씬 낫다. 따라서 탄성력의 방향은 눈으로 직접 판단하고 탄성력의 크기만 수식적으로 바라보는 것을 권한다. 따라서 실전적으로는 다음처럼 생각하는 것을 권한다.

탄성력의 크기 : $F = kx$ [단위 : N]
탄성력의 방향 : 원래 형태로 복귀하고자 하는 방향

(2) 탄성력이 한 일

이번엔 **탄성력이 한 일**에 대해 알아보도록 하자.

탄성력은 용수철의 원래 길이를 기준으로 하여 정해지고, 용수철이 당겨진 상태든 눌린 상태든 용수철 힘을 받아 다른
에너지로 전환된다는 점에서 방향 대칭성을 갖는다고 할 수 있다.

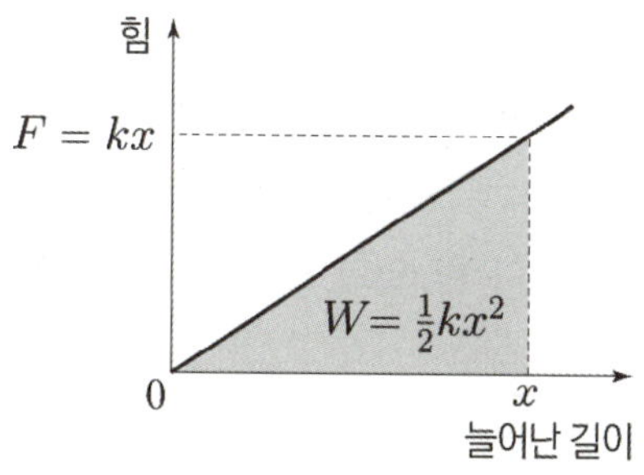

탄성력(용수철 힘)은 변형된 길이에 따라 변하는 힘이므로, 일의 정의 $W = F\triangle x$를 그대로 쓸 수가 없다. 힘이
변하는 경우, 곱의 역할을 하는 적분을 이용해 일을 정의해야만 한다.

F의 방향은 앞서 권한 것처럼 눈으로 파악하기로 하고 훅의 법칙에서 부호를 생각하지 않고 일의 크기를 구해 보도록
하자.

변형된 길이를 x라 하면, 탄성력의 크기 $F = kx$에서, 일의 크기 $W = \int_0^x kxdx = \frac{1}{2}kx^2$이 된다.

(일을 크기로 보지 않고 부호를 고려한다면 $W = \int_0^x -kxdx = -\frac{1}{2}kx^2$이 된다.)

i) 용수철이 원래 상태와 가까워지는 중인 경우

탄성력의 방향과 **변위**의 방향이 일치하여 $W = \frac{1}{2}kx^2$만큼의 **양의 일**을 한 것이고, 힘을 받으며 물체의 **탄성**

퍼텐셜 에너지가 '**운동 에너지 + 중력 퍼텐셜 에너지**'로 $W = \frac{1}{2}kx^2$만큼 **전환된다.**

뒤이어 설명할 탄성 퍼텐셜 에너지는 $W = \frac{1}{2}kx^2$만큼 감소한다.

ii) 용수철이 원래 상태에서 멀어지는 중인 경우

탄성력의 방향과 **변위**의 방향이 반대라면, $W = \frac{1}{2}kx^2$만큼의 **음의 일**을 한 것이고,

힘을 받으며 물체의 '**운동 에너지 + 중력 퍼텐셜 에너지**'가 $W = \frac{1}{2}kx^2$만큼 **감소**한다.

6. 탄성 퍼텐셜 에너지

탄성력에 의하여 물체에 저장되는 에너지를 말한다.

용수철에 물체를 연결하고 용수철을 누르거나 당겨서 변형을 가한다. 이때 '어떤 에너지'가 물체에 쌓이게 된다.
변형시킨 용수철을 놓게 되면, 물체가 용수철의 탄성력을 받음에 따라 **'어떤 에너지'**에서 운동 에너지와 중력 퍼텐셜
에너지로 에너지의 전환이 일어난다. 이때 그 **'어떤 에너지'**를 **탄성**(에 의한) **퍼텐셜 에너지**로 정의한다.

퍼텐셜 에너지 중에서도 **탄성력에 의해 다른 에너지로의 전환이 일어나게 될 에너지**이므로, **탄성 퍼텐셜 에너지**라고
한다.

따라서 탄성 퍼텐셜 에너지는 앞서 다룬 **탄성력이 한 일의 크기인 $\frac{1}{2}kx^2$과 같다.**

$$\text{탄성 } E_\mathrm{P} = \frac{1}{2}kx^2 \ (k\text{는 탄성 계수 또는 용수철 상수) [단위 : J]}$$

탄성력의 크기는 용수철의 원래 길이를 기준으로 양쪽 어느 쪽으로 변형되더라도 **대칭성**을 가지기 때문에, 아래
그래프처럼 변위가 양수일 때와 음수일 때의 탄성 퍼텐셜 에너지가 대칭적으로 나타난다.

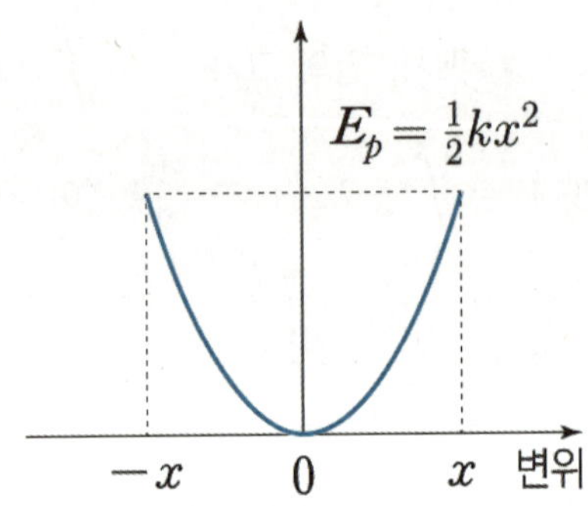

탄성 퍼텐셜 에너지 변화량은 말 그대로 변화량을 구한다면 전혀 헷갈릴 것이 없다.

탄성 퍼텐셜 에너지 변화량은 나중 탄성 퍼텐셜 에너지 − 처음 탄성 퍼텐셜 에너지이다.

$$\Delta E_{탄} = E_{탄(나중)} - E_{탄(처음)}$$

이를 식으로 나타내면 아래와 같다.

$$\frac{1}{2}k(x_{나중})^2 - \frac{1}{2}k(x_{처음})^2$$

여기서 $x_{처음}$, $x_{나중}$ 은 용수철의 원래 길이로부터 각 순간(처음, 나중) 변형된 길이이다.

항상 변형된 길이는 용수철의 원래 길이를 기준으로 생각해야 한다.

변형된 길이를 '처음~나중 간 변한 용수철의 길이'라고 잘못 생각하는 경우가 많은데, 이러면 안 된다.

만약 이런 오류를 범한다면

탄성 퍼텐셜 에너지 변화량을 $\frac{1}{2}k(x_{나중} - x_{처음})^2$로 구해버리는 치명적인 오류를 범하게 된다.

이런 잘못된 습관이 들면 꽤 고치기 어려우니 꼭 처음부터 주의하도록 하자.

쉬운 예시를 살펴보도록 하자.

용수철 상수가 k인 용수철에 연결된 질량이 m인 물체 A에 대해, 용수철의 원래 길이로부터

L만큼 압축된 순간 (순간1), $2L$만큼 늘어난 순간 (순간2)의 두 순간이 있다.

두 순간 사이의 물체의 탄성 퍼텐셜 에너지 변화량을 구하자.

$\frac{1}{2}k(3L)^2$로 구했다면 처음부터 다시 공부해야 된다. 정의 숙지부터 안 된 거다.

$\frac{1}{2}k(2L)^2 - \frac{1}{2}kL^2$로 구해야 정의대로 잘 구한 거다.

쉬워 보여도 생각보다 많이 오개념 가지는 부분이니 절대 주의하도록 하자.

탄성 퍼텐셜 에너지와 중력 퍼텐셜 에너지는 모두 퍼텐셜 에너지라는 점에서 시험지에 메모할 때 구별을 쉽게 할 수 있는 수단이 필요하다.

운동 에너지는 '**운**'으로 표기하면 간단히 의미를 알 수 있다. 그러나 '**퍼**'라고 쓰면 이게 **중력 퍼텐셜 에너지**인지 **탄성 퍼텐셜 에너지**인지 알 길이 없다.

용수철이 등장하지 않는 문항에서는 **운동 에너지와 중력 퍼텐셜 에너지**만 등장하므로 각각 '**운**', '**퍼**'라고 표시해도 구별이 가능하긴 하다. 이때 '**운**', '**퍼**' 대신 'K', 'P'를 사용해도 된다.

'**퍼**'를 **중력 퍼텐셜 에너지**의 대표 글자로 삼기로 하자. 그리고 **탄성 퍼텐셜 에너지**의 '**탄**'을 대표 글자로 따와서 용수철이 등장할 때 **중력 퍼텐셜 에너지**의 '**퍼**'와 구별하도록 하자.

(정 헷갈린다면 용수철이 등장하는 문항에서 **중력 퍼텐셜 에너지**를 '**중**'으로 표현하는 것도 좋은 방법이다.) [16]

결론은, 운동 에너지, 중력 퍼텐셜 에너지, 탄성 퍼텐셜 에너지를 '**운**', '**퍼**', '**탄**'으로 습관을 들이는 게 편하고, '**운**', '**중**' '**탄**'으로 사용해도 문제는 없다는 거다.

운동 에너지	퍼텐셜 에너지	
	중력 퍼텐셜 에너지	탄성 퍼텐셜 에너지
'운'	'퍼' / '중'	'탄'

---

16) 이전 교육과정에서는 탄성 퍼텐셜 에너지가 없어 퍼텐셜 에너지의 '퍼'를 당연히 중력 퍼텐셜 에너지라고 생각했기 때문에 그에 맞추어 해설이나 강의에 '운', '퍼'를 쓴 경우가 많다. '운', '중' '탄'으로 표시해도 되지만 습관적으로 '퍼'를 쓰는 수업이나 교재를 볼 것이므로 '운', '퍼', '탄'에 적응을 해야 한다.

(1) 보존력과 비보존력

역학적 에너지의 보존 여부에 따라 힘을 두 가지로 나눌 수 있는데, 보존력은 힘이 작용할 때 역학적 에너지가 보존되는 힘이며, 비보존력은 그렇지 않은 힘이다. 실제 정의는 조금 더 복잡하지만 수능 수준에서 정확한 정의를 알 필요가 없으므로(오히려 혼란스러울 것이다) 간단히 보존력과 비보존력은 힘이 작용할 때의 역학적 에너지 보존 여부에 따라 구분한다고 생각하자.

물리학 1에서 등장하는 **보존력은 중력, 탄성력, 전기력**이 전부다. **나머지 힘들은 모두 비보존력(수직항력, 장력, 마찰력 등)**이다.

(2) 보존력이 한 일

물리학 1에서 등장하는 보존력은 **중력, 탄성력, 전기력**뿐이다. 전자기력은 고전 역학에서 다루지 않으므로, **보존력이 한 일**은 앞서 다루었던 **중력(용수철이 등장하는 경우에는 탄성력)이 한 일**과 같다.

물체를 위로 던질 때, 물체가 위로 올라가면서 중력이 한 일 W는 음의 값을 갖는다. 왜냐하면 중력의 방향과 변위의 방향이 반대이고 중력이 물체의 운동 에너지를 퍼텐셜 에너지로 전환시키기 때문이다.
떨어지는 동안에는 반대로 퍼텐셜 에너지가 운동 에너지로 전환된다.
이때 중력의 방향과 변위의 방향은 같고 물체가 아래로 내려오면서 중력이 한 일 W는 양의 값을 갖는다.

올라갈 때와 내려올 때 물체의 중력 퍼텐셜 에너지의 변화 ΔE_P는 중력이 물체에 한 일의 음의 값이라는 결론을 내릴 수 있다.
따라서 중력이 한 일, 즉, 보존력이 한 일은 다음과 같이 표현이 가능하다.

$$W_{보존력} = -\,\Delta E_\mathrm{P}$$

(3) 비보존력이 한 일

비보존력은 힘이 작용하여 에너지의 변환을 일으킬 때, 역학적 에너지를 역학적 에너지가 아닌 다른 에너지로 전환시키게 된다. 예를 들어 마찰력의 경우 대표적인 비보존력이다. 마찰력의 경우 운동 에너지를 열에너지나 소리 에너지로 전환시키며 역학적 에너지를 손실시킨다. 이처럼 비보존력은 일을 하여 역학적 에너지의 총량을 변화시키게 된다.

힘이 한 일과 마찬가지로 비보존력의 경우에도 **힘의 방향과 변위의 방향이 일치하면** 비보존력이 한 일 W는 **양의 값**을 가지며 **다른 에너지에서 역학적 에너지로의 에너지 전환**이 일어난다. 이때 **역학적 에너지가 증가**한다. 반대로, **힘의 방향과 변위의 방향이 반대이면** 비보존력이 한 일 W는 **음의 값**을 가지며 **역학적 에너지에서 다른 에너지로의 에너지 전환**이 일어난다. 이때 **역학적 에너지가 감소**한다.

비보존력이 한 일과 물체의 역학적 에너지 변화량의 관계는 다음과 같이 표현이 가능하다.

$$W_{비보존력} = \Delta E_{역}$$

정리하면, 아래 박스와 같다.

① $W_{알짜힘} = \Delta E_{\mathrm{K}}$	알짜힘(합력)이 한 일 = 운동 에너지 변화량
② $W_{보존력} = -\Delta E_{\mathrm{P}}$	보존력이 한 일 = −퍼텐셜 에너지 변화량
③ $W_{비보존력} = \Delta E_{역}$	비보존력이 한 일 = 역학적 에너지 변화량

먼저, 알짜힘은 운동 에너지와 관련이 있고, 보존력과 비보존력은 각각 퍼텐셜 에너지와 역학적 에너지와 관련이 있다는 것은 미리 알고 있어야 하며 외워 두고 있어야 한다.
또한, '일-운동 에너지 정리 $W_{알짜힘} = \Delta E_K$'는 이 팁과 별개로 미리 알고 있어야만 한다.

어떤 물체에 여러 힘들이 작용하고 있을 때, 모든 힘들의 합력은 비보존력들과 보존력들을 모두 포함한다.
$F_{합력} = F_{비보존} + F_{보존}$이라고 해 보자. 변위 Δx를 양변에 곱하면 $W_{합력} = W_{비보존} + W_{보존}$이 된다.
역학적 에너지는 운동 에너지와 퍼텐셜 에너지를 합친 것을 말하므로,
$E_{역} = E_K + E_P$이고 $\Delta E_{역} = \Delta E_K + \Delta E_P$이다.

$W_{합력} = W_{비보존} + W_{보존}$과 $\Delta E_{역} = \Delta E_K + \Delta E_P$를 순서가 대응되게끔 맞추어 주면,
$\Delta E_K = \Delta E_{역} - \Delta E_P$로 순서를 바꾸어 식을 쓸 수 있다.
두 식 $W_{합력} = W_{비보존} + W_{보존}$, $\Delta E_K = \Delta E_{역} - \Delta E_P$이 같은 식이 되기 위해서는
$W_{알짜힘} = \Delta E_K$, $W_{비보존력} = \Delta E_{역}$, $W_{보존력} = -\Delta E_P$를 만족해야 하며
특별히 $W_{보존력} = -\Delta E_P$만 식에 부호 $-$가 들어가게 된다.

위 박스에서, ②, ③번 식을 좌변은 좌변끼리 우변은 우변끼리 더해 주면, 그 결과가 ①번 식이 나옴으로도 타당함을 확인할 수도 있다.

역학적 에너지 보존

계의 역학적 에너지는 운동 에너지 E_K와 퍼텐셜 에너지 E_P의 합으로 다음과 같다. 여기서 퍼텐셜 에너지는 중력 퍼텐셜 에너지와 탄성 퍼텐셜 에너지를 모두 지칭하는 것이다.

$$E_역 = E_K + E_P$$

만약 외부에서 가해지는 힘이 없으며, 계에 비보존력이 작용하지 않고, 계에 에너지 전환을 일으키는 힘이 오직 보존력만 작용할 때, 계의 역학적 에너지의 변화를 살펴보도록 하자.

보존력 $F_{보존}$가 일 W을 할 때 힘은 계의 퍼텐셜 에너지와 운동 에너지 사이의 에너지 전환을 일으키고 $W = \Delta E_K$, $W = -\Delta E_P$이다. (보존력만이 작용하는 상황이므로 알짜힘이 곧 보존력이다)

두 식 $W = \Delta E_K$, $W = -\Delta E_P$을 결합시키면 $\Delta E_K = -\Delta E_P$이 된다.

따라서 $\Delta E_K + \Delta E_P = \Delta E_역 = 0$이다.

이를 요약하면 아래와 같다.

> 보존력만 작용하는 계에서, 운동 에너지와 퍼텐셜 에너지는 변할 수 있지만, 역학적 에너지는 변하지 않고 일정한 값을 유지한다.

조금 다른 관점으로 살펴보면 다음과 같다.

$\Delta E_K = -\Delta E_P$를 해석해 보면, **운동 에너지와 퍼텐셜 에너지의 변화량이 부호가 반대이고 크기가 같다**는 이야기다. **'운동 에너지가 줄어든 만큼 퍼텐셜 에너지가 증가한다'/'퍼텐셜 에너지가 감소한 만큼 운동 에너지가 증가한다'** 따위로 생각하는 것도 좋다. 만약 탄성 퍼텐셜 에너지까지 등장한다면, 감소한 에너지들의 합은 증가한 에너지들의 합과 크기가 같다고 사고하면 된다.

> 증가하는 에너지만큼 감소하는 에너지도 있다. 따라서 총 역학적 에너지가 변하지 않는다!

☞ TIP! 중간 과정은 신경 쓰지 않아도 된다.

역학적 에너지 보존 법칙은 **한 순간**의 운동 에너지와 퍼텐셜 에너지의 합인 역학적 에너지를 **다른 순간**의 역학적 에너지와 같다고 할 수 있다.

이처럼 역학적 에너지 보존 법칙을 **서로 다른 두 순간**에 대해 적용할 때, 중간 운동 과정은 신경 쓰지 않아도 된다.

$\frac{1}{2}mv^2 = mgh$를 정리해 나온 공식이다. 처음 속력 또는 나중 속력이 0일 때 쓸 수 있는 공식이다.

처음 또는 나중 속력 중 하나가 0이라서 운동 에너지의 변화량이 $\frac{1}{2}mv^2$인 경우에 쓸 수 있다.

높이 h대신 높이 변화량 Δh를 사용해도 된다.

$$v = \sqrt{2gh}$$

예시를 들어 어떤 식으로 사용하는지 살펴보도록 하자.

물체를 지면으로부터의 높이가 $0.2\mathrm{m}$인 빗면상의 점에 가만히 두었더니 물체는 빗면을 따라 내려와 수평면상에서 속력 v로 등속도 운동하였다. 이때 v를 구하자. (단, 중력 가속도는 $10\mathrm{m/s^2}$이고, 모든 마찰은 무시한다.)

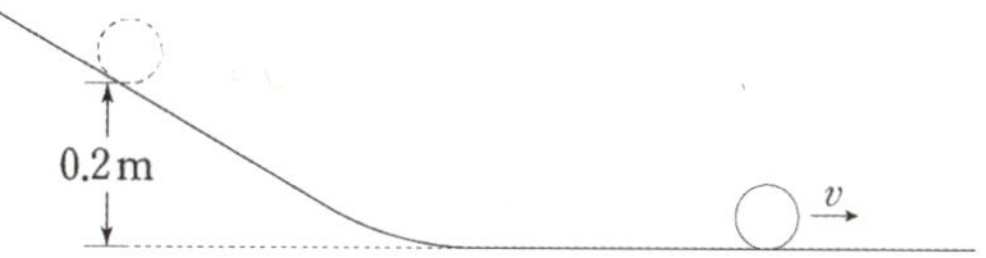

퍼텐셜 에너지가 모조리 운동 에너지로 전환되는 상황이다. 이때 초기 속도는 0이다.
따라서 공식 $v = \sqrt{2gh}$를 적용하면, $g = 10\mathrm{m/s^2}$, $h = 0.2\mathrm{m}$이므로 $v = \sqrt{4}\,\mathrm{m/s} = 2\mathrm{m/s}$이다.

물체가 수평면에서 속력 $4\mathrm{m/s}$로 등속 운동하다가 빗면을 따라 올라가 수평면으로부터 높이가 h인 지점에서 정지하였다. 이때 h를 구하자. (단, 중력 가속도는 $10\mathrm{m/s^2}$이다.)

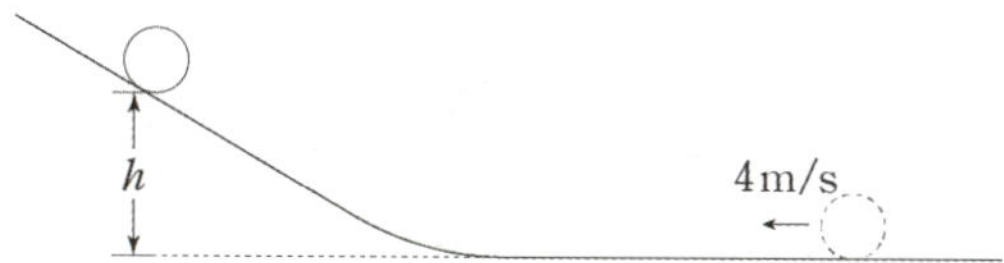

운동 에너지가 모조리 퍼텐셜 에너지로 전환되는 상황이다. 이때 최종 속도는 0이다.
따라서 공식 $v = \sqrt{2gh}$를 적용하면, $g = 10\mathrm{m/s^2}$, $v = 4\mathrm{m/s}$이므로 $h = 0.8\mathrm{m}$이다.

다음처럼 생긴 비슷한 선지들을 자주 만나게 될 것이다.

'A의 퍼텐셜 에너지 감소량은 B의 역학적 에너지 증가량과 같다.'
'A의 역학적 에너지 변화량은 B의 운동 에너지 증가량보다 작다.'

이는 각각의 에너지 변화량을 구해서 정말 크기가 (같고/크고/작음)을 비교하라는 것이 아니다.

i) 먼저 계의 에너지 변화를 체크하고
   (변화량까지 구체적으로 구할 필요는 없고, (증가/감소/변화 없음) 정도까지만 알아두면 된다)

ii) 에너지 변화량 사이의 관계를 역학적 에너지 보존 법칙을 통해 파악한다.
   예를 들어, 바로 아래 예시 문항에서 관계를 파악한 것은 다음과 같다.
   'A운↑ + B운↑ + B퍼↑ = A퍼↓'
   이런 식으로 에너지 변화량들의 관계를 파악하면 된다.
   증가한 것끼리, 감소한 것끼리 나누어 관찰하면 조금 더 수월하게 관계를 파악할 수 있을 것이다.

iii) 이렇게 하면 선지들의 참/거짓이 쉽게 판단된다.

공부할 때에는 거짓인 선지들이 틀린 이유까지 정확히 판단하며 학습해보는 걸 권한다.

그림과 같이 질량이 서로 다른 물체 A, B가 실로 연결되어 각각 경사각 θ_A, θ_B인 경사면에 정지해 있다. θ_A는 θ_B보다 작다. A를 가만히 놓았더니 A가 경사면을 따라 등가속도 직선 운동을 하며 내려갔다.

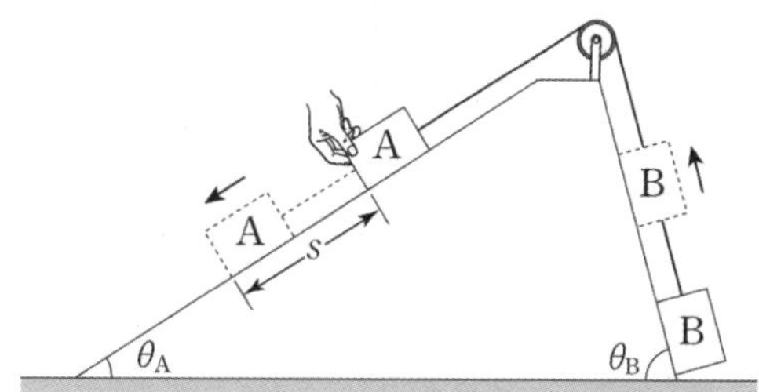

A가 s만큼 이동했을 때, 이에 대한 설명으로 옳은 것만을 <보기>에서 있는 대로 고른 것은? (단, 모든 마찰은 무시한다.) [3점]

〈 보 기 〉

ㄱ. A의 운동량의 크기는 B의 운동량의 크기보다 크다.

ㄴ. B의 역학적 에너지 증가량은 A의 역학적 에너지 감소량과 같다.

ㄷ. A의 중력에 의한 퍼텐셜 에너지 감소량은 B의 중력에 의한 퍼텐셜 에너지 증가량과 같다.

0. 문항 파악 및 분석

A, B는 계를 이루어 운동하므로, 시간에 따른 속도와 가속도가 동일하다.

경사각이 $\theta_A < \theta_B$인데도 왼쪽으로 계가 가속된다는 것은,

알짜힘의 방향이 왼쪽이라는 것이고 A의 질량 > B의 질량임을 유추할 수 있다.

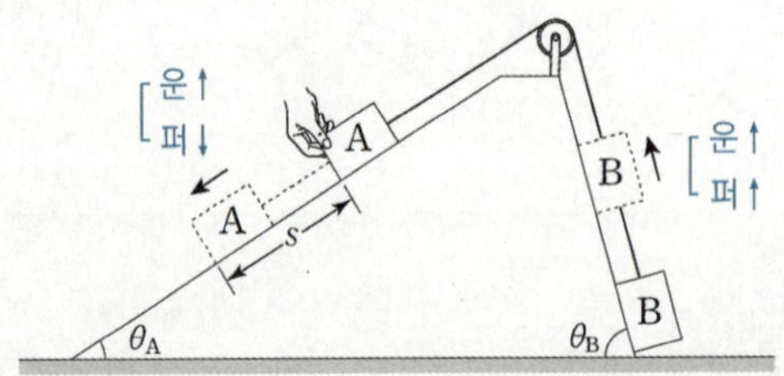

A는 운동 에너지가 증가, 중력 퍼텐셜 에너지가 감소하며,

B는 운동 에너지가 증가, 중력 퍼텐셜 에너지가 증가한다.

A와 B는 계를 이루어 운동하고 외부에서 계에 힘이 가해지지 않으므로, 계의 역학적 에너지가 보존된다.

위의 그림처럼 에너지의 증가와 감소를 표시하면 다음과 같이 각 에너지 변화량의 관계를 쉽게 알 수 있다.

$$A운{\uparrow} + B운{\uparrow} + B퍼{\uparrow} = A퍼{\downarrow}$$

1. 보기 판단하기

ㄱ. $m_A > m_B$이고, 계를 이루어 운동하므로 속도의 크기가 같다.

　　따라서 A의 운동량의 크기는 B의 운동량의 크기보다 크다. (ㄱ 맞음)

ㄴ. 계의 역학적 에너지가 보존되는 상황이므로,

　　A와 B의 역학적 에너지 변화량의 합은 0이므로 옳다. (ㄴ 맞음)

ㄷ. $A운{\uparrow} + B운{\uparrow} + B퍼{\uparrow} = A퍼{\downarrow}$ 가 올바른 관계이므로

　　$A퍼{\downarrow} = B퍼{\uparrow}$ 라고 주장하는 ㄷ 보기는 옳지 않다. (ㄷ 틀림)

정답 : ㄱ, ㄴ

█ 일 에너지 문항에서의 도구

1. 계 운동에서의 에너지

(1) 운동 에너지 비 = 질량비

계를 이루어서 운동하는 물체들의 경우, 운동 상태가 동일하므로 **속력이 동일**하다.

예를 들어 질량이 m_A인 물체 A와 질량이 m_B인 물체 B가 계를 이루어 속도 v로 운동하고 있다고 하면,

A의 운동 에너지는 $\frac{1}{2}m_A v^2$이고, B의 운동 에너지는 $\frac{1}{2}m_B v^2$이다.

두 물체의 운동 에너지의 비 $\frac{1}{2}m_A v^2 : \frac{1}{2}m_B v^2$는 질량비인 $m_A : m_B$임을 알 수 있다.

일반화하면, n개의 물체에 대해서도 똑같이 적용될 것이므로,
계를 이루어 운동하는 물체들의 운동 에너지 비율은 질량비에 비례한다는 결론을 얻을 수 있다.

> 계를 이루어 운동하는 경우처럼 물체들의 **속력이 같은 경우**,
> **'운동 에너지비=질량비'이다.**

이때, 주의할 점은 정말 그 물체들이 계를 이루어 운동하고 있는지 정확히 되짚어 보아야 한다는 점이다.
'운동 에너지비=질량비'라고만 외우면 큰코다칠 수 있다.
이 상황은 물체들의 **'속력이 같은 상황'에서만 적용**되며, 특히 **계를 이루어 운동하는 물체들**의 경우에 속력이 같다.
항상 이 전제를 확인한 이후에만 '운동 에너지비=질량비'라는 결론을 내릴 수 있음에 주의하자.

이 도구는 '(1) 운동 에너지비＝질량비'와 달리 일반적인 경우에도 쓸 수 있다.

'(1) 운동 에너지비＝질량비'는 두 개 이상의 물체에 대해 비율을 구하는 것이었다면,

아래 내용은 한 물체의 실제 값을 꺼낼 수 있는 도구이므로 일반적인 경우에도 적용이 가능하다.

(1) 운동량을 통해 운동 에너지 구하기

운동량의 크기(p)를 알고 있고 운동 에너지(E_K)를 구하고 싶을 때를 생각해 보자.

질량과 속력을 모두 구하여 운동 에너지 식 $E_\mathrm{K} = \dfrac{1}{2}mv^2$에 대입하여 운동 에너지를 구해도 되지만, 질량 m과 속력 v 중 하나만 알고 있는 경우에도 운동량의 크기 p와 같이 결합하여 운동 에너지를 구할 수 있다.

$$E_\mathrm{K} = \frac{p^2}{2m}, \; E_\mathrm{K} = \frac{pv}{2}$$

먼저, **질량을 알고 있는 경우**, 식 $E_\mathrm{K} = \dfrac{1}{2}mv^2$는 $E_\mathrm{K} = \dfrac{(mv)^2}{2m}$으로 쓸 수 있다.

여기서 mv 대신 p를 넣어 식을 완성하면, $E_\mathrm{K} = \dfrac{p^2}{2m}$이다.

또는, 질량 대신 **속력을 알고 있는 경우**, 식 $E_\mathrm{K} = \dfrac{1}{2}mv^2$는 $E_\mathrm{K} = \dfrac{(mv)v}{2}$으로 쓸 수 있다.

여기서 mv 대신 p를 넣어 식을 완성하면, $E_\mathrm{K} = \dfrac{pv}{2}$이다.

실수 주의!

운동 에너지 변화량 ΔE_K에 대해, $\Delta E_\mathrm{K} \neq \dfrac{(\Delta p)^2}{2m}$ 임에 주의하자.

$\Delta E_\mathrm{K} = \dfrac{\Delta (p^2)}{2m}$ 이 맞는 식이기 때문이다.

문항에서 Δp가 주어졌다고 해서 Δp를 별 생각 없이 p 대신 넣는 실수를 범하지 말자.

---

(2) 운동 에너지를 통해 운동량 구하기

운동 에너지(E_{K})를 알고 있고 운동량의 크기(p)를 구하고 싶을 때를 생각해 보자.
질량과 속력을 모두 구하여 둘을 곱해 운동량의 크기를 꺼내도 되지만, 둘 중 하나만 알고 있는 경우에도 운동 에너지
식 $E_{\mathrm{K}} = \dfrac{1}{2}mv^2$에서, 운동량의 크기를 바로 구할 수 있다.

$$p = \sqrt{2mE_{\mathrm{K}}} \, , \ \ p = \frac{2E_{\mathrm{K}}}{v}$$

먼저, **질량을 알고 있는 경우,**

식 $E_{\mathrm{K}} = \dfrac{1}{2}mv^2$에서 양변에 $2m$를 곱하면 $2mE_{\mathrm{K}} = p^2$이므로, $p = \sqrt{2mE_{\mathrm{K}}}$ 이다.

또는, 질량 대신 **속력을 알고 있는 경우,**

식 $E_{\mathrm{K}} = \dfrac{1}{2}mv^2$에서 양변에 $\dfrac{2}{v}$를 곱하면 $\dfrac{2E_{\mathrm{K}}}{v} = p$이므로, $p = \dfrac{2E_{\mathrm{K}}}{v}$이다.

연직 방향에서의 가속도와 에너지 변화량 비율 사이 관계는 꽤나 많이 유용한 도구이므로 잘 알아 두도록 하자.

먼저, 이 도구는 **연직 방향**(중력과 나란한 방향)에서 운동하는 물체의 에너지와 가속도에 관한 관계이다. 빗면을 따라 운동하는 물체에는 적용할 수 없다는 점에 주의하도록 하자.

> **연직 방향**(중력의 방향과 나란한 방향) 운동에서,
> 물체의 가속도 a를 알고 있다면, '운동 에너지 변화량과 중력 퍼텐셜 에너지 변화량의 비율 $(\Delta E_{\mathrm{K}} : \Delta E_{\mathrm{P}})$'을 알 수 있다.
>
> 거꾸로,
> **연직 방향(중력의 방향과 나란한 방향) 운동에서,**
> **물체의 '운동 에너지 변화량과 중력 퍼텐셜 에너지 변화량의 비율 $(\Delta E_{\mathrm{K}} : \Delta E_{\mathrm{P}})$'을 알고 있다면, 가속도 a를 알 수 있다.**

질량 m인 물체가 연직 방향으로 가속도 a로 거리 s만큼 운동하는 상황에서,

① ΔE_{K} 의 크기 $= mas$ (운동 에너지 변화량의 크기 = 알짜힘 ma가 한 일)
② ΔE_{P} 의 크기 $= mgs$ (중력 퍼텐셜 에너지 변화량의 크기 = 중력 mg가 한 일)

이므로, ①을 ②로 나누어 주면, 아래 식을 얻게 된다.

$$\frac{\Delta E_{\mathrm{K}} \text{ 의 크기}}{\Delta E_{\mathrm{P}} \text{ 의 크기}} = \frac{a}{g}$$

가속도를 g를 이용해서 표시하게 되면, $a = \dfrac{\Delta E_{\mathrm{K}} \text{ 의 크기}}{\Delta E_{\mathrm{P}} \text{ 의 크기}} g$이므로, 가속도에서 g앞에 곱해진 수를

$\dfrac{\Delta E_{\mathrm{K}} \text{ 의 크기}}{\Delta E_{\mathrm{P}} \text{ 의 크기}}$ 라고 읽을 수 있다. ($\dfrac{\Delta E_{\mathrm{K}} \text{ 의 크기}}{\Delta E_{\mathrm{P}} \text{ 의 크기}}$ 가 소제목에서 말한 '에너지 변화량 비율'이다.)

예를 들면,

연직 아래 방향으로 운동하고, **가속도**는 아래 방향으로 $\frac{1}{3}g$인 물체 A는 $\dfrac{\Delta E_\text{K}\,\text{의 크기}}{\Delta E_\text{P}\,\text{의 크기}}$가 $\frac{1}{3}$이므로 운동 에너지 증가량을 E, 중력 퍼텐셜 에너지 감소량을 $3E$라고 상댓값을 이용해서 설정할 수 있다.

이처럼 연직 방향으로 운동하는 물체의 가속도를 아는 경우, 운동 에너지와 중력 퍼텐셜 에너지의 변화량 비율을 알 수 있다.

반대로, 연직 방향으로 운동하는 물체의 운동 에너지와 중력 퍼텐셜 에너지의 변화량 비율을 알고 있다면, $\dfrac{\Delta E_\text{K}\,\text{의 크기}}{\Delta E_\text{P}\,\text{의 크기}}$ 값 뒤에 g를 곱해 주어 물체의 가속도의 크기를 결정할 수 있다.

연직 방향으로 운동하는 물체의 $\dfrac{\Delta E_\text{K}\,\text{의 크기}}{\Delta E_\text{P}\,\text{의 크기}}$ 값이 $\frac{1}{3}$이라면, 가속도의 크기는 $\frac{1}{3}g$가 되는 것이다.

즉, 두 에너지의 변화량 비율은 가속도 a에 의해 결정되며, 그 역도 성립한다.
이는 물체가 다른 물체와 연결되어 있든, 단독으로 운동하든 상관이 없다.
한 물체에 대해 관찰하는 것이므로 모두 적용이 가능하다.

A의 E_K변화량, B의 E_P변화량 주는 문제 I : 틀 잡고 전체 비교
A의 E_K변화량, A의 E_P변화량 주는 문제 I : 앗싸 같은 물체!

일단 가속도 공짜로 얻었다!
들 삽고 전체 비교!

그림은 물체 A가 물체 B와 실로 연결된 채 경사면을 따라 등가속도 운동을 하는 모습을 나타낸 것이다. A, B의 질량은 각각 $3m$, $2m$이고, A가 P점에서 Q점까지 운동했을 때 B의 퍼텐셜 에너지 감소량은 B의 운동 에너지 증가량의 10배이다.

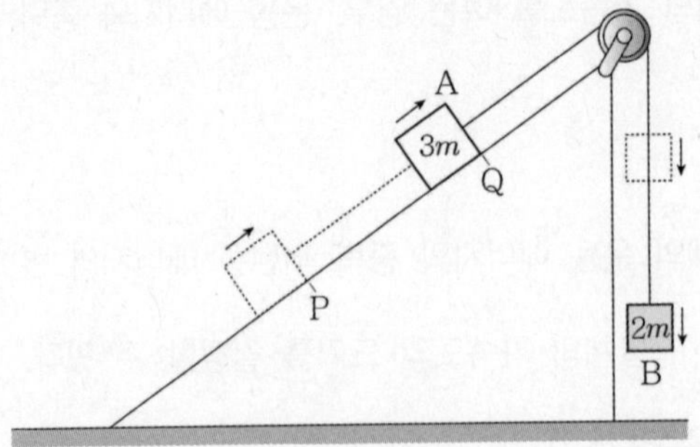

A의 가속도의 크기는? (단, 중력 가속도는 g이다.) [3점]

① $\dfrac{1}{10}g$ ② $\dfrac{1}{5}g$ ③ $\dfrac{2}{5}g$ ④ $\dfrac{1}{2}g$ ⑤ $\dfrac{3}{5}g$

앞서 배운 '가속도와 에너지 변화량 비율 사이 관계'를 알고 있다면, 이 문제는 문제를 읽자마자 답을 알 수 있다.

> 연직 방향(중력의 방향과 나란한 방향) 운동에서, 물체의 가속도 a를 알고 있다면, 운동하는 동안의 '운동 에너지 변화량과 중력 퍼텐셜 에너지 변화량의 비율 $(\Delta E_\mathrm{K} : \Delta E_\mathrm{P})$'을 알 수 있다.
>
> 역으로 '운동 에너지 변화량과 중력 퍼텐셜 에너지 변화량의 비율 $(\Delta E_\mathrm{K} : \Delta E_\mathrm{P})$'을 알고 있다면, 가속도 a를 알 수도 있다.
>
> $a = \dfrac{\Delta E_\mathrm{K} \text{의 크기}}{\Delta E_\mathrm{P} \text{의 크기}}\,g$ 이므로,
>
> $\dfrac{\Delta E_\mathrm{K} \text{의 크기}}{\Delta E_\mathrm{P} \text{의 크기}}$ 값 뒤에 g를 곱하여 물체의 가속도 $a = \dfrac{\Delta E_\mathrm{K} \text{의 크기}}{\Delta E_\mathrm{P} \text{의 크기}}\,g$ 를 결정할 수 있다.[17]
>
> 주의할 점은, 이 풀이는 연직 방향으로 운동하는 물체에만 적용이 가능하다는 것이다. 만약 문제에서 'A의 퍼텐셜 에너지 감소량은 A의 운동 에너지 증가량의 10배이다.'라고 했다면 이 풀이를 쓰지 못했을 것이다.

이를 적용하면, $\dfrac{\Delta E_\mathrm{K} \text{의 크기}}{\Delta E_\mathrm{P} \text{의 크기}} = \dfrac{1}{10}$ 이므로 가속도는 $a = \dfrac{1}{10}g$ 임을 바로 알 수 있다.

답 : ① $\dfrac{1}{10}g$

---

17) 에너지의 증감은 속도의 크기 변화, 상승/하강으로 직접 판단하면 되므로, $-$ 는 무시한다.

그림은 물체 A, B, C를 실로 연결하여 수평면의 점 p에서 B를 가만히 놓아 물체가 등가속도 운동하는 모습을 나타낸 것이다. B가 점 q를 지날 때 속력은 v이다. B가 p에서 q까지 운동하는 동안 A의 중력 퍼텐셜 에너지의 증가량은 A의 운동 에너지 증가량의 4배이다. B의 운동 에너지는 점 r에서가 q에서의 3배이다. A, B의 질량은 각각 m이고, q와 r사이의 거리는 L이다. B가 r를 지날 때 C의 운동 에너지는? (단, 중력 가속도는 g이고, 물체의 크기, 실의 질량, 모든 마찰은 무시한다.)

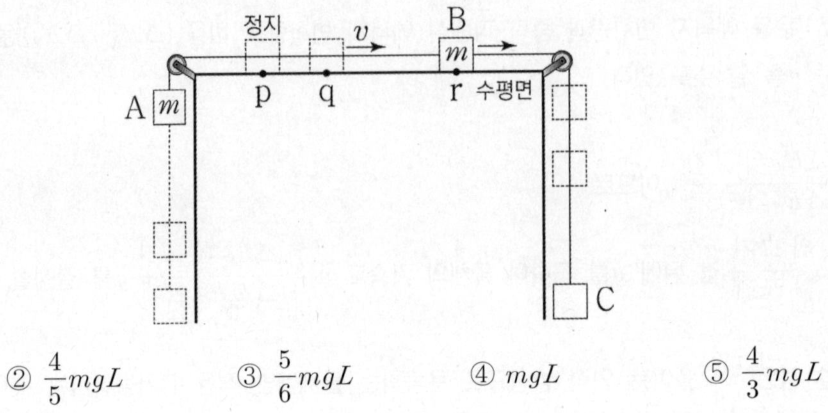

① $\dfrac{3}{4}mgL$ ② $\dfrac{4}{5}mgL$ ③ $\dfrac{5}{6}mgL$ ④ mgL ⑤ $\dfrac{4}{3}mgL$

예제(3) 보다는 약간 더 어려운 문제지만 할 수 있다...!

문제에서 "p에서 q까지 운동하는 동안 A의 운동 에너지와 중력 퍼텐셜 에너지의 비"를 알려 줬다. 이 조건으로 계의 가속도가 $\frac{1}{4}g$임을 얻는다. 정말 해설을 작성하면서 흥분을 하게 되는데 제발 자신의 무기로 만들기를 바란다. 에너지 변화량 비로 가속도 끌어내는 건 진짜 S급 스킬이다...!!!

가속도 얻어낸 게 뭐가 그리 대단하냐면, 질량비까지 같이 구할 수 있기 때문이다.
A, B의 질량이 이미 주어져 있으므로 C의 질량이 $2m$임은 금방 찾을 수 있다.
(직감으로 대입하고 체크해도 되고, $\frac{(m_c - m)}{m_c + 2m} = \frac{1}{4}$를 풀어서 찾아도 된다.)

B의 운동 에너지가 점 r에서 q에서의 3배이므로, p~q$= \frac{1}{2}L$ p~r$= \frac{3}{2}L$이다.
(등가속도 운동에서 운동 에너지 변화량은 거리에 비례하기 때문)

p에서 r까지 운동하는 동안,

A는 운동 에너지 E, 중력 퍼텐셜 에너지 $4E$만큼 변한다고 하자. 이때 $4E = \frac{3}{2}mgL$이다.

(가속도 $\frac{1}{4}g$에 의한 에너지 변화량 비)

B는 운동 에너지만 E만큼 변한다.
C는 운동 에너지 $2E$, 중력 퍼텐셜 에너지$-8E$ 만큼 변한다.
따라서 구하고자 하는 C의 운동 에너시는 $2E = \frac{3}{4}mgL$이다.

다른 풀이

가속도가 $\frac{1}{4}g$인 것과 C의 질량이 $2m$인 것까지 구했다고 하자. C의 알짜힘이 $(2m)\frac{1}{4}g$이므로, p에서 r까지 운동하는 동안 C의 운동 에너지 변화량은 C의 알짜힘이 한 일의 크기인 $\left(\frac{1}{2}mg\right)\frac{3}{2}L = \frac{3}{4}mgL$이다.

정답 : ① $\frac{3}{4}mgL$

▌에너지 상댓값 풀이

에너지 문항의 90% 정도에 이 아이디어가 쓰일 정도로 상댓값 풀이는 중요하다.
상댓값 풀이라는 것은 **상대적 비례 관계**를 이용해 각 **에너지를 비교**하는 풀이이다.

상댓값은 실제 값 계산과는 차이가 있다. 실제 값 계산은 $\frac{1}{2}mv^2$, mgh등의 에너지 값을 실제로 구하는 식들을
이용하여 m, v를 식에 대입하여 실제 값을 구하는 풀이이지만, 상댓값 풀이는 높이비가 $1:2$인 두 지점의 중력
퍼텐셜 에너지를 각각 E, $2E$로 두는 것처럼 비례상수 E를 도입하여 비율 관계를 보기 쉽게 나타내는 풀이를
말한다.

공식적인 용어는 아니지만, 에너지 상댓값 비교 틀이라는 것을 소개해 보겠다. 에너지 문항을 깔끔하고 정확하게
효율적으로 풀기 위한 일종의 정리법 같은 것이라고 생각하자.

에너지 상댓값 비교 틀은 크게 두 가지가 있는데.
첫째로는 에너지 **'값'** 비교 틀이 있고, 둘째는 에너지 **'변화량'** 비교 틀이 있다.
꽤나 간단하다. 문제에서 운동 에너지와 중력 퍼텐셜 에너지가 등장했으면 비교할 부분 위에 꺾은선 하나를 그려 주고
꺾은선의 오른쪽 윗부분에는 '운', 오른쪽 아래에 '퍼'를 적어 주면 준비가 끝난다. 이 틀을 그린 뒤, 세부 값들을 틀에
맞추어 적어가며 문제를 풀어가면 되는 것이다. 만약 탄성 퍼텐셜 에너지까지 등장한다면 맨 아래에 '탄'까지 적어
주면 되는 것이다.

(1) 에너지 '값' 비교 틀

첫째 틀에 대해 소개한다. **에너지 '값' 비교 틀**이란, **'값'**을 비교하는 것이다. 더 정확하게는 **각 지점에서의 에너지
상댓값**을 비교하는 것이다. 다음 그림이 바로 에너지 값 비교 틀이다.

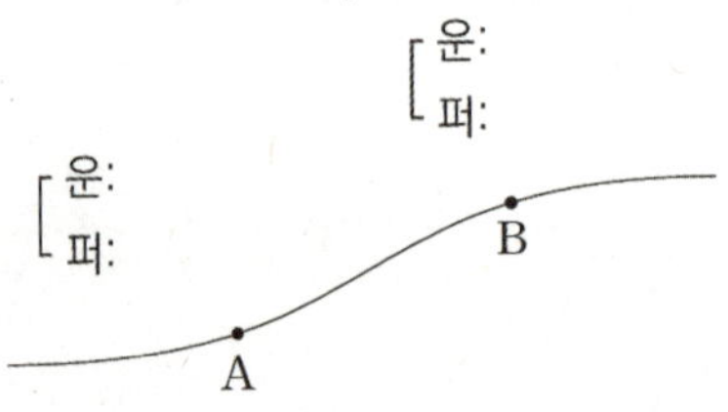

에너지 값을 비교해야 할 지점 A, B 근처에 꺾은선을 먼저 그리고, 위쪽엔 운동 에너지 값, 아래쪽엔 중력 퍼텐셜
에너지 값을 적는 것이다.

그냥 (E_K, E_P)처럼 순서쌍으로 적어도 될 텐데 굳이 이렇게 꺾은선을 그리는 이유는 뒤이어 나올 **에너지 '변화량'
비교 틀**에서 그 이유를 알 수 있을 것이다. 지금은 설득당한 척이라도 해 주며 따라오길 부탁한다.

그림은 높이가 h인 A점에서 속력 $2v$로 운동하던 수레가 B점을 지나 최고점 C에 도달하여 정지한 순간의 모습을 나타낸 것이다. B에서 수레의 속력은 v이고 높이는 $2h$이다.

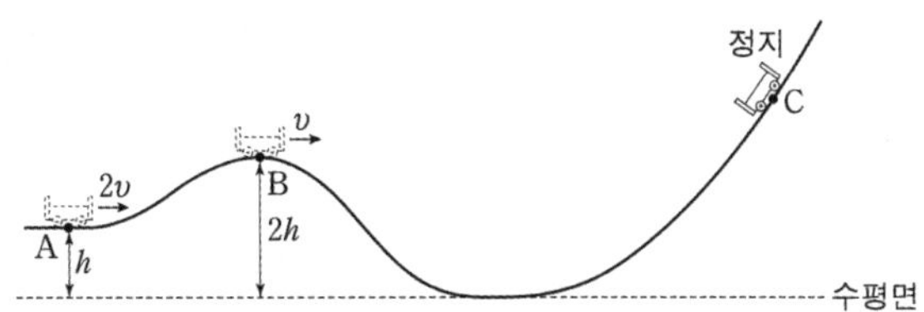

최고점 C의 높이는? (단, 수레는 동일 연직면 상에서 궤도를 따라 운동하고, 수레의 크기와 마찰, 공기 저항은 무시한다.) [3점]

① $\dfrac{7}{3}h$ ② $\dfrac{8}{3}h$ ③ $3h$ ④ $\dfrac{10}{3}h$ ⑤ $\dfrac{11}{3}h$

0. 문항 파악 및 분석

전체 궤도를 따라 운동할 때 비보존력이 일을 하지 않기 때문에 역학적 에너지가 보존되며, 세 지점 A, B, C 에서의 운동 에너지와 중력 퍼텐셜 에너지 값을 비교해 주어야 함을 알 수 있다. C에서는 물체가 정지하므로, C는 역학적 에너지가 모두 중력 퍼텐셜 에너지인 지점이다.

1. 각 지점에서의 에너지 틀 채우기

A와 B에서의 높이 조건, 속력 조건을 함께 활용하면 운동 에너지 비와 중력 퍼텐셜 에너지 비를 동시에 찾을 수 있다. 먼저, 두 지점의 속력 비율이 2:1이므로 운동 에너지의 비율은
A운 : B운 = 4 : 1이다.
두 지점의 높이 비율이 1:2이므로 중력 퍼텐셜 에너지의 비율은 A퍼 : B퍼 = 1 : 2이다.

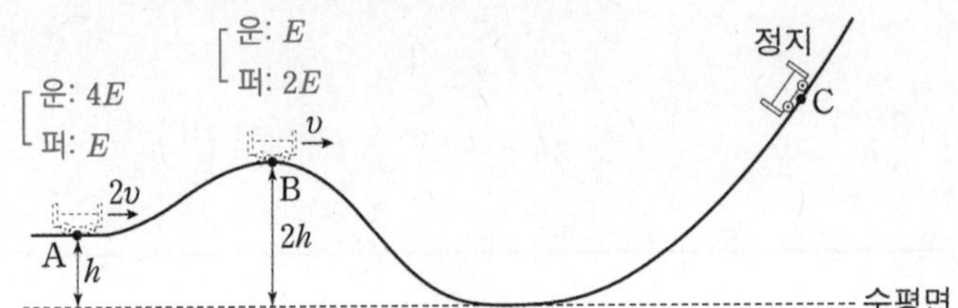

A운 : B운 = 4 : 1, A퍼 : B퍼 = 1 : 2을 이용해서 이대로 위처럼 에너지 비교 틀을 채워 넣는다면 역학적 에너지 보존이 성립치 않는다는 걸 확인할 수 있다. 운동 에너지 비율과 중력 퍼텐셜 에너지 비율이 호환되지 않기 때문이다.

이런 경우에는 A퍼 : B퍼 = 3 : 6으로 고쳐 준다면 운동 에너지 비율과 중력 퍼텐셜 에너지 비율이 호환된다. 두 지점에서 운동 에너지와 중력 퍼텐셜 에너지의 합이 같아야 하므로, 4 : 1에서 4와 1의 차이값이 3이므로, 운동 에너지가 3만큼 줄어들었다고 생각하면, 그만큼 줄어든 운동 에너지는 중력 퍼텐셜 에너지가 되었을 것이므로 A지점보다 B지점에서 중력 퍼텐셜 에너지가 3만큼 커야 한다. 따라서 A퍼 : B퍼 = 3 : 6로 보는 것은 타당한 생각이다.

아래 그림은 이런 아이디어를 이용해 비율을 맞추어 에너지 상댓값을 이용해 에너지 비교 틀을 채워 준 것이다.

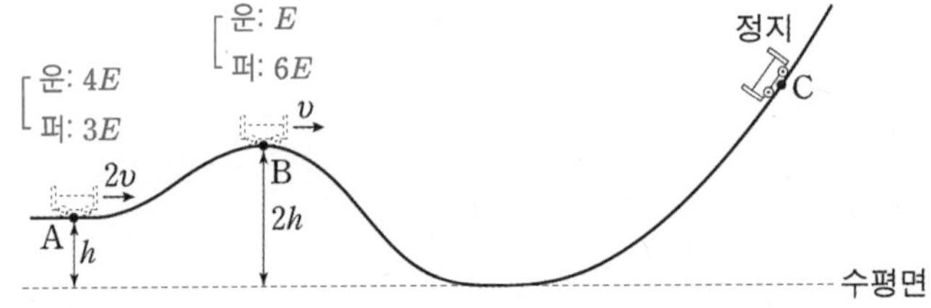

2. C의 높이 찾기

A와 B지점에서의 에너지 값 비교를 마쳤다. 두 지점에서의 역학적 에너지는 모두 $7E$이므로, C에서의 중력 퍼텐셜 에너지는 $7E$이다.

따라서 세 지점에서의 중력 퍼텐셜 에너지의 비와 높이 비를 비교하면, 최고점 C의 높이는 $\dfrac{7}{3}h$이다.

정답 : ① $\dfrac{7}{3}h$

방금 풀었던 문제는 꽤나 난이도가 쉬운 문항이었다. 조금 더 난이도 있는 문항들을 살펴보자.

그림과 같이 레일을 따라 운동하는 물체가 점 p, q, r를 지난다. 물체는 빗면 구간 A를 지나는 동안 역학적 에너지가 $2E$만큼 증가하고, 높이가 h인 수평 구간 B에서 역학적 에너지가 $3E$만큼 감소하여 정지한다. 물체의 속력은 p에서 v, B의 시작점 r에서 V이고, 물체의 운동 에너지는 q에서가 p에서의 2배이다.

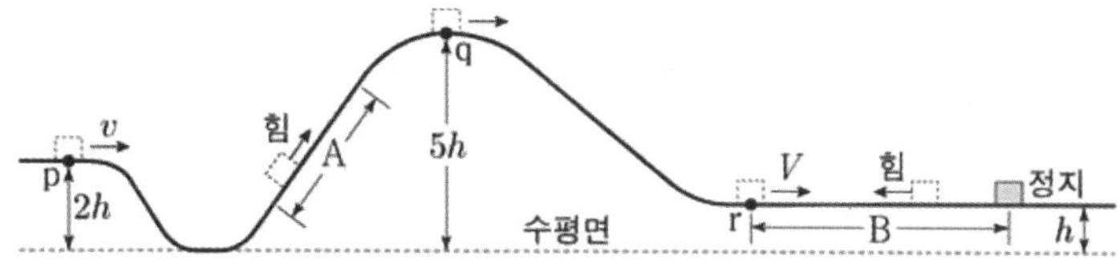

V는? (단, 물체의 크기, 마찰과 공기 저항은 무시한다.)

① $\sqrt{2}\,v$ ② $2v$ ③ $\sqrt{6}\,v$ ④ $3v$ ⑤ $2\sqrt{3}\,v$

0. 문제 상황 파악하기

문항을 살펴보니 '각 지점에서의 에너지 E_K, E_P 값 비교' 문항이다.

우리가 지금 에너지 값을 비교해야 하는 지점은 크게 세 지점 p, q, r이다. (세 지점에서의 운동 에너지, 중력 퍼텐셜 에너지를 구해야 한다.)

1. 퍼텐셜 에너지의 기준선 잡기

발문에서 퍼텐셜 에너지 값을 확정할 수 있는 정보가 등장하지 않았다. 이때는 지점 간의 퍼텐셜 에너지 차이만으로 풀 것인지, 기준선을 우리가 직접 설정해서 풀 것인지 생각해보아야 한다.

이 문항에서는 에너지 비교를 할 지점들이 꽤 많으므로 각 지점 간의 퍼텐셜 에너지 차이만을 보는 것보다는 아예 기준선을 설정해서 각 지점의 값을 설정해 두고 푸는 게 편할 것이다.

p지점 또는 q지점에 기준선을 설정하면, 퍼텐셜 에너지가 음수가 되는 지점들이 생기므로 여기에 기준선을 잡는 건 그리 좋은 선택은 아니다.
수평면을 기준으로 잡는 것보다는 r지점을 퍼텐셜 에너지가 0인 기준선으로 잡는 게 더 계산상 편리하다. 만약 r지점을 퍼텐셜 에너지가 0인 기준선으로 잡는다면, r지점의 퍼텐셜 에너지가 0이 되어 계산에 포함되지 않기 때문에 r에서의 역학적 에너지를 그대로 r지점에서의 운동 에너지로 쓸 수 있기 때문이다.

따라서 수평면에서 높이 h인 지점을 퍼텐셜 에너지가 0인 기준선으로 잡자.
(기준선을 쭉 그림에 그어 주고 $E_P = 0$정도를 간단히 표시해 주는 게 나중에 실수를 방지하기에 좋다.)
그럼 자동으로 기준선에 따른 p점과 q점의 높이는 각각 h, $4h$가 된다.
($2h$, $5h$를 그대로 사용해서는 안 된다. 우리는 기준선을 수평면으로 두지 않았다.)

2. 각 지점에서의 에너지 비교하기

에너지 상댓값 비교 틀을 그리고 분석을 시작해보자.

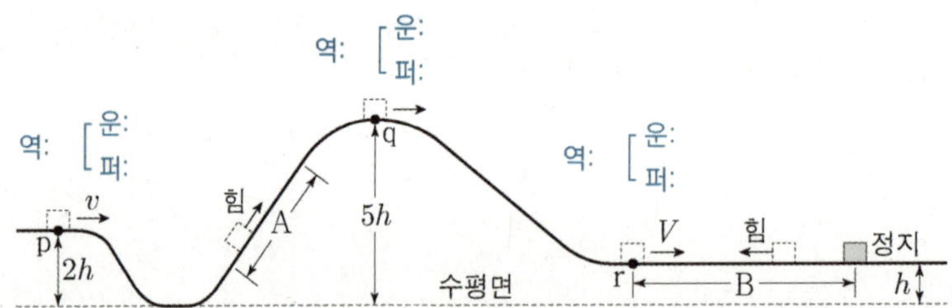

상댓값 비교를 하려고 하는데 문제점이 하나 있다. 이미 문제에서 E라는 값을 쓰고 있다는 것이 그것이다.
이럴 때는 E' 같은 대체 상댓값 상수를 이용해 주면 된다.
물론 E'은 우리가 도입한 상수이므로 나중에 E에 대해 나타내어 정리해 주어야 한다.

마지막 정지 상황에서 초기 상황으로 거슬러 올라가면서 점 p, q, r에서의 역학적 에너지를 구해 보자.
각각 E, $3E$, $3E$이다.
문제 조건에 의해 p, q에서의 운동 에너지를 각각 E', $2E'$으로 놓으면,
두 지점 p, q에서의 중력 퍼텐셜 에너지는 자동으로 $E-E'$, $3E-2E'$이 된다.

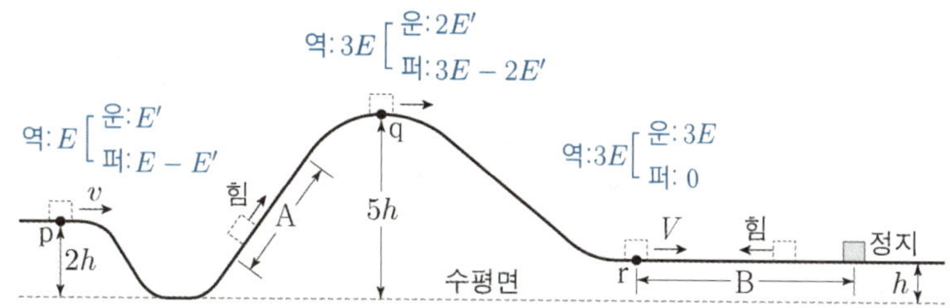

3. E'을 E에 대해 나타내기

앞서 수평면에서 높이 h인 지점을 퍼텐셜 에너지가 0인 기준선으로 잡자고 했다.
두 점 p와 q의 기준선으로부터의 높이는 각각 h, $4h$이므로,
높이비에 따른 중력 퍼텐셜 에너지 비를 나타낸 식 $E-E':3E-2E'=1:4$를 통해 E'을 구하면,
$E'=\dfrac{1}{2}E$이다.

4. V 구하기

이제 상댓값 비교 틀의 모든 칸을 E에 대해 나타낸 식으로 채울 수 있다.
문제에서 요구하는 속도 V는 p점과 r점의 운동 에너지 비율 $1:6$을 이용하면,
속력 비는 두 지점에서 $1:\sqrt{6}$이 된다는 것을 이용해서 구하면 된다.

따라서 $V=\sqrt{6}\,v$이다.

정답 : ③ $\sqrt{6}\,v$

(2) 에너지 변화량 비교 틀

둘째 틀에 대해 소개한다. **에너지 변화량 비교 틀**이란, 값이 아닌 '**변화량**'을 비교하는 것으로, 에너지의 증가한 정도와 감소한 정도를 상댓값을 이용하여 비교하는 틀이다. 다음 그림이 바로 에너지 변화량 비교 틀이다.

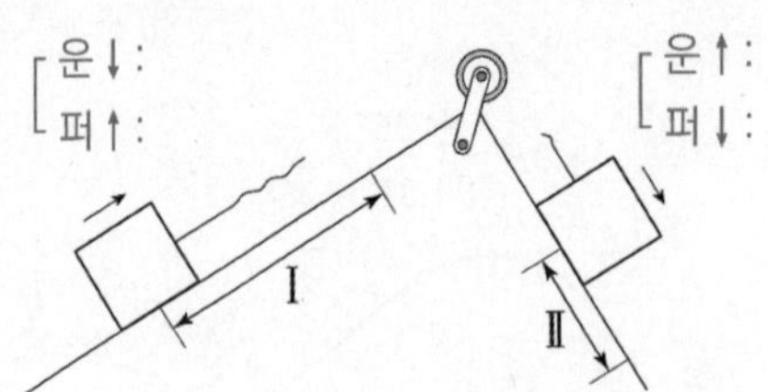

에너지 변화량을 비교해야 할 두 구간 I, II 근처에 꺾은선을 먼저 그리고, 위쪽엔 운동 에너지 변화량, 아래쪽엔 퍼텐셜 에너지 변화량을 적는 것이다.

문항에서 구간이라고 이름 붙인 것들에만 적용되는 것이 아닌, 물체가 이동하는 동안 에너지 변화량을 비교해야 할 필요가 있는 모든 경우에 쓸 수 있는 것이다.

변화량 비교를 할 때는 중요한 것이 하나 있다. 물체의 속도의 증감, 높이 변화를 눈으로 확인하여 **위/아래 화살표를 꼭 표시**해 주는 것이다. 이는 나중에 역학적 에너지 보존이 바로바로 보이는지와 연결되므로 필수적으로 표시하는 게 좋다.

이 두 가지 틀 대신 운동 에너지와 중력 퍼텐셜 에너지의 변화량을 순서쌍을 쓰듯이 $(+2E, -3E)$처럼 쓰는 게 더 편하다고 생각하는 학생들이 있을 수 있다. 그게 지금은 더 편할지 몰라도, 시험장에서는 그렇게 표시하게 된다면 꼭 보여야 할 것들이 잘 보이지 않을 수 있다.

꼭 보여야 하는 것 중 가장 중요한 것이 앞서 배운 '가속도와 에너지 변화량 비율 사이 관계'이다.

$$= \frac{\Delta E_k \text{ 의 크기}}{\Delta E_p \text{ 의 크기}}$$

$$\begin{bmatrix} 운\uparrow : 2E \\ 퍼\downarrow : 3E \end{bmatrix}$$

어떤 물체가 연직 아래 방향으로 운동하며 위 그림처럼 운동 에너지 증가량이 $2E$이고 퍼텐셜 에너지 감소량이 $3E$인 상황이 있다. 그런데 문제에서 가속도를 구하라고 요구하고 있다.

이런 상황에서 만약 (E_K, E_P)처럼 순서쌍으로 에너지 변화량을 썼다면 가속도를 바로 구하지 못하였을 것이다. 안 그래도 정신없는 시험장에서 그렇게 적어뒀다면 가속도가 보이지 않았을 것이기 때문이다.

만약 변화량 비교 틀에 맞추어 적어두었다면, $\frac{2E}{3E}$라는 값이 시각적으로 눈에 잘 띌 것이다.

이 값이 $\frac{\Delta E_K \text{ 의 크기}}{\Delta E_P \text{ 의 크기}}$인 것이고 $\frac{\Delta E_K \text{ 의 크기}}{\Delta E_P \text{ 의 크기}}$이므로 $\frac{2}{3}$에 g만 곱하면 $\frac{2}{3}g$가 물체의 가속도인 것이다.

이처럼 표시하는 사소한 습관이 시험장에서는 큰 도움이 될 수 있다는 것을 기억하길 바란다.

그림과 같이 물체 A, B를 실로 연결하고 빗면의 점 P에 A를 가만히 놓았더니 A, B가 함께 등가속도 운동을 하다가 A가 점 Q를 지나는 순간 실이 끊어졌다. 이후 A는 등가속도 직선 운동을 하여 점 R를 지난다. A가 P에서 Q까지 운동하는 동안, A의 운동 에너지 증가량은 B의 중력 퍼텐셜 에너지 증가량의 $\frac{4}{5}$ 배이고, A의 운동 에너지는 R에서가 Q에서의 $\frac{9}{4}$ 배이다.

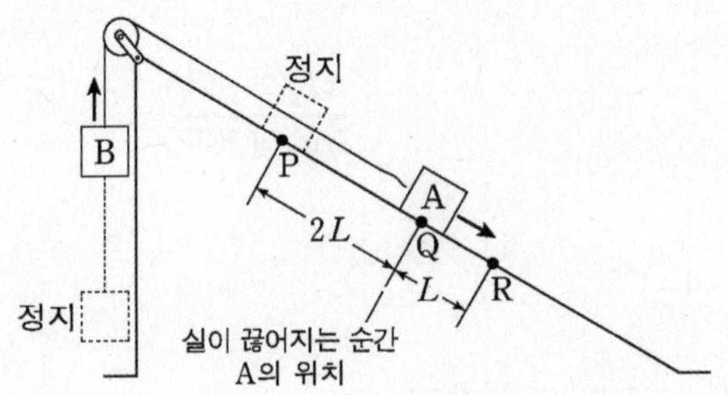

A, B의 질량을 각각 m_A, m_B라 할 때, $\dfrac{m_A}{m_B}$는? (단, 물체의 크기, 마찰과 공기 저항은 무시한다.) [3점]

① 3   ② 4   ③ 5   ④ 6   ⑤ 7

1. 문제 조건 분석하기

실이 끊어지기 전과 후를 나누어 에너지 변화량에 신경을 쓰면서 풀어야 할 것이다. 발문에서의 조건 'A의 운동 에너지 증가량은 B의 중력 퍼텐셜 에너지 증가량의 $\frac{4}{5}$ 배'를 우리는 실이 끊어지기 전, A운 $\uparrow = 4E$, B퍼 $\uparrow = 5E$라고 읽으면 된다.

발문의 또 다른 조건 'A의 운동 에너지는 R에서가 Q에서의 $\frac{9}{4}$ 배'는 실이 끊어진 후 A운 $\uparrow = 5E$이라고 볼 수 있다. 그래야 Q에서와 R에서의 운동 에너지가 $4E$, $9E$가 될 테니까.
이를 바탕으로 에너지 변화량 비교 틀을 채우면, 아래 그림과 같다.

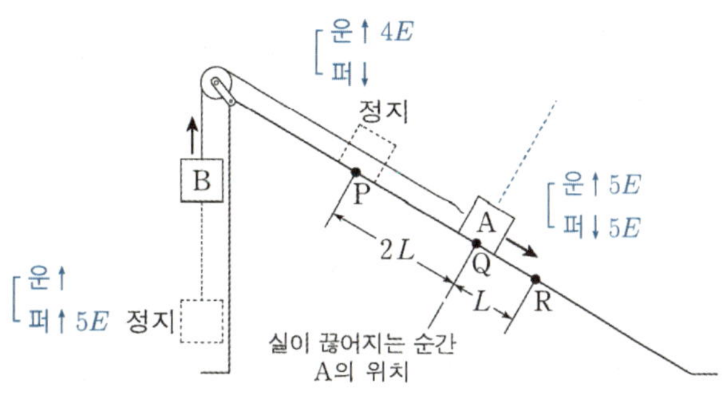

2. 에너지 변화량 비교 틀 완성하기

실이 끊어진 이후 A와 B는 각각 역학적 에너지가 보존되므로, Q~R에서 A의 중력 퍼텐셜 에너지 감소량은 $5E$가 된다.

중력 퍼텐셜 에너지 감소량은 높이 변화량에 비례하므로, P~Q에서와 Q~R에서의 A의 중력 퍼텐셜 에너지 변화량은 $2L : L$이 되어야 한다. 따라서 P~Q에서 A의 중력 퍼텐셜 에너지 감소량은 $10E$이다. 실이 끊어지기 전 계 A와 B의 역학적 에너지가 보존되므로, B의 운동 에너지 증가량은 E이다. 따라서 아래처럼 에너지 변화량 비교가 완성된다.

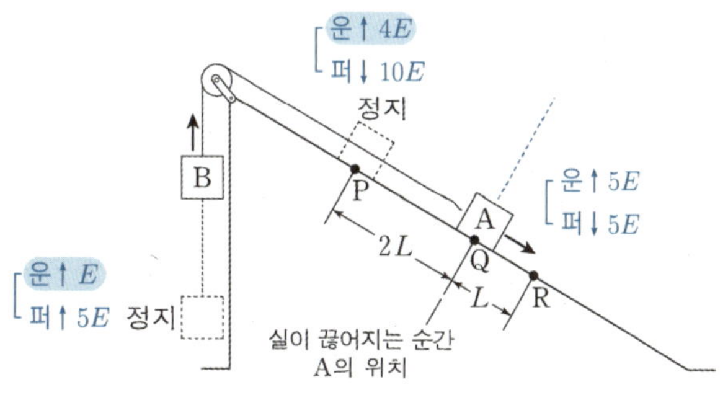

3. 질량비 구하기

계를 이루어 운동할 때, 운동 에너지비는 질량비와 같다는 개념을 이용하면, $m_A : m_B = 4 : 1$이다.
(두 물체의 처음 운동 에너지가 0이므로 운동 에너지 변화량의 비율도 질량비에 비례한다)

정답 : ② 4

그림은 물체 A, C를 수평면에 놓인 물체 B의 양쪽에 실로 연결하여 서로 다른 빗면에 놓고, A를 손으로 잡아 점 p에 정지시킨 모습을 나타낸 것이다. A를 가만히 놓으면 A는 빗면을 따라 등가속도 운동한다. A가 p에서 d만큼 떨어진 점 q까지 운동하는 동안 A, C의 중력 퍼텐셜 에너지 변화량의 크기는 각각 E_0, $7E_0$이다. A, B, C의 질량은 각각 m, $2m$, $3m$이다.

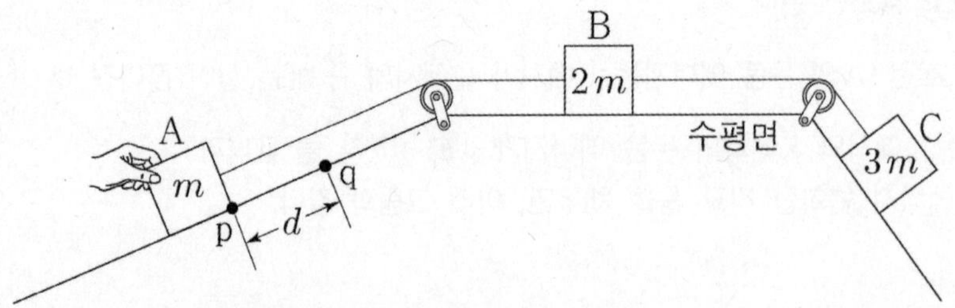

A가 p에서 q까지 운동하는 동안, 이에 대한 설명으로 옳은 것만을 <보기>에서 있는 대로 고른 것은? (단, 물체의 크기, 실의 질량, 모든 마찰은 무시한다.)

───────────── 〈 보 기 〉 ─────────────

ㄱ. A의 운동 에너지 변화량과 중력 퍼텐셜 에너지 변화량은 크기가 같다.

ㄴ. B의 가속도의 크기는 $\dfrac{2E_0}{md}$이다.

ㄷ. 역학적 에너지 변화량의 크기는 B가 C보다 크다.

A, B, C의 d만큼 운동하는 동안 운동에너지와 퍼텐셜 에너지의 변화량을 표시하면 아래와 같다.

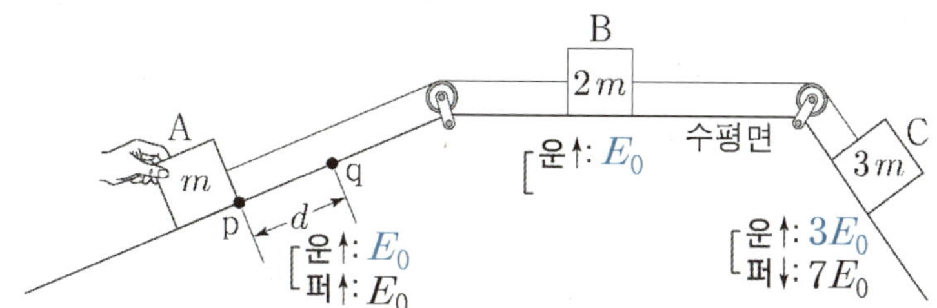

A, B, C의 운동 에너지 증가량의 총합이 $6E_0$인데 그 비율이 $1:2:3$이려면 A, B, C의 운동 에너지 증가량은 E_0, $2E_0$, $3E_0$가 되어야 한다.

ㄱ. A의 운동 에너지 변화량과 퍼텐셜 에너지 변화량은 E_0로 같다.

ㄴ. 계를 이루는 물체 A, B, C 모두 가속도는 동일한 상황이다. 구하고 싶은 친구의 가속도를 구해보자. 필자는 B의 가속도를 구해보겠다.

알짜힘이 한 일=운동 에너지 증가량: $(2m)ad = 2E_0$이므로 $a = \dfrac{E_0}{md}$이다. (ㄴ 틀림)

ㄷ. 역학적 에너지 변화량은 B: $+2E_0$, C: $-4E_0$이므로 변화량의 크기는 C가 더 크다. (ㄷ 틀림)

정답: ㄱ

(3) 마찰 구간을 포함한 경우

역학적 에너지 보존이 잘 이뤄지고 있는 와중에 마찰 구간을 지나면서 역학적 에너지가 손실된다.
(다른 형태의 에너지로 바뀐다!)
마찰 구간을 지나기 전 역학적 에너지에서 손실된 역학적 에너지를 빼면 마찰 구간을 지난 후의 역학적 에너지가
된다.
반대로, 마찰 구간을 지난 후의 역학적 에너지에서, 손실된 역학적 에너지를 더하면 마찰 구간을 지나기
전 역학적 에너지를 구할 수 있다.

예제(9) 24학년도 6월 평가원 20번

그림과 같이 수평면에서 운동하던 질량이 m인 물체가 언덕을 따라 올라갔다가 내려온다. 높이가 같은
점 p, s에서 물체의 속력은 각각 $2v_0$, v_0이고, 최고점 q에서의 속력은 v_0이다. 높이 차가 h로 같은 마찰
구간 I, II에서 물체의 역학적 에너지 감소량은 II에서가 I에서의 2배이다.

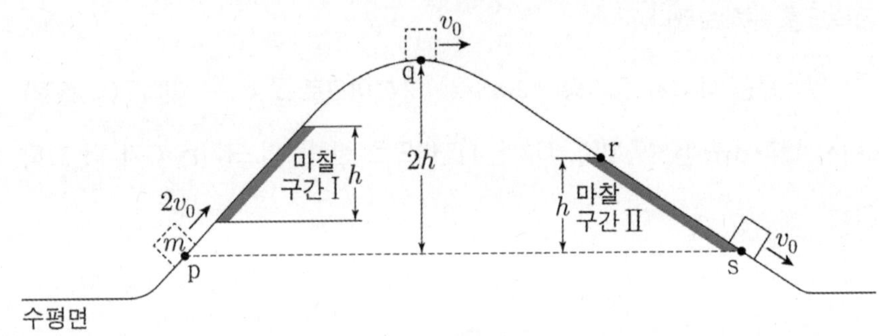

점 r에서 물체의 속력은? (단, 마찰 구간 외의 모든 마찰과 공기 저항, 물체의 크기는 무시한다.)

① $\dfrac{\sqrt{5}}{2}v_0$　　　② $\dfrac{\sqrt{7}}{2}v_0$　　　③ $\sqrt{2}\,v_0$　　　④ $\dfrac{3}{2}v_0$　　　⑤ $\sqrt{3}\,v_0$

p와 s에서의 중력 퍼텐셜 에너지를 0이라 하자.
마찰 구간에서 손실된 역학적 에너지를 E, $2E$라 하면, p와 s에서의 운동 에너지는 각각 $4E$, E이다.
($3E$만큼 역학적 에너지가 손실되고, 속력이 $2:1$이므로)
역학적 에너지가 $3E$인 점 q에서의 속력이 v_0이므로
운동 에너지가 E, 중력 퍼텐셜 에너지가 $2E = 2mgh$이다.
역학적 에너지가 $3E$인 점 r에서의 중력 퍼텐셜 에너지는 $E = mgh$이므로
운동 에너지가 $2E$이고, 속력은 $\sqrt{2}\,v_0$이다.

정답 : ③ $\sqrt{2}\,v_0$

그림과 같이 높이가 $3h$인 평면에서 질량이 각각 m, $2m$인 물체 A, B를 용수철의 양 끝에 접촉하여 압축시킨 후 동시에 가만히 놓았더니 A, B가 궤도를 따라 운동한다. A는 마찰 구간 I의 끝점 p에서 정지하고, B는 높이차가 h인 마찰 구간 II를 등속도로 지난 후 마찰 구간 III을 지나 v의 속력으로 운동한다. I, III에서 A, B는 서로 같은 크기의 마찰력을 받아 등가속도 직선 운동한다. I, III에서 A, B의 평균 속력은 같고, A가 I에서 운동하는 데 걸린 시간과 B가 III에서 운동하는 데 걸린 시간은 같다.

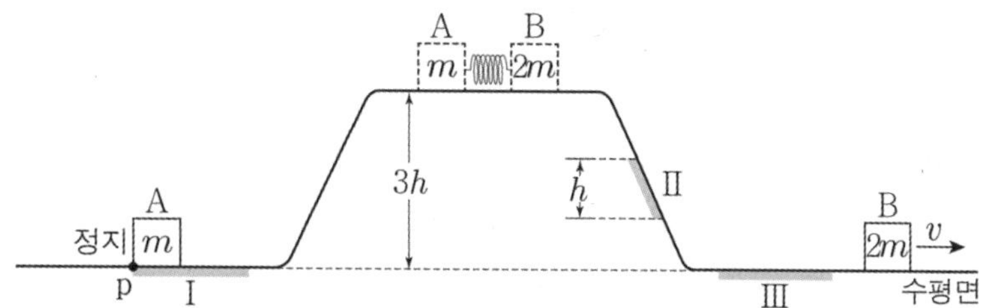

II에서 B의 감소한 역학적 에너지는? (단, 용수철의 질량, 물체의 크기, 공기 저항, 마찰 구간 외의 마찰은 무시한다.) [3점]

① mv^2 ② $2mv^2$ ③ $3mv^2$ ④ $4mv^2$ ⑤ $5mv^2$

A, B는 I, III에서 같은 크기의 마찰력을 같은 시간동안 받으므로 운동량 변화량이 같다. 이때 질량비가 $1:2$ 이므로 속도 변화량은 $2:1$이다.

A가 I에 진입할 때 속력을 $2\Delta v$라 하면, B가 III에 진입할 때 속력은 $v+\Delta v$이다. I과 III에서 평균 속력이 같으므로 $\Delta v = 2v$이다.

빗면을 내려온 A와 B의 속력은 각각 $4v$, $3v$이고 운동 에너지는 각각 $8mv^2$, $9mv^2$이다.

왼쪽 빗면에서 A는 $3h$만큼, 오른쪽 빗면에서 B는 $2h$만큼의 퍼텐셜 에너지가 운동 에너지로 전환된다. A의 운동 에너지 전환량을 $3E$라 하면, 질량이 2배인 B의 운동 에너지 전환량은 $2\times 2E = 4E$이다.

A와 B의 빗면 위 수평면에서 용수철에서 분리된 직후 운동에너지는 $2:1$이어야 하므로,

$8mv^2 - 3E : 9mv^2 - 4E = 2:1$이고, $E = 2mv^2$을 얻는다.

구간 II에서 운동에너지로 전환되었어야 할 $2m$의 h만큼에 해당하는 에너지 $2E$는 운동에너지로 바뀌지 못하고 손실되었다. 이때 손실량 $2E = 4mv^2$이다.

정답 : ④ $4mv^2$

그림은 높이가 $3h$인 지점을 속력 v로 지나는 물체가 빗면 위의 마찰 구간 Ⅰ과 수평면 위의 마찰 구간 Ⅱ를 지난 후 높이가 h인 지점을 속력 v로 통과하는 모습을 나타낸 것이다. 점 p, q는 Ⅱ의 양 끝점이다. 높이차가 d인 Ⅰ에서 물체는 등속도 운동을 하고, Ⅰ의 최저점의 높이는 h이다. Ⅰ과 Ⅱ에서 물체의 역학적 에너지 감소량은 q에서 물체의 운동 에너지의 $\dfrac{2}{3}$배로 같다.

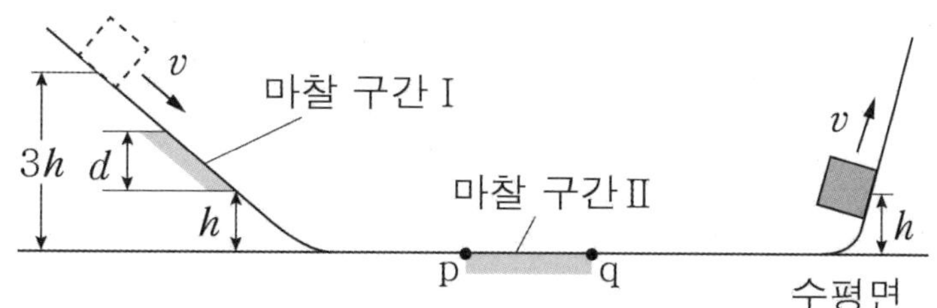

이에 대한 옳은 설명만을 <보기>에서 있는 대로 고른 것은? (단, 물체의 크기, 공기 저항, 마찰 구간 외의 모든 마찰은 무시한다.)

〈 보 기 〉

ㄱ. $d = h$이다.

ㄴ. p에서 물체의 속력은 $\sqrt{5}\,v$이다.

ㄷ. 물체의 운동 에너지는 Ⅰ에서와 q에서가 같다.

구간 I에서 운동 에너지로 전환되었어야 할 d만큼에 해당하는 퍼텐셜 에너지는 운동 에너지로 바뀌지 못하고 손실되었다. 이때 손실량은 $2E$이다.

마찰 구간 I, II의 에너지 손실이 같으므로 마찰 구간 II를 없애고 마찰 구간 I의 길이가 2배, 즉, 높이가 $2d$가 된다고 가정하자. 그러면 길이가 2배가 된 마찰 구간 I에서의 에너지 손실량은 $4E$이다.

따라서 왼쪽 빗면에서 (두 배로 길어진 마찰 구간 I의 높이 $2d$를 제외한) $3h-2d$만큼의 퍼텐셜 에너지와 오른쪽 빗면에서 h만큼의 퍼텐셜 에너지가 같아야 하므로 $d=h$이다. **(ㄱ 맞음)**

다시 원래 문제 상황으로 돌아와서,

두 마찰 구간의 역학적 에너지 손실을 각각 $2E$, $2E$라 하면, q에서의 운동 에너지는 $3E$이고 p에서의 운동 에너지는 $5E$이다.

마찰 구간 II의 끝점 q는 물체의 속도가 v인 오른쪽 빗면 위의 지점보다 h만큼 아래에 있다.

이 지점에서의 운동 에너지는 $3E$이다. 마찬가지로,

마찰 구간 I의 시작점은 물체의 속도가 v인 왼쪽 빗면 위의 지점보다 h만큼 아래에 있다.

따라서 마찰 구간 I의 시작점에서의 운동 에너지도 $3E$이다.

마찰 구간 I을 지나는 동안 등속도 운동을 하므로 운동 에너지는 $3E$로 일정하며, 마찰 구간 I을 지난 후 빗면을 따라 h만큼 내려가며 운동 에너지가 $2E$만큼 증가한다. 이와 마찬가지로 빗면 위 높이 $3h$인 지점부터 마찰 구간 I의 시작점까지도 운동 에너지가 $2E$ 증가하였을 것이므로, 높이 $3h$인 지점의 운동 에너지는 E임을 알 수 있다.

ㄴ. 속력이 v일 때 운동 에너지가 E인데, p에서의 운동 에너지는 $5E$이므로 속력이 $\sqrt{5}\,v$이다. **(ㄴ 맞음)**

ㄷ. I에서 물체의 운동 에너지는 $3E$이고, q에서 물체의 운동 에너지는 $3E$이다. **(ㄷ 맞음)**

정답 : ㄱ, ㄴ, ㄷ

▌에너지의 변화는 힘의 공간적 효과이다

앞서 나왔던 **Chapter 3**의 '**운동량의 변화는 힘의 시간적 효과이다**'와 비교하여 보도록 하자.

1. 일정한 힘을 일정한 거리만큼 받는 경우에 대한 고찰

힘 조건과 거리 조건이 함께 묶여 등장하는 경우가 있다. 예를 들어, 아래 문항의 발문에서 밑줄 친 부분에 주목해 보자.

예제(12) 20학년도 6월 평가원 18번

그림은 점 p에 가만히 놓은 물체가 궤도를 따라 운동하여 점 q에서 정지한 모습을 나타낸 것이다. <u>길이가 각각 ℓ, 2ℓ인 수평 구간 A, B에서는 물체에 같은 크기의 일정한 힘이 운동 방향의 반대 방향으로 작용한다.</u> p와 A의 높이 차이 차는 h_1, A와 B의 높이 차는 h_2이다. 물체가 B를 지나는 데 걸린 시간은 A를 지나는 데 걸린 시간의 2배이다.

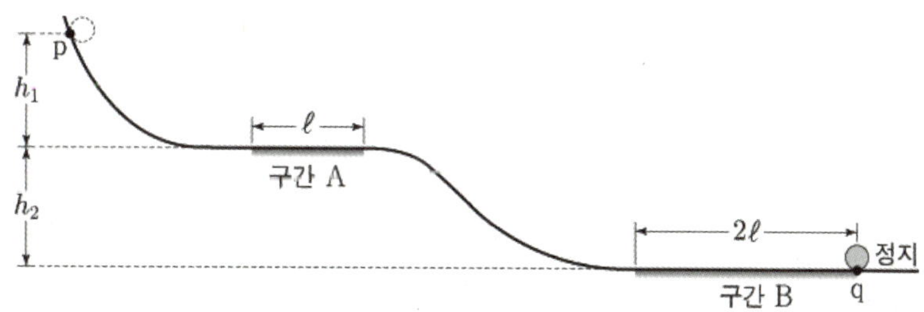

$\dfrac{h_1}{h_2}$은? (단, 물체의 크기, 마찰과 공기 저항은 무시한다.) [3점]

① $\dfrac{1}{2}$ ② $\dfrac{3}{5}$ ③ $\dfrac{3}{4}$ ④ $\dfrac{4}{5}$ ⑤ $\dfrac{5}{6}$

이런 식으로 힘 조건과 거리 조건이 동시에 묶여 등장하는 경우에, 두 조건이 융합되었을 때의 의미를 파악할 줄 알아야 한다.[18]

결론을 먼저 말하자면, **힘 조건**과 힘을 받은 **거리 조건**이 함께 등장한 것은 두 조건을 합친 것의 차원은 **'일, 에너지 차원'**이며, 힘을 받은 구간의 **에너지 변화량**에 관한 조건을 구해야 할 것이라는 걸 미리 눈치채라는 이야기이다.[19]

앞 페이지 문항을 예시로 들어 밑줄 친 부분을 어떻게 파악해야 하는지 살펴보자.

구간 A와 구간 B에서 같은 크기의 힘을 각 ℓ, 2ℓ의 거리만큼 받았다는 것은, $\Delta E = W = F\Delta x$에서 F의 크기가 두 구간에서 같고 Δx가 $1:2$임을 의미하므로, 두 구간에서의 에너지 변화량이 $1:2$임을 의미한다. 두 구간이 수평면이므로 받는 힘이 곧 알짜힘이고, ΔE는 운동 에너지 변화량을 의미한다.
두 구간에서 운동하는 물체는 하나의 물체이므로 두 구간에서의 운동 에너지 변화량이 $1:2$라는 것을 속도의 제곱의 변화량 $\Delta(v^2)$이 $1:2$라는 것으로 해석 가능하다.[20]

---

18) '묶여 등장한다'라는 표현을 쓴 이유는, 서로 연관성이 크게 없는 힘 조건과 시간 조건을 이야기하고자 하는 게 아님을 말하기 위해서이다.

19) '차원'이라는 단어가 중요한 건 아니다. 잘 모르겠다면 '에너지 관점'이라는 말로 대체해서 이해해도 된다.

20) $(\Delta v)^2$가 아님에 주의하라!

구간 A와 B에 대하여, 문제에 조건 두 가지가 주어졌다.

1. 길이가 각각 ℓ, 2ℓ인 수평 구간 A, B에서는 물체에 같은 크기의 일정한 힘이 운동 방향의 반대 방향으로 작용한다.

2. 물체가 B를 지나는 데 걸린 시간은 A를 지나는 데 걸린 시간의 2배이다.

첫 번째 조건을 통해 두 구간에서의 운동 에너지 변화량이 $1:2$이고, 이로 인해 '속력 제곱'의 변화량이 $1:2$라는 것을 얻는다.

(두 구간에서 $v_{\text{나중}}^2 - v_{\text{처음}}^2$이 $1:2$이다) $\cdots i)$

두 번째 조건을 통해 두 구간에서의 운동량의 변화량이 $1:2$이고 (일정한 크기의 힘이 같은 시간만큼 작용하였으므로 Ft가 $1:2$이다.) 이로 인해 속도 변화량이 $1:2$라는 것을 얻는다.

(두 구간에서 $v_{\text{나중}} - v_{\text{처음}}$이 $1:2$다.) $\cdots ii)$

$i)$과 $ii)$를 통해, $v_{\text{나중}} + v_{\text{처음}}$이 같다는 것을 알 수 있다. $\cdots iii)$
(합차 공식 적용이라는 수식적 센스가 필요했다.)
$v_{\text{나중}} + v_{\text{처음}}$이 같다는 것은 '두 구간에서의 평균 속도'가 같다는 것이다.
즉, 두 구간의 양 끝 속도값의 중간값이 서로 같다는 이야기이다.

$ii)$와 $iii)$을 이용해서 그림으로 가서 실제 속도값을 구해 보도록 하자.
(문제에 속도 관련 얘기가 없으므로 v를 도입해서 상대적 비율을 표현하기로 하자.
$ii)$의 속도 변화량이 동일하다는 것보다 $iii)$의 속도 중간값(평균 속도)가 동일하다는 것을 먼저 사용하는 게 더욱 속도값을 찾는 데에는 빠르다는 센스가 있으면 좋다.
두 구간의 평균 속도를 v, v라고 두자. (다른 어떤 숫자로 둬도 상관 없다.)
구간 B는 최종 속도를 알기 때문에 초기 속도를 바로 구할 수 있다.(초기 속도 $2v$, 최종 속도 0)
따라서 속도 변화량은 구간A에서 v, 구간 B에서 $2v$라는 것을 얻는다.
구간 A의 평균 속도가 v이므로, 초기 속도와 최종 속도는 각각 $1.5v$, $0.5v$라는 것을 얻는다.
이로써 모든 속도 값을 찾아내게 되었다.

h_1과 h_2의 비율을 구하기 위해서는 두 빗면을 관찰하며 속도 조건을 높이 조건으로 바꿀 수 있어야 한다.
이를 위해 역학적 에너지 보존을 적용하면,

운동 에너지 변화량=퍼텐셜 에너지 변화량 $\left(\Delta\left(\dfrac{1}{2}mv^2\right) = mg\Delta h\right)$이고 질량과 중력 가속도는 상수이므로 $\Delta h \propto \Delta(v^2)$이다.

첫 번째 빗면에서는 $\Delta(v^2)$이 $\dfrac{9}{4}v^2$이고,

두 번째 빗면에서는 $\Delta(v^2)$이 $\dfrac{15}{4}v^2$으로 두 빗면에서의 $\Delta(v^2)$값이 $3:5$이다. 따라서 $\dfrac{h_1}{h_2} = \dfrac{3}{5}$이다.

용수철에 대한 분석

1. 변형과 변화의 구분

보통 두 단어를 명확히 구분해서 쓰지는 않지만, 의미가 완전히 다르므로 우리 교재에서는 아래처럼 변형과 변화의
의미를 엄격히 구분하여 사용하겠다.

원래 길이로부터 x_1만큼 용수철을 압축시켰다.
→ **변형**된 길이가 x_1이다.
용수철이 변형된 길이가 x_1, x_2인 두 순간이 있다.
→ **변화**된 길이가 $x_2 - x_1$이다.

2. 진동의 형태

탄성력 외에 다른 힘들이 일정하다면, 용수철에 매달린 채 진동하는 물체는 어떤 한 지점을 중심으로 대칭된 진동을
하게 된다.
수평면에서의 진동과 연직 방향으로 매달린 상태에서의 진동은 중력의 영향(파동이 중력 방향으로 평행이동)을
받는지의 차이만 있을 뿐, 진동의 형태는 완벽히 동일한 모양을 그리게 된다.[21]

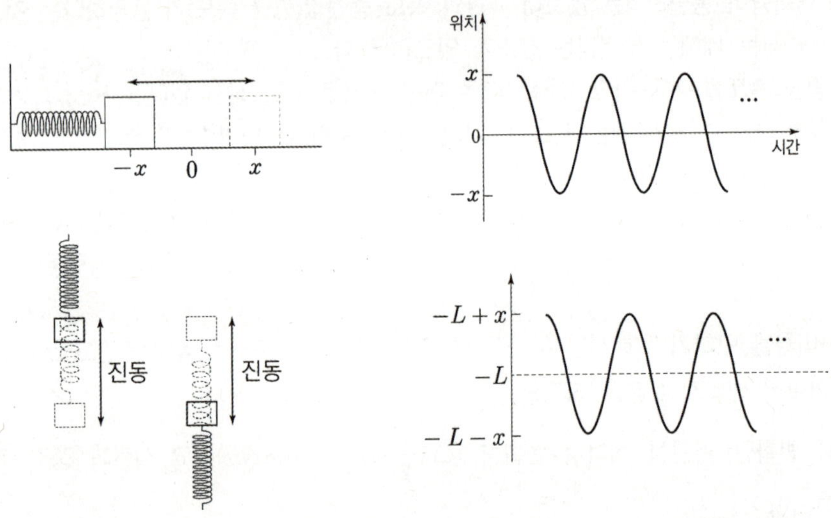

---

21) 증명은 미분방정식 $-kx = mx''\,(a = x'')$의 풀이를 통해 가능하다.

3. 용수철 문제를 푸는 기본 루틴

용수철 문제 풀이는 아래 3가지 단계로 이루어진다.

(1) 힘의 평형을 이용한 관계식을 얻어낸다.

$F = k\Delta x$를 이용하여 힘의 평형식을 세운다.
이때 훅의 법칙에서 부호는 고려하지 않고, 크기만을 구한 이후에 방향은 나중에 처리한다.

(2) 역학적 에너지 보존을 적용한다.

용수철의 탄성 퍼텐셜 에너지가 $\dfrac{1}{2}kx^2$임을 이용하여 역학적 에너지 보존 식을 쓴다.

운동 에너지, 탄성 퍼텐셜 에너지, 필요하다면 중력 퍼텐셜 에너지를 고려하여
역학적 에너지가 보존되는 운동의 경우 에너지의 총합이 같음을 적용하자.
앞서 썼던 역학적 에너지 보존과 똑같다. $E_K + E_P + E_탄 = 일정$임을 이용하고, 에너지 변화량 비교 틀을
이용하면 더욱 편할 것이다.
마찬가지로 각 에너지의 증감은 눈으로 한 번 더 판단하여 화살표로 꼭 표시하도록 한다.

(3) 평형점을 이용한다.

위 1, 2번으로 문제 풀이는 끝난다. 그런데 어려운 문제들은 위 1, 2빈이 호락호락하게 바로 나오지 않거나,
나오더라도 식이 굉장히 복잡할 때가 있다.

바로 **중력 퍼텐셜 에너지와 탄성 퍼텐셜 에너지를 모두 고려해야 하는 경우**이다.
이럴 때는 평형점 풀이를 이용하면 굉장히 편해진다.

평형점이 무엇인지 알기 위해 다음 페이지로 넘어가자.

앞서 중력 퍼텐셜 에너지를 설명할 때, 퍼텐셜 에너지를 운동 에너지의 창고라고 생각하자고 했었다.
하지만 용수철이 있다면 중력 퍼텐셜 에너지 외에도 탄성력에 의한, 탄성 퍼텐셜 에너지를 고려해 주어야 하기에
퍼텐셜 에너지 창고가 2개가 된다.

중력 퍼텐셜 에너지 창고와 탄성 퍼텐셜 에너지 창고 중 하나만 고려하면 문제를 풀 때 식이 그닥 복잡하지는 않다.

1) 만약 연직 방향으로 운동하는 물체가 용수철과 연결되어 있지 않다면, 중력 퍼텐셜 에너지 창고에서 꺼내는 것만을
   고려하면 되어 문제를 풀 때 무리가 없을 것이다.
2) 반대로 용수철에 연결된 물체가 수평 방향으로 운동한다면, 이 역시 탄성 퍼텐셜 에너지 창고만을 고려하면 되어
   문제를 풀 때 큰 무리가 없을 것이다.

그런데 위 두 상황이 겹쳐지면 상당히 복잡해진다.

용수철에 연결되어 대각선 혹은 연직 방향으로 운동하는 물체의 경우, 역학적 에너지 보존을 쓰기 위해서는 운동
에너지, 중력 퍼텐셜 에너지, 탄성 퍼텐셜 에너지 이렇게 3개의 에너지를 모두 고려해야 한다.
에너지가 창고 하나에서만 나왔다 들어가는 경우에 비해, 창고 두 개를 모두 고려하면 풀이의 길이가 너무 길어지게
되어 불편해진다.

이런 상황에서의 해결책이 평형점 풀이이다.

어차피 중력 퍼텐셜 에너지 창고와 탄성 퍼텐셜 에너지 창고 모두 퍼텐셜 에너지 창고에 속한다.
그러므로 두 창고를 어떤 방법으로 잘 합쳐서 **하나의 에너지 창고**로 만들면 참 편할 듯하다.

이렇게 두 개로 분리되어 복잡해진 창고를 커다란 하나로 만들기 위해 등장한 것이 **평형점 풀이**이다.

그림 (가)와 같이 마찰이 없는 수평면에서 용수철과 연결된 물체 A를 물체 B와 실로 연결하였더니, 용수철이 원래 길이에서 d만큼 늘어나 A가 점 P에 평형 상태로 정지해 있었다. 그림 (나)는 (가)에서 B를 중력 방향으로 당겨 용수철이 원래 길이에서 $3d$만큼 늘어나도록 잡고 있는 모습을 나타낸 것이다. (나)에서 B를 가만히 놓으면 A는 P를 v의 속력으로 지난다. A와 B의 질량은 m으로 같다.

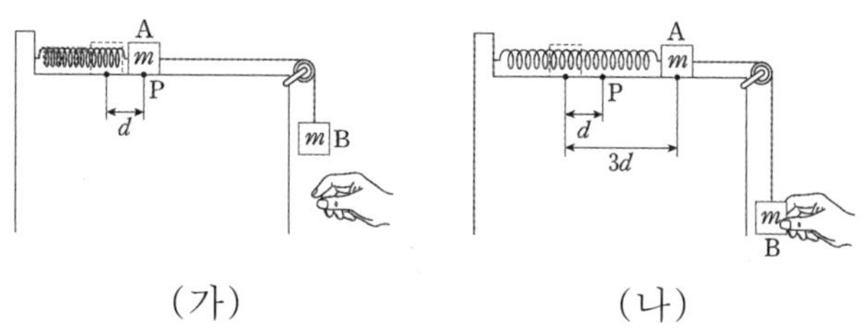

(가)   (나)

v는? (단, 중력 가속도는 g이고, 물체의 크기, 용수철과 실의 질량, 도르래의 마찰, 공기 저항은 무시한다.) [3점]

① $\sqrt{gd}$　　② $\sqrt{2gd}$　　③ $\sqrt{3gd}$　　④ $\sqrt{6gd}$　　⑤ $3\sqrt{gd}$

일반적인 풀이

(가)에서 힘의 평형이 이루어져 있으므로, $mg = kd$이다. (나)에서 물체를 손으로 놓을 때부터 P를 지나는 순간까지 비보존력이 작용하지 않으므로 전체 역학적 에너지가 보존되며, 에너지의 변화량은 다음과 같다.

$$운 \uparrow : \frac{1}{2}(2m)v^2$$

$$퍼 \uparrow : 2mgd$$

$$탄 \downarrow : \frac{1}{2}k(8d^2)$$

$mg = kd$를 이용하면 $\frac{1}{2}k(8d^2) = 4mgd$이다. 역학적 에너지 보존에 의해 $\frac{1}{2}(2m)v^2 = 2mgd$이다.

따라서 $v = \sqrt{2gd}$ 이다.

다른 풀이(평형점 이용하기)

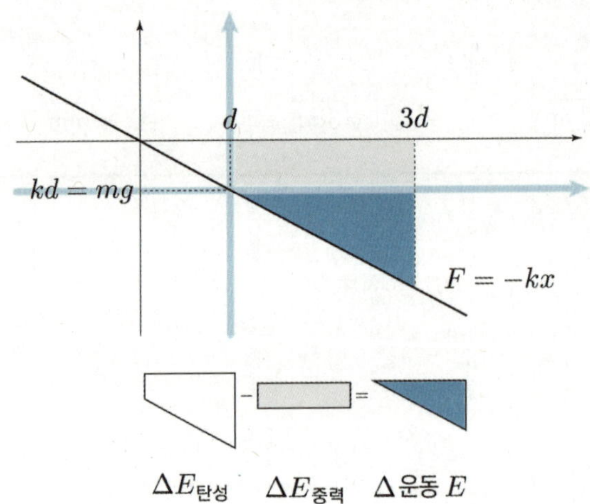

위 그래프를 보면, 운동 에너지를 사다리꼴에서 직사각형을 빼 삼각형을 만들어서 구하는 것을 확인할 수 있다. 중력은 언제나 x축에 평행하게 그어지므로, 중력 퍼텐셜 에너지 변화량은 무조건 직사각형이다. 탄성 퍼텐셜 에너지 변화량은 원래 길이로 돌아가는 게 아닌 이상 무조건 사다리꼴이다. 따라서 모든 상황에서, 사다리꼴에서 사각형을 빼는 꼴이 된다.

그러니 운동 에너지를 구할 때, 굳이 사다리꼴에서 사각형을 빼지 않고 처음부터 삼각형을 구할 수도 있겠다.

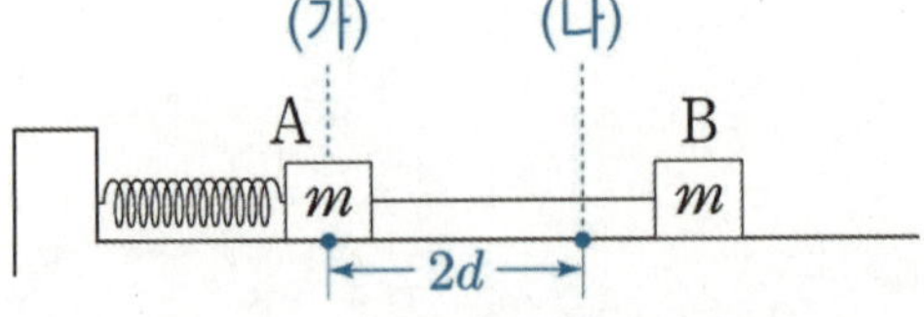

중력과 탄성력이 평형을 이루는 지점을 그래프의 새로운 원점으로 잡고, 중력을 머릿속에서 모두 없애버린 뒤 새롭게 xy축을 긋자. (가)에서 처음부터 용수철은 원래 길이였고, (나)에서는 원래 길이로부터 $2d$ 늘어난 상황이 된다. 중력 퍼텐셜 에너지를 탄성 퍼텐셜 에너지에 포함하는 것이다.

정답 : ② $\sqrt{2gd}$

〈 **평형점의 특징** 〉

1. 평형점을 지날 때 속력이 최대이다.
평형점은 앞서 중력 퍼텐셜 에너지를 탄성 퍼텐셜 에너지에 포함한 것이라 했고, 우리는 문제를 풀 때 평형점이
마치 용수철의 원래 길이인 것처럼 생각하기로 했다.

따라서 물체가 평형점을 지날 때는 퍼텐셜 에너지가 최소이므로 운동 에너지는 최대가 된다.

2. 알짜힘이 0인 지점이다. 즉, 중력 = 탄성력이 된다. (빗면에서는 빗면 방향 중력과 크기가 같다.)

3. 물체는 평형점을 중심으로 진동한다.
평형점을 기준으로 좌우 대칭인 진동을 하게 된다. 곧 평형점은 진동의 중심점이다. (진동의 양 끝 지점이 평형점을
기준으로 좌우 대칭이다.)
'평형점 = 진동의 중심 = **정지 to 정지 상황에서 중점**'

> 힘의 평형점 = 진동의 중심점 = 속력이 최대인 지점

속력이 최대가 되는 지점은 진동의 중심점(＝평형점)이다. 그럼 속력의 최댓값은 어떻게 구할까?

일반적으로는 속력의 최댓값은 진동의 중심점에서의 운동 에너지를 구한 뒤,
운동 에너지에서 속력값을 꺼내어 구하는 방식으로 구할 수밖에 없다. 왜냐하면 가속도의 크기가 일정하지 않으므로,
앞서 Chapter 1에서 다루었던, 속력을 구할 수 있는 방법들을 쓸 수 없기 때문이다.

그런데, 만약 진동이 수평면에서의 진동으로 한정된다면, 아래 방식으로 최대 속력을 구할 수 있다.
(사실 바로 위 문단에서 설명한 것과 완전 같은 내용이지만 더 단순화가 가능하다.)

진동의 중심점에서의 운동 에너지 $\frac{1}{2}mv^2$과 진동의 양 끝점에서의 탄성 퍼텐셜 에너지 $\frac{1}{2}kA^2$에 대해,

역학적 에너지 보존에 의해 $\frac{1}{2}mv^2 = \frac{1}{2}kA^2$이 성립하고 최대 속력 $v = \sqrt{\frac{k}{m}}\,A$로 정리된다.

$$\boxed{\begin{array}{l} \text{진동의 중심점에서의 } E_\mathrm{K} \text{를 구한 후, 최대 속력 } v \text{를 구한다.} \\[2mm] \text{수평 진동의 경우 최대 속력 } v = \sqrt{\dfrac{k}{m}}\,A \text{를 쓸 수 있다.} \end{array}}$$

6. 압축된 두 물체는 용수철의 원래 길이에서 분리된다.

아래 이어 나올 네 가지 경우처럼 압축된 용수철에 하나의 물체가 연결되어 있고, 또 다른 물체가 맞닿아 있다.
용수철이 펼쳐지면서 두 물체는 속도가 변하는 운동을 하게 될 것이다. 두 물체가 분리되는 순간을 생각해 보자.
붙어서 함께 이동할 때에는 속도와 가속도가 동일하지만,
앞서가는 물체의 가속도가 뒤따라가는 물체보다 커지는 순간 두 물체의 속도가 달라지며 분리될 것이다.
이를 이용해서 두 물체가 분리되는 지점에 대해 알아보기로 하자.

Case 1)

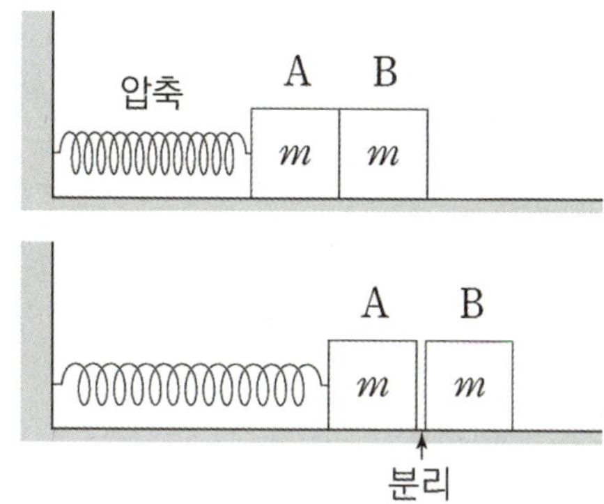

분리되는 순간 두 물체의 알짜힘을 체크해 보자. 오른쪽 방향을 (+)로 설정하면,
A : 탄성력 $= ma$
B : 0
$a \leq 0$일 때 두 물체가 분리되므로,
탄성력의 크기가 0이 되며 방향이 바뀌는 지점인 **용수철이 원래 길이가 되는 지점**에서 두 물체가 분리된다.

Case 2)

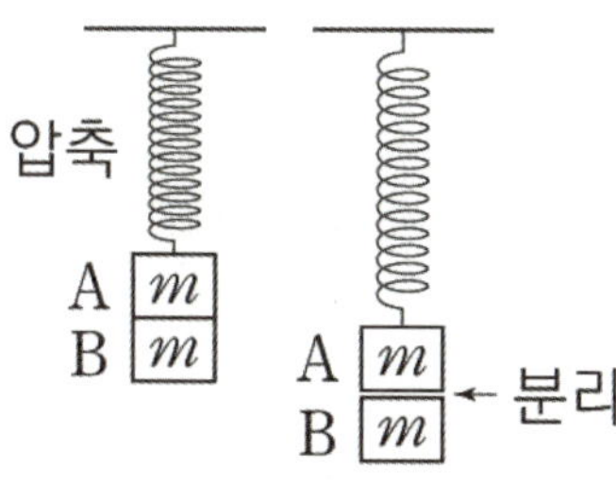

분리되는 순간 두 물체의 알짜힘을 체크해 보자. 아래 방향을 (+)로 설정하면,
A : $mg +$ 탄성력 $= ma$
B : mg
$a < g$일 때 두 물체가 분리되므로,
탄성력의 크기가 0이 되며 방향이 바뀌는 지점인 **용수철이 원래 길이가 되는 지점**에서 두 물체가 분리된다.

Case 3)

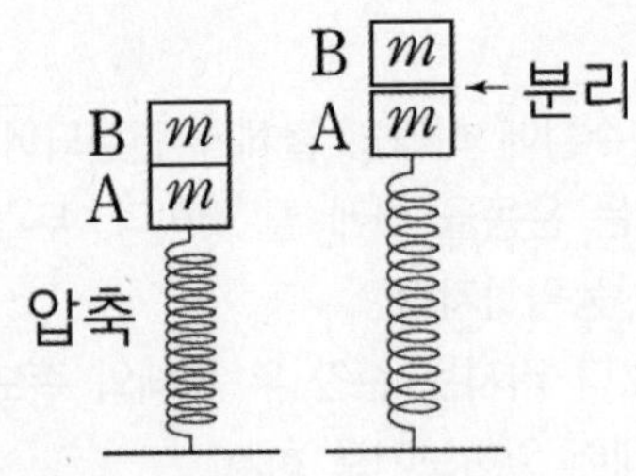

분리되는 순간 두 물체의 알짜힘을 체크해 보자. 아래 방향을 (+)로 설정하면,

A : $mg +$ 탄성력 $= ma$

B : mg

$a \geq g$일 때 두 물체가 분리되므로, 탄성력의 크기가 0이 되며 방향이 바뀌는 지점인 **용수철이 원래 길이가 되는 지점**에서 두 물체가 분리된다.

Case 4)

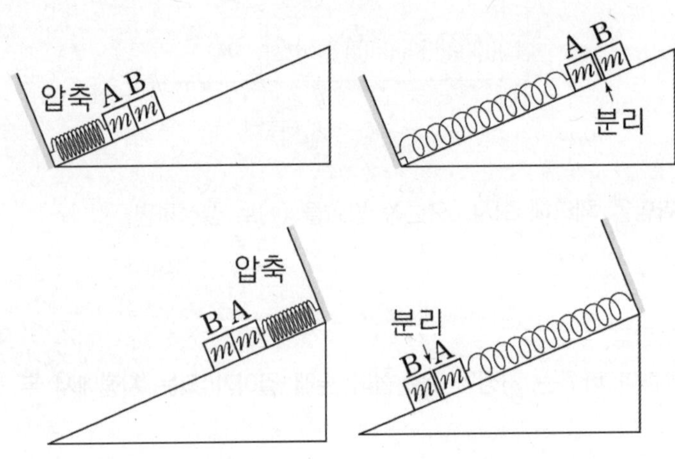

분리되는 순간 두 물체의 알짜힘을 체크해 보자.
빗면 아래 방향을 (+)로 설정하고 빗면 방향으로 질량이 m인 물체가 받는 빗면힘을 f라 하면,

A : $f +$ 탄성력 $= ma$

B : f

$a \leq$ 빗면 가속도일 때 두 물체가 분리되므로, 탄성력의 크기가 0이 되며 방향이 바뀌는 지점인 **용수철이 원래 길이가 되는 지점**에서 두 물체가 분리된다.

네 가지 경우 모두 두 물체는 용수철이 **원래 길이가 되는 지점**에서 물체가 분리된다는 결론을 얻었다.
이제 이런 문제 상황이 등장했을 때 우리는 분리 지점을 직접 찾을 필요가 없이 이미 아는 내용으로 시간을 줄이고 앞서 나가면 되는 거다.

그림 (가)와 같이 원래 길이가 $8d$인 용수철에 물체 A를 연결하고, 물체 B로 A를 $6d$만큼 밀어 올려 정지시켰다. 용수철을 압축시키는 동안 용수철에 저장된 탄성 퍼텐셜 에너지의 증가량은 A의 중력 퍼텐셜 에너지 증가량의 3배이다. A와 B의 질량은 각각 m이다. 그림 (나)는 (가)에서 B를 가만히 놓았더니 A가 B와 함께 연직선상에서 운동하다가 B와 분리된 후 용수철의 길이가 $9d$인 지점을 지나는 순간을 나타낸 것이다.

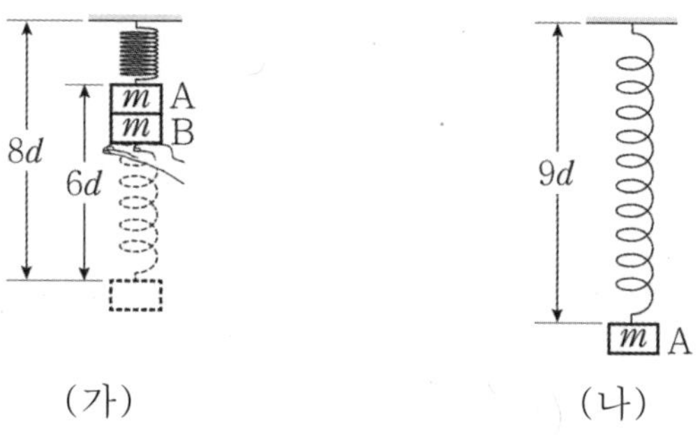

(나)에서 A의 운동 에너지는? (단, 중력 가속도는 g이고, 용수철의 질량, 물체의 크기, 모든 마찰과 공기 저항은 무시한다.) [3점]

① $\dfrac{29}{2}mgd$ ② $\dfrac{31}{2}mgd$ ③ $\dfrac{63}{4}mgd$ ④ $\dfrac{65}{4}mgd$ ⑤ $\dfrac{33}{2}mgd$

정답 : ② $\dfrac{31}{2}mgd$

우리는 두 물체가 '용수철이 원래 길이가 되는 지점'에서 분리됨을 알고 있다.
분리되는 순간을 그리면 아래와 같다. 이 순간을 (다)라고 하자.

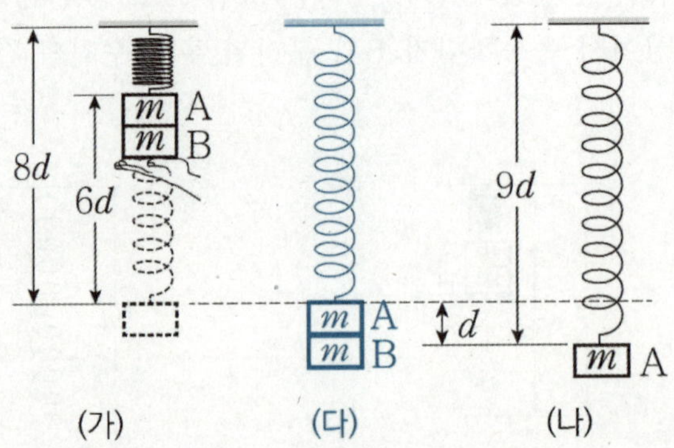

(가)~(다) 동안에는 A, B가 계를 이루어 운동하고, (다)~(나) 동안에는 서로 별개의 계로 나누어진다.
먼저 (가)~(다) 동안, 계의 에너지 변화는 아래와 같다.

$$E_K \uparrow$$
$$E_P \downarrow 12mgd$$
$$E_탄 \downarrow 18kd^2 = 18mgd$$

문제 조건에 의해 $18kd^2$는 $18mgd$와 같다.
역학적 에너지 보존에 의해 운동 에너지 증가량은 $30mgd$이다.
(다) 순간 두 물체는 운동 에너지를 $15mgd$씩 나누어 가지게 된다.

(다)~(나) 동안에는 A만 고려하면 답을 구할 수 있겠다. A의 에너지 변화는 아래와 같다.

$$E_K \uparrow$$
$$E_P \downarrow mgd$$
$$E_탄 \uparrow \frac{1}{2}kd^2 = \frac{1}{2}mgd$$

따라서 운동 에너지 증가량은 $\dfrac{1}{2}mgd$이다.

결국 (나) 순간 A의 운동 에너지는 $15mgd + \dfrac{1}{2}mgd = \dfrac{31}{2}mgd$이다.

정답 : ② $\dfrac{31}{2}mgd$

굉장히 당황하기 쉬울 것이다. 한쪽에만 용수철이 달린 경우만 공부했는데, 물체 양쪽에 용수철이 달려 있는 경우는 본 적이 없기 때문이다.

하지만 생각해 보면 진동의 형태는 용수철이 하나일 때와 동일하다.

왜냐하면 용수철이 가하는 힘은 일차식이고, 두 개의 용수철이 가하는 힘의 합 또한 일차식이기 때문이다. 따라서 물체는 용수철이 하나일 때와 마찬가지로 사인파의 형태를 띠는 단진동을 하게 된다.

그래서 다음 성질을 그대로 사용할 수 있다.

> 힘의 평형점 = 진동의 중심점 = 속력이 최대인 지점

예제(15) 21년 3월 교육청 20번

그림 (가)와 같이 수평면에서 용수철 A, B가 양쪽에 수평으로 연결되어 있는 물체를 손으로 잡아 정지 시켰다. A, B의 용수철 상수는 각각 $100\,\text{N/m}$, $200\,\text{N/m}$이고, A의 늘어난 길이는 $0.3\,\text{m}$이며, B의 탄성 퍼텐셜 에너지는 0이다. 그림 (나)와 같이 (가)에서 손을 가만히 놓았더니 물체가 직선 운동을 하다가 처음으로 정지한 순간 B의 늘어난 길이는 L이다.

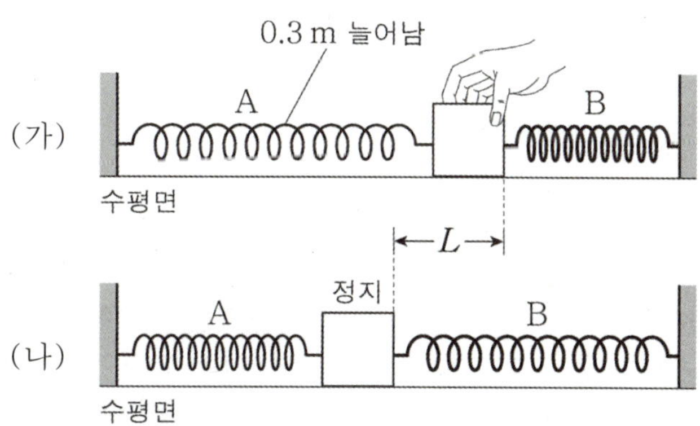

L은? (단, 물체의 크기, 용수철의 질량, 모든 마찰과 공기 저항은 무시한다.) [3점]

① 0.05 m   ② 0.1 m   ③ 0.15 m   ④ 0.2 m   ⑤ 0.3 m

0. 문제 상황 파악하기

(가)에서 (나)로 진행할 때 변한 것이 무엇인지 생각해보자. (가)와 (나)에서 물체는 모두 정지 상태이므로 운동 에너지는 0으로 동일하다. 중력 퍼텐셜 에너지 또한 차이가 없으므로 총 탄성 퍼텐셜 에너지도 동일하다. 용수철 A와 B사이에 탄성 퍼텐셜 에너지를 나눠 가지게 되는 것이다.

1, L의 범위 파악하기(이 문제 풀이에는 필수적이지 않지만 센스를 익혀두라.)

센스가 있는 사람들이라면 바로 알았을 수도 있다. 용수철 상수가 A < B이므로 L은 0.3m보다 작을 수밖에 없다. 왜냐하면, (가)에서 탄성 퍼텐셜 에너지는 A : 4.5J, B : 0J인데, 만약 L이 0.3m라면 (나)에서 A의 탄성 퍼텐셜 에너지는 0이 되지만. B의 탄성 퍼텐셜 에너지는 9J이 되므로(용수철 상수의 크기비가 1 : 2이므로 탄성 퍼텐셜 에너지비도 1 : 2가 된다.) 탄성 퍼텐셜 에너지가 (가)보다 커지게 된다. 따라서 L은 0.3m이 될 수 없다.

그렇다면 만약 L이 0.3m보다 크면 어떻게 될까? 잠시 생각해 보면 역시나 말이 안 된다는 것을 알 수 있다. $L = 0.3$m일 때보다도 A와 B 모두 탄성 퍼텐셜 에너지가 증가하기 때문이다.

따라서 L은 0.3m보다 작다는 결론에 도달한다.

2. L구하기

(나)에서 A가 늘어난 길이를 $0.3\text{m} - L$이라 하자.

그렇다면 (나)에서의 탄성 퍼텐셜 에너지는 $\frac{1}{2}(100)(0.3\text{m} - L)^2 + \frac{1}{2}(200)L^2$이 된다.

이 값이 4.5J이 되어야 하므로, $150L^2 - 30L = 0$에서 $L = 0.2$m가 된다.

정답 : ④ 0.2m

또다른 풀이

(가)와 (나)는 모두 물체가 정지했다는 공통점이 있다. 이 말인즉슨, (가) 상태에서 왼쪽으로 물체가 가속하여 평형점을 지나고, 감속하여 (나) 상태가 된 것이다. 즉, (가)와 (나)는 각각 진동의 오른쪽 끝과 왼쪽 끝인 것이다. 따라서, 진동의 양 끝점의 중심점(진동의 중심점)은 힘이 평형을 이루는 지점임을 이용하면, L을 구할 수 있다.

평형점에서 두 용수철 A, B의 늘어난 길이를 x_1, x_2라고 하면,
평형점에서 두 물체에 가해지는 힘의 평형식 $100x_1 = 200x_2$를 얻는다.
또한, 용수철의 늘어난 길이의 합은 항상 0.3m이므로, $x_1 + x_2$는 0.3m이다.
따라서 $x_1 = 0.2$m, $x_2 = 0.1$m이다.
즉, L은 $2x_2$와 같으므로 0.2m이다.

정답 : ④ 0.2m

증명은 한 번 이해해두고 넘어가고, 결론(아래 박스)을 외우자.

용수철 상수가 k인 용수철에 연결된 물체에 대해, 변위[22]가 x_1, x_2인 두 순간이 있다.
평균 탄성력은 $\frac{1}{2}k(x_1+x_2)$이다.

식 '평균 탄성력$=\frac{1}{2}k(x_1+x_2)$'의 양변에 (x_2-x_1)를 곱해 주면 아래와 같은 공식을 얻는다.

$$(\text{평균 탄성력})\times(x_2-x_1)=\frac{1}{2}k(x_2^2-x_1^2)$$

> (평균 탄성력) $\times$ (변화한 길이) = (탄성 퍼텐셜 에너지 변화량)

9. 평균 알짜힘의 활용

증명은 한 번 이해해두고 넘어가고, 결론(아래 박스)을 외우자.

용수철 상수가 k인 용수철에 연결된 물체에 대해, 용수철의 변위가 x_1, x_2인 두 순간이 있다. 탄성력 이외의 힘을 f라 하면(f는 변하지 않는 힘이어야 한다.), 두 순간의 알짜힘은 각각 kx_1+f, kx_2+f일 것이다.
두 순간의 알짜힘의 평균은 $\frac{1}{2}\{(kx_1+f)+(kx_2+f)\}$이다.

식 '평균 알짜힘$=\frac{1}{2}\{(kx_1+f)+(kx_2+f)\}$'의 양변에 (x_2-x_1)를 곱해 주면 아래와 같은 공식을 얻는다.[23]

$$(\text{평균 알짜힘})\times(x_2-x_1)=\frac{1}{2k}\{(kx_2+f)^2-(kx_1+f)^2\}$$

$$(\text{평균 알짜힘})\times(x_2-x_1)=\int_{x_1}^{x_2}(kx+f)dx$$

알짜힘 $kx+f$를 적분하면 두 순간 사이의 알짜힘이 한 일이 되며 이는 운동 에너지 변화량이므로 아래가 성립한다.

> (평균 알짜힘) $\times$ (변화된 길이) = (운동 에너지 변화량)

---

22) 여기서는 탄성력의 방향(부호)를 고려해야 하기에 방향이 있는 길이(=변위)로 생각하자!

23) $x_2-x_1=\frac{1}{k}\{(kx_2+f)-(kx_1+f)\}$이다.

선택 사항이다. 힘-변위 그래프를 이용하는 방법을 아예 몰라도 전혀 문제 없다. 그래프를 통해 문제 풀기를 좋아한다면 사용하는 것을 추천한다. 단, 에너지의 변화를 따질 때는 직접 눈으로 증감 여부를 확인하는 것을 잊지 말자. 여기서 실수가 꽤 나온다.

용수철 상수가 k인 용수철이 x만큼 변형되어 물체에 작용하는 탄성력 F에 대해, $F = kx$이고, 가로축이 x이고, 세로축이 F인 좌표평면에 그래프를 나타낸다면 일차함수의 꼴이 될 것이고 k는 직선의 기울기가 될 것이다(왼쪽 그래프). 용수철의 진동의 중심이 아닌 진동의 끝을 세로축에 맞닿게 그리는 식으로 그려 주면 아래처럼 그릴 수도 있다(오른쪽 그래프). 의미는 똑같으니 편한 방식으로 그리도록 하자.

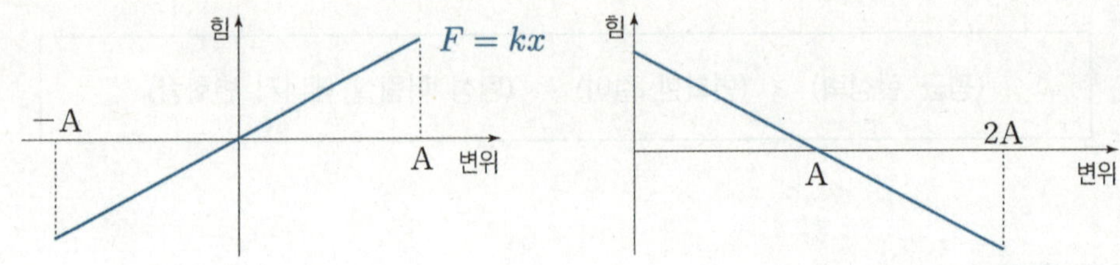

수평면 위에서 수평 방향으로 진동하는 경우에는 중력을 신경 쓰지 않아도 되므로 위 그래프가 곧 알짜힘의 그래프이기도 하다.

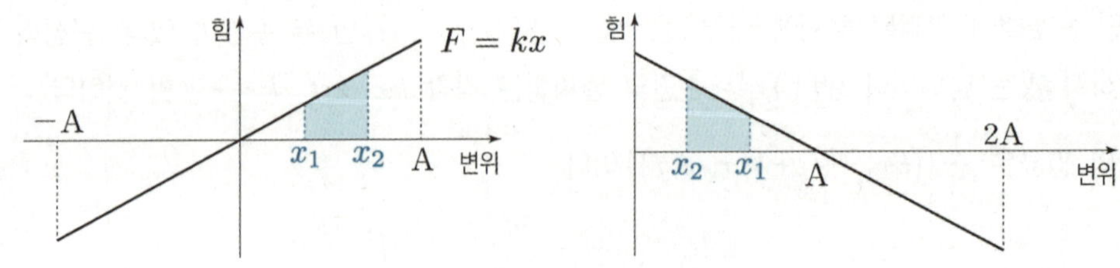

탄성 퍼텐셜 에너지 변화량은 변위 x_1에서 x_2까지 F를 적분하여 구한다. 즉, 밑넓이의 넓이를 구하면 된다는 것이다. 운동 에너지 변화량은 F가 곧 알짜힘이므로, F를 적분하여 구한 값과 크기가 같고 부호가 다르다.

그런데 수평 방향 진동이 아닌 수직 방향 진동의 경우 중력을 고려해 주어야 한다.
따라서 우리는 위의 탄성력-변위 그래프에 중력을 추가로 그려 줄 텐데, 여기서 한 가지 주의점이 있다. 실제 중력 그래프의 부호를 반대로 하여 그려 주도록 한다. 그러면 중력은 이렇게 그려지게 된다.

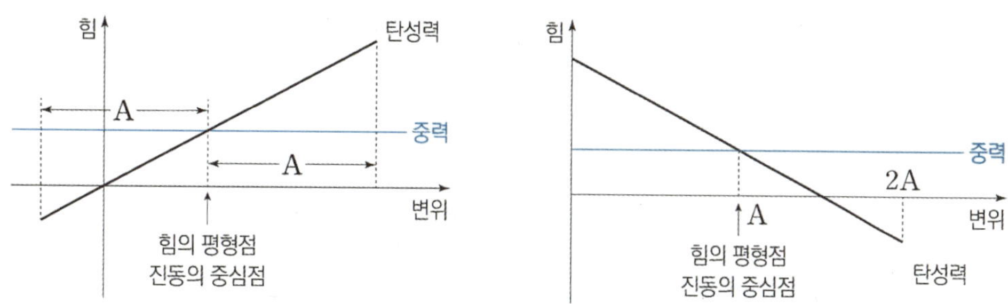

두 그래프가 교차하는 지점이 바로 중력과 탄성력의 크기가 같은 지점이며 힘의 평형을 이루는 지점이다. (중력 그래프를 위로 뒤집어 올렸기에 그래프 상에서의 부호는 같게 나타나지만 실제 방향은 반대이다.) 이 지점이 힘의 평형점이기도 하지만 진동의 중심점이자 속도가 최대인 지점이기도 하다.

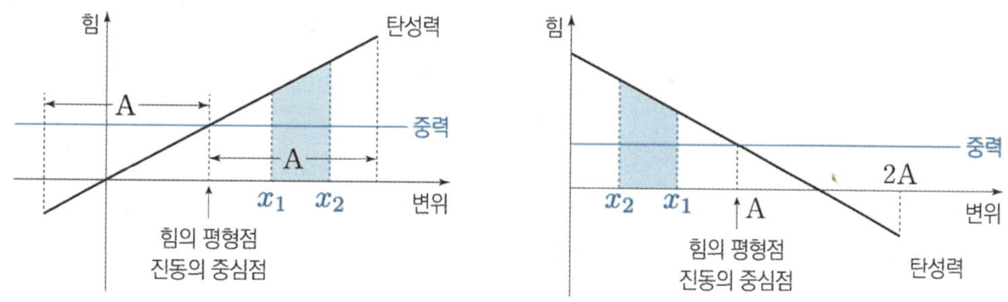

탄성 퍼텐셜 에너지 변화량은 마찬가지로 변위 x_1에서 x_2까지 F를 적분하여 구한다. 즉, 탄성력 그래프의 밑넓이(위 그림의 색칠된 넓이)를 구하면 된다는 것이다.

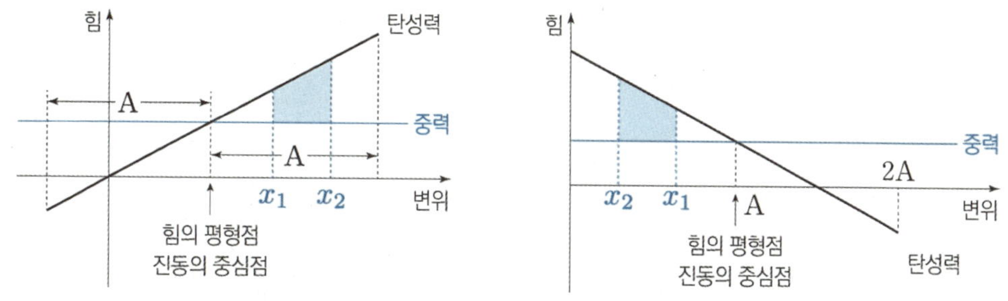

운동 에너지 변화량의 경우 중력 그래프를 가로축처럼 생각하여 밑넓이를 구하면 된다. 탄성력 그래프와 중력 그래프 사이의 (위 그림의 색칠된)넓이를 구하면 된다는 것이다.

그래프를 이용해서 최대 운동 에너지를 구하기는 간단하다.
위 그래프에서 힘의 평형점부터 최대 변위까지, 탄성력 그래프와 중력 그래프로 둘러싸인 영역의 넓이가 최대 운동 에너지가 된다.

그림 (가)는 물체 A와 실로 연결된 물체 B를 원래 길이가 L_0인 용수철과 수평면 위에서 연결하여 잡고 있는 모습을, (나)는 (가)에서 B를 가만히 놓은 후, 용수철의 길이가 L까지 늘어나 A의 속력이 0인 순간의 모습을 나타낸 것이다. A, B의 질량은 각각 m이고, 용수철 상수는 k이다.

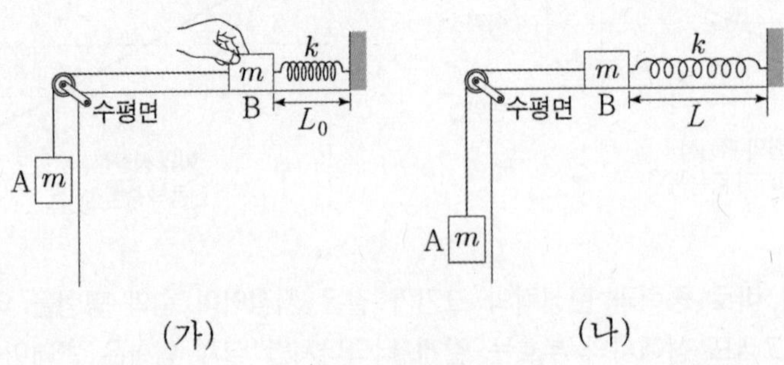

이에 대한 설명으로 옳은 것만을 <보기>에서 있는 대로 고른 것은? (단, 중력 가속도는 g이고, 실과 용수철의 질량 및 모든 마찰과 공기 저항은 무시한다.) [3점]

<보 기>

ㄱ. $L - L_0 = \dfrac{2mg}{k}$ 이다.

ㄴ. 용수철의 길이가 L일 때, A에 작용하는 알짜힘은 0이다.

ㄷ. B의 최대 속력은 $\sqrt{\dfrac{m}{k}}\,g$ 이다.

0. 문항 파악 및 분석

(가)에서 손을 놓아 (나)의 상황까지 변할 때, (나)에서 힘의 평형이 성립하는 것으로 오해하기 쉽다.
하지만 그렇지 않다. 용수철의 진동 형태에서, 용수철이 가장 많이 늘어난 위치를 나타낸 그림이 (나)인 것이다.
따라서 속력은 0이 맞지만, 용수철이 위쪽으로 가속되는 중임에 주의해야 한다. **(ㄴ 틀림)**

1. (가), (나) 비교 분석

A와 B를 계로 보고 (가)와 (나)의 차이를 보면, 계의 운동 에너지의 차이는 없고, 계의 중력 퍼텐셜 에너지와
탄성 퍼텐셜 에너지만 변했다. (가)에서 (나)로 변하는 도중에 외부에서 가한 힘은 없으므로 전체 역학적 에너지
가 보존된다.

(가)에서 (나)로 변할 때 계의 중력 퍼텐셜 에너지 감소량 $mg(L-L_0)$와 계의 탄성 퍼텐셜 에너지 증가량
$\frac{1}{2}k(L-L_0)^2$가 같으므로, $L - L_0 = \dfrac{2mg}{k}$를 얻는다. **(ㄱ 맞음)**

2. 최대 속력 구하기

에너지 변화량을 체크해 보면서 최대 속력을 구해보자.
속력이 최대일 때 늘어난 길이를 x라 하면, x는 진동의 중심점이자 힘의 평형점일 것이다.

x는 진동의 중심점이므로 $x = \dfrac{L-L_0}{2}$이고, 힘의 평형점이므로 $kx = mg$이고 $x = \dfrac{mg}{k}$이다.

(가)에서 속력이 최대인 시점까지 계의 중력 퍼텐셜 에너지가 $mgx = \dfrac{(mg)^2}{k}$만큼 감소하고,

운동 에너지가 $\frac{1}{2}(2m)v^2$만큼 증가하며, 탄성 퍼텐셜 에너지가 $\frac{1}{2}kx^2 - \dfrac{(mg)^2}{2k}$만큼 증가한다.

세 에너지의 변화량의 합이 0이어야 하므로, $\dfrac{(mg)^2}{k} = mv^2 + \dfrac{(mg)^2}{2k}$이고 $\dfrac{(mg)^2}{2k} = mv^2$이다.

따라서 $v = \sqrt{\dfrac{m}{2k}}\,g$이다. **(ㄷ 틀림)**

정답 : ㄱ

01 12학년도 수능 8번

그림과 같이 질량이 각각 $2m$, m인 물체 A, B를 실로 연결한 후 A를 정지 상태에서 가만히 놓았더니, A가 $2h$만큼 낙하하는 동안 B는 마찰이 없는 빗면을 따라 높이 h만큼 올라갔다.

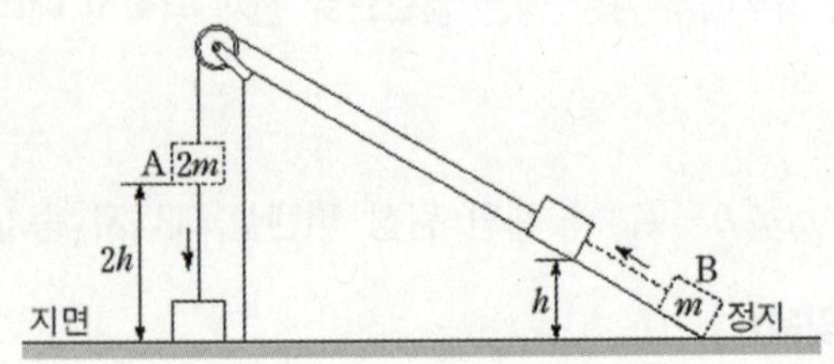

A가 지면에 닿는 순간, A의 속력은? (단, 중력 가속도는 g이고, 물체의 크기, 실의 질량, 도르래의 마찰, 공기 저항은 무시한다.) [3점]

① $\sqrt{\dfrac{gh}{2}}$ 　② $\sqrt{gh}$ 　③ $\sqrt{2gh}$

④ $\sqrt{3gh}$ 　⑤ $2\sqrt{gh}$

02 13학년도 9월 평가원 7번

그림 (가)와 같이 질량이 각각 $2m$, m인 물체 A, B를 줄로 연결한 후, B를 지면에 닿도록 눌렀더니 A가 지면으로부터 높이 h인 곳에 정지해 있었다. 그림 (나)는 B를 가만히 놓은 후 A가 지면에 닿는 순간, A와 B가 v의 속력으로 운동하고 있는 모습을 나타낸 것이다.

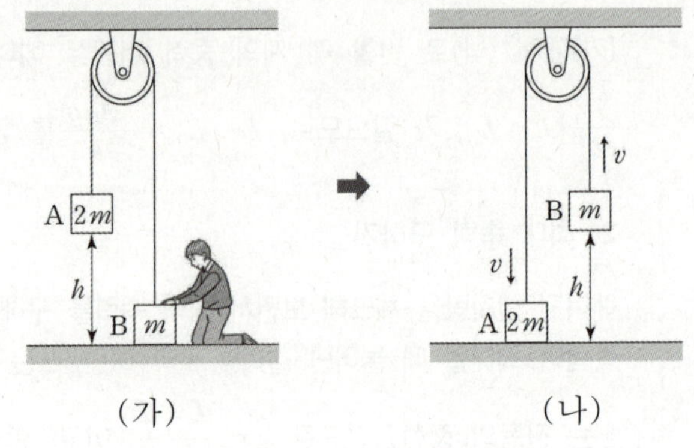

v는? (단, 중력 가속도는 g이고, 물체의 크기, 줄의 질량, 도르래의 마찰, 공기 저항은 무시한다.) [3점]

① $\sqrt{\dfrac{gh}{3}}$ 　② $\sqrt{\dfrac{gh}{2}}$ 　③ $\sqrt{\dfrac{2gh}{3}}$

④ $\sqrt{gh}$ 　⑤ $\sqrt{2gh}$

03 13년 10월 교육청 16번

그림과 같이 높이가 $2L$인 수평면에 정지해 있던 질량 m인 물체에 수평 방향의 일정한 힘 F를 물체가 거리 L만큼 이동할 때까지만 작용하였다.

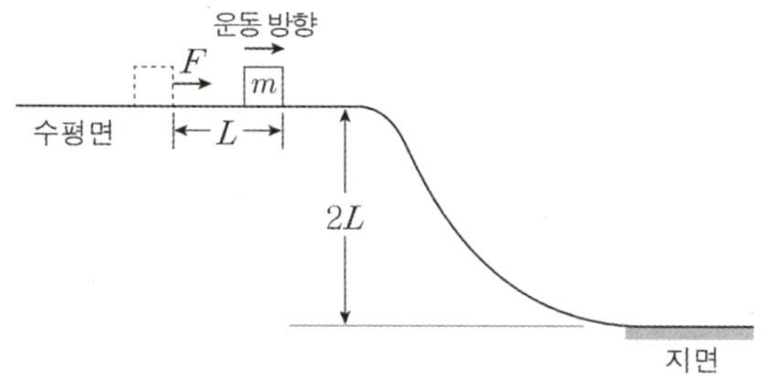

지면에서의 물체의 운동 에너지가 경사면을 내려오기 직전의 2배일 때, F는? (단, 중력 가속도는 g이고, 물체의 크기와 모든 마찰, 공기 저항은 무시한다.) [3점]

① $\dfrac{mg}{2}$ ② $\dfrac{2mg}{3}$ ③ mg

④ $2mg$ ⑤ $3mg$

04 14년 3월 교육청 19번

그림 (가), (나)와 같이 줄로 연결되어 정지해 있던 두 물체 A, B를 전동기가 100N의 일정한 힘으로 당겨 연직 방향으로 이동시켰다. A, B의 질량은 각각 2kg, 3kg이다.

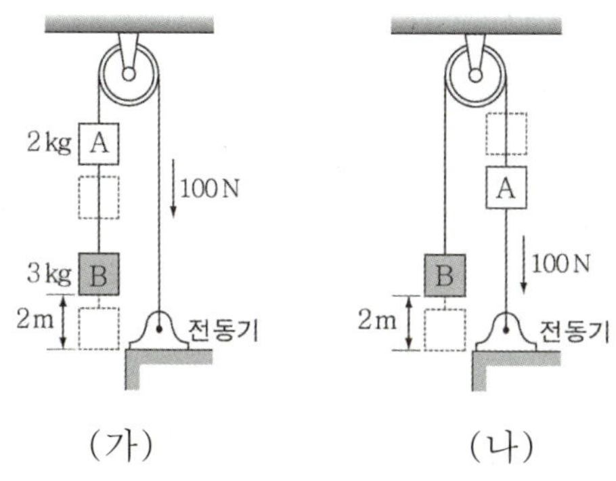

(가), (나)에서 전동기가 줄을 2m만큼 당긴 순간 B의 운동 에너지를 각각 E_1, E_2라고 할 때, $E_1 : E_2$는? (단, 중력 가속도는 10m/s^2이고, 줄의 질량, 마찰과 공기 저항은 무시한다.) [3점]

① 1:3 ② 2:3 ③ 2:5

④ 3:7 ⑤ 5:9

그림 (가)는 B와 실로 연결되어 수평면에 정지해 있던 A를 전동기가 수평 방향으로 힘 F로 당기고 있는 것을 나타낸 것이다. 그림 (나)는 A가 4m 이동하는 동안 F의 크기를 A의 위치 x에 따라 나타낸 것이다. A, B의 질량은 각각 3kg, 2kg이다.

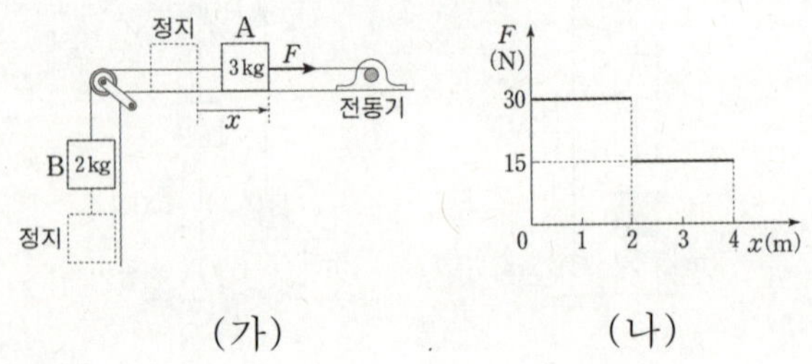

(가)　　　　　(나)

이에 대한 설명으로 옳은 것만을 <보기>에서 있는 대로 고른 것은? (단, 중력 가속도는 10m/s^2이고, 모든 마찰과 공기 저항, 실의 질량은 무시한다.) [3점]

<보 기>

ㄱ. $x = 3\text{m}$일 때, 실이 B를 당기는 힘의 크기는 18N이다.

ㄴ. F가 한 일은 B의 역학적 에너지 증가량과 같다.

ㄷ. A의 최대 속력은 2m/s이다.

그림은 질량 1kg인 물체가 마찰이 없는 빗면의 점 a를 지나 점 c를 통과하여 최고점 b에 도달한 후, 다시 c를 지나는 순간의 모습을 나타낸 것이다. 물체가 a에서 b를 거쳐 c에 도달하는 데 걸린 시간은 3초이고, a에서 물체의 속력은 10m/s이며, c에서 물체의 중력에 의한 퍼텐셜 에너지는 운동 에너지의 3배이다.

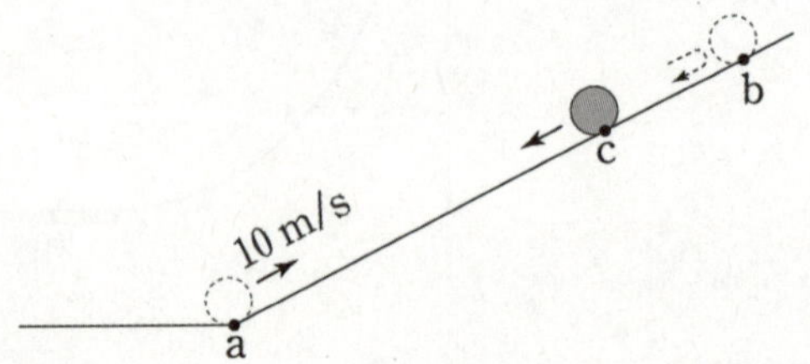

이에 대한 설명으로 옳은 것만을 <보기>에서 있는 대로 고른 것은? (단, a에서 중력에 의한 퍼텐셜 에너지는 0이며, 공기 저항과 물체의 크기는 무시한다.) [3점]

<보 기>

ㄱ. c에서 물체의 속력은 5m/s이다.

ㄴ. b에서 물체의 가속도 크기는 5m/s^2이다.

ㄷ. a와 c 사이의 거리는 7m이다.

그림 (가)는 전동기가 실로 연결된 물체 A에 50N의 힘을 수평 방향으로 작용하며 당기고 있는 모습을, (나)는 전동기가 실로 연결된 물체 B에 50N의 힘을 연직 방향으로 작용하며 당기고 있는 모습을 나타낸 것이다. A, B의 질량은 각각 20kg, 4kg이고, 0초일 때 A, B 모두 운동하기 시작하였다.

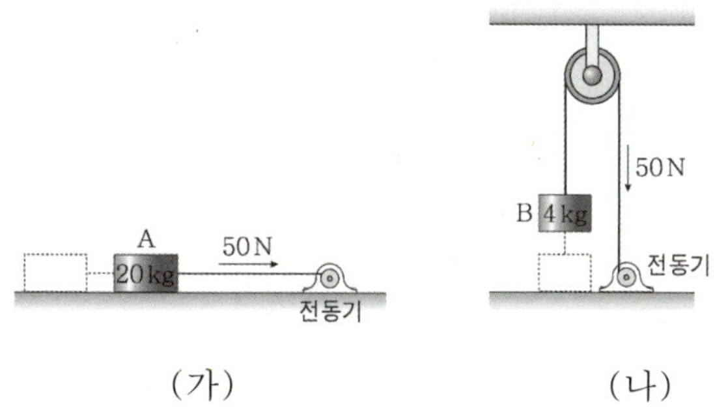

(가)　　　　　　　　(나)

0~2초까지 A의 운동 에너지 증가량과 B의 역학적 에너지 증가량으로 옳은 것은? (단, 중력 가속도는 10m/s^2이고, 모든 마찰 및 공기 저항과 실의 질량은 무시한다.) [3점]

	A의 운동 에너지 증가량	B의 역학적 에너지 증가량
①	100J	50J
②	100J	250J
③	250J	50J
④	250J	200J
⑤	250J	250J

그림은 수평면에 놓인 물체 A와 빗면 위의 물체 B를 실로 연결한 후 A를 가만히 놓았더니, A와 B가 등가속도 운동을 하여 속력이 v가 된 순간을 나타낸 것이다. 이때 B의 높이가 h만큼 줄어드는 동안 B의 중력에 의한 퍼텐셜 에너지 감소량은 B의 운동 에너지 증가량의 4배이다. A, B의 질량은 각각 M, m이다.

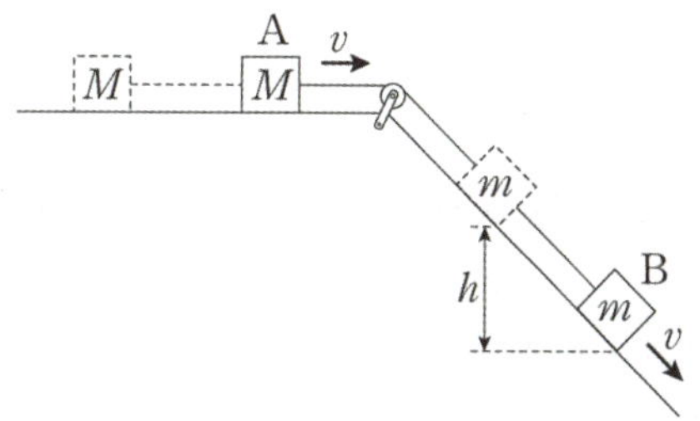

이에 대한 설명으로 옳은 것만을 <보기>에서 있는 대로 고른 것은? (단, 중력 가속도는 g이고, 실의 질량, 마찰과 공기 저항은 무시한다.) [3점]

─────── <보 기> ───────

ㄱ. B의 높이가 h만큼 줄어드는 동안, A의 운동 에너지 증가량은 B의 역학적 에너지 감소량과 같다.

ㄴ. $h = \dfrac{2v^2}{g}$이다.

ㄷ. $M = 2m$이다.

그림과 같이 기울기가 다른 빗면에 질량이 각각 $3m$, m인 물체 A, B를 도르래를 통해 실로 연결하여 가만히 놓았더니, A가 빗면 아래쪽 방향으로 운동하였다. A가 출발하여 s만큼 운동하는 동안, A가 내려간 높이와 B가 올라간 높이는 각각 h, $2h$이다.

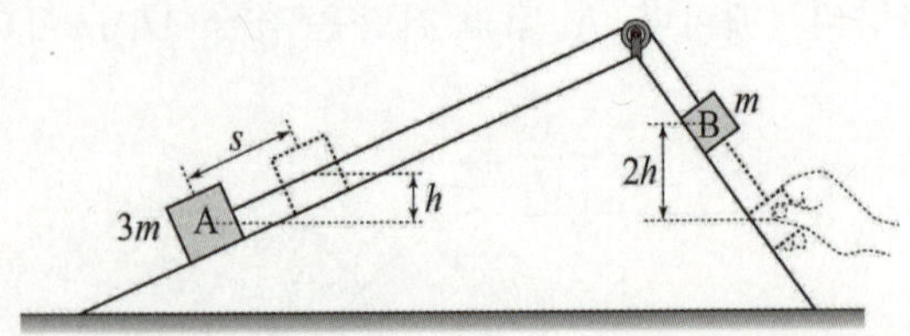

A가 출발하여 s만큼 운동할 때까지, 이에 대한 설명으로 옳은 것만을 <보기>에서 있는 대로 고른 것은? (단, 중력 가속도는 g이고, 실의 질량, 공기 저항 및 모든 마찰은 무시한다.) [3점]

<보 기>

ㄱ. A는 등가속도 운동을 한다.

ㄴ. A의 평균 속력은 $\sqrt{\dfrac{gh}{2}}$ 이다.

ㄷ. A의 중력에 의한 퍼텐셜 에너지 감소량은 B의 운동 에너지 증가량보다 크다.

그림과 같이 질량이 같은 두 물체 A와 B를 실로 연결하고 빗면의 점 p에 A를 가만히 놓았더니 A와 B는 등가속도 운동을 하여 A가 점 q를 통과하였다.

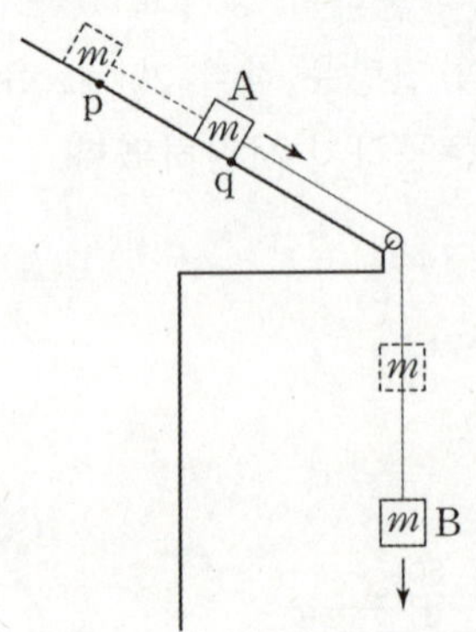

A가 p에서 q까지 이동하는 동안, 이에 대한 설명으로 옳은 것만을 <보기>에서 있는 대로 고른 것은? (단, 실의 질량, 마찰과 공기 저항은 무시한다.) [3점]

<보 기>

ㄱ. A에 작용하는 알짜힘이 A에 해 준 일과 B에 작용하는 알짜힘이 B에 해 준 일은 같다.

ㄴ. A의 역학적 에너지는 증가한다.

ㄷ. A와 B의 운동 에너지 증가량의 합은 B의 중력 퍼텐셜 에너지 감소량과 같다.

---

11 16년 4월 교육청 6번

그림과 같이 경사각이 다른 경사면에서 물체 A가 점 p를 $2v$의 속력으로 통과하는 순간, 점 q에 물체 B를 가만히 놓았다. A, B는 각각 등가속도 직선 운동하여 A가 정지한 순간, B의 속력은 v이다. A, B의 질량은 각각 m, $4m$이다.

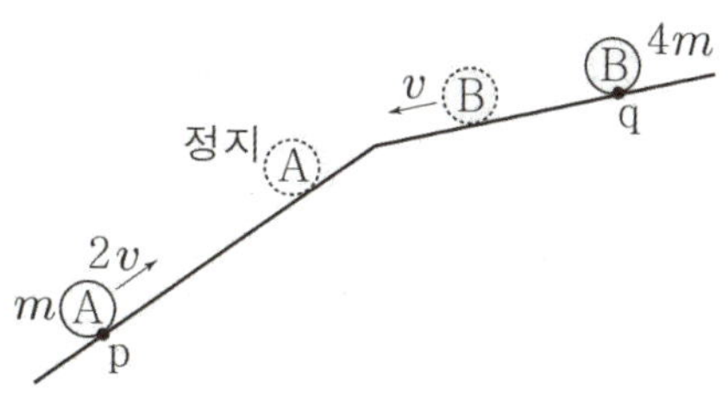

A가 p를 통과한 순간부터 정지할 때까지, 이에 대한 설명으로 옳은 것만을 <보기>에서 있는 대로 고른 것은? (단, 물체의 크기와 모든 마찰, 공기 저항은 무시한다.) [3점]

───── <보 기> ─────

ㄱ. 이동 거리는 A가 B의 2배이다.

ㄴ. 가속도의 크기는 A가 B의 2배이다.

ㄷ. A의 중력 퍼텐셜 에너지 증가량은 B의 중력 퍼텐셜 에너지 감소량과 같다.

12 17학년도 수능 10번

그림 (가)는 0초일 때 정지해 있던 물체 A, B, C가 실로 연결된 채 등가속도 운동을 하다가 2초일 때 A와 B를 연결하고 있던 실이 끊어진 후 A, B, C가 등가속도 운동을 하고 있는 것을, (나)는 시간에 따른 B의 속력을 나타낸 것이다. 질량은 A가 C보다 크고, B의 질량은 m이다.

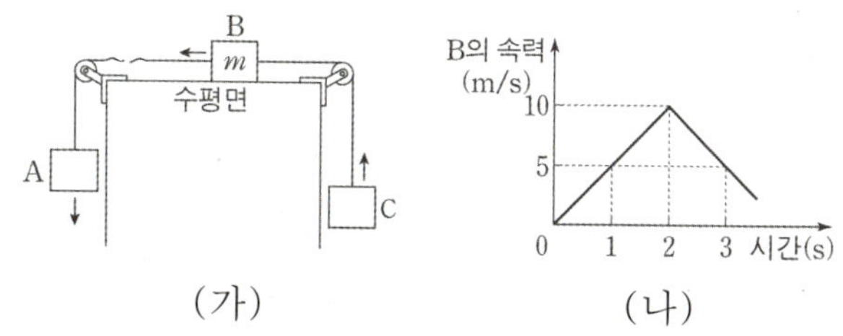

이에 대한 설명으로 옳은 것만을 <보기>에서 있는 대로 고른 것은? (단, 중력 가속도는 $10\,\mathrm{m/s^2}$이고, 모든 마찰과 공기 저항은 무시한다.) [3점]

───── <보 기> ─────

ㄱ. C의 운동 방향은 1초일 때와 3초일 때가 서로 반대이다.

ㄴ. 질량은 A가 C의 4배이다.

ㄷ. C의 역학적 에너지는 3초일 때가 2초일 때보다 크다.

13

그림 (가)는 전동기가 수평면에 정지해 있던 물체를 연직 방향으로 끌어올리는 모습을 나타낸 것이다. 그림 (나)는 (가)의 물체의 속력을 시간에 따라 나타낸 것이다. 전동기가 0초부터 5초까지 한 일과 5초부터 8초까지 한 일은 같다.

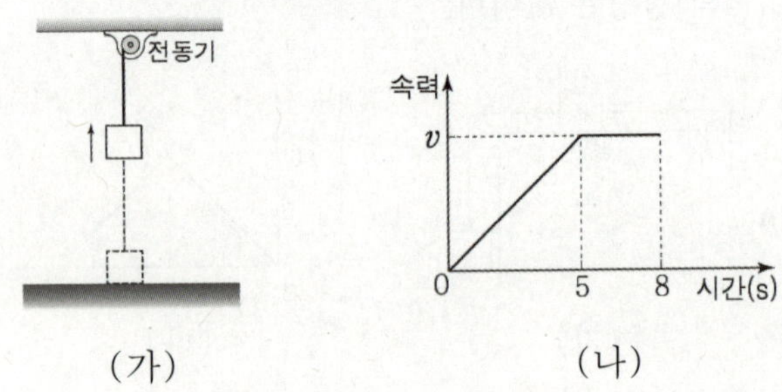

(가)   (나)

(나)에서 속력 v는? (단, 중력 가속도는 10m/s^2이고, 모든 마찰과 공기 저항, 줄의 질량은 무시한다.) [3점]

① 5m/s   ② 6m/s   ③ 8m/s

④ 10m/s   ⑤ 12m/s

14

그림과 같이 수평면에 정지해 있던 질량 m인 수레가 수평 방향으로 일정한 크기의 힘 F를 수평면에서 시간 t동안 받은 후, 궤도를 따라 운동하여 높이가 각각 $3h$, $2h$인 점 p, q를 지난다. 수레의 속력은 p, q에서 각각 v, $3v$이다.

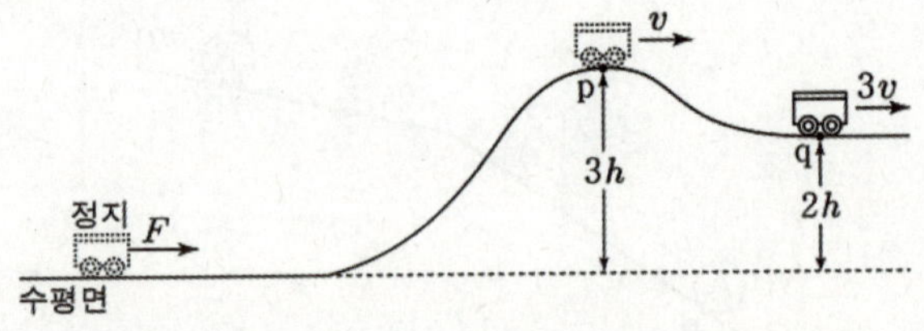

F는? (단, 수레는 동일 연직면 상에서 운동하며 수레의 크기, 모든 마찰과 공기 저항은 무시한다.) [3점]

① $\dfrac{4mv}{t}$ ② $\dfrac{5mv}{t}$ ③ $\dfrac{6mv}{t}$

④ $\dfrac{7mv}{t}$ ⑤ $\dfrac{8mv}{t}$

15 18년 3월 교육청 18번

그림은 물체 B와 실로 연결되어 점 p에 정지해 있던 물체 A에 크기가 $3mg$로 일정한 힘을 가해 A를 점 q까지 이동시킨 모습을 나타낸 것이다. A가 q를 지나는 순간 당기던 실을 놓았더니 점 r에서 A의 속력이 0이 되었다. A, B의 질량은 모두 m이다. A가 p에서 q까지, q에서 r까지 운동하는 동안 B의 역학적 에너지 증가량은 각각 E_1, E_2이다.

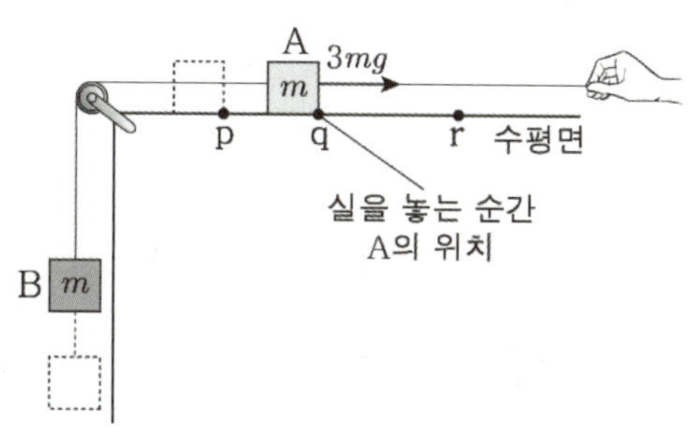

$\dfrac{E_2}{E_1}$는? (단, 중력 가속도는 g이고, 실의 질량, 물체의 크기, 모든 마찰과 공기 저항은 무시한다.) [3점]

① $\dfrac{1}{2}$ ② $\dfrac{3}{5}$ ③ $\dfrac{2}{3}$

④ 1   ⑤ 2

16 18년 4월 교육청 20번

그림 (가)와 같이 물체 A, B를 실로 연결하고 빗면 위의 점 p에 A를 가만히 놓았더니 A, B는 등가속도 운동하여 A가 점 q를 통과한다. B의 질량은 m이고, p에서 q까지의 거리는 d이다. A가 p에서 q까지 이동하는 동안 A의 역학적 에너지 증가량은 $\dfrac{1}{3}mgd$이다. 그림 (나)는 (가)의 실이 끊어진 후 A, B가 각각 등가속도 운동하는 것을 나타낸 것이다. A의 가속도의 크기는 (가)와 (나)에서 a로 같다.

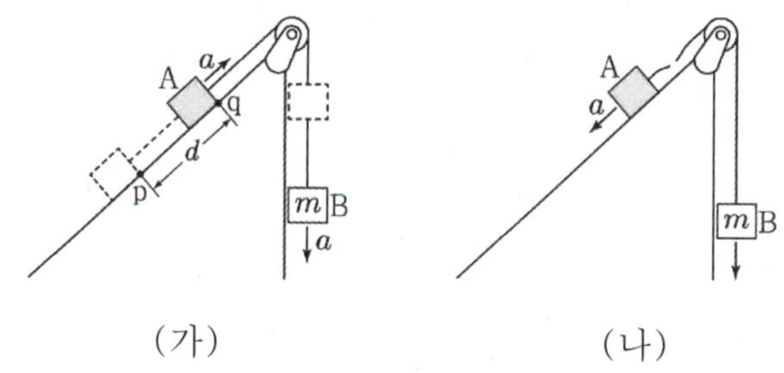

(가)   (나)

이에 대한 설명으로 옳은 것만을 <보기>에서 있는 대로 고른 것은? (단, 중력 가속도는 g이고, A, B의 크기, 모든 마찰과 공기 저항은 무시한다.) [3점]

<보 기>

ㄱ. (가)에서 A가 q를 통과하는 순간 B의 운동 에너지는 $\dfrac{1}{3}mgd$이다.

ㄴ. $a = \dfrac{2}{3}g$이다.

ㄷ. A의 질량은 $\dfrac{1}{4}m$이다.

그림은 $x=0$에서 정지해 있던 물체 A, B가 x축과 나란한 직선경로를 따라 운동을 한 모습을, 표는 구간에 따라 A, B에 작용한 힘의 크기와 방향을 나타낸 것이다. A, B의 질량은 같고, $x=0$에서 $x=4L$까지 운동하는 데 걸린 시간은 같다. F_A와 F_B는 각각 크기가 일정하고, x축과 나란한 방향이다.

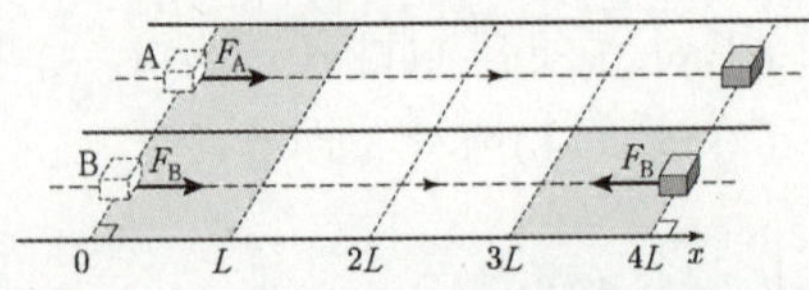

물체 \ 구간	$0 \leq x \leq L$	$L < x < 3L$	$3L \leq x \leq 4L$
A	F_A, 오른쪽	0	0
B	F_B, 오른쪽	0	F_B, 왼쪽

$0 \leq x \leq L$에서 A, B가 받은 일을 각각 W_A, W_B라고 할 때, $\dfrac{W_A}{W_B}$는? (단, 물체의 크기, 마찰, 공기 저항은 무시한다.) [3점]

① $\dfrac{16}{25}$ ② $\dfrac{25}{36}$ ③ $\dfrac{36}{49}$

④ $\dfrac{49}{64}$ ⑤ $\dfrac{64}{81}$

그림과 같이 마찰이 없는 궤도를 따라 운동하는 물체 A, B가 각각 높이 $2h_0$, h_0인 지점을 v_0, $2v_0$의 속력으로 지난다. h_0인 지점에서 B의 운동 에너지는 중력 퍼텐셜 에너지의 4배이다. 궤도의 구간 I, II는 각각 수평면, 경사면이고, 구간 III은 높이가 $4h_0$인 수평면이다.

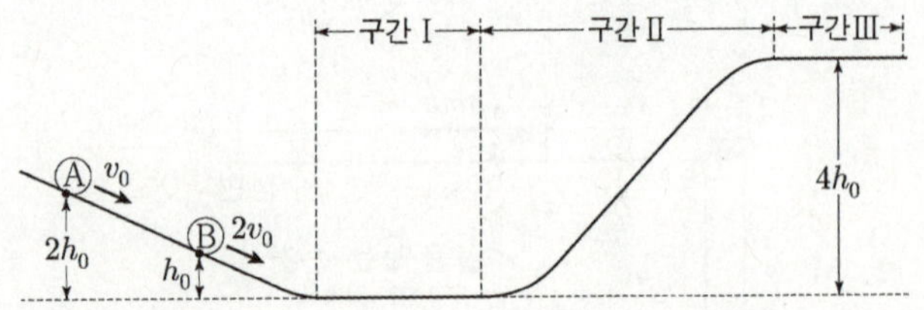

이에 대한 설명으로 옳은 것만을 <보기>에서 있는 대로 고른 것은? (단, I 에서 중력 퍼텐셜 에너지는 0이고, 물체는 동일 연직면상에서 운동하며, 물체의 크기는 무시한다.)

─── <보 기> ───

ㄱ. I을 통과하는 데 걸리는 시간은 A가 B의 $\dfrac{5}{3}$ 배이다.

ㄴ. II에서 A의 운동 에너지와 중력 퍼텐셜 에너지가 같은 지점의 높이는 h_0이다.

ㄷ. III에서 B의 속력은 v_0이다.

19 20년 3월 교육청 20번

그림과 같이 빗면 위의 점 O에 물체를 가만히 놓았더니 물체가 일정한 시간 간격으로 빗면 위의 점 A, B, C를 통과하였다. 물체는 B~C구간에서 마찰력을 받아 역학적 에너지가 18J만큼 감소하였다. 물체의 중력 퍼텐셜 에너지 차는 O와 B 사이에서 32J, A와 C 사이에서 60J이다.

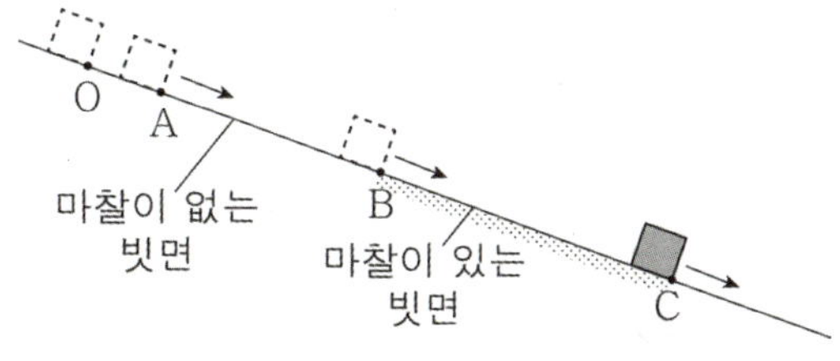

C에서 물체의 운동 에너지는? (단, 물체의 크기와 공기 저항은 무시한다.) [3점]

① 18J ② 28J ③ 32J

④ 42J ⑤ 50J

20 20년 4월 교육청 19번

그림과 같이 질량이 m인 물체가 빗면을 따라 운동하여 점 p, q를 지나 최고점 r에 도달한다. 물체의 역학적 에너지는 p에서 q까지 운동하는 동안 감소하고, q에서 r까지 운동하는 동안 일정하다. 물체의 속력은 p에서가 q에서의 2배이고, p와 q의 높이 차는 h이다. 물체가 p에서 q까지 운동하는 동안, 물체의 운동 에너지 감소량은 물체의 중력 퍼텐셜 에너지 증가량의 3배이다.

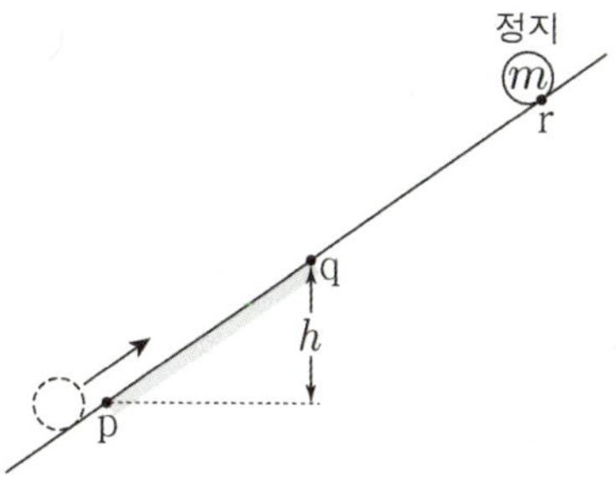

이에 대한 설명으로 옳은 것만을 <보기>에서 있는 대로 고른 것은? (단, 중력 가속도는 g이고, 물체의 크기는 무시한다.)

<보 기>

ㄱ. q에서 물체의 속력은 $\sqrt{2gh}$ 이다.

ㄴ. q와 r의 높이 차는 h이다.

ㄷ. 물체가 p에서 q까지 운동하는 동안, 물체의 역학적 에너지 감소량은 $2mgh$이다.

그림 (가)와 같이 동일한 용수철 A, B가 연직선상에 x만큼 떨어져 있다. 그림 (나)는 (가)의 A를 d만큼 압축시키고 질량 m인 물체를 올려놓았더니 물체가 힘의 평형을 이루며 정지해 있는 모습을, (다)는 (나)의 A를 $2d$만큼 더 압축시켰다가 가만히 놓는 순간의 모습을, (라)는 (다)의 물체가 A와 분리된 후 B를 압축시킨 모습을 나타낸 것이다. B가 $\frac{1}{2}d$만큼 압축되었을 때 물체의 속력은 0이다.

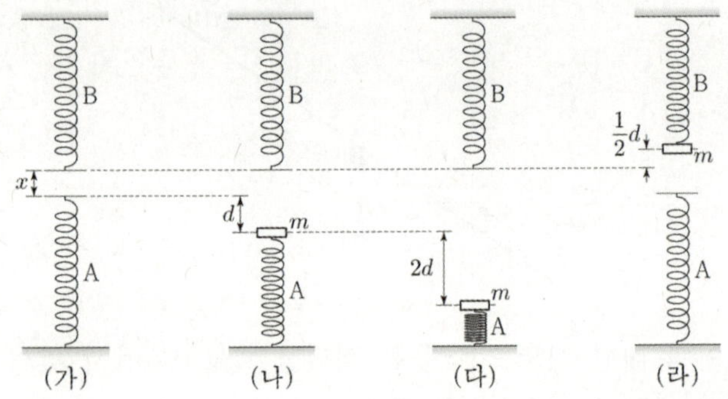

이에 대한 설명으로 옳은 것만을 <보기>에서 있는 대로 고른 것은? (단, 중력 가속도는 g이고, 물체의 크기, 용수철의 질량, 공기 저항은 무시한다.) [3점]

───── <보 기> ─────

ㄱ. 용수철 상수는 $\dfrac{mg}{d}$ 이다.

ㄴ. $x = \dfrac{7}{8}d$ 이다.

ㄷ. 물체가 운동하는 동안 물체의 운동 에너지의 최댓값은 $2mgd$ 이다.

그림 (가)는 물체 A, B, C를 실로 연결한 후, 질량이 m인 A를 손으로 잡아 A와 C가 같은 높이에서 정지한 모습을 나타낸 것이다. A와 B 사이에 연결된 실은 p이고, B와 C 사이의 거리는 $2h$이다. 그림 (나)는 (가)에서 A를 가만히 놓은 후 A와 B의 높이가 같아진 순간의 모습을 나타낸 것이다. (가)에서 (나)로 물체가 운동하는 동안 운동 에너지 변화량의 크기는 C가 A의 3배이고, A의 중력 퍼텐셜 에너지 변화량의 크기와 C의 역학적 에너지 변화량의 크기는 같다.

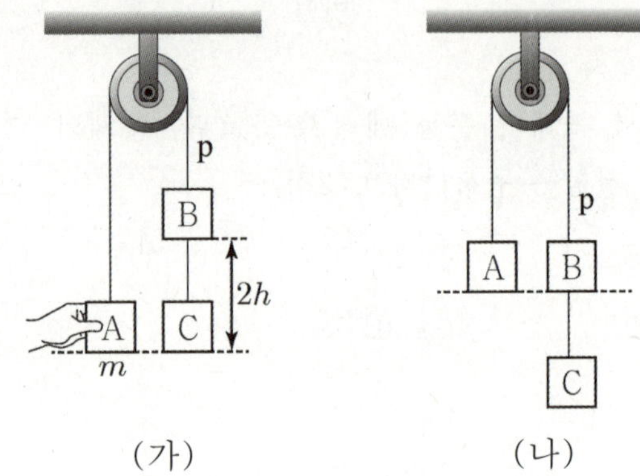

(나)에 대한 설명으로 옳은 것만을 <보기>에서 있는 대로 고른 것은? (단, 모든 마찰과 공기 저항, 실의 질량은 무시한다.) [3점]

───── <보 기> ─────

ㄱ. A의 속력은 $\sqrt{2gh}$ 이다.

ㄴ. B의 질량은 $2m$ 이다.

ㄷ. p가 B를 당기는 힘의 크기는 mg 이다.

23

그림과 같이 실로 연결된 채 두 빗면에서 속력 v로 각각 등속도 운동을 하던 물체 A, B가 수평선 P를 동시에 지나는 순간 실이 끊어졌으며, 이후 각각 등가속도 직선 운동을 하여 수평선 Q를 동시에 지났다. A, B의 질량은 각각 m, $5m$이고, 두 빗면의 기울기는 같으며, B는 빗면으로부터 일정한 마찰력을 받는다.

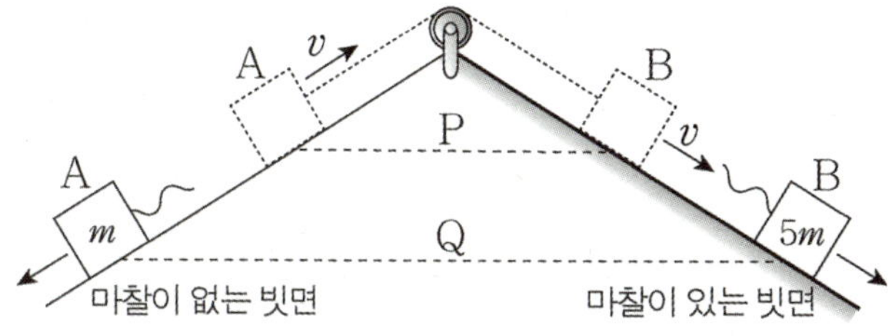

P에서 Q까지 B의 역학적 에너지 감소량은? (단, 실의 질량, 물체의 크기, B가 받는 마찰 이외의 모든 마찰과 공기 저항은 무시한다.) [3점]

① $6mv^2$ ② $12mv^2$ ③ $18mv^2$
④ $24mv^2$ ⑤ $30mv^2$

24

그림 (가)와 같이 질량이 각각 2kg, 3kg, 1kg인 물체 A, B, C가 용수철 상수가 200N/m인 용수철과 실에 연결되어 정지해 있다. 수평면에 연직으로 연결된 용수철은 원래 길이에서 0.1m만큼 늘어나 있다. 그림 (나)는 (가)의 C에 연결된 실이 끊어진 후, A가 연직선상에서 운동하여 용수철이 원래 길이에서 0.05m만큼 늘어난 순간의 모습을 나타낸 것이다.

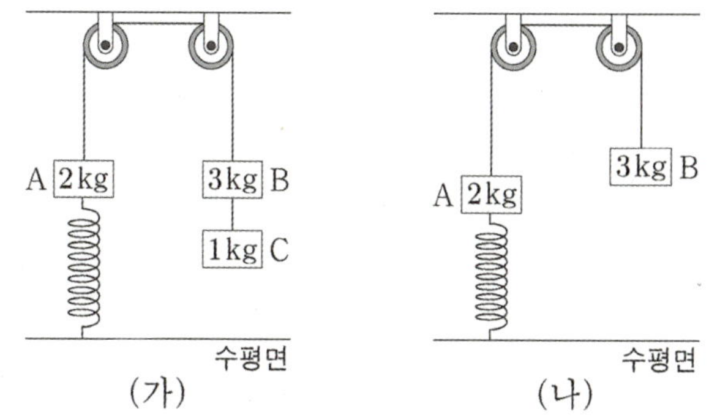

(나)에서 A의 운동 에너지는 용수철에 저장된 탄성 퍼텐셜 에너지의 몇 배인가? (단, 중력 가속도는 $10\,\mathrm{m/s^2}$이고, 실과 용수철의 질량, 모든 마찰과 공기 저항은 무시한다.)

① $\dfrac{1}{2}$ ② $\dfrac{2}{5}$ ③ $\dfrac{3}{5}$

④ $\dfrac{4}{5}$ ⑤ 1

25 **22학년도 수능 15번**

그림은 물체 A, B, C를 실 p, q로 연결하여 C를 손
으로 잡아 정지시킨 모습을 나타낸 것이다. C를 가
만히 놓으면 B는 가속도의 크기 a로 등가속도 운동
한다. 이후 p를 끊으면 B는 가속도의 크기 a로 등가
속도 운동한다. A, B, C의 질량은 각각 $3m$, m, $2m$
이다.

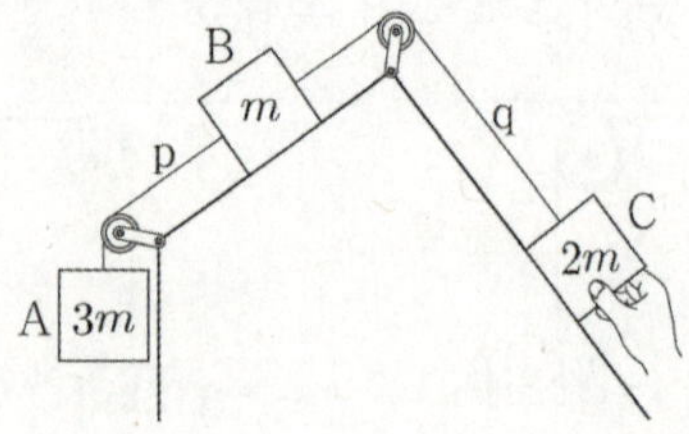

이에 대한 설명으로 옳은 것만을 <보기>에서 있는
대로 고른 것은? (단, 중력 가속도는 g이고, 실의 질
량 및 모든 마찰과 공기 저항은 무시한다.)

─────── <보 기> ───────

ㄱ. q가 B를 당기는 힘의 크기는 p를 끊기 전이
   p를 끊은 후보다 크다.

ㄴ. $a = \dfrac{1}{3}g$이다.

ㄷ. p를 끊기 전까지, A의 중력 퍼텐셜 에너지
   감소량은 B와 C의 운동 에너지 증가량의
   합보다 크다.

26 **21년 7월 교육청 20번**

그림 (가)는 질량이 같은 두 물체가 실로 연결되어
용수철 A, B와 도르래를 이용해 정지해 있는 것을
나타낸 것이다. A, B는 각각 원래의 길이에서 L만
큼 늘어나 있다. 그림 (나)는 두 물체를 연결한 실이
끊어져 B가 원래의 길이에서 x만큼 최대로 압축되
어 물체가 정지한 순간의 모습을 나타낸 것이다. A,
B의 용수철 상수는 같다.

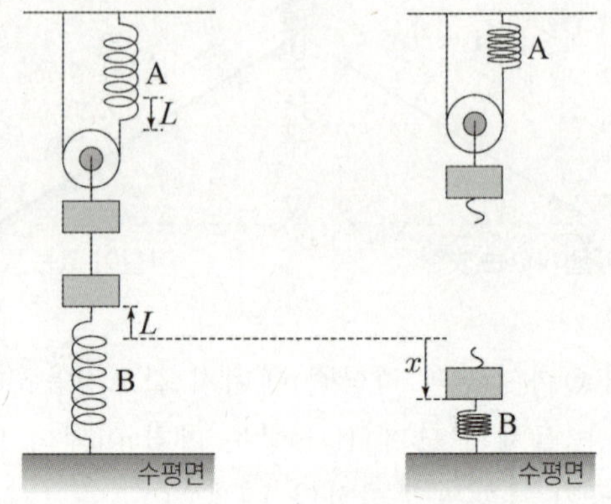

x는? (단, 실의 질량, 용수철의 질량, 도르래의 질량
및 모든 마찰과 공기 저항은 무시한다.) [3점]

① L　　　② $\dfrac{3}{2}L$　　　③ $2L$

④ $\dfrac{5}{2}L$　　　⑤ $3L$

그림과 같이 수평 구간 I에서 물체 A, B를 용수철의 양 끝에 접촉하여 용수철을 원래 길이에서 d만큼 압축시킨 후 동시에 가만히 놓으면, A는 높이 h에서 속력이 0이고, B는 높이가 $3h$인 마찰이 있는 수평 구간에서 II에서 정지한다. A, B의 질량은 각각 $2m$, m이고, 용수철 상수는 k이다.

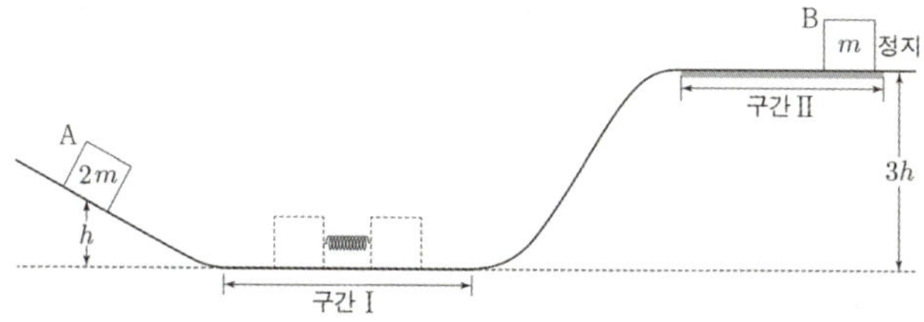

이에 대한 설명으로 옳은 것만을 <보기>에서 있는 대로 고른 것은? (단, 중력 가속도는 g이고, 물체의 크기, 용수철의 질량. 구간 II의 마찰을 제외한 모든 마찰 및 공기 저항은 무시한다.)

──────── <보 기> ────────

ㄱ. $k = \dfrac{12mgh}{d^2}$ 이다.

ㄴ. A, B가 각각 높이 $\dfrac{h}{2}$를 지날 때의 속력은 B가 A의 $\sqrt{6}$ 배이다.

ㄷ. 마찰에 의한 B의 역학적 에너지 감소량은 $\dfrac{3}{2}mgh$이다.

그림 (가)와 같이 물체 A, B를 실로 연결하고, A에 연결된 용수철을 원래 길이에서 $3L$만큼 압축시킨 후 A를 점 p에서 가만히 놓았다. B의 질량은 m이다. 그림 (나)는 (가)에서 A, B가 직선 운동하여 각각 $7L$만큼 운동한 후 $4L$만큼 되돌아와 정지한 모습을 나타낸 것이다. A가 구간 p→r, r→q에서 이동할 때, 각 구간에서 마찰에 의해 손실된 역학적 에너지는 각각 $7W$, $4W$이다.

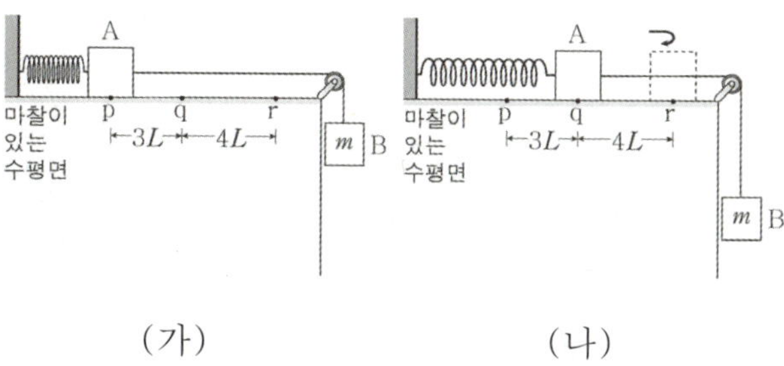

(가) (나)

W는? (단, 중력 가속도는 g이고, 용수철과 실의 질량, 물체의 크기, 수평면에 의한 마찰 외의 모든 마찰과 공기 저항은 무시한다.) [3점]

① $\dfrac{1}{3}mgL$ ② $\dfrac{2}{5}mgL$ ③ $\dfrac{1}{2}mgL$

④ $\dfrac{3}{5}mgL$ ⑤ $\dfrac{2}{3}mgL$

29 22년 7월 교육청 18번

그림 (가)와 같이 물체 A가 수평면에서 용수철이 달린 정지해 있는 물체 B를 향해 등속 직선 운동한다. 그림 (나)는 (가)에서 A와 B가 충돌하고 분리된 후 B가 수평면에서 등속 직선 운동하는 모습을 나타낸 것이다. (나)에서 B의 속력은 (가)에서 A의 속력의 $\frac{2}{3}$배이고, 질량은 B가 A의 2배이다.

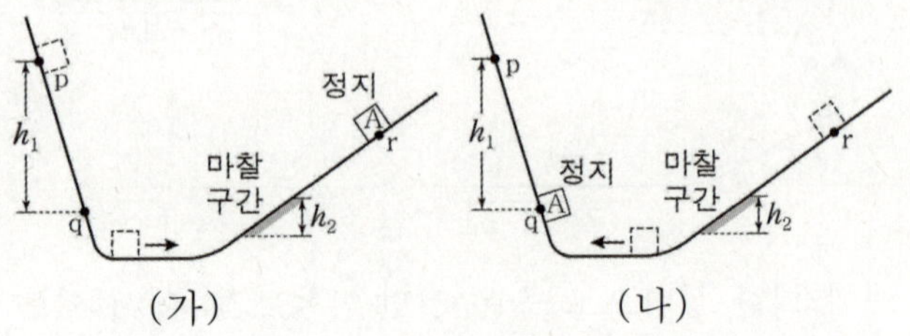

용수철이 압축되는 동안 용수철에 저장되는 탄성 퍼텐셜 에너지의 최댓값을 E_1, (나)에서 B의 운동 에너지를 E_2라 할 때 $\dfrac{E_1}{E_2}$는? (단, 충돌 과정에서 역학적 에너지 손실은 없고, 용수철의 질량, 모든 마찰과 공기 저항은 무시한다. [3점]

① $\dfrac{2}{9}$ ② $\dfrac{4}{9}$ ③ $\dfrac{2}{3}$

④ $\dfrac{3}{4}$ ⑤ $\dfrac{4}{3}$

30 23년 3월 교육청 20번

그림 (가)와 같이 빗면의 점 p에 가만히 놓은 물체 A는 빗면의 점 r에서 정지하고, (나)와 같이 r에 가만히 놓은 A는 빗면의 점 q에서 정지한다. (가), (나)의 마찰 구간에서 A의 속력은 감소하고, 가속도의 크기는 각각 $3a$, a로 일정하며, 손실된 역학적 에너지는 서로 같다. p와 q사이의 높이차는 h_1, 마찰 구간의 높이차는 h_2이다.

$\dfrac{h_2}{h_1}$는? (단, 물체의 크기, 공기 저항, 마찰 구간 외의 모든 마찰은 무시한다.)

① $\dfrac{1}{5}$ ② $\dfrac{2}{9}$ ③ $\dfrac{6}{25}$

④ $\dfrac{1}{4}$ ⑤ $\dfrac{2}{7}$

31 23년 4월 교육청 20번

그림 (가)는 수평면에서 질량이 m인 물체로 용수철을 원래 길이에서 $2d$만큼 압축시킨 후 가만히 놓았더니 물체가 마찰 구간을 지나 높이가 h인 최고점에서 속력이 0인 순간을 나타낸 것이다. 마찰 구간을 지나는 동안 감소한 물체의 운동 에너지는 마찰 구간의 최저점 p에서 물체의 중력 퍼텐셜 에너지의 6배이다. 그림 (나)는 (가)에서 물체가 마찰 구간을 지나 용수철을 원래 길이에서 최대 d만큼 압축시킨 모습을 나타낸 것으로 물체는 마찰 구간에서 등속도 운동한다. 마찰 구간에서 손실된 물체의 역학적 에너지는 (가)에서와 (나)에서가 같다.

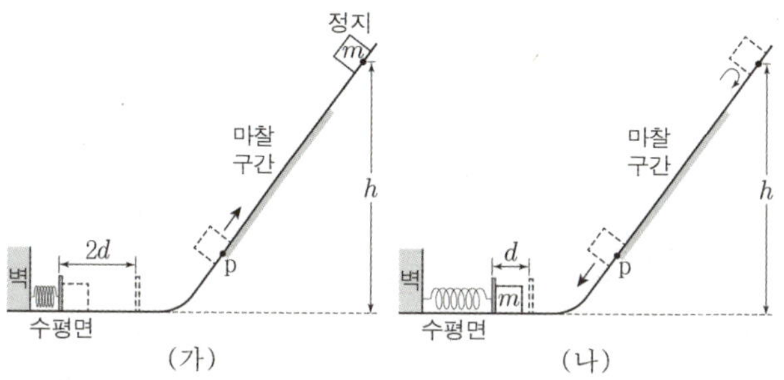

(나)의 p에서 물체의 운동 에너지는? (단, 중력 가속도는 g이고, 수평면에서 물체의 중력 퍼텐셜 에너지는 0이며 용수철의 질량, 물체의 크기, 공기 저항, 마찰 구간 외의 마찰은 무시한다.) [3점]

① $\dfrac{1}{9}mgh$　　② $\dfrac{1}{8}mgh$　　③ $\dfrac{1}{7}mgh$

④ $\dfrac{1}{6}mgh$　　⑤ $\dfrac{1}{5}mgh$

32 24학년도 9월 평가원 19번

그림은 높이 $6h$인 점에서 가만히 놓은 물체가 궤도를 따라 운동하여 마찰 구간 I, II를 지나 최고점 r에 도달하여 정지한 순간의 모습을 나타낸 것이다. 점 p, q의 높이는 각각 h, $2h$이고, p, q에서 물체의 속력은 각각 $\sqrt{2}\,v$, v이다. 마찰 구간에서 손실된 역학적 에너지는 II에서가 I에서의 2배이다.

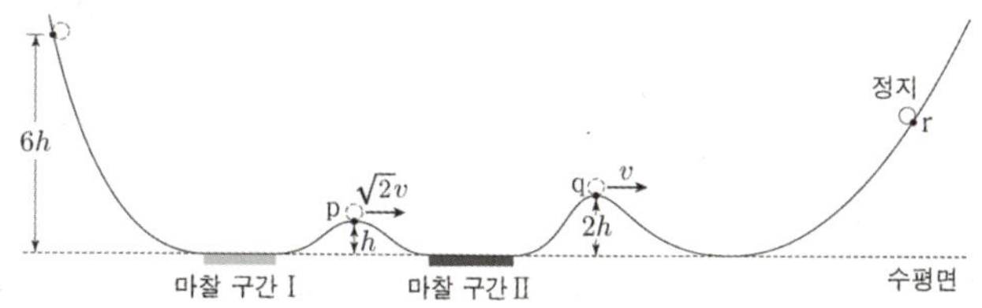

r의 높이는? (단, 물체의 크기, 공기 저항, 마찰 구간 외의 모든 마찰은 무시한다. [3점]

① $\dfrac{19}{5}h$　　② $4h$　　③ $\dfrac{21}{5}h$

④ $\dfrac{22}{5}h$　　⑤ $\dfrac{23}{5}h$

33 23년 10월 교육청 18번

그림과 같이 빗면의 마찰 구간 I에서 일정한 속력 v로 직선 운동한 물체가 마찰 구간 II를 속력 v로 빠져나왔다. 점 p~s는 각각 I또는 II의 양 끝점이고, p와 q, r과 s의 높이차는 모두 h이다. I과 II에서 물체의 역학적 에너지 감소량은 p에서 물체의 운동 에너지의 4배로 같다.

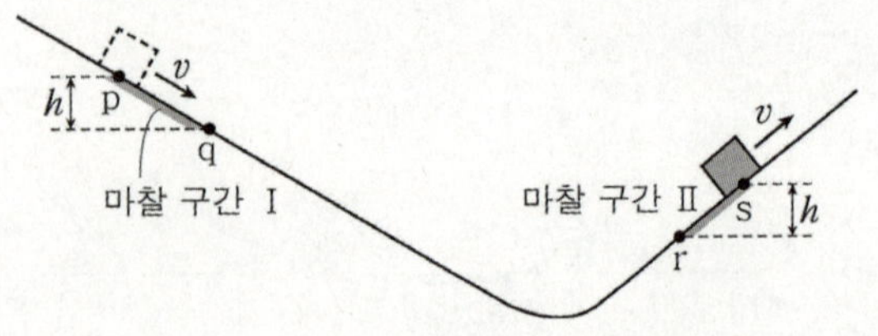

r에서 물체의 속력은? (단, 물체의 크기, 공기 저항, 마찰 구간 외의 모든 마찰은 무시한다.)

① $2v$ ② $\sqrt{6}\,v$ ③ $2\sqrt{2}\,v$

④ $3v$ ⑤ $4v$

34 24년 3월 교육청 20번

그림 (가)와 같이 빗면을 따라 운동하는 물체 A는 수평한 기준선 P를 속력 $5v$로 지나고, 물체 B는 수평면에 정지해 있다. 그림 (나)는 (가) 이후, A와 B가 충돌하여 서로 반대 방향으로 속력 $2v$로 운동하는 모습을 나타낸 것이다. A, B의 질량은 각각 m, $3m$이다. A가 마찰 구간을 올라갈 때와 내려갈 때 손실된 역학적 에너지는 같다. (나) 이후, A, B는 각각 P를 속력 v_A, $3v$로 지난다.

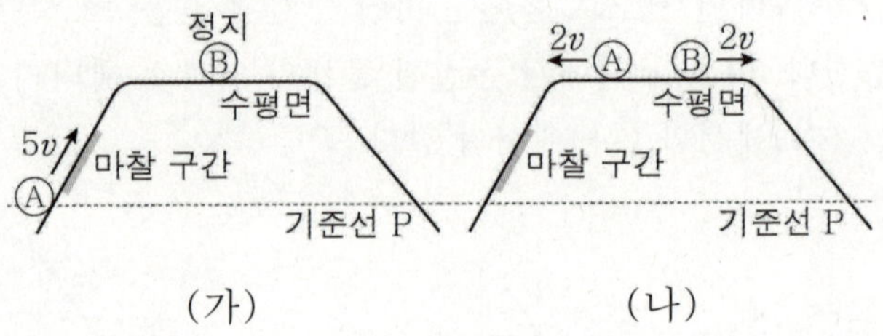

v_A는? (단, 물체의 크기, 공기 저항, 마찰 구간 외의 모든 마찰은 무시한다.) [3점]

① $2v$ ② $\sqrt{5}\,v$ ③ $\sqrt{6}\,v$

④ $\sqrt{7}\,v$ ⑤ $2\sqrt{2}\,v$

그림은 높이 h인 점 p에서 속력 $4v$로 운동하는 물체가 궤도를 따라 마찰 구간 Ⅰ, Ⅱ를 지나 높이가 $2h$인 최고점 t에 도달하여 정지한 순간의 모습을 나타낸 것이다. 점 q, r, s의 높이는 각각 $2h$, h, h이고, q, r, s에서 물체의 속력은 각각 $3v$, v_r, v_s이다. 마찰 구간에서 손실된 역학적 에너지는 Ⅱ에서가 Ⅰ에서의 3배이다.

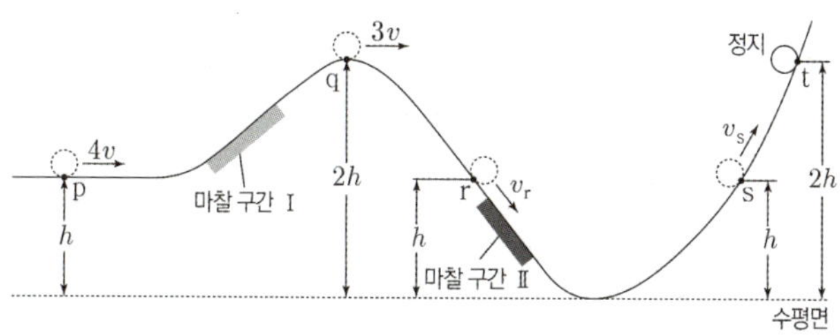

$\dfrac{v_r}{v_s}$는? (단, 마찰 구간 외의 모든 마찰과 공기 저항, 물체의 크기는 무시한다.) [3점]

① $\dfrac{\sqrt{5}}{2}$ ② $\dfrac{3}{2}$ ③ $\dfrac{\sqrt{13}}{2}$

④ $\dfrac{7}{3}$ ⑤ $\sqrt{13}$

그림과 같이 수평면으로부터 높이가 h인 수평 구간에서 질량이 각각 m, $3m$인 물체 A와 B로 용수철을 압축시킨 후 가만히 놓았더니, A, B는 각각 수평면상의 마찰 구간 Ⅰ, Ⅱ를 지나 높이 $3h$, $2h$에서 정지하였다. 이 과정에서 A의 운동 에너지의 최댓값은 A의 중력 퍼텐셜 에너지의 최댓값의 4배이다. A, B가 각각 Ⅰ, Ⅱ를 한 번 지날 때 손실되는 역학적 에너지는 각각 $W_\text{Ⅰ}$, $W_\text{Ⅱ}$이다.

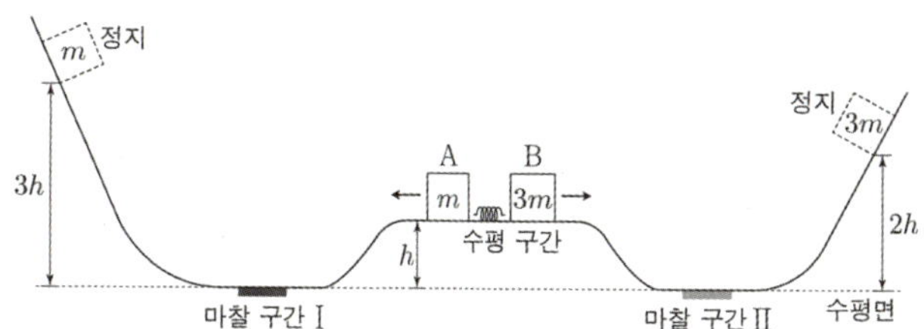

$\dfrac{W_\text{Ⅰ}}{W_\text{Ⅱ}}$은? (단, 수평면에서 중력 퍼텐셜 에너지는 0이고, A와 B는 동일 연직면상에서 운동한다. 물체의 크기, 용수철의 질량, 공기 저항과 마찰 구간 외의 모든 마찰은 무시한다.)

① 9 ② $\dfrac{21}{2}$ ③ 12

④ $\dfrac{27}{2}$ ⑤ 15

Chapter

05

고전 역학 융합형 문항

05 고전 역학 융합형 문항

Chapter 5에서는 고난도 융합형 문항들을 통해 상황에 따른 적절한 도구를 선택하는 방법과 일관적이고 실전적인 태도를 익히게 될 것이다. 이 Chapter는 지금까지 살펴본 네 개의 챕터의 결합 형태라고 볼 수 있는 특별한 챕터이다. 예시 문항으로 실어둔 대부분의 문제들이 다들 굵직한 역대급 킬러 문항들이기에 꽤나 많이 어려울 수 있다. 매우 중요한 문항들이므로 문항을 앞서 배운 도구들과 태도에 맞게끔 더욱 꼼꼼히 해설하였다. 예시 문항의 해설을 통해 고난도 문항에서의 태도를 교정하고 정립하기를 바란다.

먼저, 지금까지 다루었던 Chapter 1~4의 필수 도구와 태도들을 다시 살펴보며 정리하고 들어가기로 하자.

▌Chapter 1. 직선 운동의 분석

평균 속도, 평균 속력, 순간 속도, 순간 속력

평균 속도 : $v_{avg} = \dfrac{\Delta x}{\Delta t}$, 평균 속력 : $v_{avg} = \dfrac{\Delta s}{\Delta t}$

순간 속도의 크기 = 순간 속력

가속도

$$a_{avg} = \dfrac{\Delta v}{\Delta t}$$

등속도 운동 (등속 직선 운동)

$s = vt, \quad v = \dfrac{s}{t}, \quad t = \dfrac{s}{v}$ (s 대신 Δx를 사용하여도 된다.)

등가속도 직선 운동

$v = v_0 + at$ (at는 '속도 변화량, Δv'라고 읽어라.)

$\Delta x = v_0 t + \dfrac{1}{2}at^2, \ \Delta x = \dfrac{1}{2}at^2$ ($v_0 = 0$인 경우)

$2a\Delta x = v^2 - v_0^2, \ a\Delta x = \overline{v}\,\Delta v$

$\Delta(v^2) \propto \Delta x$ (한쪽 방향으로 운동하는 경우)

하나의 등가속도 운동에서 시간 간격이 일정하게 끊어져 있다면

i) 한 구간에서 양 끝 경계의 정가운데 시각에 그 구간에서의 평균 속도가 있다.
ii) 이웃한 두 구간의 평균 속도의 정가운데에 경계에서의 순간 속도가 있다.

등가속도 운동에서의 평균 속도

i) 초기 속도와 최종 속도의 중간값
ii) 중간 시점에서의 순간 속도

상대 속도(속도 차)

i) 두 물체 A, B 사이의 시간당 거리 변화를 의미
ii) 한 물체(A)의 입장에서 본 다른 물체(B)의 속도

상대 속도 일정

상대 속도가 일정하다는 판단의 전제 : 두 물체의 가속도 동일
가속도가 동일한 경우에 속도 변화량이 같고, 따라서 상대 속도가 일정하다.
상대 속도가 일정하면, 두 물체의 가까워지거나 멀어진 거리는 시간에 비례한다.

Chapter 2. 여러 가지 힘과 계의 분석

중력
아래 방향으로 mg의 크기로 항상 작용하는 힘

수직항력
접촉면에 수직한 방향으로 물체를 미는 힘

빗면힘
중력과 수직 항력에 의해 빗면 방향으로 물체가 받는 힘, 빗면 가속도와 함께 생각할 것.

장력
실에 걸리는 장력의 크기 = 양쪽 물체를 당기는 힘의 크기

작용 반작용의 특징
1. 같은 시간 동안, 2. 서로 반대 방향으로, 3. 크기가 같은 힘이 작용

역학계로 묶어보기
속도, 가속도, 변위를 공유해야만 역학계이다.

역학계의 질량비 분배
두 개 이상의 물체가 계를 이루어 운동하는 상황에서, 각 물체의 질량비가 $l : m : n \cdots$ 이라면,
각 물체에 작용하는 알짜힘의 비율도 $l : m : n \cdots$ 를 이룬다.

실이 끊어질 때
실로 연결되어 있는 두 개 이상의 물체에서, 실을 끊은 후 나누어진 두 계의 알짜힘을 서로 더하면 실이 끊어지기 전
초기 계의 알짜힘과 같다.

| Chapter 3. 운동량과 충격량을 다루는 법

운동량

$\vec{p} = m\vec{v}, \ p = mv$

운동량의 변화량 : $\Delta p = m\Delta v = m(a\Delta t) = F\Delta t$

충격량

$\vec{I} = \vec{F}\Delta t, \ I = F\Delta t$

충격량과 운동량의 관계

$F\Delta t = m\Delta v, \ I = \Delta p$ (충격량은 운동량의 변화량과 같다.)

$\dfrac{\Delta \vec{p}}{\Delta t} = \vec{F}, \ \dfrac{I}{\Delta t} = F$

운동량 보존 법칙

① 처음 총 운동량 $=$ 나중 총 운동량,

② 질량비가 $a : b$일 때, 속도 변화량의 크기 비는 $b : a$

운동량 보존 법칙 ver. 1 : 충돌 전후의 전체 운동량이 보존된다

충돌 전 총 운동량 $=$ 충돌 후 총 운동량

$p_1 + p_2 = p_1{'} + p_2{'}$

$m_1 v_1 + m_2 v_2 = m_1 v_1{'} + m_2 v_2{'}$

운동량 보존 법칙 ver. 2 : 충돌 전후 질량비와 속도 변화량의 비는 반비례한다

충돌에 관여하는 두 물체의 질량비가 $a : b$일 때, 두 물체의 속도 변화량의 크기 비는 $b : a$이다.

운동량 그래프 해석 시 주의점 : 아래 두 가지 정보 모두 얻어내기!

① 운동량 값

② 운동량의 변화량

탄성 충돌에서 상대 속도에 대한 고찰

탄성 충돌에서는 충돌 전후의 상대 속도의 크기가 같고 방향이 반대이다.

+) 질량이 같은 두 물체가 탄성 충돌하는 경우, 속도의 교환이 일어난다.

역으로, 질량이 같은 두 물체의 충돌에서, 속도의 교환이 일어나는 경우, 탄성 충돌이 된다.

운동량 보존 유형에서의 운동 에너지 체크

충돌 전후 계의 운동 에너지가 보존된다는 보장은 없으며,

계의 운동 에너지는 절대 충돌하기 전보다 충돌한 후가 더 커서는 안 된다.

▌Chapter 4. 일과 에너지 그리고 역학적 에너지 보존

세 가지 에너지의 정의

① 운동 에너지

$$E_\mathrm{K} = \frac{1}{2}mv^2$$

② 중력 퍼텐셜 에너지

$$\Delta E_\mathrm{P} = mg\Delta h, \ E_\mathrm{P} = mgh \ (h는 기준선으로부터의 높이)$$

③ 탄성 퍼텐셜 에너지

$$\vec{F} = -k\vec{x} \ [단위 : N], \ E_\mathrm{P} = \frac{1}{2}kx^2 \ [단위 : J] \ (k는 탄성 계수 또는 용수철 상수)$$

일과 에너지의 관계

① $W_{알짜힘} = \Delta E_\mathrm{K}$ 알짜힘(합력)이 한 일 = 운동 에너지 변화량

② $W_{보존력} = -\Delta E_\mathrm{P}$ 보존력이 한 일 = −퍼텐셜 에너지 변화량

③ $W_{비보존력} = \Delta E_역$ 비보존력이 한 일 = 역학적 에너지 변화량

물체들의 속력이 같은 경우, '운동 에너지비 = 질량비'

에너지 '값' 비교 vs 에너지 '변화량' 비교

플러스 알파 공식들

① 역학적 에너지 보존 상황에서 한쪽 속력이 0일 때

$$\frac{1}{2}mv^2 = mgh, \ v = \sqrt{2gh}$$

② 운동량을 통해 운동 에너지 구하기

$$E_\mathrm{K} = \frac{p^2}{2m}, \ E_\mathrm{K} = \frac{pv}{2} \ \left(\Delta E_\mathrm{K} \neq \frac{(\Delta p)^2}{2m} 임에 주의, \ \Delta E_\mathrm{K} = \frac{\Delta(p^2)}{2m} 이 맞음\right)$$

③ 운동 에너지를 통해 운동량 구하기

$$p = \sqrt{2mE_\mathrm{K}}, \ p = \frac{2E_\mathrm{K}}{v}$$

연직 방향에서의 가속도와 에너지 변화량 비율 사이 관계

$$\frac{\Delta E_\mathrm{K} 의 크기}{\Delta E_\mathrm{P} 의 크기} = \frac{a}{g}, \ a = \frac{\Delta E_\mathrm{K} 의 크기}{\Delta E_\mathrm{P} 의 크기}g$$

용수철 문제를 푸는 기본 루틴

1. 힘의 평형 이용
2. 역학적 에너지 보존 적용
3. 평형점 이용

평형점의 특징

1. **평형점을 지날 때 속력이 최대, 운동 에너지가 최대이다.**

   최대 속력 : $v = \sqrt{\dfrac{k}{m}}\,A$, 최대 운동 에너지 : $\dfrac{kA^2}{2m}$

2. **알짜힘이 0이다. 즉, 중력 = 탄성력이 된다.** (빗면에서는 빗면 방향 중력과 크기가 같다.)
3. **물체는 평형점을 중심으로 진동한다.**

힘의 평형점 = 진동의 중심점 = 속력이 최대인 지점

평균 탄성력의 활용

(평균 탄성력)×(변화한 길이)=(탄성 퍼텐셜 에너지 변화량)

평균 알짜힘의 활용

(평균 알짜힘)×(변화된 길이)=(운동 에너지 변화량)

기타 성질

압축된 두 물체는 용수철의 원래 길이에서 분리된다.
물체 양쪽에 용수철이 연결된 경우 진동의 형태는 용수철이 하나일 때와 동일하다.

그림은 높이 h인 곳에 가만히 놓인 물체 A가 마찰이 없는 빗면을 내려와 정지해 있던 물체 B와 충돌한 후, A는 v, B는 $2v$의 속도로 마찰이 있는 수평면을 향해 등속도 운동하는 것을 나타낸 것이다. A는 마찰면을 통과한 직후 정지하고, B는 마찰면을 통과하여 마찰이 없는 면을 따라 높이가 $\frac{2}{5}h$인 최고점에 도달한다. A, B의 질량은 m으로 같고, 마찰면과의 마찰력은 각각 F_A, F_B로 일정하며, $F_A > F_B$이다.

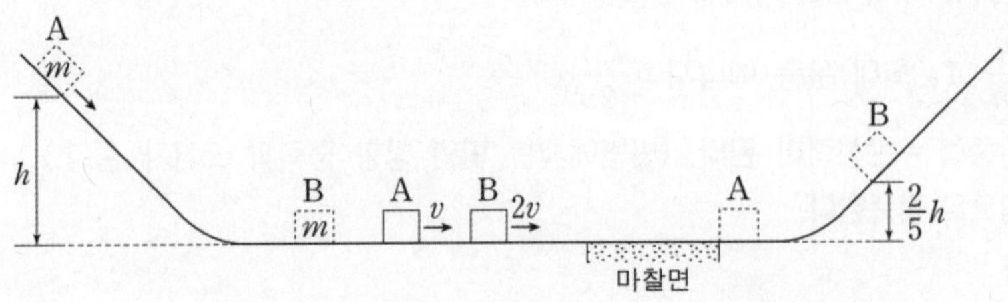

$\dfrac{F_A}{F_B}$는? (단, 물체의 크기는 무시한다.)

① $\dfrac{5}{4}$　　　② $\dfrac{4}{3}$　　　③ $\dfrac{3}{2}$　　　④ 2　　　⑤ $\dfrac{5}{2}$

0. 문제 상황 파악 및 분석

마찰력은 대표적인 비보존력으로, 물체의 역학적 에너지를 손실시킨다. 비보존력이 한 일은 역학적 에너지 감소량으로, 이 문제에서는 두 물체에 마찰력이 작용한 길이가 같으므로, 역학적 에너지 감소량의 비는 마찰력의 크기 비와 같다.

1. 충돌 분석하기

A, B의 질량이 같으므로, 충돌 시 속도 변화량의 크기가 같다. B의 속도 변화량의 크기가 $2v$이므로 A의 속도 변화량의 크기도 $2v$이다. 따라서 충돌 전 A의 속도는 오른쪽으로 $3v$이다.

2. 역학적 에너지 상댓값 비교

A, B의 질량이 같으므로, A와 B의 역학적 에너지는 속력과 높이에 의해서만 결정된다. 계산 편의를 위해 수평면을 중력 퍼텐셜 에너지가 0인 기준점으로 삼자.

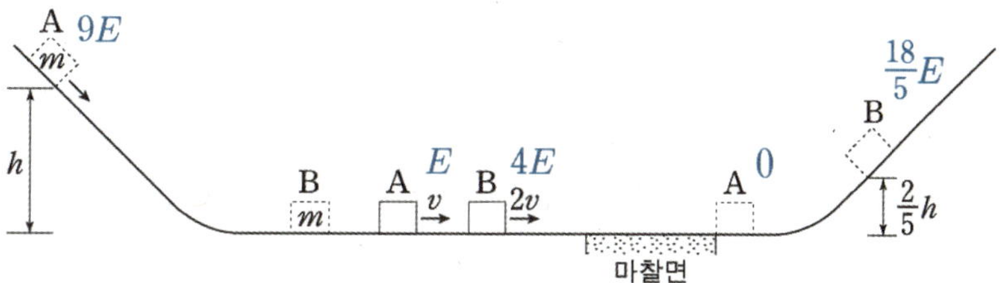

A와 B의 충돌 후 속력이 각각 v, $2v$이므로 충돌 후 A, B의 역학적 에너지는 E, $4E$라고 할 수 있다.
충돌 전 A의 속력은 $3v$이므로 충돌 전 A의 역학적 에너지는 $9E$이다.
A가 높이 h인 곳에서 역학적 에너지가 그대로 $9E$이므로,

B가 높이 $\dfrac{2}{5}h$인 곳에서의 역학적 에너지는 $\dfrac{18}{5}E$이다.

마찰면에서 손실된 역학적 에너지는 A는 E, B는 $\dfrac{2}{5}E$이다.

따라서 마찰력 F_A와 F_B의 크기 비는 $5:2$이고 $\dfrac{F_A}{F_B} = \dfrac{5}{2}$이다.

정답 : ⑤ $\dfrac{5}{2}$

그림과 같이 지면에 정지해 있던 놀이 기구에 연직 방향의 일정한 힘 F와 중력이 함께 작용하여 점 P를 지날 때까지 가속되다가, P를 지난 순간부터는 중력만 작용하여 최고점 Q에 도달하였다. P, Q의 높이는 각각 h, $3h$이며, 놀이 기구가 지면에서 Q에 도달할 때까지 걸린 시간은 3초이다.

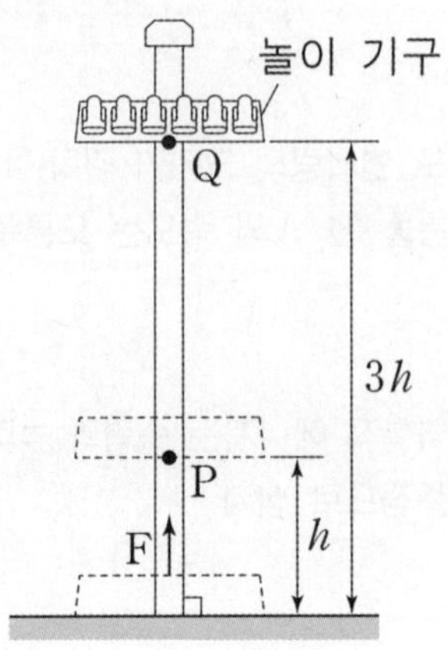

이에 대한 설명으로 옳은 것만을 <보기>에서 있는 대로 고른 것은? (단, 중력 가속도는 10m/s^2이고 지면에서 중력에 의한 퍼텐셜 에너지는 0이며, 마찰 및 공기 저항은 무시한다.) [3점]

〈 보 기 〉

ㄱ. Q에서 놀이 기구의 중력에 의한 퍼텐셜 에너지는 F가 한 일과 같다.

ㄴ. F의 크기는 놀이 기구에 작용하는 중력의 크기의 3배이다.

ㄷ. $h = 8\text{m}$이다.

0. F의 크기 구하기

놀이 기구의 질량을 m이라 하자.

비보존력 F는 놀이 기구의 역학적 에너지를 증가시킨다.

P를 지난 후 물체는 보존력인 중력만 받으므로 역학적 에너지가 보존된다.

F를 받아 물체의 증가한 역학적 에너지는 Q에서의 중력 퍼텐셜 에너지 $3mgh$와 같으므로,

h의 거리만큼 작용한 비보존력 F의 크기는 $3mg$이다.

1. h 구하기

바닥에서 출발하여 Q까지 운동하는 놀이 기구는 정지 상태에서 출발하여 P에서 최고 속력을 가지며, Q에서 정지한다.

놀이 기구는 P를 지날 때를 전후로 가속도가 바뀌는 등가속도 운동을 한다.

따라서 두 구간에서 속도 변화량의 크기와 평균 속도의 크기가 같다.

평균 속도의 크기가 같으므로 바닥에서 P까지는 1초, P에서 Q까지는 2초가 걸린다.

속도 변화량의 크기가 같으므로 가속도의 크기는 두 구간에서 $2:1$이다.

P에서의 속력은 중력만을 받아 속력이 0이 되기 2초 전 속력이므로 20m/s이다.

바닥에서 P까지의 평균 속도의 크기가 10m/s이며 1초 동안 운동하므로 h는 $h=10\text{m}$이다.

2. 보기 판단하기

ㄱ. F가 일을 하여 증가한 물체의 역학적 에너지는 Q에서의 중력 퍼텐셜 에너지와 같다. (ㄱ 맞음)

ㄴ. 앞서 구한 것과 같이 F의 크기는 $3mg$이므로 놀이 기구에 작용하는 중력의 3배이다. (ㄴ 맞음)

ㄷ. $h=10\text{m}$이다. (ㄷ 틀림)

정답 : ㄱ, ㄴ

그림과 같이 질량이 같은 물체 A와 B가 각각 마찰이 없고 도중에 꺾인 경사면을 따라 내려온다. A, B는 각각 동일 수평면으로부터 높이 h인 지점을 동시에 통과하고 같은 거리만큼 이동하여 동시에 수평면에 도달한다. $\theta_1 < 180° < \theta_2$이다.

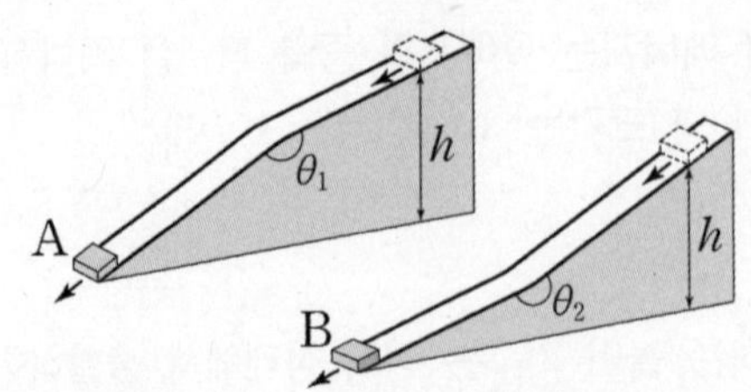

물체가 높이 h인 지점을 지나는 순간부터 수평면에 도달할 때까지, 물체의 운동에 대한 설명으로 옳은 것만을 <보기>에서 있는 대로 고른 것은? (단, 수평면에서 중력에 의한 퍼텐셜 에너지는 0이며, 물체는 경사면을 벗어나지 않고, 물체의 크기와 공기 저항은 무시한다.) [3점]

〈 보 기 〉

ㄱ. 중력이 한 일은 A와 B가 서로 같다.
ㄴ. 운동 에너지 변화량은 A와 B가 서로 같다.
ㄷ. 역학적 에너지는 A와 B가 서로 같다.

0. 문항 파악 및 분석

두 물체 A, B의 운동이 상당히 추상적이고 물리량끼리 비교를 하기 어렵다. 이런 추상적인 상황일 때에는 그래프의 도움을 받으면 좋다고 했었다.

A, B는 서로 다른 경사면을 따라 같은 시간 동안 같은 거리만큼을 이동한다.
$v-t$그래프에서 밑면적이 서로 같다는 것이다. 또한 질량이 같은 두 물체가 같은 높이 h만큼 내려오기 때문에 중력 퍼텐셜 에너지가 운동 에너지로 전환되는 정도가 같다. 따라서 A, B는 $\Delta(v^2)$이 같다.

한 가지 주의할 점은 발문의 두 번째 문장의 'A, B는 각각 동일 수평면으로부터 높이가 h인 지점을 동시에 통과하고'를 보고 두 물체 A와 B의 초기 속력이 0이 아님을 눈치를 채야 한다는 것이다.

1. 각각의 물체의 운동 분석

수식을 이용하거나 비례 관계를 이용한 비교가 힘들 때는 그래프를 사용해 보자고 했었다.
두 물체의 $v-t$그래프를 각각 그려 보도록 하자.

A의 경우, 기울기가 변하는 지점 전후로 가속도의 크기가 작았다가 커진다.
B의 경우, 기울기가 변하는 지점 전후로 가속도의 크기가 컸다가 작아진다.

이를 통해 $v-t$그래프의 개형을 그리면 다음과 같다.

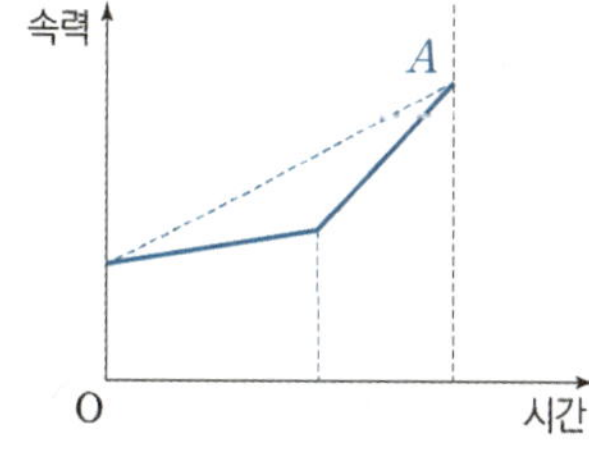

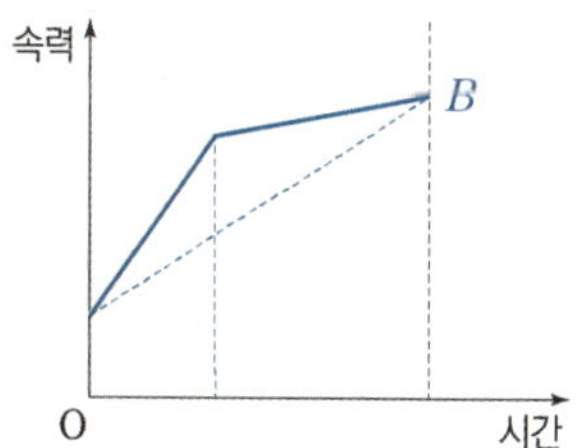

2. 두 물체의 운동 비교

만약 속도 변화량이 같다는 걸 모른다면, 아래처럼 한 가지 과정을 더 거쳐야 한다.

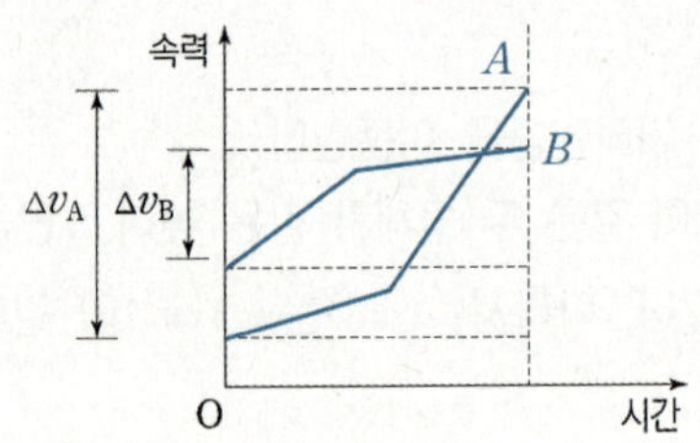
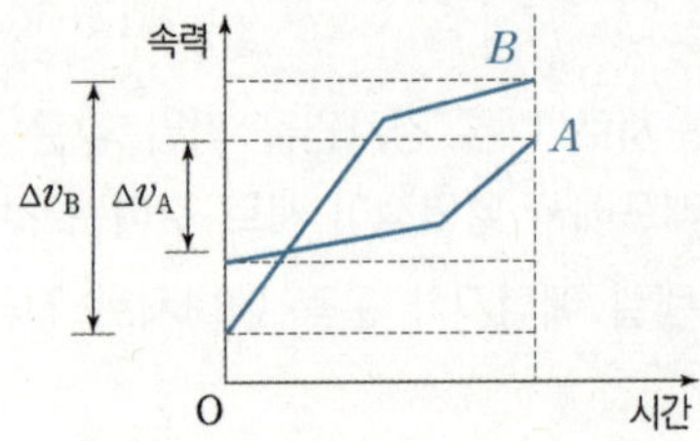

A와 B의 그래프를 함께 그렸을 때, 위의 두 가지 경우에는 절대로 운동 에너지 변화량이 같을 수 없다.
따라서 위와 같은 경우를 배제하고 생각해야 한다.
따라서 운동 에너지 변화량이 같다는 조건을 만족하는 경우는 아래 두 가지 경우밖에 없다.

i) 초기 속력 : A > B, 나중 속력 : A > B
ii) 초기 속력 : A < B, 나중 속력 : A < B

그런데
ii) 초기 속력 : A < B, 나중 속력 : A < B의 경우는 그려 보면 밑넓이가 같다는 조건과 충돌하므로,
i) 초기 속력 : A > B, 나중 속력 : A > B의 경우가 옳다.

A의 그래프를 그려 둔 상태에서, B의 그래프를 위아래로 평행이동하면서 적당한 위치를 잡아 주면 된다.
밑넓이에 신경 쓰면서 위치를 잡아 주면 아래 그래프와 같은 형태로 A와 B의 속력 그래프가 완성된다.

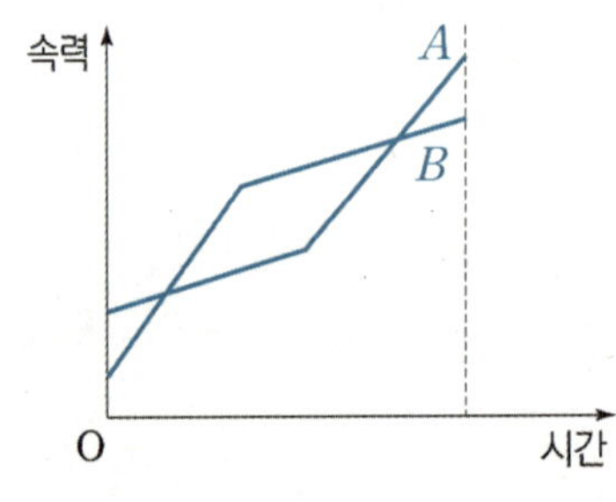

3. 보기 판단하기

ㄱ. 중력이 한 일은 중력 퍼텐셜 에너지의 감소량이자 운동 에너지 증가량과 같다. 높이 변화량이 같으므로 A와 B의 중력이 한 일은 같다. **(ㄱ 맞음)**

ㄴ. 중력 퍼텐셜 에너지 변화량이 곧 운동 에너지 변화량이므로 A와 B의 운동 에너지 변화량은 같다.

(ㄴ 맞음)

ㄷ. A, B의 속력을 나타낸 그래프에서, 초기 시점과 최종 시점을 비교해 보면, 높이가 같으므로 중력 퍼텐셜 에너지가 같고, 운동 에너지는 A > B이다. 따라서 전체 구간에서 역학적 에너지는 A > B이다. **(ㄷ 틀림)**

만약 이런 문제가 실제로 나온다면 둘이 같다고 가정했을 때 틀린 결론을 얻어내는 것으로 충분하다. ㄷ이 참이라고 가정해보자. 즉, 높이가 h인 지점에서의 두 물체의 속력이 같다고 가정해보자. 그렇다면 ㄴ에서 운동 에너지의 변화량이 같다고 하였으므로 수평면에 도달할 때의 두 물체의 속력도 같다. 이 경우에 A, B의 $v-t$그래프는 다음과 같다.

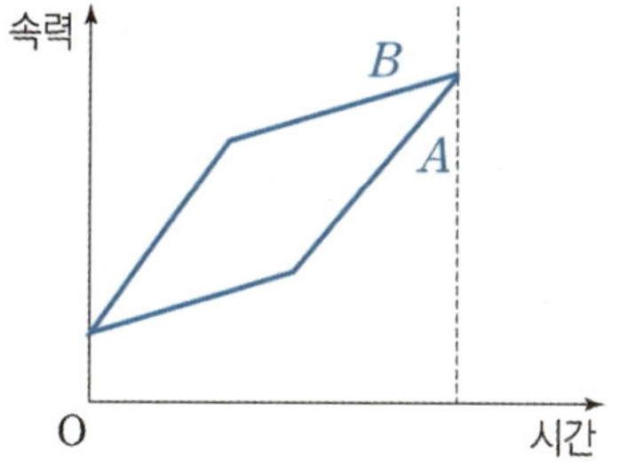

ㄷ이 참이라고 가정했을 때, 이동 거리는 항상 B기 A보다 크다. 문세에서 두 물체의 이동 거리가 같다고 하였으므로 ㄷ은 거짓이다. **(ㄷ 틀림)**

정답 : ㄱ, ㄴ

그림과 같이 물체가 높이 h인 곳에서 가만히 출발하여 마찰이 없는 면을 따라 높이 $2h$인 곳에 도달한다. 물체는 수평면 구간 A와 B를 지나는 도중에 각각 운동 방향으로 크기가 같은 힘 F를 같은 시간 동안 받는다. 높이 $2h$인 곳에 도달하였을 때 물체의 속력은 0이다.

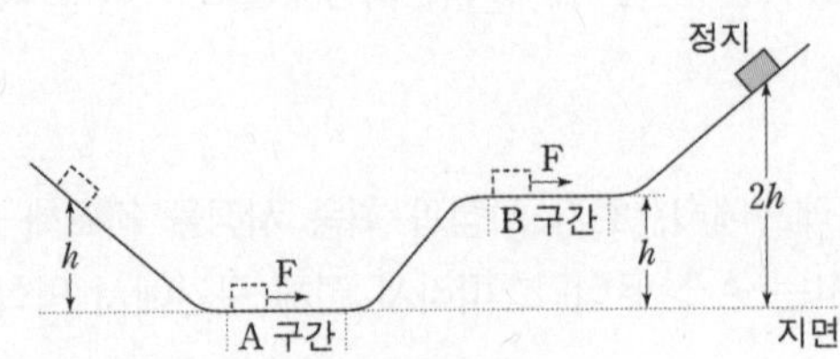

A에서 F가 물체에 한 일을 W_A, B에서 F가 물체에 한 일을 W_B라 할 때, $\dfrac{W_\mathrm{B}}{W_\mathrm{A}}$는? (단, 물체의 크기와 공기 저항은 무시한다.)

① $\dfrac{2}{3}$ ② $\dfrac{7}{9}$ ③ $\dfrac{8}{9}$ ④ 1   ⑤ $\dfrac{10}{9}$

0. 문항 파악 및 분석

한 물체가 궤도를 따라 운동하고 있고, 발문에는 힘의 크기와 힘이 가해진 시간이 언급되었다.
힘 조건과 시간 조건이 합쳐지면 이는 운동량 차원이며 속도 변화량과 직접적 관련이 있다는 것을 앞서 다루었었다.

문제의 마지막 문장에서는 힘이 한 일의 비를 묻고 있다.
힘이 한 일은 힘의 크기와 힘이 가해진 거리와 관계되므로 힘이 가해진 거리를 알아내는 것이 문항의 요구 사항이라는 것을 미리 눈치를 채야 한다는 것이다.
조금 더 나아간다면, 두 구간을 지나가는 데 걸린 시간이 같으므로 두 구간의 거리 비는 평균 속도의 크기 비와 같다는 것도 미리 알 수 있다.

1. A 구간과 B 구간의 시작 지점과 종료 지점에서의 속도 설정하기

A 구간과 B 구간에서 같은 크기의 힘을 같은 시간 동안 받았다는 것은,
$\Delta p = I = F \Delta t$에서 F의 크기와 Δt가 두 구간에서 같음을 의미하므로,
두 구간의 운동량 변화량이 같음을 의미한다.
두 구간에서 운동하는 물체는 하나의 물체이므로 두 구간에서의 운동량 변화량이 같다는 것을 속도 변화량이 같다는 것으로 해석할 수 있다.

공식 $v = \sqrt{2gh}$ 를 이용하면, A 구간의 시작 지점과, B 구간의 종료 지점에서의 속력이 같음을 알 수 있다.
이때 두 지점에서의 속력을 v라고 하자.[24)]
두 구간에서의 속노 변화량의 크기가 같으므로 이를 Δv라 하면, A 구간의 시작과 종료 지점에서의 속력은 각각 v, $v + \Delta v$이고, B 구간의 시작과 종료 지점에서의 속력은 각각 $v - \Delta v$, v이다.

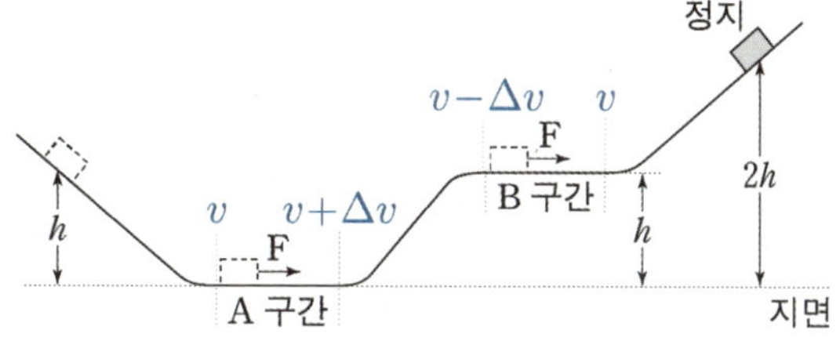

2. A 구간과 B 구간의 시작 지점과 종료 지점에서의 속도 상댓값 구하기

세 개의 경사로를 보자.

① 첫 번째 경사로에서, 출발 지점부터 A 구간의 높이 차,
② 두 번째 경사로에서, A 구간과 B 구간의 높이 차,
③ 세 번째 경사로에서, B 구간과 높이 $2h$인 지점의 높이 차

---

24) 실제 속력을 구하는 것이 아니라 두 구간의 평균 속도의 크기 '비'만 꺼내면 되기 때문에 새로운 문자를 도입해도 큰 부담감이 없다.

세 경사로에서의 높이 차가 모두 h로 같으므로 운동 에너지와 중력 퍼텐셜 에너지 사이 전환된 에너지가 모두 동일하다. 따라서 세 경사로의 아래와 위 지점에서의 속력 제곱의 차이값 $\Delta(v^2)$이 모두 동일하다.

따라서 A 구간의 종료 지점과 B 구간의 시작 지점에서의 속력 $v+\Delta v$, $v-\Delta v$의 제곱의 차이값이 나머지 두 경사로에서의 속력의 제곱의 차이값 v^2과 동일하므로, $(v+\Delta v)^2 - (v-\Delta v)^2 = v^2$이라는 계산식을 얻는다.

이를 계산하면, $\Delta v = \dfrac{1}{4}v$를 얻고, 다음처럼 궤도의 모든 지점에서의 속력을 구할 수 있다.

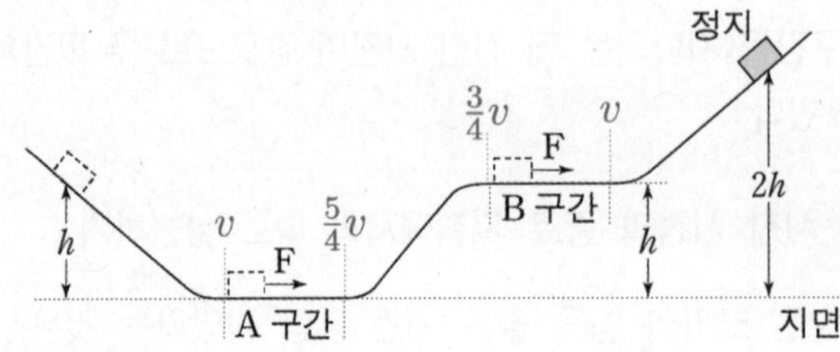

3-1. $\dfrac{W_{\mathrm B}}{W_{\mathrm A}}$ 구하기

따라서 두 구간의 평균 속도는 A 구간에서 $\dfrac{9}{8}v$, B 구간에서 $\dfrac{7}{8}v$이므로 평균 속도비이자 구간의 거리 비이자 힘이 물체에 한 일의 비는 $9:7$이다. 따라서 정답은 ② $\dfrac{7}{9}$이다.

3-2. $\dfrac{W_{\mathrm B}}{W_{\mathrm A}}$ 구하기

모든 지점에서의 속력을 구했다.
알짜힘이 한 일 $W_{\mathrm A}$, $W_{\mathrm B}$은 곧 두 구간에서 운동 에너지의 변화량이므로,

$$\frac{W_{\mathrm B}}{W_{\mathrm A}} = \frac{\dfrac{1}{2}m(4^2-3^2)v^2}{\dfrac{1}{2}m(5^2-4^2)v^2} = \frac{7}{9}\ \text{이다.}$$

다른 풀이 1)

A 구간에서의 운동량의 변화량과 B 구간에서의 운동량의 변화량이 같다. W_A는 A 구간에서의 운동 에너지의 변화량이고, W_B는 B 구간에서의 운동 에너지의 변화량이다. 구간을 지날 때, 처음 운동량과 나중 운동량을 각각 p_f, p_i, 처음 속도와 나중 속도를 각각 v_f, v_i라 하면, 운동 에너지의 변화량은

$$\frac{\Delta(p^2)}{2m} = \frac{{p_1}^2 - {p_2}^2}{2m} = \frac{(p_1 - p_2)(p_1 + p_2)}{2m}$$ 로 표현할 수 있다.

운동량의 변화량이 두 구간에서 같으므로 $p_1 + p_2$의 값을 비교하면 된다.

질량은 변하지 않으므로, $v_1 + v_2$를 비교하면, 첫 번째 풀이에서 구한 결과에 따라,

A 구간에서 $v_1 = \frac{5}{4}v$, $v_2 = v$이며,

B 구간에서 $v_1 = v$, $v_2 = \frac{3}{4}v$이다.

따라서 두 구간에서의 평균 속도의 크기 비가 $9 : 7$이므로 $\dfrac{W_B}{W_A} = \dfrac{7}{9}$이다.

정답 : ② $\dfrac{7}{9}$

다른 풀이 2)

A, B구간에서 물체가 운동한 시간이 같고, A구간의 시작 지점과 B구간의 종료 지점에서의 속도가 같음을 알고 있다. 정지한 상태에서 출빌한 등가속도 직선 운동에서 일정한 시간 간격의 변위 비가 $1 : 3 : 5 : 7$등으로 나타남을 생각하면, $W_A : W_B = s_A : s_B$이 홀수:홀수로 나와야 할 것이다. 따리서 답이 될 수 있는 선지는 $\dfrac{7}{9}$ 또는 1이다. A구간의 종료 지점과 B구간의 시작 지점에서의 속도가 같을 수가 없으므로 1이 될 수가 없다. 따라서 답은 $\dfrac{7}{9}$이다.

정답 : ② $\dfrac{7}{9}$

그림과 같이 질량 m인 놀이 기구가 올라갔다 내려온다. 지면에 정지해 있던 놀이 기구에 $t=0$부터 $t=T$까지는 중력과 크기 $3mg$의 일정한 힘이 작용하고, $t=T$부터 $t=4T$까지는 중력만 작용하다가 $t=4T$부터 지면에 도달할 때까지는 중력과 크기 F의 일정한 힘이 작용한다.

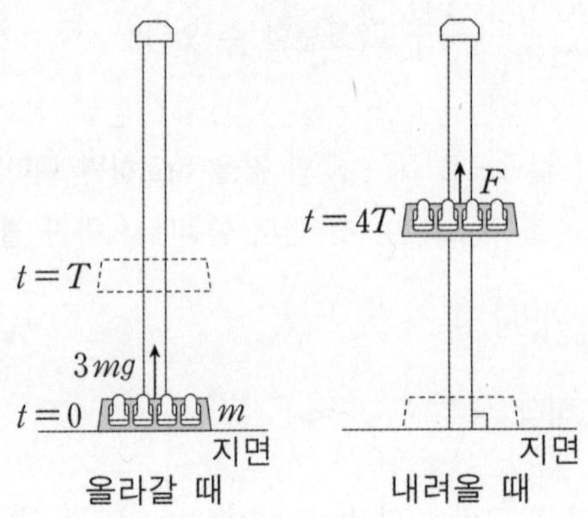

지면에 도달할 때, 놀이 기구의 속력이 0이 되게 하는 F는? (단, 모든 힘은 연직 방향으로 작용하며, 중력 가속도는 g이고, 모든 마찰과 공기 저항은 무시한다.) [3점]

① $\dfrac{12}{11}mg$　　　② $\dfrac{10}{9}mg$　　　③ $\dfrac{8}{7}mg$　　　④ $\dfrac{6}{5}mg$　　　⑤ $\dfrac{4}{3}mg$

1. $t = 4T$일 때의 속력 구하기

$t = 0 \sim t = T$ 일 때 놀이 기구의 알짜힘은 위 방향으로 $2mg$이다. 따라서 놀이 기구의 가속도는 $2g$이고, $t = T$일 때의 속력은 $2gT$이다. 이후 중력에 의한 가속도 g를 운동 반대 방향으로 받아 $t = 3T$일 때 최고점에 도달한다. 운동 방향을 바꾸어 $t = 4T$일 때의 속도는 아래로 gT이다.

2. $t = 4T$일 때의 높이 구하기

$t = T$일 때의 높이는 gT^2이며, $t = 3T$일 때의 높이는

$t = T$일 때보다 $2gT^2$더 상승하여 $3gT^2$이다.

$t = 4T$일 때의 높이는 $t = 2T$일 때와 높이가 $2.5gT^2$으로 동일하다.

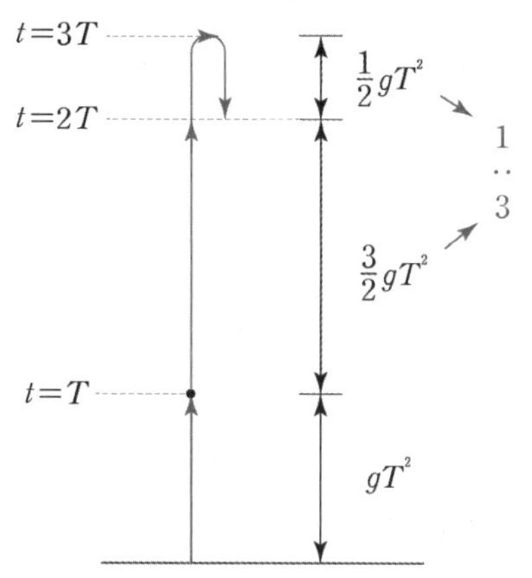

3. F 구하기

$t = 4T$부터 물체가 F의 힘을 $2.5gT^2$의 거리만큼 받아서 바닥에서 정지하는 운동은 에너지 관점과 등가속도 운동 관점 두 가지로 접근할 수 있다.

3-1) 에너지 관점으로 F 구하기

먼저, 에너지 관점으로 접근해 보면, F가 한 일을 사용하기보다는 알짜힘 $F - mg$가 한 일을 계산하여 운동 에너지 변화량과 비교하는 게 더 깔끔할 수 있다. 알짜힘이 한 일 $(F - mg)\dfrac{5}{2}gT^2$는 $t = 4T$일 때부터 바닥까지 운동 에너지 감소량인 $\dfrac{1}{2}m(gT)^2$과 같다.

따라서 이를 정리하면, $F = \dfrac{6}{5}mg$이다.

또는,

$t = 0$부터 $t = T$까지 외력 $3mg$를 gT^2만큼 이동하는 동안 받았으므로 역학적 에너지 증가량은 $3mg^2T^2$이다. 이후 $t = 4T$까지는 외력이 작용하지 않고, 지면에 내려올 때까지 F의 일정한 힘을 받아서 $\dfrac{5}{2}gT^2$만큼 내려와 정지한다. 그러므로 $t = 4T$ 이후의 역학적 에너지 감소량은 $\dfrac{5}{2}FgT^2$이다.

$t = 0$일 때와 지면에 도달할 때 역학적 에너지가 서로 같으므로 $3mg^2T^2 = \dfrac{5}{2}FgT^2$에서 $F = \dfrac{6}{5}mg$을 얻는다.

3-2) 등가속도 운동 관점으로 F 구하기

처음 속력이 gT이고, 나중 속력이 0인 등가속도 운동을 하여 $\dfrac{5}{2}gT^2$의 거리를 운동한다.

$2a\Delta x = v^2 - v_0^2$를 통해 $a = \dfrac{1}{5}g$임을 얻는다.

따라서 놀이 기구의 알짜힘은 위로 $\dfrac{1}{5}mg$이고, $F = \dfrac{6}{5}mg$이다.

정답 : ④ $\dfrac{6}{5}mg$

그림은 물체 B와 실로 연결되어 있는 물체 A를 수평면 위의 점 P에 가만히 놓았더니 오른쪽으로 운동하여 점 Q를 지나는 모습을 나타낸 것이다. A가 Q를 지나는 순간부터 운동 방향과 반대 방향으로 일정한 힘 F를 받아 점 R에서 속력이 0이 되었다. A가 Q에서 R까지 운동하는 동안, A의 운동 에너지 감소량은 B의 중력 퍼텐셜 에너지 감소량과 같다. A, B의 질량은 각각 m, $2m$이고, A가 P에서 R까지 운동하는 데 걸린 시간은 t이다.

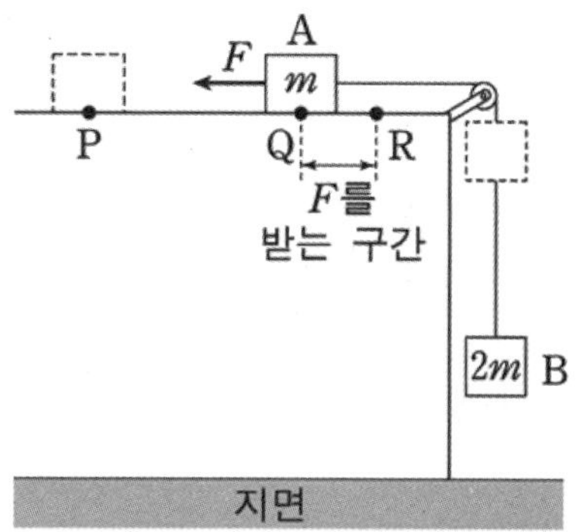

이에 대한 설명으로 옳은 것만을 <보기>에서 있는 대로 고른 것은? (단, 중력 가속도는 g이고, 실의 질량, 마찰과 공기 저항은 무시한다.) [3점]

〈 보 기 〉

ㄱ. A가 P에서 Q까지 운동하는 동안, A와 B의 운동 에너지 증가량의 합은 중력이 B에 한 일과 같다.

ㄴ. F는 $8mg$이다.

ㄷ. P에서 R까지의 거리는 $\dfrac{1}{3}gt^2$이다.

0. 문항 파악 및 분석

두 물체 A와 B는 계를 이루어 가속 운동을 하고 있다. 발문의 셋째 줄 조건을 이용해서, 두 구간 P~Q와 Q~R에서 물체 A와 B의 운동 에너지 변화량과 중력 퍼텐셜 에너지 변화량을 체크하면 되겠다. B는 연직면을 따라 가속 운동하므로, B의 운동 에너지와 중력 퍼텐셜 에너지 변화량 비율을 통해 가속도를 구할 수 있다는 점도 미리 눈치채면 좋다.

1. 구간 P~Q에서의 에너지 변화량 체크

에너지 변화량을 따지기 전에 우리는 구간 P~Q에서의 계의 운동에서의 가속도는 $\dfrac{2}{3}g$임을 알 수 있다. 왜냐하면 A, B의 질량의 합은 $3m$이며, 계의 알짜힘의 크기는 B가 받는 중력의 크기 $2mg$이기 때문이다. 계산하지 않고 그림을 보고 질량비를 파악하여 가속도를 외워서 알 수 있다면 더욱 좋다.

구간 P~Q에서는 비보존력이 작용하지 않으므로 전체 역학적 에너지가 보존된다. 각 물체에 대해 에너지 변화량을 따져보면 다음과 같다.

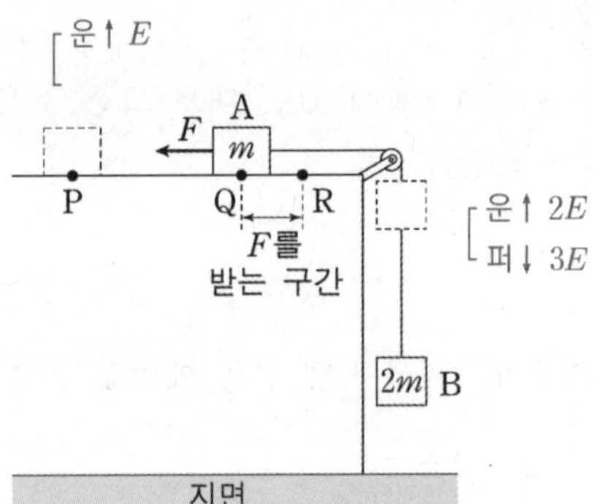

구간 P~Q에서는 물체 A와 B의 운동 에너지는 모두 증가하며, B는 중력 퍼텐셜 에너지가 감소한다. 물체 A와 B의 질량비가 $1:2$이므로 각 운동 에너지 증가량을 E, $2E$라 할 수 있다. 역학적 에너지 보존이 성립하므로, B의 중력 퍼텐셜 에너지 감소량은 $3E$이다.

2. 구간 Q~R에서의 에너지 변화량 체크

구간 Q~R에서는 비보존력 F가 작용하므로 전체 역학적 에너지가
감소한다. 각 물체에 대해 에너지 변화량을 따져보면 오른쪽 그림과
같다.

구간 Q~R에서는 물체 A와 B의 운동 에너지는 모두 감소하며, B는
중력 퍼텐셜 에너지가 감소한다. 물체 A와 B의 질량비가 $1:2$이므로
각 운동 에너지 감소량을 E', $2E'$라 할 수 있다. 문제 세 번째 줄의
조건에 의해, B의 중력 퍼텐셜 에너지 감소량은 E'이 된다.

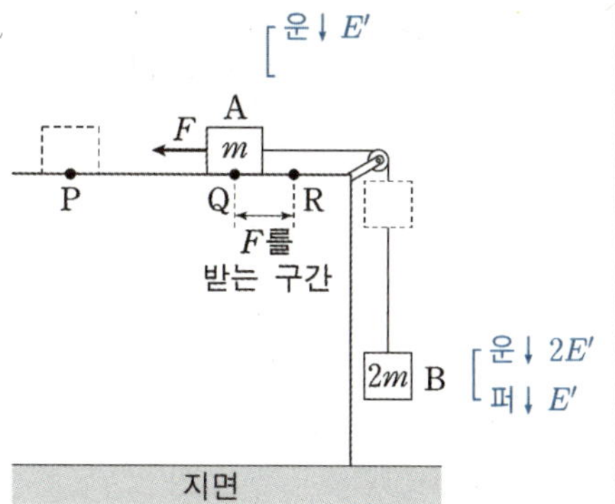

B의 운동 에너지와 중력 퍼텐셜 에너지 변화량의 크기 비율을 통해 구간 Q~R에서의 계의 가속도는 $2g$임을
알 수 있다. 이는 구간 P~Q에서의 가속도의 크기 $\dfrac{2}{3}g$의 3배이고 가속도의 방향이 반대이다.

3. 기본 물리량들 구하기

두 구간 P~Q, Q~R의 평균 속도의 크기가 같으므로, 두 구간의 거리 비는 이동한 시간의 비와 같다.
또한 두 구간의 속도 변화량의 크기가 같으므로, 이동한 시간의 비는 가속도의 크기 비에 반비례한다.
따라서 두 구간의 거리 비와 이동한 시간 비는 모두 $3:1$이고,
P에서 Q까지 이동한 시간은 $\dfrac{3}{4}t$, Q에서 R까지 이동한 시간은 $\dfrac{1}{4}t$이다.

4. 보기 판단하기

ㄱ. 구간 P~Q에서 증가한 에너지는 A와 B의 운동 에너지뿐이고,
　　감소한 것은 B의 중력 퍼텐셜 에너지뿐이다.
　　P에서 Q까지 운동하는 동안 역학적 에너지 보존 법칙이 성립하므로 증가량의 크기와 감소량이 같다.

(ㄱ 맞음)

ㄴ. 구간 Q~R에서 가속도는 왼쪽으로, 위로 $2g$이다. 따라서 계의 알짜힘이 왼쪽으로, 위로 $6mg$여야 한다.
　　B가 받는 중력이 반대 방향으로 $2mg$의 크기로 작용함을 감안하면, F는 $8mg$가 되어야 한다. **(ㄴ 맞음)**

ㄷ. 두 구간 모두 가속도와 이동 시간을 알고 있으므로 두 구간의 거리를 모두 각각 구할 수 있고,
　　구간의 거리 비도 알고 있기에 둘 중 한 구간의 길이만 알면 된다. 구간 Q~R의 길이를 구해 보도록 하자.

　　나중 속력이 0이고 가속도의 크기는 $2g$, 이동 시간은 $\dfrac{1}{4}t$이다.

　　처음 속력을 구하면 $\dfrac{1}{2}gt$이고 평균 속력은 $\dfrac{1}{4}gt$이다.

　　따라서 구간 Q~R의 길이는 $\dfrac{1}{16}gt^2$이며 P에서 R까지의 길이는 $\dfrac{1}{4}gt^2$이다. **(ㄷ 틀림)**

정답 : ㄱ, ㄴ

그림과 같이 질량 m인 물체를 높이 h인 곳에서 가만히 놓았더니 높이 $4h$인 곳에 도달하여 정지하였다.
물체가 수평면의 a점에서 b점까지 운동하는 동안, 물체에 운동 방향으로 일정한 힘 F를 작용하였다.

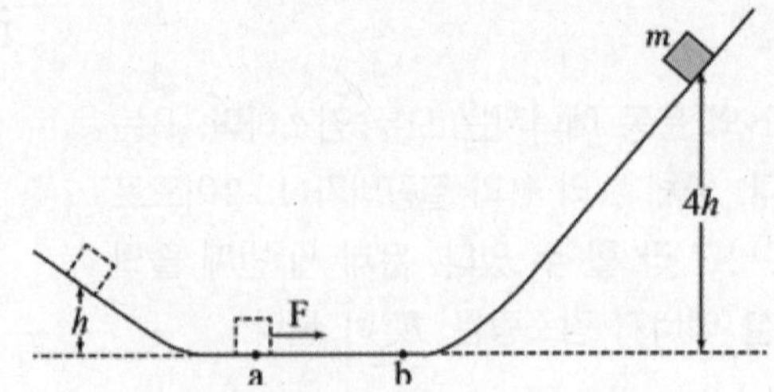

a에서 b까지 운동하는 동안, F가 물체에 작용한 충격량의 크기는? (단, 중력 가속도는 g이고, 물체의
크기, 모든 마찰 및 공기 저항은 무시한다.) [3점]

① $m\sqrt{gh}$ ② $m\sqrt{2gh}$ ③ $m\sqrt{3gh}$ ④ $2m\sqrt{gh}$ ⑤ $m\sqrt{5gh}$

1. 지점 a, b에서의 속력 구하기

첫 번째 빗면을 살펴보자. 정지 상태에서 출발해 퍼텐셜 에너지가 모두 운동 에너지로 전환되는
상황이므로, a에서의 속력 v_a는 $v_a = \sqrt{2gh}$ 으로 표현할 수 있다.

두 번째 오르막 빗면에서도 마찬가지다. 운동 에너지가 모두 퍼텐셜 에너지로 전환되는 상황이므로,
b에서의 속력 v_b는 $v_b = \sqrt{2g(4h)} = 2\sqrt{2gh}$ 으로 표현할 수 있다.

2. 충격량의 크기 구하기

a에서 b까지 속도 변화량의 크기는 $\Delta v = \sqrt{2gh}$ 이므로,

a에서 b까지 충격량의 크기는(운동량 변화량의 크기와 같으므로) $m\sqrt{2gh}$ 이다.

정답 : ② $m\sqrt{2gh}$

그림 (가)는 물체 A, B, C가 실 p, q로 연결되어 경사면에 정지해 있는 모습을 나타낸 것이다. q가 B를 당기는 힘의 크기는 p가 A를 당기는 힘의 크기의 3배이다. 그림 (나)는 (가)에서 p가 끊어진 후, A, B, C가 등가속도 직선 운동을 하는 모습을 나타낸 것이다. A와 B는 정지 상태에서 출발해 같은 시간 동안 각각 $3s$, s만큼 서로 반대 방향으로 운동하였고, 이 동안 A의 운동 에너지 증가량은 E_A, C의 역학적 에너지 감소량은 E_C이다.

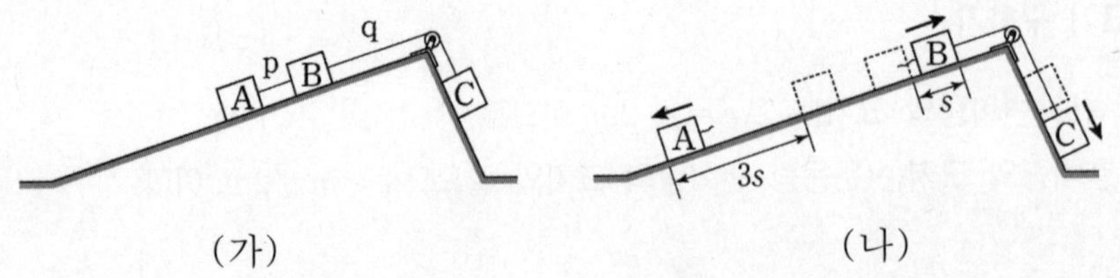

$\dfrac{E_C}{E_A}$ 는? (단, 마찰과 공기 저항, 실의 질량은 무시한다.) [3점]

① $\dfrac{2}{9}$　　　② $\dfrac{1}{3}$　　　③ $\dfrac{2}{3}$　　　④ $\dfrac{7}{9}$　　　⑤ $\dfrac{8}{9}$

0. 문항 파악 및 분석

발문을 읽으면서 이 정도는 쉽게 구할 수 있었으면 좋겠다.

두 번째 문장 'q가 B를 당기는 힘의 크기는 p가 A를 당기는 힘의 크기의 3배이다.'는 빗면 방향으로 A가 받는 빗면힘의 크기와 A, B가 받는 빗면힘의 합의 크기 비가 1 : 3이라는 것이다. 따라서 A가 빗면 방향으로 받는 힘의 크기와 B가 빗면 방향으로 받는 힘의 크기는 1 : 2이며, A와 B의 질량비는 1 : 2이다.

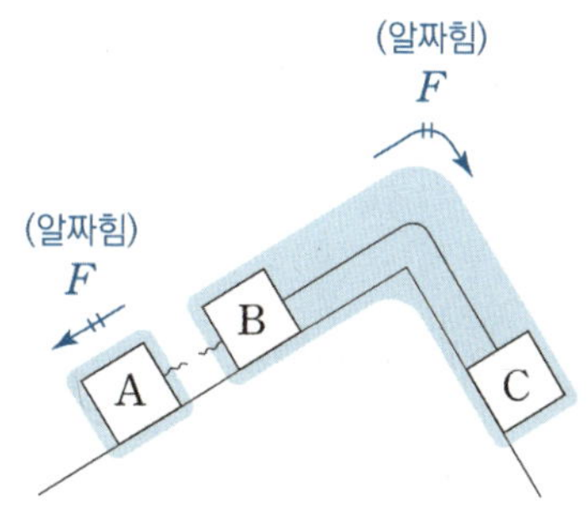

중간에 실이 끊어지는 경우, 실이 끊어지기 전 전체 알짜힘과 실이 끊어진 후 전체 알짜힘의 합이 같아야만 한다. 이 문제의 경우, 처음 전체 알짜힘이 0이므로 실이 끊어진 후에는 A의 알짜힘의 크기와 계 B, C의 알짜힘의 크기가 같다.

구하는 값 E_A와 E_C에 대해, E_A는 A의 알짜힘이 한 일이고, E_C는 C의 비보존력이 한 일의 크기이다.

1. 가속도 비 구하기

A와 B, C는 모두 초기 속력이 0이다. 따라서 등가속도 직선 운동에서 이동 거리가 3 : 1이라는 것은 나중 속도가 3 : 1이며, 같은 시간 동안의 속도 변화량의 크기가 3 : 1이므로 가속도의 크기도 3 : 1이라는 것을 의미한다.

2. 질량비 구하기

A의 알짜힘의 크기와 계 B, C의 알짜힘의 크기는 같다. 앞서 구한 것처럼 A와 계 B, C의 가속도의 크기의 비가 3 : 1이므로, A와 계 B, C의 질량비는 1 : 3이다. 앞서 A와 B의 질량비가 1 : 2라는 것을 구했으므로, A, B, C의 질량비는 1 : 2 : 1이다. m, $2m$, m 따위로 물체에 적어 두면 된다.

3. $\dfrac{E_C}{E_A}$ 구하기

A의 운동 에너지 증가량 E_A는 A의 알짜힘이 한 일의 크기이고,
C의 역학적 에너지 감소량 E_C는 C의 비보존력이 한 일의 크기이다.

A와 계 B, C의 가속도 크기가 3 : 1이므로 A의 가속도의 크기를 $3a$로, 계 B, C의 가속도의 크기를 a라고 하자.

B의 알짜힘은 두 가지 방법으로 구할 수 있다. 이 문제에서는 첫 번째 관점이 더 간단하다. 그래도 두 방법을 모두 이해하고 익혀두기를 바란다.

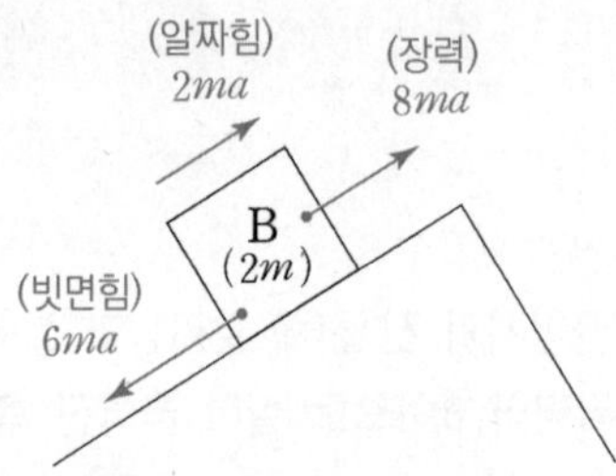

i) 계 B, C의 가속도의 크기를 a라고 했으므로, B의 가속도는 오른쪽 방향으로 a이다.
　B의 질량은 $2m$이므로, B의 알짜힘은 오른쪽으로 $2ma$가 된다.

ii) 실이 끊어지기 전 전체 알짜힘과 실이 끊어진 후 전체 알짜힘의 합이 같아야만 한다고 했다.
　A의 알짜힘은 왼쪽 방향으로 $3ma$이므로, 계 B, C의 알짜힘은 오른쪽 방향으로 $3ma$이다.
　질량비에 따라 알짜힘을 분배하면 B가 받는 알짜힘은 오른쪽 방향으로 $2ma$이다.

이때 A의 가속도 $3a$는 빗면 가속도이기도 하다. 따라서 B는 빗면 방향으로 $6ma$의 힘을 받는다.
B의 알짜힘은 오른쪽 방향으로 $2ma$이기 때문에, 실이 B를 당기는 힘은 $8ma$여야 한다.
여기서 실이 B를 당기는 힘(장력)은 C를 같은 크기로 당기며, C에 작용하는 비보존력의 크기는 $8ma$이다.

A의 알짜힘의 크기는 $3ma$이고, $3s$만큼 일을 한다. 따라서 E_A는 $E_A = 9mas$이다.
C의 비보존력의 크기는 $8ma$이고, s만큼 일을 한다. 따라서 E_C는 $E_C = 8mas$이다.

따라서 구하는 값 $\dfrac{E_C}{E_A}$는 $\dfrac{E_C}{E_A} = \dfrac{8}{9}$이다.

정답 : ⑤ $\dfrac{8}{9}$

그림과 같이 물체 A에 수평 방향으로 10N의 힘 F가 작용하여 물체 A, B가 정지해 있다. 이 상태에서 F의 크기를 30N으로 하여 실을 당기다가 놓는다. A의 처음 위치 p와 실을 놓는 순간의 위치 q 사이의 거리는 0.4m이다. A가 p에서 q까지 운동하는 동안 B의 중력 퍼텐셜 에너지 증가량은 B의 운동 에너지 증가량의 2배이다.

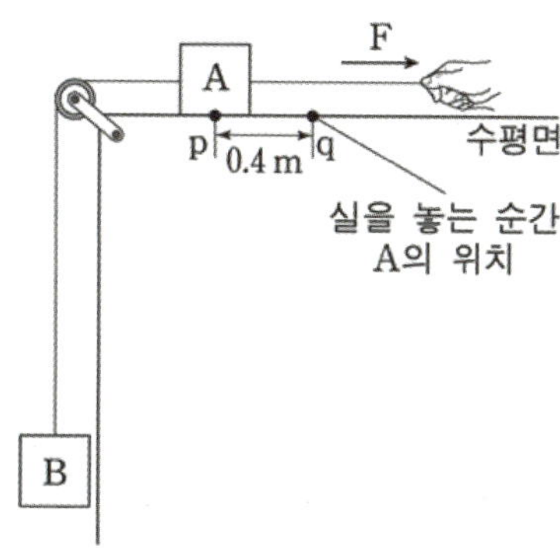

A가 p를 다시 지나는 순간, A의 운동 에너지는? (단, 중력 가속도는 $10m/s^2$이고, 실의 질량, 물체의 크기, 모든 마찰과 공기 저항은 무시한다.) [3점]

① 4J   ② 5J   ③ 6J   ④ 8J   ⑤ 9J

comment

앞서 풀었던 18학년도 6월 평가원 20번 문항과 매우 닮아있는 문항이다. 수평면 상에서 운동하는 물체와 연직면 상에서 운동하는 물체가 계를 이루어 운동한다는 점과, 일정 구간 동안 비보존력을 받는다는 점에서 문항 설계가 매우 비슷하다. 이처럼 당해 6월에 나왔던 문항과 매우 비슷한 문항이 수능에 나오는 경우가 꽤나 많다. 6월, 9월 평가원 문항에 대한 학습이 당해 수능 대비에 매우 중요하다는 것을 잘 보여 주는 예시이다.

0. 문항 파악 및 분석

A와 B는 실로 연결되어 계를 이루어 운동함을 알 수 있으며, 계는 p에서 q까지 가속하며 q를 지나는 순간부터 반대 방향으로 가속하여 다시 q를 지나게 될 것이다. q를 처음 지날 때부터 다시 지날 때까지 계에 비보존력이 작용하지 않으므로 전체 역학적 에너지가 보존되며, q를 처음 지날 때부터 다시 지날 때의 두 물체의 위치가 동일하므로 퍼텐셜 에너지가 같고, 이에 따라 두 물체의 운동 에너지도 동일하다.

발문의 세 번째 줄을 읽으면서, 연직면 상에서 운동하는 물체 B의 운동 에너지 변화량과 중력 퍼텐셜 에너지 변화량의 비를 주었다는 것을 보고, 가속도를 구할 수 있다는 점도 미리 눈치채면 좋다.

1. A, B의 질량 구하기

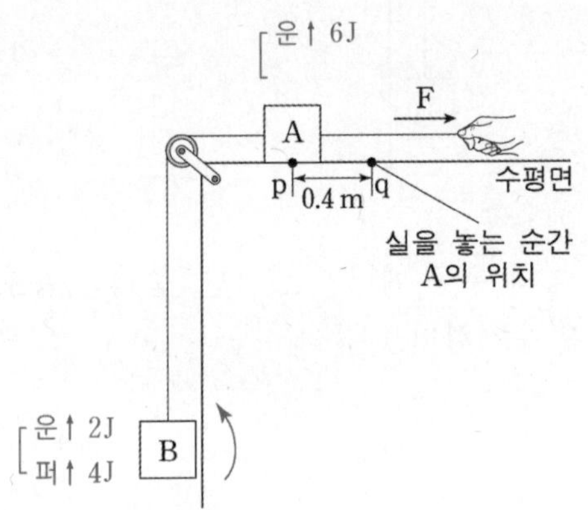

F가 10N일 때 계가 정지해 있었으므로 B의 질량은 1kg이다.

$F = 30$N일 때, 계 A와 B의 알짜힘 20N이 0.4m만큼 한 일 8J은 계의 운동 에너지 변화량과 같다.
A가 0.4m만큼 이동하는 동안 B의 중력 퍼텐셜 에너지 증가량은 4J이고, 문제 조건에 의해 B의 운동 에너지 증가량은 2J이다. 따라서 8J중에 나머지 6J이 A의 운동 에너지 증가량이다.
계를 이루어 운동하는 상황에서, A와 B의 운동 에너지 증가량 비가 $3:1$이므로 A와 B의 질량비는 $3:1$이다.
따라서 A의 질량은 3kg이다.

또는 아래처럼 질량을 구할 수도 있다. B에 대해, $\dfrac{\Delta E_{\mathrm{K}}\text{의 크기}}{\Delta E_{\mathrm{P}}\text{의 크기}} = \dfrac{a}{g}$ 를 적용하면 $\dfrac{1}{2}g$임을 얻는다.

가속도가 $\dfrac{1}{2}g$이므로 B에 작용하는 알짜힘의 크기는 5N이다.

따라서 계의 알짜힘의 크기 20N중 나머지 15N은 A에 작용하는 알짜힘의 크기이다.
따라서 A의 질량은 3kg이다.

2-1. p를 다시 지날 때 A의 운동 에너지 구하기(1)

q를 지날 때, A의 운동 에너지는 6J인 것을 앞서 구했다.

q를 처음 지날 때부터 p를 다시 지날 때까지 계의 가속도는 $\frac{1}{4}g$이다.

왜냐하면 A, B의 질량의 합은 4kg이며, 계의 알짜힘의 크기는 B가 받는 중력의 크기 10N이기 때문이다.
계산하지 않고 그림을 보고 질량비를 파악하여 가속도를 외워서 알 수 있다면 더욱 좋다.

이를 이용해 A가 받는 알짜힘의 크기를 구하면 $\frac{3}{4}g$이고, $g = 10\text{m}/\text{s}^2$이므로 7.5N과 같다.

계의 알짜힘인 10N을 질량비 3 : 1로 분배하여 A의 알짜힘 7.5N를 구하는 것도 좋은 방법이다.

q지점부터 p지점까지 운동하는 동안, 운동 에너지 증가량은 A의 알짜힘이 0.4m동안 한 일 3J이다.
따라서 p를 다시 지날 때 A의 운동 에너지는 9J이다.

정답 : ⑤ 9J

2-2. p를 다시 지날 때 A의 운동 에너지 구하기(2)

0.4m의 길이만큼 크기가 30N인 힘 F가 작용하면서 계의 역학적 에너지가 12J만큼 증가하였다.

운동을 시작하기 전, 문제의 그림처럼 계가 정지해 있는 상황과, p를 다시 지나는 상황을 비교하면,
물체들의 중력 퍼텐셜 에너지 차이는 없고 운동 에너지 차이만 있다.
계의 운동 에너지 차이가 곧 증가한 역학적 에너지 12J이며 질량비 3 : 1로 분배하면 p를 다시 지날 때 A의
운동 에너지는 9J임을 알 수 있다.

정답 : ⑤ 9J

다른 풀이 (외력 직접 이용, 표 풀이)

상황을 순차적으로 정리하면,
(1)p에서 q로 갔다가
(2)다시 p로 돌아오는 상황이다.
(1)에서 30N의 외력으로 0.4m만큼 이동했으므로 역학적 에너지 증가량은 12J이다.
(2)에서는 역학적 에너지가 보존된다.

(1)에서 질량이 1kg인 물체 B가 0.4m 위로 이동하므로 중력 퍼텐셜 에너지 증가량은 4J이다.
(2)에서 원위치로 돌아오므로 중력 퍼텐셜 에너지 감소량은 4J이다.
(1)에서 B의 중력 퍼텐셜 에너지 증가량이 B의 운동 에너지 증가량의 2배라고 하였으므로
B의 운동 에너지 증가량은 2J이다.

구분	(1)	(2)
A의 운동 에너지 변화량(J)	+6	
B의 운동 에너지 변화량(J)	+2	
B의 중력 퍼텐셜 에너지 변화량(J)	+4	−4
계의 역학적 에너지 변화량(J)	+12	0

A의 질량이 3kg임을 알아내었다.
A와 B가 계를 이루어 움직이므로 A와 B의 운동 에너지 변화량의 비는 3 : 1이다.
(2)에서 계의 역학적 에너지 변화량이 0이 되도록 표를 완성하면 다음과 같다.

구분	(1)	(2)
A의 운동 에너지 변화량(J)	+6	+3
B의 운동 에너지 변화량(J)	+2	+1
B의 중력 퍼텐셜 에너지 변화량(J)	+4	−4
계의 역학적 에너지 변화량(J)	+12	0

따라서 p를 다시 지날 때 A의 운동 에너지는 9J이다.

정답 : ⑤ 9J

그림은 서로 다른 경사면에 놓인 물체 A, B, C가 실로 연결되어 정지해 있는 모습을 나타낸 것이다. A의 질량은 C의 3배이다. $t=0$일 때 A와 B를 연결하는 실 p를 잘랐더니 $t=2$초까지 A, B, C는 각각 등가속도 직선 운동하고, $t=2$초일 때 운동 에너지는 B가 C의 4배이다. $t=0$부터 $t=2$초까지 A, B, C의 중력 퍼텐셜 에너지의 감소량은 각각 E_A, E_B, E_C이다.

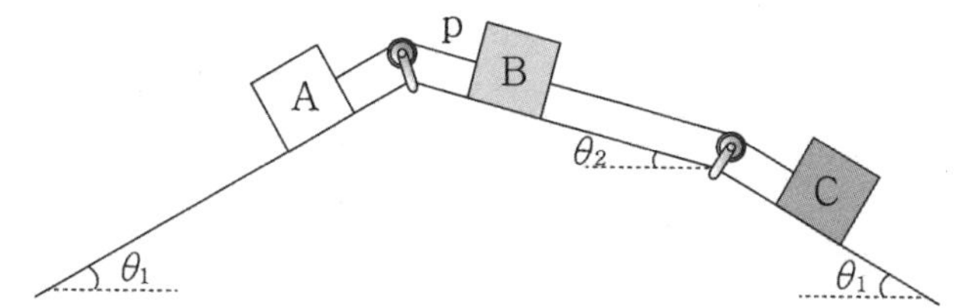

$E_A : E_B : E_C$는? (단, $\theta_1 > \theta_2$이고, 실의 질량, 모든 마찰과 공기 저항은 무시한다.)

① $5:1:2$　　② $5:2:1$　　③ $5:2:3$　　④ $5:3:2$　　⑤ $5:3:3$

1. A, B, C의 질량비 구하기

실이 끊어지기 전에는 계 전체에 힘의 평형이 성립하므로 계의 알짜힘은 0이다. 실이 끊어진 뒤에도 전체 물체의 알짜힘의 크기의 합은 실이 끊어지기 전과 같으므로, A의 알짜힘의 크기와 B, C의 알짜힘의 크기는 같다. B보다 C의 빗면 가속도가 크기 때문에 B와 C를 연결하는 실은 팽팽하다. 따라서 B와 C는 계를 이루어 운동하게 되며 두 물체의 속도는 항상 같다. 발문 셋째 줄의 '$t = 2$초일 때 운동 에너지는 B가 C의 4배이다.'를 통해 두 물체 B, C의 질량비는 $4 : 1$임을 알 수 있다. 따라서 $m_A : m_B : m_C = 3 : 4 : 1$이다.

2. A, B, C의 속력, 가속도의 크기, 이동 거리 비 구하기

B, C는 계를 이루어 운동하므로 두 물체의 가속도, 속도, 변위의 크기가 항상 같다.

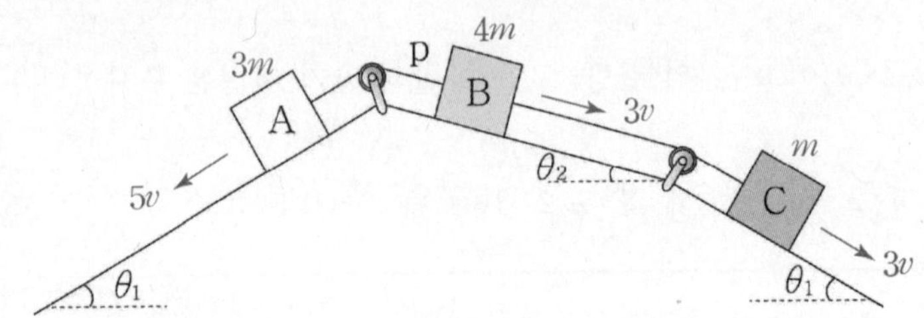

A의 알짜힘의 크기와 B, C의 알짜힘의 크기는 같으므로, 가속도가 질량에 반비례하여 $a_A : a_{B,C} = 5 : 3$이다. 세 물체의 초기 속도가 0이므로, 일정 시간이 지난 후 나중 속력 비는 가속도의 크기 비와 같으며, 이동 거리 비도 가속도의 크기 비와 같다.

3. A, B, C의 중력 퍼텐셜 에너지 감소량의 비 구하기

에너지 비교 틀을 그린 뒤, A, B, C의 에너지 변화량을 비교해 보자.

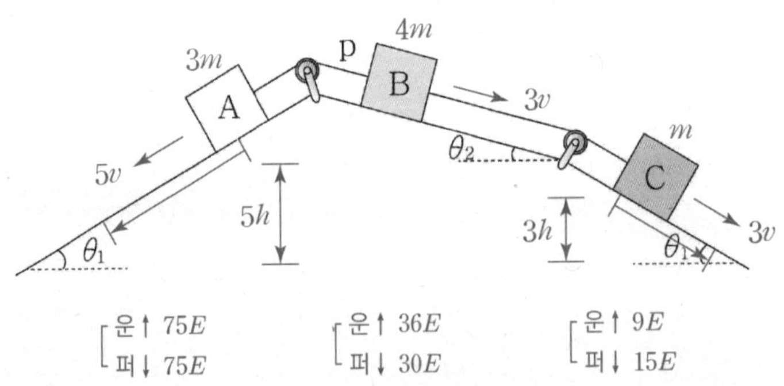

운동 에너지는 $\dfrac{1}{2}mv^2$이므로

운동 에너지는 질량과 속력의 제곱에 비례함을 이용해서 운동 에너지 증가량 비율을 구하면, $75 : 36 : 9$이다.

A의 운동 에너지 증가량을 $75E$, B의 운동 에너지 증가량을 $36E$, C의 운동 에너지 증가량을 $9E$라 하자.

A는 역학적 에너지 보존에 의해 중력 퍼텐셜 에너지 감소량이 $75E$이다.

A와 C가 놓인 경사면이 기울기가 같으므로, 이동 거리에 따른 높이 변화량의 비율이 같다.

따라서 A와 비교하면, C의 중력 퍼텐셜 에너지 감소량은 $15E$이다.

B와 C를 이루는 계는 역학적 에너지가 보존되므로, B의 중력 퍼텐셜 에너지 감소량은 $30E$이다.

따라서 $E_A : E_B : E_C = 5 : 2 : 1$이다.

정답 : ② $5 : 2 : 1$

+) 다른 풀이

빗면 힘이 $mg\sin\theta$라는 것을 이용하여 접근할 수도 있다.

질량비가 $m_A : m_B : m_C = 3 : 4 : 1$이므로 실이 끊어지기 전 계에 힘의 평형이 성립하므로,

$3mg\sin\theta_1 = 4mg\sin\theta_2 + mg\sin\theta_1$에서 $\sin\theta_1 : \sin\theta_2 = 2 : 1$을 얻는다.

이동 거리 비가 $A : B : C = 5 : 3 : 3$이므로, $\sin\theta_1 : \sin\theta_2 = 2 : 1$를 이용하면,

높이 변화량은 $\Delta h_A : \Delta h_B : \Delta h_C = 10 : 3 : 6$임을 알 수 있다.

질량비와 높이 변화량 비를 곱하면

$E_A : E_B : E_C = (3 \times 10) : (4 \times 3) : (1 \times 6) = 5 : 2 : 1$을 얻을 수 있다.

그림은 높이 h인 지점에 가만히 놓은 질량 m인 물체가 마찰이 없는 연직면상의 궤도를 따라 운동하는 모습을 나타낸 것이다. 물체는 궤도의 수평 구간의 점 p에서 점 q까지 운동하는 동안 물체의 운동 방향으로 일정한 크기의 힘 F를 받는다. 물체의 운동 에너지는 높이 $2h$인 지점에서가 p에서의 2배이다.

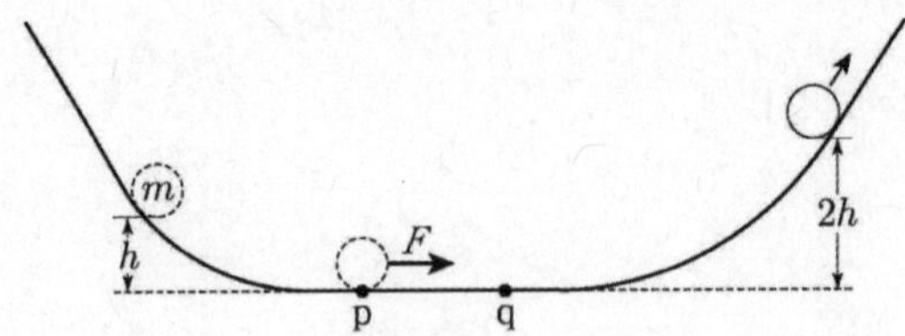

$F = 2mg$일 때, 물체가 p에서 q까지 운동하는 데 걸린 시간은? (단, 중력 가속도는 g이고, 물체의 크기와 공기 저항은 무시한다.) [3점]

① $\sqrt{\dfrac{h}{5g}}$ ② $\sqrt{\dfrac{h}{4g}}$ ③ $\sqrt{\dfrac{h}{3g}}$ ④ $\sqrt{\dfrac{h}{2g}}$ ⑤ $\sqrt{\dfrac{h}{g}}$

0. 문항 파악 및 초기 분석

p에서 q까지 힘 $F = 2mg$가 운동 방향과 같은 방향으로 작용함으로 인해 역학적 에너지가 늘어날 것이다. 이때 지점 p, q를 퍼텐셜 에너지가 0인 지점으로 생각하기로 하면, 지점 p, q에서의 역학적 에너지는 운동 에너지라고 생각할 수 있다. 질량을 알고 있으므로, 이는 속력 조건과 연결됨을 유추할 수 있다. 또한 발문의 '물체의 운동 에너지는 높이 $2h$인 지점에서가 p에서의 2배이다.'를 보고 어느 정도의 에너지 상댓값 비교는 필요할 것을 알 수 있다.

또한, 발문 마지막에 $F = 2mg$일 때, 물체가 p에서 q까지 운동하는 데 걸린 시간을 묻고 있는데, 이는 힘 조건과 시간 조건을 결합한 상황과 매우 유사하다. 시간을 구하는 상황이지만, 운동량 변화량 차원과 속도 변화량을 구하는 것이 관건인 것은 다름없다.
만약 힘 조건과 시간 조건이 묶여 있었다면, 운동량 변화량을 찾은 다음 속도 변화량을 찾는 게 좋은 방법이었을 것이다. 그런데 이 문제에서는 그 논리를 거꾸로 묻고 있다. 속도 변화량을 구해서 운동량의 변화량을 꺼낸 후, 이를 이용해 힘이 작용한 시간을 구할 수 있느냐는 것을 묻는 것이다.

1. 지점 p, q에서의 속력 구하기

첫 번째 빗면을 살펴보자. 힘을 받기 전의 역학적 에너지는 $E = mgh$라고 하자.
정지 상태에서 출발해 퍼텐셜 에너지가 모두 운동 에너지로 전환되는 상황이므로,
p에서의 속력 v_p는 $v_\mathrm{p} = \sqrt{2gh}$ 이다.

두 번째 빗면에서 높이 $2h$인 지점에서의 중력 퍼텐셜 에너지는 $2E = 2mgh$이며, 문제 조건에 의해 운동 에너지는 $2E = 2mgh$이다. 따라서 힘을 받은 후의 역학적 에너지는 $4E = 4mgh$이다.
따라서 q에서의 속력 v_q는 $v_\mathrm{q} = 2\sqrt{2gh}$ 이다.

2. p에서 q까지 운동하는 데 걸린 시간 구하기

p에서 q까지 속도 변화량의 크기는 $\Delta v = \sqrt{2gh}$ 이므로
운동량의 변화량의 크기는 $m\sqrt{2gh}$ 이다.
$F = 2mg$이므로 충격량의 크기는 $2mg\Delta t$이다.

운동량의 변화량은 충격량과 같음을 이용해서 식을 쓰면 $m\sqrt{2gh} = 2mg\Delta t$이므로
$\Delta t = \sqrt{\dfrac{h}{2g}}$ 를 얻는다.

정답 : ④ $\sqrt{\dfrac{h}{2g}}$

그림과 같이 물체가 마찰이 없는 연직면상의 궤도를 따라 운동한다. 물체는 왼쪽 빗면상의 점 a, b, 수평면상의 점 c, d, 오른쪽 빗면상의 점 e를 지나 점 f에 도달한다. 물체가 a, b를 지나는 순간의 속력은 각각 v, $4v$이고, a~b 구간을 통과하는 데 걸리는 시간은 e~f 구간을 통과하는 데 걸리는 시간의 3배이다. 물체는 c~d 구간에서 운동 방향과 반대 방향으로 크기가 F인 일정한 힘을 받는다. b와 e의 높이는 같다.

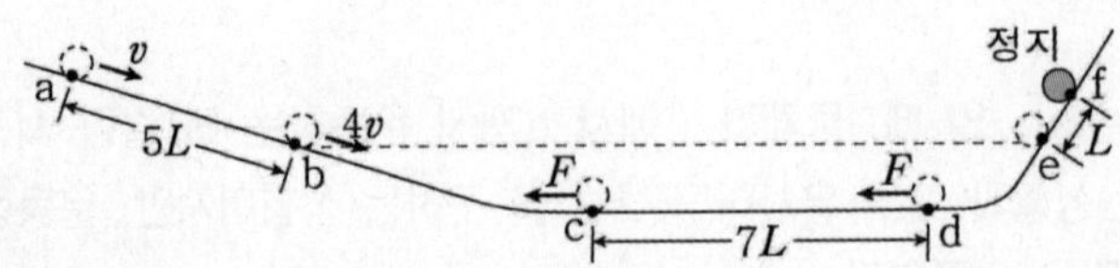

e~f 구간에서 물체에 작용하는 알짜힘의 크기는? (단, 물체의 크기와 공기 저항은 무시한다.) [3점]

① $4F$ ② $5F$ ③ $7F$ ④ $9F$ ⑤ $10F$

0. 문항 파악 및 초기 분석

e~f 구간에서의 알짜힘의 크기를 묻고 있는데, 문제에는 구간의 길이 조건이 나와 있고, 구간 c~d에서 받는 힘의 크기가 F로 주어진 상황이다. 앞서 Chapter 4의 '특강 1. 에너지의 변화는 힘의 공간적 효과이다'에서 힘 조건과 힘을 받은 거리 조건이 함께 등장한 것은 두 조건을 합친 것의 차원은 **'일, 에너지 차원'**이며, 힘을 받은 구간의 **에너지 변화량**에 관한 조건을 구해야 할 것이라는 걸 미리 눈치채라고 배웠다는 것을 다시 한번 기억하길 바란다.

1. 점 e에서의 속력 구하기

a~b 구간에서 물체의 평균 속력은 $\frac{5}{2}v$이고 a~b 구간을 통과하는 데 걸리는 시간은 $\frac{2L}{v}$이다.

문제 조건 'a~b 구간을 통과하는 데 걸리는 시간은 e~f 구간을 통과하는 데 걸리는 시간의 3배이다.'에 의해서 e~f 구간을 통과하는 데 걸리는 시간은 $\frac{2L}{3v}$이다.

e~f 구간의 길이가 L이므로 e~f 구간의 평균 속력은 $\frac{3}{2}v$이다. 따라서 점 e에서의 속력은 $3v$이다.

2. e~f 구간에서 물체에 작용하는 알짜힘의 크기 구하기

c~d 구간에서 F라는 비보존력을 받으면서 물체는 $7FL$만큼 역학적 에너지가 감소한다. 이는 점 b와 점 e에서의 운동 에너지 차이와 같다.

따라서 $7FL = \frac{1}{2}m(4v)^2 - \frac{1}{2}m(3v)^2$ 이다. 정리하면, $FL = \frac{1}{2}mv^2$이다.

e~f 구간에서 알짜힘의 크기와 구간의 길이 L을 결합하면, 알짜힘이 한 일이자 운동 에너지 감소량이 되므로, e~f 구간에서 운동 에너지 변화량의 크기를 구하면 알짜힘의 크기도 알 수 있다. e~f 구간에서 운동 에너지 변화량의 크기는 $\frac{1}{2}m(3v)^2 - 0$이므로 $\frac{9}{2}mv^2 = 9FL$이다. 알짜힘이 길이 L만큼 한 일의 크기가 $9FL$이므로 알짜힘의 크기는 $9F$이다.

정답 : ④ $9F$

그림 (가)와 (나)는 빗면에서 물체 A를 각각 수평면으로부터 높이 h, $4h$ 인 지점에 가만히 놓았을 때 A가 빗면을 따라 내려와 수평면에서 정지한 물체 B와 충돌한 후 A와 B가 동일 직선 상에서 운동하는 모습을 나타낸 것이다. (가)와 (나)에서 충돌 후 A의 속력은 각각 v, $2v$ 이다. A와 B의 질량은 각각 $2m$, m 이다.

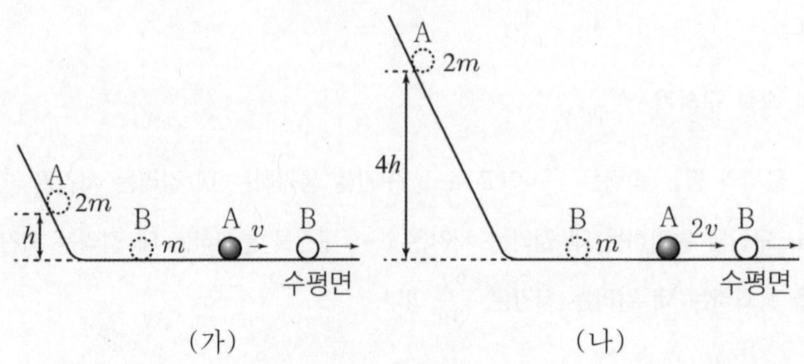

(가)에서 충돌 후 B의 운동 에너지를 E 라 할 때, (나)에서 A와 B가 충돌하는 동안 A로부터 B가 받은 충격량의 크기는? (단, 물체의 크기와 모든 마찰은 무시한다.) [3점]

① $\sqrt{2mE}$ ② $2\sqrt{mE}$ ③ $2\sqrt{2mE}$ ④ $3\sqrt{mE}$ ⑤ $3\sqrt{2mE}$

0. 문항 파악 및 초기 분석

물체의 질량과 운동 에너지를 알고 있는 경우, $2mE_{\mathrm{K}} = (mv)^2$, $p = \sqrt{2mE_{\mathrm{K}}}$ 를 통해 운동량을 구할 수 있다. (나)에서 A와 B가 충돌하는 동안 A로부터 B가 받은 충격량의 크기는 B의 나중 운동량과 같다.

1. 충돌 직전 분석

$v = \sqrt{2gh}$ 임을 이용하면, (가), (나)에서 각각 h, $4h$인 지점에 물체 A를 놓았으므로, 충돌 직전 A의 속력은 (가), (나)에서 각각 $\sqrt{2gh}$, $2\sqrt{2gh}$ 이다. 이를 조금 더 간단히 표현하기 위해 $v_0 = \sqrt{2gh}$ 라 하고 v_0, $2v_0$ 라 하자.

2. 충돌 분석

(가)에서는 충돌 직전 두 물체의 운동량은 물체 A : $2mv_0$, 물체 B : 0이다.

충돌 직후 두 물체의 운동량은 물체 A : $2mv$, 물체 B : $\sqrt{2mE}$ 이다.

따라서 운동량 보존 법칙에 의해 $2mv_0 = 2mv + \sqrt{2mE}$ 이다.

(나)에서는 충돌 직전 두 물체의 운동량은 물체 A : $4mv_0$, 물체 B : 0이다.

충돌 직후 두 물체의 운동량은 물체 A : $4mv$, 물체 B : p_{B} 이다.

따라서 운동량 보존 법칙에 의해 $4mv_0 = 4mv + p_{\mathrm{B}}$ 이다.

따라서 $p_{\mathrm{B}} = 2\sqrt{2mE}$ 이다.

정답 : ③ $2\sqrt{2mE}$

그림과 같이 물체 A, B를 각각 서로 다른 빗면의 높이 h_A, h_B인 지점에 가만히 놓았다. A가 내려가는 빗면의 일부에는 높이차가 $\frac{3}{4}h$인 마찰 구간이 있으며, A는 마찰 구간에서 등속도 운동하였다. A와 B는 수평면에서 충돌하였고, 충돌 전의 운동 방향과 반대로 운동하여 각각 높이 $\frac{h}{4}$와 $4h$인 지점에서 속력이 0이 되었다. 수평면에서 B의 속력은 충돌 후가 충돌 전의 2배이다. A, B의 질량은 각각 $3m$, $2m$이다.

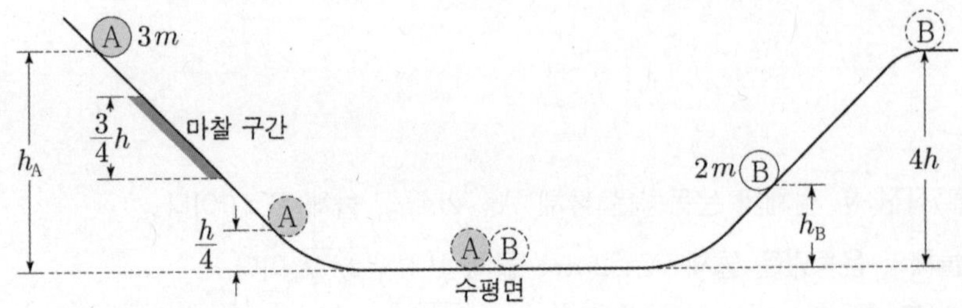

$\dfrac{h_\text{B}}{h_\text{A}}$는? (단, 물체의 크기, 공기 저항, 마찰 구간 외의 모든 마찰은 무시한다.)

① $\dfrac{1}{4}$ ② $\dfrac{1}{3}$ ③ $\dfrac{4}{9}$ ④ $\dfrac{1}{2}$ ⑤ $\dfrac{2}{3}$

두 물체가 충돌한 후, 각각 빗면을 따라 올라간 높이의 비가 $1:16$이므로, 충돌 직후 속력의 비는 $1:4$이다.
충돌 직후 두 물체 A, B의 속력을 각각 v, $4v$라고 하자.
발문 '수평면에서 B의 속력은 충돌 후가 충돌 전의 2배이다.'를 통해 충돌 전 B의 속력은 $2v$임을 얻는다.
A와 B의 질량비가 $3:2$이므로, 충돌 시 속도 변화량은 $2:3$임을 이용하면,
A의 충돌 전 속력은 $3v$임을 알 수 있다.

이제 충돌 전 물체 A와 B의 속력을 통해 h_A, h_B를 구해보자.
여기서 A의 경우 마찰 구간이 거슬리게 될 텐데, 마찰 구간에서 등속도 운동을 하므로,
진입 속도와 탈출 속도가 동일하다.
따라서 마찰 구간 동안에는 운동 에너지가 변하지 않으며, 퍼텐셜 에너지만이 변한다.
A가 빗면을 따라 내려오는 것을 역재생한다고 생각해보자. 마찰 구간 동안에는 속도가 변하지 않으므로,
역재생 시, 공짜 에스컬레이터를 타고 올라가는 것과 같은 효과를 받는다. 따라서 운동 에너지가 퍼텐셜 에너지
로 변환되는 구간은 마찰 구간을 제외한 부분만을 생각해 주면 되는 것이다.

충돌 전 물체 A와 B의 속력이 각각 $3v$, $2v$이므로, 역재생 시, 두 물체가 올라갈 수 있는 높이는 $\dfrac{9}{4}h$, h이다.

그러므로 $h_\mathrm{B} = h$이다. 그런데 여기서 $\dfrac{3}{4}h$만큼의 공짜 에스컬레이터 효과를 생각한다면, h_A는 $3h$이다.

따라서 구하는 값은 $\dfrac{1}{3}$이다.

정답 : ② $\dfrac{1}{3}$

그림 (가)와 같이 높이 h_A인 평면에서 물체 A로 용수철을 원래 길이에서 d만큼 압축시킨 후 가만히 놓고, 물체 B를 높이 $9h$인 지점에 가만히 놓으면, A와 B는 수평면에서 서로 같은 속력으로 충돌한다. 충돌 후 그림 (나)와 같이 A는 용수철을 원래 길이에서 최대 $2d$만큼 압축시키고, B는 높이 h인 지점에서 속력이 0이 된다. A, B는 질량이 각각 m, $2m$이고, 면을 따라 운동한다. A는 빗면을 내려갈 때 높이차가 $2h$인 마찰 구간에서 등속도 운동하고, 마찰 구간을 올라갈 때 손실된 역학적 에너지는 내려갈 때와 같다.

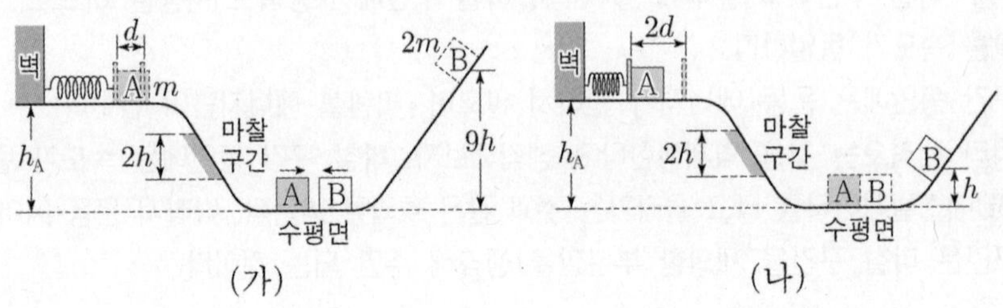

h_A는? (단, 용수철의 질량, 물체의 크기, 공기 저항, 마찰 구간 외의 모든 마찰은 무시한다.) [3점]

① $7h$ 　 ② $\dfrac{13}{2}h$ 　 ③ $6h$ 　 ④ $\dfrac{11}{2}h$ 　 ⑤ $\dfrac{9}{2}h$

(가)와 (나)에서 빗면 위에서 정지하는 높이가 각각 $9h$, h임을 이용해서 (가)에서 충돌 직전 B의 속력을 $3v$, (나)에서 충돌 직후 B의 속력을 v라 하자. (이때 v는 $\frac{1}{2}mv^2 = mgh$의 관계를 만족한다.)

발문 'A와 B는 수평면에서 서로 같은 속력으로 충돌한다.'에 의해 (가)에서 충돌 직전 A의 속력은 $3v$이다. A와 B의 충돌에서 두 물체의 질량비가 $1:2$이므로 속도 변화량의 크기비는 $2:1$이 된다. 따라서 (나)에서 충돌 직후 A의 속도는 왼쪽 방향으로 $5v$이다.

(가)와 (나)에서 용수철이 압축된 길이가 각각 d, $2d$임을 이용해서 (가)에서 용수철에서 분리될 때 A의 속력을 v_0, (나)에서 (원래 길이 상태로 있던)용수철에 닿는 순간 A의 속력을 $2v_0$이라 하자.

마찰 구간에서 손실되는 역학적 에너지는 올라갈 때와 내려갈 때가 $2mgh$로 같다.

(가)에서 A가 빗면을 따라 내려가는 동안 에너지 변화를 통해 아래 관계를 얻을 수 있다.

$$\frac{1}{2}mv_0^2 + mgh_A - 2mgh = \frac{1}{2}m(9v^2)$$

(나)에서 A가 빗면을 따라 올라가는 동안 에너지 변화를 통해 아래 관계를 얻을 수 있다.

$$\frac{1}{2}m(25v^2) - 2mgh = \frac{1}{2}m(4v_0^2) + mgh_A$$

두 식을 $\frac{1}{2}mv^2 = mgh$를 이용하여 연립하고, 정리하면 $h_A = 7h$를 얻는다.

정답 : ① $7h$

그림과 같이 수평면에서 질량이 각각 $2m$, m인 물체 A, B를 용수철의 양 끝에 접촉하여 용수철을 압축시킨 후 동시에 가만히 놓았더니 A, B가 궤도를 따라 운동하여 A는 마찰 구간에서 정지하고, B는 점 p, q를 지나 점 r에서 정지한다. p에서 q까지는 마찰 구간이고 p의 높이는 $7h$, q와 r의 높이 차는 h이다. B의 속력은 p에서가 q에서의 3배이고, p에서 q까지 운동하는 동안 B의 운동 에너지 감소량은 B의 중력 퍼텐셜 에너지 증가량의 3배이다.

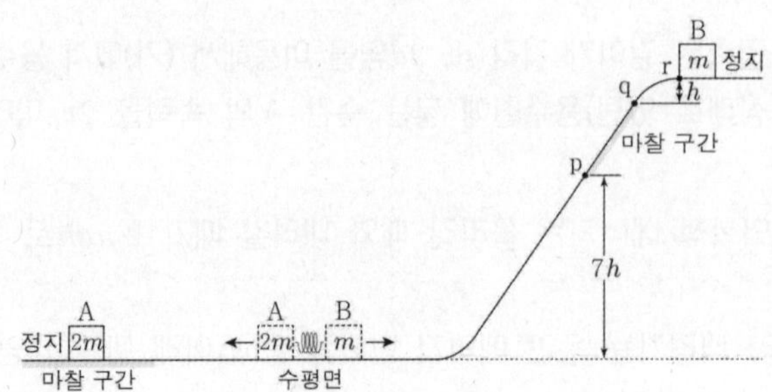

마찰 구간에서 A, B의 역학적 에너지 감소량을 각각 E_A, E_B라 할 때, $\dfrac{E_\text{A}}{E_\text{B}}$는? (단, A, B의 크기 및 용수철의 질량, 공기 저항, 마찰 구간 외의 마찰은 무시한다.) [3점]

① $\dfrac{4}{3}$　　　② $\dfrac{3}{2}$　　　③ $\dfrac{5}{3}$　　　④ $\dfrac{7}{4}$　　　⑤ $\dfrac{9}{5}$

용수철을 압축시킨 후 동시에 놓았을 때의 속력은 A와 B가 1 : 2이다.

B의 속력을 p에서 $3v$, q에서 v라 하자.

수평면에서 p까지와 q에서 r까지는 마찰이 없이 역학적 에너지가 보존되는 구간이다.

즉, $\Delta h \propto \Delta(v^2)$가 적용된다.

q에서 r까지 속력 제곱값의 변화량이 v^2이므로 수평면에서 p까지는 속력 제곱값의 변화량이 $7v^2$이 되어야 한다.

따라서 수평면에서 B의 속력은 $4v$이고 A의 속력은 $2v$이다.

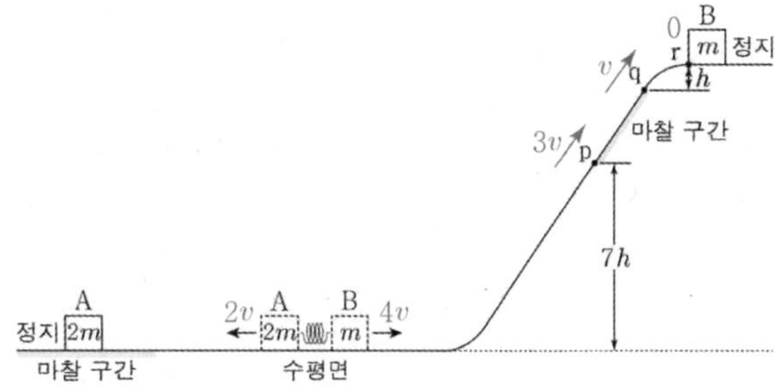

마찰 구간에서 A의 역학적 에너지 감소량은 $E_A = 4mv^2$이다.

p에서 q까지 운동하는 동안 B의 운동 에너지 감소량은 $4mv^2$이고,

B의 중력 퍼텐셜 에너지 증가량은 발문에 의해 $\dfrac{4}{3}mv^2$이다.

따라서 빗면의 마찰 구간에서 B의 역학적 에너지 감소량은 $E_B = \dfrac{8}{3}mv^2$이다.

구하는 값은 $\dfrac{E_A}{E_B} = \dfrac{3}{2}$이 된다.

정답 : ② $\dfrac{3}{2}$

그림은 높이 h인 평면에서 용수철 P에 연결된 물체 A에 물체 B를 접촉시키고, P를 원래 길이에서 $2d$ 만큼 압축시킨 모습을 나타낸 것이다. B를 가만히 놓으면 B는 P의 원래 길이에서 A와 분리되어 면을 따라 운동하고 A는 P에 연결된 채로 직선 운동한다. 이후 B는 높이차가 $2h$인 마찰 구간을 등속도로 지나 수평면에 놓인 용수철 Q를 원래 길이에서 $\sqrt{2}d$만큼 압축시킬 때 속력이 0이 된다. A와 B가 분리된 후 P의 탄성 퍼텐셜 에너지의 최댓값은 B가 마찰 구간에서 높이차 $2h$만큼 내려가는 동안 B의 역학적 에너지 감소량과 같다. P, Q의 용수철 상수는 같다.

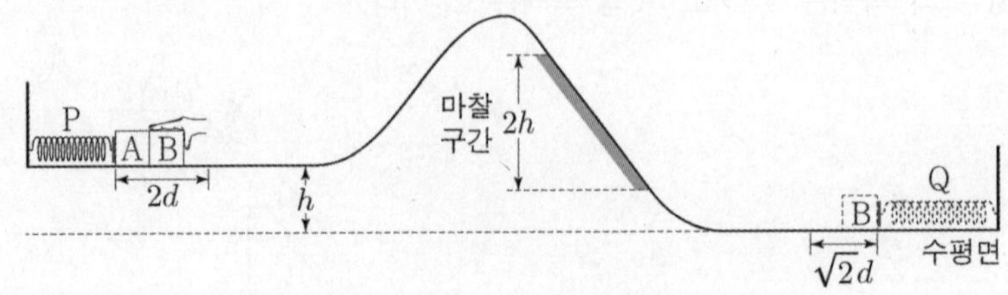

A, B의 질량을 각각 m_A, m_B라 할 때, $\dfrac{m_B}{m_A}$는? (단, 용수철의 질량, 물체의 크기, 공기 저항, 마찰 구간 외의 모든 마찰은 무시한다.)

① $\dfrac{1}{3}$ ② $\dfrac{1}{2}$ ③ 1 ④ 2 ⑤ 3

B가 빗면에서 높이차가 $2h$인 마찰 구간을 등속도로 지나기 때문에

마찰 구간에서의 B의 역학적 에너지 감소량은 $2h$만큼의 중력 퍼텐셜 에너지 감소량 $2m_\mathrm{B}gh$이다.

따라서 A와 B가 분리된 후 P의 탄성 퍼텐셜 에너지의 최댓값 또한 $2m_\mathrm{B}gh$이다.

용수철 상수를 k라 하면 용수철 P의 원래 길이에서 B가 분리되는 순간

A와 B의 운동 에너지의 합은 압축된 P의 탄성 퍼텐셜 에너지인 $2kd^2$이 되며,

Q를 압축시키기 전 B의 운동 에너지는 압축된 Q의 탄성 퍼텐셜 에너지인 kd^2이 된다.

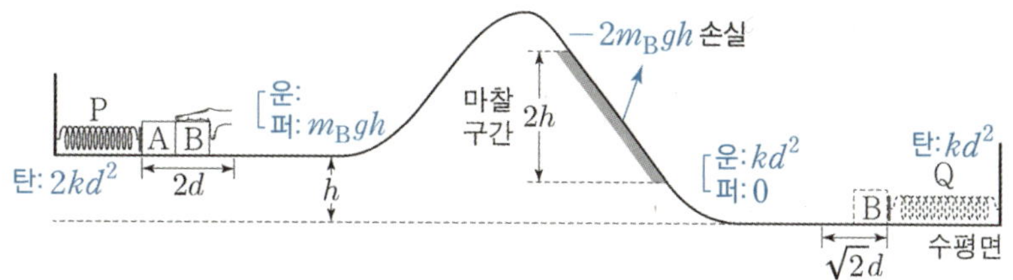

B의 역학적 에너지는 P에서 분리된 후 운동하며 마찰 구간에서 $2m_\mathrm{B}gh$만큼 손실되어

수평면에서 kd^2만큼 남는다.

따라서 P에서 분리될 때 B의 역학적 에너지는 $2m_\mathrm{B}gh + kd^2$이고,

높이가 h인 평면에서 중력 퍼텐셜 에너지가 $m_\mathrm{B}gh$이므로 운동 에너지는 $m_\mathrm{B}gh + kd^2$이다.

A와 B가 분리된 후 용수철 P가 가장 많이 늘어나 A가 정지했을 때 P의 탄성 퍼텐셜 에너지가 최댓값을 갖고, 그 값은 P가 압축되었을 때의 탄성 퍼텐셜 에너지에서 B의 운동 에너지를 뺀 값 $2kd^2 - \left(m_\mathrm{B}gh + kd^2\right)$이다. 발문에 의해 이 값은 $2m_\mathrm{B}gh$이므로 $kd^2 = 3m_\mathrm{B}gh$를 얻는다.

압축된 P의 탄성 퍼텐셜 에너지가 $6m_\mathrm{B}gh$이고,

A와 B가 분리되는 순간 B의 운동 에너지가 $4m_\mathrm{B}gh$이므로 A의 운동 에너지는 $2m_\mathrm{B}gh$이다.

따라서 분리되는 순간의 두 물체의 속력이 같다는 점을 이용하면, A와 B의 질량비는 $1 : 2$이다.

따라서 $\dfrac{m_\mathrm{B}}{m_\mathrm{A}} = 2$이다.

정답 : ④ 2

그림과 같이 높이가 $2h$인 평면, 수평면에서 각각 물체 A, B로 용수철 P, Q를 원래 길이에서 d만큼 압축시킨 후 가만히 놓으면 A와 B가 높이 $3h$인 평면에서 충돌한다. A의 속력은 B와 충돌 직전이 충돌 직후의 4배이다. B는 높이차가 h인 마찰 구간을 내려갈 때 등속도 운동하고, 마찰 구간을 올라갈 때 손실된 역학적 에너지는 내려갈 때와 같다. 충돌 후 A, B는 각각 P, Q를 원래 길이에서 최대 $\dfrac{d}{2}$, x만큼 압축시킨다. A, B의 질량은 각각 $2m$, m이고, P, Q의 용수철 상수는 각각 k, $2k$이다.

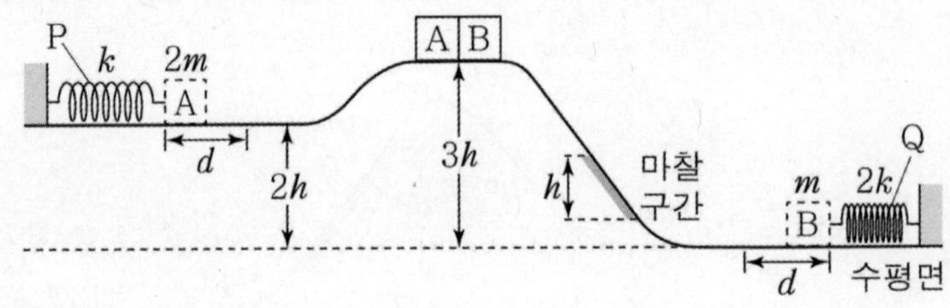

$\dfrac{x}{d}$는? (단, 물체는 면을 따라 운동하고, 용수철 질량, 물체의 크기, 공기 저항, 마찰 구간 외의 모든 마찰은 무시한다.) [3점]

① $\sqrt{\dfrac{1}{20}}$ ② $\sqrt{\dfrac{1}{15}}$ ③ $\sqrt{\dfrac{1}{10}}$ ④ $\sqrt{\dfrac{2}{15}}$ ⑤ $\sqrt{\dfrac{3}{20}}$

A의 충돌 전과 후의 속력을 각각 $4v$, v라 하자. 충돌 후 A가 용수철 P를 $\dfrac{d}{2}$만큼 압축시키므로

용수철 P를 압축시키기 직전의 A의 속력(V)은 용수철 P를 놓은 후 A의 속력($2V$)의 $\dfrac{1}{2}$배이다.

A가 빗면을 올라오고 내려오는 동안 운동 에너지의 감소량과 증가량이 같으므로 $V = \sqrt{5}\,v$이다.

따라서 용수철 P를 압축시키기 직전의 A의 속력은 $\sqrt{5}\,v$이고 용수철 P를 놓은 후 A의 속력은 $2\sqrt{5}\,v$이다.

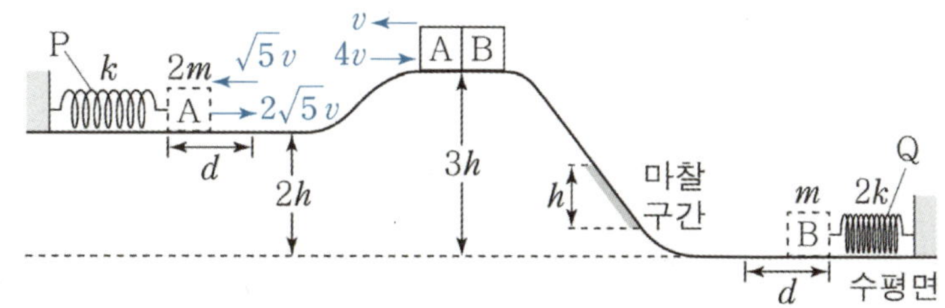

용수철 P에 대해, 관계식 $kd^2 = 40mv^2$를 얻는다. Q에 대해 적용하면,
용수철 Q를 놓은 직후 B의 속력은 $4\sqrt{5}\,v$이다.

질량이 $2m$인 A가 빗면을 따라 높이 h만큼 변할 때, 운동 에너지와 중력 퍼텐셜 에너지 간 전환이 $4mv^2$
씩 일어나므로, 질량이 m인 B는 운동 에너지와 중력 퍼텐셜 에너지 간의 전환이 $2mv^2$씩 일어난다.
('h씩 변할 때마다 $4v^2$씩 변한다'고 생각하는 것도 좋은 접근이다.)

즉, 높이가 h인 마찰 구간을 내려가면서 $mgh = 2mv^2$만큼의 역학적 에너지가 중력 퍼텐셜 에너지에서 운동 에너지로 전환되었어야 하지만 손실된다. 마찬가지로 마찰 구간을 올라갈 때에도 $mgh = 2mv^2$만큼의 역학적 에너지가 손실된다.

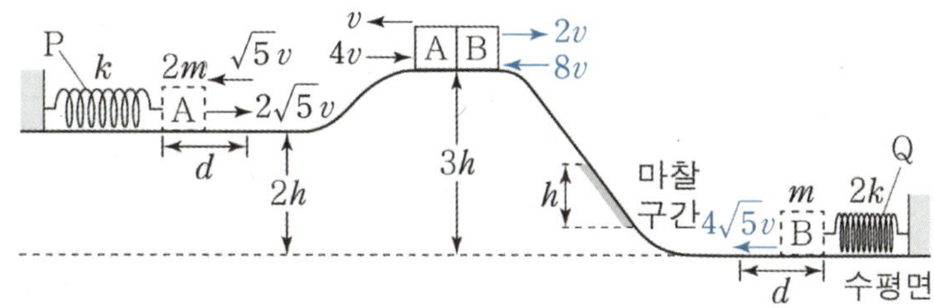

A와 충돌하기 직전까지 B는 $2mv^2$만큼 역학적 에너지가 손실되었고,
중력 퍼텐셜 에너지로 $6mv^2$의 에너지가 전환되었으므로 B의 운동 에너지는 $32mv^2$이며 속력은 $8v$이다.
운동량 보존을 적용하면 충돌 후 B의 속력은 $2v$이며 운동 에너지는 $2mv^2$이다.

다시 빗면을 따라 내려가 Q를 압축시키기 직전까지 B는 $2mv^2$만큼 역학적 에너지가 손실되었고,
운동 에너지로 $6mv^2$의 에너지가 전환되었으므로 용수철을 압축시기기 직진 B의 운동 에너지는 $6mv^2$이다.
$6mv^2 = \dfrac{3}{20}kd^2$이므로 $x = \sqrt{\dfrac{3}{20}}\,d$이다.

정답 : ⑤ $\sqrt{\dfrac{3}{20}}$

그림은 빗면의 점 p에 가만히 놓은 물체가 점 q, r, s를 지나 빗면의 점 t에서 속력이 0인 순간을 나타낸 것이다. 물체는 p와 q 사이에서 가속도의 크기 $3a$로 등가속도 운동을, 빗면의 마찰 구간에서 등속도 운동을, r와 t 사이에서 가속도의 크기 $2a$로 등가속도 운동을 한다. 물체가 마찰 구간을 지나는 데 걸린 시간과 r에서 s까지 지나는 데 걸린 시간은 같다. p와 q 사이, s와 r 사이의 높이차는 h로 같고, t는 마찰 구간의 최고점 q와 높이가 같다.

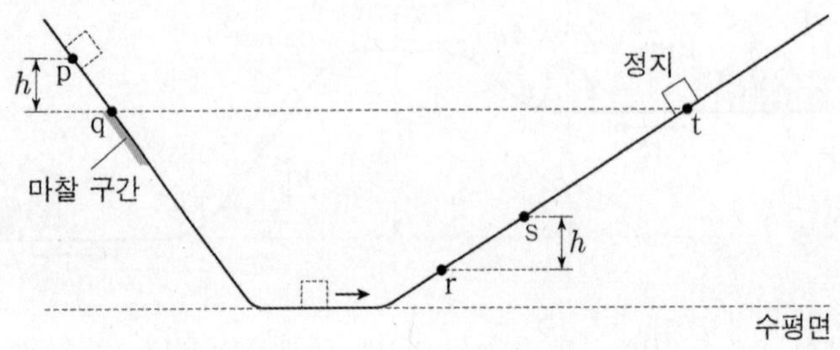

t와 s 사이의 높이차는? (단, 물체의 크기, 공기 저항, 마찰 구간 외의 모든 마찰은 무시한다.) [3점]

① $\dfrac{16}{9}h$ 　　② $2h$ 　　③ $\dfrac{20}{9}h$ 　　④ $\dfrac{7}{3}h$ 　　⑤ $\dfrac{8}{3}h$

p, q, 마찰구간의 최저점에서의 속력을 각각 0, v, v라 하자. 여기서 관계식 $mgh = \dfrac{1}{2}mv^2$을 얻는다.

마찰 구간의 최저점에서의 속력이 v이고 q와 t의 높이가 같음을 통해 마찰 구간의 높이는 h임을 알 수 있다.

p에서 q까지 걸리는 시간을 $2T$라 하자. 마찰 구간을 통과하는 시간은 T가 된다.

발문의 조건 '물체는 p와 q 사이에서 가속도의 크기 $3a$로 등가속도 운동을, r와 t 사이에서 가속도의 크기 $2a$로 등가속도 운동을 한다.'를 통해 두 빗면의 빗면가속도 비를 알 수 있다.

왼쪽 빗면의 빗면가속도가 $\dfrac{v}{2T}$이므로 오른쪽 빗면의 빗면가속도는 $\dfrac{v}{3T}$이다.

빗면가속도의 비가 $2:3$이라는 것은 같은 높이차가 같을 때, 빗면의 길이 비가 $3:2$라는 것이다.
따라서 마찰 구간과 r에서 s까지의 거리를 각각 $2s$, $3s$라 할 수 있다.

발문에 의해 r에서 s까지 걸리는 시간이 T이므로 r에서 s까지의 평균 속도는 $\dfrac{3}{2}v$이다.

오른쪽 빗면의 빗면가속도가 $\dfrac{v}{3T}$이므로 T 동안의 속도 변화량이 $\dfrac{1}{3}v$이다.

따라서 r과 s에서의 속력은 각각 $\dfrac{5}{3}v$, $\dfrac{4}{3}v$임을 얻는다.

r, s, t에서의 속력의 비가 $5:4:0$이므로, r에서 s까지와, s에서 t까지의 평균 속도의 크기비는 $9:4$, 시간비는 $1:4$이다. 따라서 r에서 s까지와, s에서 t까지의 거리비는 $9:16$이다.

r에서 s까지의 거리가 $3s$이므로 s에서 t까지의 거리가 $\dfrac{16}{3}s$이 되고, t와 s의 높이차는 $\dfrac{16}{9}h$이다.

정답 : ① $\dfrac{16}{9}h$

그림 (가)와 같이 질량이 m인 물체 A를 높이 $9h$인 지점에 가만히 놓았더니 A가 마찰 구간 I을 지나 수평면에 정지한 질량이 $2m$인 물체 B와 충돌한다. 그림 (나)는 A와 B가 충돌한 후, A는 다시 I을 지나 높이 H인 지점에서 정지하고, B는 마찰 구간 II를 지나 높이 $\frac{7}{2}h$인 지점에서 정지한 순간의 모습을 나타낸 것이다. A가 I을 한 번 지날 때 손실되는 역학적 에너지는 B가 II를 지날 때 손실되는 역학적 에너지와 같고, 충돌에 의해 손실되는 역학적 에너지는 없다.

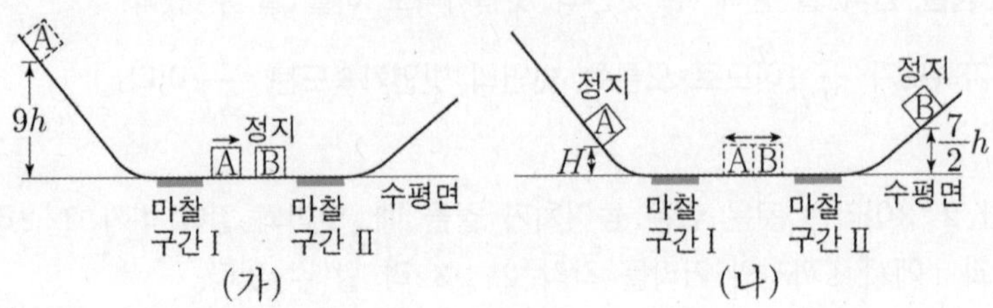

H는? (단, 물체는 동일 연직면상에서 운동하고 물체의 크기, 공기 저항, 마찰 구간 외의 모든 마찰은 무시한다.)

① $\frac{5}{17}h$ ② $\frac{7}{17}h$ ③ $\frac{9}{19}h$ ④ $\frac{11}{17}h$ ⑤ $\frac{13}{17}h$

충돌 직전 A의 속력을 $3v$라 하면, 충돌 직후 A, B의 속도 조합 중 운동량 보존과 운동 에너지 보존을 모두 만족하는 조합은 A: 왼쪽으로 v, B: 오른쪽으로 $2v$이다.

역학적 에너지 손실이 없는 탄성 충돌이므로, 상대 속도의 크기가 일정함을 이용해서, 충돌 직후 A : 왼쪽으로 v_A, B : 오른쪽으로 $3v - v_A$로 두고 충돌에서 역학적 에너지가 보존되는 것을 계산하여 찾을 수도 있다.

충돌 전 A의 운동 에너지를 $\dfrac{9}{2}E$, 충돌 후 A의 운동 에너지를 $\dfrac{1}{2}E$,

B의 운동 에너지를 $4E$라 하고 마찰 구간을 한 번 지날 때 손실되는 역학적 에너지를 E'이라 하자.
(가)에서 초기 상태의 A의 중력 퍼텐셜 에너지와 (나)에서 B의 중력 퍼텐셜 에너지의 비가

$\dfrac{9}{2}E + E' : 4E - E' = 9 : 7$이므로,(질량비가 $1:2$, 높이비가 $18:7$이다.) $E' = \dfrac{9}{32}E$이다.

E'을 소거하면, (가)에서 A가 높이 $9h$일 때 중력 퍼텐셜 에너지가 $\dfrac{153}{32}E$이고,

(나)에서 A가 높이 H일 때 중력 퍼텐셜 에너지가 $\dfrac{7}{32}E$이므로, $H = \dfrac{7}{17}h$이다.

정답 : ② $\dfrac{7}{17}h$

다른풀이

마찰 구간을 한 번 지날 때 손실되는 역학적 에너지 E에 대해,
i) (가)에서 (나)까지 운동하는 동안 전체 에너지 변화: $9mgh - 3E = mgH + 7mgh$

ii) 충돌 직후부터 정지할 때까지 B의 에너지 변화: $(9mgh - E') \times \dfrac{8}{9} - E = 7mgh$

(충돌 직후 에너지 비가 $1:8$이므로 $\dfrac{8}{9}$를 곱하여 B만의 에너지를 쓸 수 있다.)

계산하면 $E = \dfrac{9}{17}mgh$이고 $H = \dfrac{7}{17}h$이다.

정답 : ② $\dfrac{7}{17}h$

그림 (가)와 같이 높이 $4h$인 평면에서 용수철 P에 연결된 물체 A에 물체 B를 접촉시켜 P를 원래 길이에서 $2d$만큼 압축시킨 후 가만히 놓았더니, B는 A와 분리된 후 높이 차가 H인 마찰 구간을 등속도로 지나 수평면에 놓인 용수철 Q를 향해 운동한다. 이후 그림 (나)와 같이 A는 P를 원래 길이에서 최대 d 만큼 압축시키며 직선 운동하고, B는 Q를 원래 길이에서 최대 $3d$만큼 압축시킨 후 다시 마찰 구간을 지나 높이 $4h$인 지점에서 정지한다. B가 마찰 구간을 올라갈 때 손실된 역학적 에너지는 내려갈 때와 같고, P, Q의 용수철 상수는 같다.

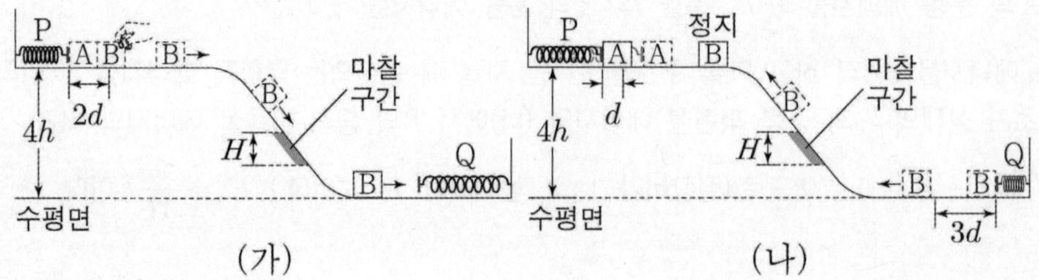

H는? (단, 물체는 동일 연직면상에서 운동하고, 용수철의 질량, 물체의 크기, 공기 저항, 마찰 구간 외의 모든 마찰은 무시한다.)

① $\dfrac{3}{5}h$ ② $\dfrac{4}{5}h$ ③ h ④ $\dfrac{6}{5}h$ ⑤ $\dfrac{7}{5}h$

$2d$만큼 압축된 용수철의 퍼텐셜 에너지를 $4E$라고 하면 $3d$만큼 압축된 용수철의 퍼텐셜 에너지는 $9E$이다. B와 분리된 후 A와 용수철에 남아있는 역학적 에너지가 E이므로, A와 분리된 직후 B의 높이 $4h$에서의 운동 에너지는 $3E$이다.

(가)에서 (나)까지 B는 마찰 구간에서 두 번의 에너지가 손실된 후 높이 $4h$인 지점에서의 운동 에너지가 0이 된다. 따라서 마찰 구간을 한 번 지나면서 손실되는 역학적 에너지는 $1.5E$이다.

수평면에서의 B의 역학적 에너지가 $9E$이므로 빗면을 내려오기 전 B의 역학적 에너지는 $10.5E$임을 알 수 있고 이때 중력 퍼텐셜 에너지는 $7.5E$이다.

수평면에서의 B의 역학적 에너지가 $9E$이므로 빗면을 내려오기 전 B의 역학적 에너지는 $10.5E$임을 알 수 있고 이때 중력 퍼텐셜 에너지는 $7.5E$이다.

마찰 구간을 지나는 동안 운동 에너지는 손실이 없으므로 중력 퍼텐셜 에너지만이 손실된다. 이때 마찰 구간의 높이 H만큼의 에너지인 $1.5E$가 손실된다.

$4h$만큼의 퍼텐셜 에너지가 $7.5E$임을 알고 있으므로 $H = \dfrac{4}{5}h$임을 알 수 있다.

정답 : ② $\dfrac{4}{5}h$

기출의 파급효과

과탐 영역

물리학 I (상)

해설

orbibooks

물리학 I (상)
해설

빠른 정답

Chapter 1 (직선 운동의 분석)

문항번호	정 답	문항번호	정 답	문항번호	정 답	문항번호	정 답	문항번호	정 답
1	ㄱ, ㄷ	2	ㄱ, ㄴ	3	④	4	ㄱ, ㄴ	5	④
6	ㄱ, ㄷ	7	ㄱ, ㄴ, ㄷ	8	③	9	③	10	ㄱ, ㄴ
11	ㄱ, ㄴ	12	ㄱ, ㄷ	13	②	14	③	15	②
16	②	17	ㄱ, ㄴ	18	②	19	④	20	④
21	④	22	ㄱ, ㄴ						

Chapter 2 (힘 그리고 계의 분석)

문항번호	정 답	문항번호	정 답	문항번호	정 답	문항번호	정 답	문항번호	정 답
1	②	2	ㄴ	3	ㄴ, ㄷ	4	ㄱ, ㄴ	5	ㄴ, ㄷ
6	ㄴ	7	③	8	③	9	ㄴ	10	④
11	⑤	12	④	13	④	14	④	15	⑤
16	①	17	ㄱ	18	②	19	②	20	④
21	③	22	ㄱ	23	①	24	②	25	④
26	②	27	②	28	ㄱ, ㄷ	29	ㄴ, ㄷ	30	④
31	ㄱ	32	②	33	②	34	ㄱ, ㄴ	35	②
36	ㄱ, ㄴ, ㄷ	37	ㄴ	38	①	39	③	40	ㄱ

Chapter 3 (운동량과 충격량을 다루는 법)

문항번호	정 답	문항번호	정 답	문항번호	정 답	문항번호	정 답	문항번호	정 답
1	ㄱ, ㄴ, ㄷ	2	ㄱ, ㄴ, ㄷ	3	②	4	ㄴ	5	①
6	④	7	②	8	④	9	②	10	③
11	ㄴ, ㄷ	12	③	13	ㄱ, ㄴ	14	ㄱ, ㄷ	15	ㄱ, ㄴ, ㄷ
16	①	17	ㄱ, ㄷ	18	ㄴ, ㄷ	19	ㄴ, ㄷ	20	②
21	ㄱ, ㄷ	22	②	23	②	24	ㄴ, ㄷ	25	ㄱ, ㄴ
26	ㄱ	27	②	28	②	29	④	30	ㄱ, ㄴ

Chapter 4 (일과 에너지 그리고 역학적 에너지 보존)

문항번호	정 답	문항번호	정 답	문항번호	정 답	문항번호	정 답	문항번호	정 답
1	③	2	③	3	④	4	⑤	5	ㄱ
6	ㄱ, ㄴ	7	⑤	8	ㄱ, ㄴ	9	ㄱ, ㄷ	10	ㄱ, ㄴ
11	ㄱ, ㄴ, ㄷ	12	ㄴ, ㄷ	13	④	14	②	15	①
16	ㄴ, ㄷ	17	②	18	ㄷ	19	⑤	20	ㄱ, ㄴ, ㄷ
21	ㄱ, ㄴ, ㄷ	22	ㄴ	23	⑤	24	②	25	ㄱ, ㄴ, ㄷ
26	③	27	ㄱ	28	④	29	④	30	④
31	⑤	32	③	33	④	34	②	35	③
36	④								

Chapter

01

직선 운동의 분석

01 08학년도 6월 평가원 2번

정답 : ㄱ, ㄷ

기본 물리량들은 상대 속도 그래프에서 직접적으로 알기 어려우니,
지면에 대한 A의 속도 그래프가 필요하다.
오른쪽이 양의 방향이라고 주어져 있음을 먼저 체크하자.
$v_{BA} = v_A - v_B$이고 이를 변형하면
$v_A = v_{BA} + v_B = v_{상대} + 20\text{m/s}$이므로, 상대 속도 그래프를 A의 실제 속도 그래프로 바꾸어 주면,
주어진 상대 속도 그래프를 위로 20m/s만큼 평행이동한 형태가 될 것이다.

ㄱ. A의 $v-t$ 그래프의 기울기가 10초일 때 0.5m/s^2이므로 옳다. **(ㄱ 맞음)**

ㄴ. A의 $v-t$ 그래프에서 25초일 때의 속도는 22m/s이므로 옳지 않다. **(ㄴ 틀림)**

ㄷ. A의 $v-t$ 그래프에서 20초부터 30초까지의 그래프의 적분값(변위)은 220m이고 운동 방향이
바뀌지 않으므로 옳다. 또는 20초부터 30초까지 A가 등속도 운동하므로 이동 거리는 220m이다.

(ㄷ 맞음)

02 08학년도 수능 2번

정답 : ㄱ, ㄴ

처음엔 영희가 10m만큼 앞서 있지만, 이후 철수가 영희를 따라잡는 상황이 된다.
철수와 영희의 $v-t$ 그래프 사이의 넓이는 철수가 영희를 따라잡은 거리가 된다.
사이 넓이가 10m가 될 때까지 둘 사이 거리가 가까워지며,
사이 넓이가 10m를 넘는 순간부터는 철수가 영희를 앞질러 둘 사이 거리가 멀어진다.
0초부터 8초까지 둘의 속도함수 사이 넓이는 8m이므로, 철수는 8m만큼을 따라잡지만 영희를 앞지르지 못하고, 가장 가까워졌을 때의 둘 사이 거리는 2m이다.

ㄱ. 그래프의 기울기가 일정하므로 옳다. **(ㄱ 맞음)**

ㄴ. 16m를 8초 동안 운동하므로 영희의 평균 속력은 2m/s이다. **(ㄴ 맞음)**

ㄷ. 추월하지 못한다. 따라서 옳지 않다. **(ㄷ 틀림)**

정답 : ④ 4.5초

가속하는 구간 내에서의 가속도가 일정하므로
A와 B는 1초 동안 등가속도 운동을 하여 출발함을 알 수 있다.
$a-t$ 그래프의 적분값은 속도 변화량 Δv이다.
A의 속도 변화량은 10m/s, B의 속도 변화량은 20m/s이다.
B가 A를 앞지르는, 즉 둘의 위치가 같아지는 시점을 찾으려면,
가속도 그래프를 속도 그래프로 바꾸어 주면 관찰하기 수월하다.
그래프를 그리는 게 필수는 아니다.
속도 그래프로 바꾸면 다음과 같다.

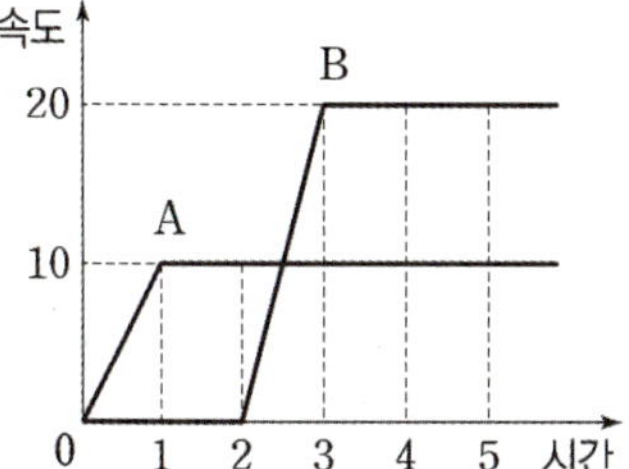

3초 이후에는 등속 운동을 하므로, 3초일 때 두 물체 사이의 거리
15m만큼 가까워지는 시간 t을 구하면 된다.
3초 이후에는 A와 B가 각각 10m/s, 20m/s으로 등속 운동을
하므로 초당 10m씩 가까워진다.
15m만큼 가까워지려면 1.5초가 지나야 하므로 4.5초일 때 두 자동차가 스쳐 지나간다.

또는 $t > 3$초임을 확인한 후, 아래처럼 수식으로 해결할 수 있다.
A의 시각 t까지의 이동 거리는 $5+10(t-1)$이다.
B의 시각 t까지의 이동 거리는 $10+20(t-3)$이다.
$5+10(t-1)=10+20(t-3)$에서 $t=4.5$를 얻는다.

정답 : ㄱ, ㄴ

정지 상태에서 출발한 물체의 두 구간의 길이 비가 $1:3$이다.
여기서 두 구간의 시간 비가 $1:1$이라는 걸 알 수 있다.
같은 시간 동안 속도 변화량이 같으므로 R에서의 속도는 4m/s이다.
같은 시간 동안 이동 거리 비가 $1:3$이면 평균 속도의 비도 $1:3$임을 이용해서 R에서의 속도를 꺼내는 것도 가능하다.

ㄱ. P에서 Q까지 평균 속도가 1m/s, 구간 시간이 1초이므로, 시간당 속도 변화량이 2m/s임을 알 수 있다. 따라서 가속도는 2m/s^2이며 해당 보기는 옳다. $2a\Delta x = v^2 - v_0^2$임을 이용해도 같은 결과를 얻는다. **(ㄱ 맞음)**

ㄴ. 두 구간 P~Q, Q~R 모두 구간 시간이 1초이다. 따라서 옳다. **(ㄴ 맞음)**

ㄷ. 평균 속력은 3배이므로 옳지 않다. **(ㄷ 틀림)**

05 13학년도 수능 6번

정답 : ④ L

두 자동차 A와 B의 가속도의 크기를 각각 a, $2a$라 하자.

$t = 2$초일 때 두 자동차가 만난다는 조건은 두 자동차의 변위의 크기의 합이 L임을 의미한다.

이를 통해 식 $\left(\dfrac{v+(v+2a)}{2}\right) \times 2 + \left(\dfrac{0+4a}{2}\right) \times 2 = L$을 얻는다.

정리하면, $2v + 6a = L$이다.

$t = 3$초일 때, 자동차 A가 Q에 도달한다는 것에서 $\left(\dfrac{v+(v+3a)}{2}\right) \times 3 = L$을 얻는다.

정리하면 $3v + \dfrac{9}{2}a = L$이다.

두 식을 연립하면 $2v = 3a$, $L = 9a$을 얻는다.

3초간 B의 이동 거리는 $\left(\dfrac{0+6a}{2}\right) \times 3 = 9a = L$이다.

A가 2초~3초 사이에 이동한 거리는 B가 0초~2초 사이에 이동한 거리와 같다.

즉, 2초~3초에서 A의 평균 속력과 0초~2초에서 B의 평균 속력의 비는 2 : 1이다.

이를 식으로 나타내면 $v + 2.5a : 2a = 2 : 1$이다. 즉, $v = 1.5a$를 얻는다.

A가 0초~3초 사이에 이동한 거리는 $(v + 1.5a) \times 3 = 9a = L$이다.

B가 0초~3초 사이에 이동한 거리는 $3a \times 3 = 9a = L$이다.

06 14년 10월 교육청 14번

정답 : ㄱ, ㄷ

동시에 수평면에 진입하여 서로 만날 때까지 이동한 거리가 1 : 2이므로,
수평면에서의 속도의 크기도 1 : 2이다.
P와 Q에서의 속력을 각각 v, $2v$라 두자.
빗면에서의 평균 속도는 A와 B가 각각 $0.5v$, v이므로 1 : 2이다.
따라서 빗면 위에서 L만큼의 거리를 운동한 시간은 $t_A : t_B = 2 : 1$이다.
빗면에서 L만큼의 거리를 운동할 때 속도 변화량은 1 : 2이므로, 가속도 크기 비는 1 : 4이다.

ㄱ. 수평면에서의 속도의 크기가 1 : 2이므로 옳다. **(ㄱ 맞음)**

ㄴ. 빗면에서의 가속도는 B가 A의 4배이다. **(ㄴ 틀림)**

ㄷ. $t_A : t_B = 2 : 1$이므로 옳다. **(ㄷ 맞음)**

07 15년 4월 교육청 4번

정답 : ㄱ, ㄴ, ㄷ

같은 시간 동안 운동하였고, 같은 거리만큼 운동하였으므로 평균 속도가 같다.
따라서 B의 충돌 직전 속력은 $2v$이다.

ㄱ. 속도의 크기가 증가하므로 옳다. **(ㄱ 맞음)**

ㄴ. 처음 속도, 나중 속도, 거리가 나왔다(루틴1).
  평균 속도는 v이고, 속도 변화량은 $2v$이다.

  이동 시간은 $\dfrac{L}{v}$이므로, 가속도는 $\dfrac{2v^2}{L}$이다.

  $2a\varDelta x = v^2 - v_0^2$임을 이용해도 같은 결과를 얻는다. 따라서 옳다. **(ㄴ 맞음)**

ㄷ. 가속도가 $\dfrac{2v^2}{L}$이므로 B가 속도가 v가 될 때까지 걸린 시간은 $\dfrac{L}{2v}$이다.

  충돌 시각의 절반 시각인 $\dfrac{L}{2v}$를 구해도 된다. 따라서 옳다. **(ㄷ 맞음)**

08 16년 10월 교육청 8번

정답 : ③ $\dfrac{3}{2}$

결국 마지막에는 속도의 비율을 구하는 것이므로,
P와 Q의 출발 속도를 각각 v, 0으로 두고 v_P, v_Q를 v에 관한 식으로 나타낸 뒤 비율을 구하자.
같은 시간 동안 달린 거리 비율이 $2:1$이고,
같은 시간 동안 같은 빗면 위에서 운동했기 때문에 속도 변화량이 동일하다.
속도 변화량을 임시로 $\varDelta v$라 하면, $v_P = v + \varDelta v$, $v_Q = \varDelta v$이다.
P와 Q의 평균 속도의 크기가 $2:1$이어야 이동 거리 비율이 $2:1$이 될 것이므로,
$\dfrac{2v + \varDelta v}{2} : \dfrac{\varDelta v}{2} = 2:1$이다.
정리하면 $\varDelta v = 2v$이므로, $v_P = 3v$, $v_Q = 2v$이다.

따라서 $\dfrac{v_P}{v_Q} = \dfrac{3}{2}$이다.

정답 : ③ 3m/s

문제에서 '0초에서 4초까지 A, B의 이동 거리는 서로 같다'라는 조건을 활용하기 위해서는 변위에 대한 비교가 필요하다.

가속도-시간 그래프에서는 변위를 바로 파악할 수 없으므로, 속도-시간 그래프로 바꿔 줘야 한다.

가속도-시간 그래프의 밑넓이가 속도 변화량임을 이용해서 속도-시간 그래프를 그리면, 아래와 같다.

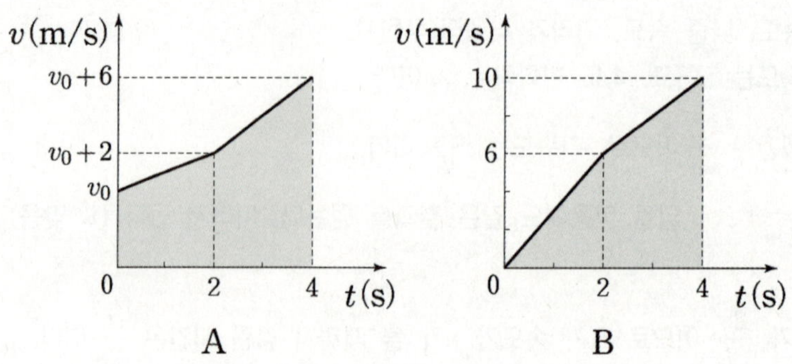

두 속도-시간 그래프의 밑넓이가 같아야 하므로, $v_0 = 3\text{m/s}$가 되어야 한다.

정답 : ㄱ, ㄴ

실험 결과를 통해 구간별 변위, 평균 속도, 가속도 모두를 꺼낼 수 있다.

먼저 구간의 변위는 0초~0.1초 : 6cm, 0.1초~0.2초 : 8cm, 0.2초~0.3초 : 10cm이다.

구간의 평균 속도는 0초~0.1초 : 60cm/s, 0.1초~0.2초 : 80cm/s...이다.

구간의 경계에서의 순간 속도는 0초 : 50cm/s, 0.1초 : 70cm/s, 0.2초 : 90cm/s...이다.

0.1초만에 속도가 20cm/s 변했으므로, 가속도는 $200\text{cm/s}^2 = 2\text{m/s}^2$이다.

ㄱ. 일정한 시간 구간마다 각 구간의 변위는 일정하게 증가하므로,

　　0.3초~0.4초의 변위는 12cm이므로 ㉠은 36이다. 따라서 옳다. **(ㄱ 맞음)**

ㄴ. 가속도는 2m/s^2이다. 따라서 옳다. **(ㄴ 맞음)**

ㄷ. 기준선을 통과하는 속력은 0초일 때, 50cm/s이다. 따라서 옳지 않다. **(ㄷ 틀림)**

11 18년 7월 교육청 4번

정답 : ㄱ, ㄴ

두 자동차가 모두 터널 밖에 있을 때, 두 자동차가 모두 터널 안에 있을 때만 상대 속도가 일정하다.
A와 B는 터널 밖에서 속도가 같으며, B는 A가 터널에 들어간 지 2초 뒤에 터널을 들어가므로,
A는 B의 2초 미래 모습이라 볼 수 있다.
B가 터널에 들어가는 순간부터 A가 터널을 나오는 순간까지 A와 B 사이의 거리는 1초에 2m씩
증가한다는 것은, 상대 속도가 2m/s로 일정하게 멀어진다는 것이다.

ㄱ. 두 물체의 운동은 2초 간격을 두고 있으므로 옳다. (ㄱ 맞음)

ㄴ. B가 터널에 들어가는 순간부터 상대 속도의 크기가 2m/s여야 하므로 A의 속도는 7m/s이다.
　　따라서 옳다. (ㄴ 맞음)

ㄷ. A가 터널에 들어가는 순간부터 2초 동안 속도가 2m/s 증가하였으므로, 가속도는 1m/s^2이다.
　　따라서 옳지 않다. (ㄷ 틀림)

12 19년 10월 교육청 4번

정답 : ㄱ, ㄷ

q~r의 길이를 l이라 하면,
정지해 있던 두 물체 A, B에 대해, A는 $l+5\text{m}$만큼 등가속도 직선 운동하여 속도가 6m/s가 되었고,
B는 l만큼 등가속도 직신 운동하여 속도가 4m/s가 되었다.
둘의 가속도가 동일하므로, $2a\varDelta x = v^2 - v_0^2$에서, 변위 비는 속도 제곱의 변화량에 비례한다.
따라서, $l+5 : l = 36 : 16$임을 얻는다.
따라서 $l = 4\text{m}$이다.
다시 공식 $2a\varDelta x = v^2 - v_0^2$을 통해, 가속도 $a = 2\text{m/s}^2$임을 알 수 있다.

ㄱ. 옳다. (ㄱ 맞음)

ㄴ. B는 앞서 구한 길이 $l = 4\text{m}$인 q~r구간을 평균 속도 2m/s로 2초동안 달렸다.
　　따라서 옳지 않다. (ㄴ 틀림)

ㄷ. 3초일 때부터는 초당 2m씩 가까워진다.
　　3초인 순간, B는 r의 4m오른쪽 지점에 있고, A는 r지점에 있다. 서로 4m 떨어져 있으므로,
　　2초 뒤에 만나게 된다. 따라서 5초일 때 충돌하게 된다. 따라서 옳다. (ㄷ 맞음)

13 20년 4월 교육청 16번

정답 : ② $\dfrac{v_0^2}{8L}$

같은 시간 동안 운동하였으므로 A와 B의 평균 속도 비율은 변위 비와 같은 3 : 5이다.
그런데 가속도의 크기가 같고 방향이 반대이므로 속도 변화량의 크기도 같고 방향이 반대이다.

이를 이용하면, A와 B의 평균 속도는 각각 $\dfrac{3}{4}v_0$, $\dfrac{5}{4}v_0$이다.

기준선 Q를 지날 때 A의 속도는 $\dfrac{1}{2}v_0$, 기준선 R를 지날 때 B의 속도는 $\dfrac{3}{2}v_0$이다.

속도 변화량의 크기는 $\dfrac{1}{2}v_0$이고, 이동 시간이 $\dfrac{3L}{\frac{3}{4}v_0} = \dfrac{5L}{\frac{5}{4}v_0} = \dfrac{4L}{v_0}$이므로, 가속도는 $\dfrac{v_0^2}{8L}$이다.

14 21년 4월 교육청 18번

정답 : ③ $\dfrac{7}{2}L$

A와 B가 동일 빗면에서 운동하므로, 빗면 가속도가 동일하고, 동일 시간이 경과할 때, A, B의 속도 변화량이 같다.
발문의 조건 '물체 A가 점 q를 v의 속력으로 통과',

'p~q에서 A의 평균 속력은 $\dfrac{4}{5}v$'를 통해 물체 A의 점 p에서의 속력은 $\dfrac{3}{5}v$임을 알 수 있다.

같은 거리 p~q를 같은 가속도로 운동하는 두 물체 A, B에 대하여, 구간 p~q에서 '속력 제곱'의

변화량이 같아야 하므로[1], 물체 B의 점 q에서의 속력은 $\dfrac{4}{5}v$임을 알 수 있다.

이때 B의 속도 변화량이 $\dfrac{4}{5}v$이므로 A의 속도 변화량 또한 $\dfrac{4}{5}v$이다.

따라서 r에서의 A의 속력은 $\dfrac{9}{5}v$임을 알 수 있다.

가속도가 일정한 운동을 하는 물체 A에 대하여, p, q, r에서의 속도를 모두 아는 상태이므로,
p~q와 q~r의 시간비를 알 수 있다.
두 구간의 속도 변화량의 크기비가 1 : 2이므로 걸린 시간비도 1 : 2이다.
평균 속력비가 4 : 7이므로 거리비는 2 : 7이다. (시간×평균속력＝이동거리)

따라서 q와 r 사이의 거리는 $\dfrac{7}{2}L$이다.

---

1) $2as = v^2 - v_0{}^2$

15 22학년도 6월 평가원 12번

정답 : ② $\dfrac{3v^2}{8L}$

1. 두 자동차 A, B는 1 : 3의 비율의 거리를 같은 시간 동안 운동한다.
   따라서 평균 속력의 비가 1 : 3이다.

2. 혹시 가속도의 방향이 왼쪽 방향일 수밖에 없는 게 보이는가?
   조금만 생각해보면 당연하다고 느낄 것이다.
   자동차의 운동이 등속도 운동이었으면 이동 거리의 비가 1 : 2였을 텐데,
   이 문제에서의 이동 거리 비는 1 : 3이기 때문이다.
   A는 운동하면서 속력이 느려지고, B는 운동하면서 속력이 빨라지는 운동을 하여야만 B가 더
   많은 거리를 달릴 수 있으므로, 가속도의 방향은 왼쪽일 수밖에 없다.

3. 같은 가속도로 같은 시간 동안 변한 속력은 같다. A와 B의 속도 변화량의 크기를 Δv라 하자.
   그렇다면 P, Q, R에서의 A, B의 속력은 아래 그림처럼 표시할 수 있다.

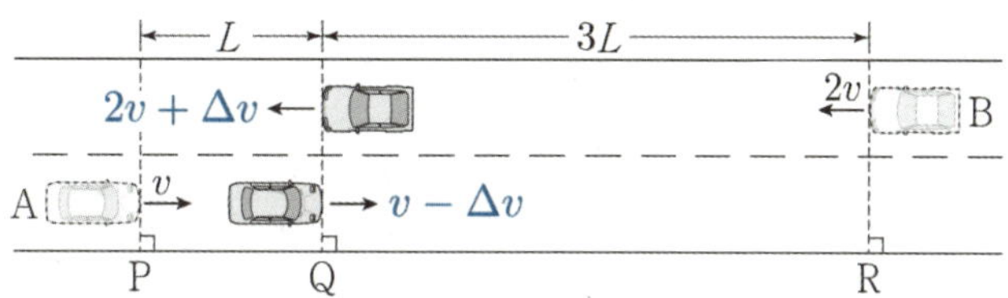

P ~ Q에서의 A의 평균 속도의 크기 : Q ~ R에서의 B의 평균 속도의 크기 = 1 : 3이므로
$3\left(v - \dfrac{1}{2}\Delta v\right) = 1\left(2v + \dfrac{1}{2}\Delta v\right)$이다. 이를 계산하면 $\Delta v = \dfrac{1}{2}v$를 얻는다.

그림에 이를 적용하면 아래와 같다.

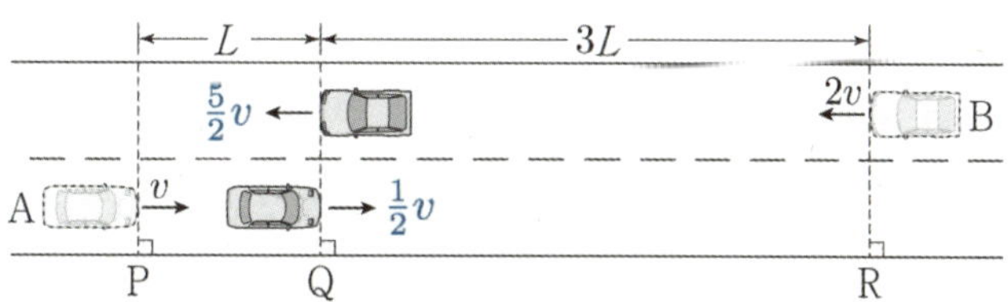

A의 가속도 = B의 가속도이므로 편한 것을 선택하여 구해 주면 된다. 필자는 자동차 A를 선택했다.
자동차의 구간 운동에 대한 시간 조건이 없으므로, 아래 두 가지 풀이 방식이 있다.

i) 공식 $2a\Delta x = v^2 - v_0^2$를 사용하면 $2aL = \dfrac{3}{4}v^2$이고 a에 대해 정리하면 $a = \dfrac{3v^2}{8L}$이다.

ii) 평균 속도와 속도 변화량을 꺼낸다. 평균 속도 : $\dfrac{3}{4}v$, 속도 변화량 : $\dfrac{1}{2}v$이다.

평균 속도$\left(\dfrac{3}{4}v\right)$와 거리$(L)$를 통해 시간 조건$\left(\dfrac{4L}{3v}\right)$을 찾아낸 후, (거리÷평균 속도)

속도 변화량$\left(\dfrac{1}{2}v\right)$조건과 결합하여 가속도$\left(a = \dfrac{3v^2}{8L}\right)$를 구할 수 있다. (속도변화량÷시간)

두 풀이 모두 중요하니 익혀두도록 하자.

16 21년 10월 교육청 18번

정답 : ② $\dfrac{1}{2}$

A의 점 p로부터의 누적 이동 거리가 점 q까지와 점 r까지가 각각 $4d$, $9d$이므로 점 q와 점 r에서의 속력의 비가 $2:3$이 된다.

따라서 r에서 A의 속력은 $\dfrac{3}{2}v_\mathrm{A}$이다.

A의 q에서 r까지 속도 변화량의 크기가 $\dfrac{1}{2}v_\mathrm{A}$이므로

B의 p에서 r까지 속도 변화량의 크기도 $\dfrac{1}{2}v_\mathrm{A}$이다.

따라서 r에서 만나는 순간 두 물체 A, B의 속력은 각각 $\dfrac{3}{2}v_\mathrm{A}$, $v_\mathrm{B}+\dfrac{1}{2}v_\mathrm{A}$이다.

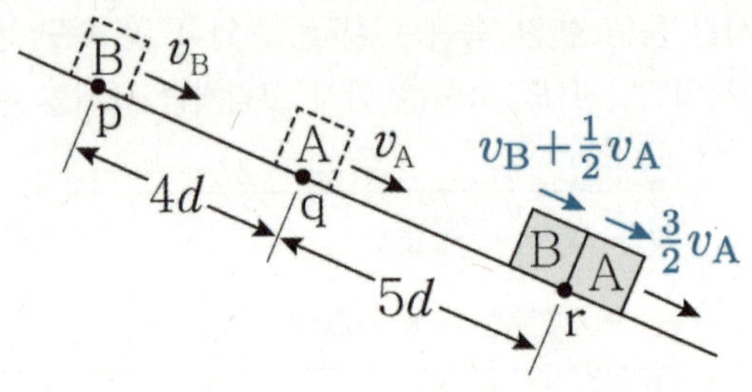

(A의 q~r에서의 평균속력) : (B의 p~r에서의 평균속력) $=\ 5:9$이어야 하므로, 비례식을 계산하면 $v_\mathrm{B}=2v_\mathrm{A}$이다.

따라서 구하는 값 $\dfrac{v_\mathrm{A}}{v_\mathrm{B}}$는 $\dfrac{1}{2}$이다.

정답 : ㄱ, ㄴ

B의 구체적인 운동 상태에 대해 알아내는 것이 문제의 관건이다.

먼저, B의 P~R까지의 운동을 $v-t$그래프로 나타내면 아래와 같다.

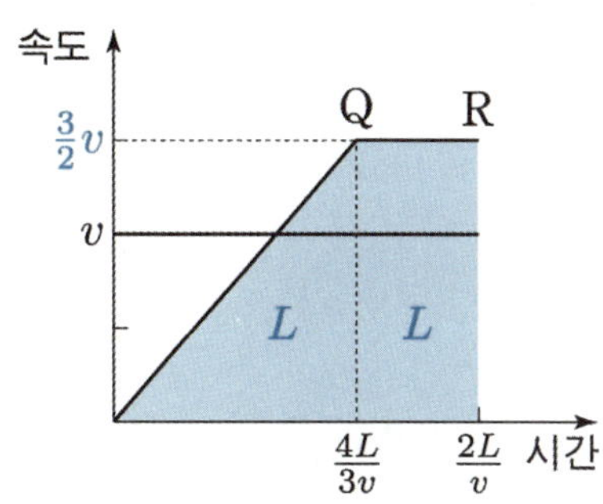

P~Q, Q~R의 거리가 L로 동일하므로 구간 P~Q, Q~R를 운동하는 데 걸린 시간비는 $2:1$이다.

발문에 의해 A와 B는 R를 동시에 지나므로,

$t = \dfrac{2L}{v}$까지 이동 거리가 같아야 하고 Q~R에서 B의 속력이 $\dfrac{3}{2}v$임을 알 수 있다.

(B가 등속도 운동하는 동안 속력을 V라 하면, 그래프의 밑넓이는 $\dfrac{2}{3}Vt$가 되는데,

이 밑넓이가 vt와 같아야 하므로 $V = \dfrac{3}{2}v$가 된다.)

R~S에서의 B의 운동 상태를 결정하면, 아래와 같다.

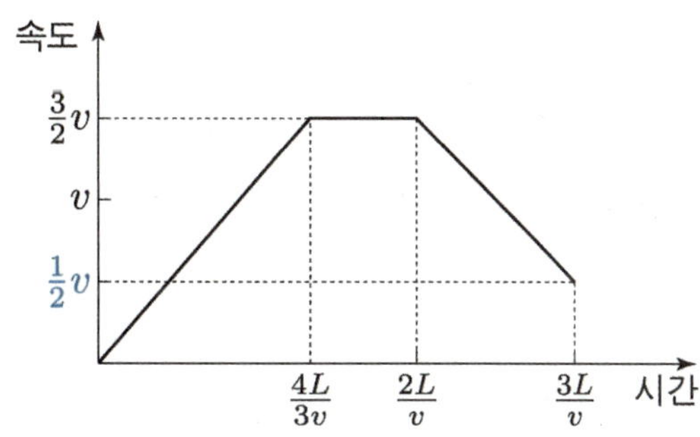

R~S의 평균 속력이 v여야 하므로, 초기 속력이 $\dfrac{3}{2}v$이므로 최종 속력이 $\dfrac{1}{2}v$여야 한다.

ㄱ. 그래프를 통해 참임을 판단 가능하다. (ㄱ 맞음)

ㄴ. 그래프를 통해 참임을 판단 가능하다. (ㄴ 맞음)

ㄷ. 두 구간에서의 속도 변화량의 크기비가 $3:2$, 시간비가 $4:3$이므로 가속도비는 $9:8$이다. (ㄷ 틀림)

18 24학년도 6월 평가원 18번

정답 : ② $\dfrac{1}{3}$

두 자동차는 시간차를 두고 동일한 운동을 한다는 것을 알아차렸을 것이다.
즉, 위치에 따른 속도 함수가 같다는 것이다. A는 B의 미래 모습이라고 생각하자.

Δt동안 A는 $2a$의 가속도로 L만큼 이동하였다.

$$\rightarrow L = \frac{0 + 2a\Delta t}{2}\Delta t$$
$$\Leftrightarrow L = a(\Delta t)^2$$

v_A는 B보다 Δt만큼 a의 가속도로 더 이동한 후의 속도이다.

$$v_B - a\Delta t = v_A, \quad \frac{v_B + v_A}{2}\Delta t = L$$
$$v_A = \frac{1}{2}a\Delta t, \qquad v_B = \frac{3}{2}a\Delta t$$

19 24학년도 9월 평가원 20번

정답 : ④ $\dfrac{8v^2}{9L}$

a부터 b까지, c부터 d까지 걸린 시간을 t, t라 두고, b부터 c까지 걸린 시간을 T라 두자.
문제의 마지막 줄 조건(근데 이상하게 똑같은 말을 두 번 해놨다...)을 이용하여,
거리와 시간을 이용하여 평균 속력에 관한 식을 작성하면, $\dfrac{10L}{2t + T} = \dfrac{6L}{T}$이고, $T = 3t$를 얻는다.

t동안 속도 변화량을 Δv라 하면, a, b, c, d에서의 속력은 각각 v, $v + \Delta v$, $v + 4\Delta v$, $v + 5\Delta v$이다.
a부터 b까지, c부터 d까지의 평균 속력의 크기비는 $1:3$이므로,
$$3\left(\frac{v + (v + \Delta v)}{2}\right) = \frac{(v + 4\Delta v) + (v + 5\Delta v)}{2}$$이고 $\Delta v = \frac{2}{3}v$임을 얻는다.

$2a\Delta x = \Delta(v^2)$을 이용하면, $2aL = \left(\dfrac{5}{3}v\right)^2 - v^2$이고, $a = \dfrac{8v^2}{9L}$이다.

20 24학년도 수능 19번

정답 : ④ $\dfrac{8}{7}$

B는 두 구간을 이동하는 데 걸린 시간 비가 $1:2$이므로(각각 t, $2t$라 하자.)
각 구간에서의 평균 속도의 크기가 $2:1$이고 가속도의 방향이 왼쪽인 감속 운동을 한다.
문제 조건에 의해 A와 B의 가속도를 각각 왼쪽 방향으로 $2a$, $3a$라 하자.

총 걸린 시간이 $3t$이므로, S에서 A의 속력은 $v_A - 6at$이다.
따라서 P~S구간의 평균 속도 $v_A - 3at$에 대해서, $(v_A - 3at)3t = 3L$이다.
R에서 B의 속력은 $v_B - 3at$, S에서 B의 속력은 $v_B - 9at$이다.
Q~R구간의 평균 속도 $(v_B - 1.5at)t = L$이다.
따라서 $v_A = v_B + 1.5at$이다.

Q~R 구간과 R~S 구간의 평균 속도의 크기가 $2:1$이므로,
$v_B - 1.5at : v_B - 6at = 2:1$에서 $v_B = 10.5at$이다. 따라서 $v_A = 12at$이고 구하는 값은 $\dfrac{8}{7}$이다.

21 25학년도 4월 17번

정답 : ④ $\dfrac{1}{2}v$

A와 B는 동일 빗면에서 운동하므로 가속도가 같다. 따라서 두 물체는 시간에 따라 속도가 변하는 정도가 같으므로 두 물체의 속도차는 일정하다. 즉, 시간에 따라 일정하게 가까워지거나 멀어진다.
(가)에서 (나)까지 두 물체는 속도가 $2v$만큼 변하여 $4L$만큼 가까워졌다. 이때 A의 속도는 빗면 위 방향으로 v이다. $3L$만큼 더 가까워지면 만나므로 두 물체의 속도가 $1.5v$만큼 더 변할 때가 만나는 순간이다. 이때 A의 속도는 아래로 $\dfrac{1}{2}v$이다.

정답 : ㄱ, ㄴ

ㄱ. A, B의 가속도의 크기가 $1:2$이므로 같은 시간 동안 속도 변화량의 크기도 $1:2$여야 한다. 따라서 $v_0 = 2v$이다. **(ㄱ 맞음)**

ㄴ. 같은 시간 동안 변위는 평균 속도에 비례하므로, A, B의 변위 크기비는 평균 속도 크기비인 $5:2$와 같다. 따라서 $x = 2L$이다. **(ㄴ 맞음)**

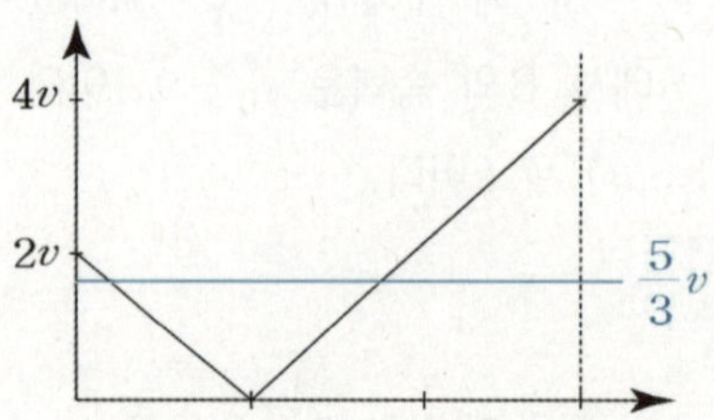

ㄷ. B가 $0 \sim \dfrac{T}{3}$ 동안 오른쪽으로 이동한 거리는 $\dfrac{1}{3}vT$이고, $\dfrac{T}{3} \sim T$ 동안 왼쪽으로 이동한 거리는 $\dfrac{4}{3}vT$이다. 즉, B는 $0 \sim T$까지 총 $\dfrac{5}{3}vT$만큼 이동했으므로, B의 평균 속력은 $\dfrac{5}{3}v$이다. **(ㄷ 틀림)**

Chapter

02

힘 그리고 계의 분석

01 13학년도 수능 2번

정답 : ② 영희

(가)에서 수레의 가속도는 $\frac{1}{2}g$이다. (나)에서 그래프 A의 기울기는 $\frac{1}{2}g$이고,

그래프 B의 기울기는 $\frac{1}{4}g$가 된다. 수평면+연직면 계에서 가속도는 $\frac{\text{유효질량}}{\text{계의 총 질량}}g$임을 이용하면,

철수 : (가)에서 추를 0.5kg으로 바꾸면 가속도는

$\frac{\text{유효질량}}{\text{계의 총 질량}}g = \frac{1}{3}g$가 되므로 옳지 않다. **(철수 틀림)**

영희 : (가)에서 수레 위에 2kg의 물체를 올려놓으면 가속도는

$\frac{\text{유효질량}}{\text{계의 총 질량}}g = \frac{1}{4}g$가 되므로 옳다. **(영희 맞음)**

민수 : (가)에서 수레 위에 1kg의 물체를 올려두고 추를 2kg로 바꾸면

$\frac{\text{유효질량}}{\text{계의 총 질량}}g = \frac{1}{2}g$가 되므로 옳지 않다. **(민수 틀림)**

02 14학년도 6월 평가원 3번

정답 : ㄴ

일정한 속력으로 운동함에서 도르래 양쪽이 힘의 평형을 이루고 있음을 알 수 있다.
따라서 B의 질량은 $2m$이 된다.

ㄱ. 등속 운동일 경우에는 정지 상태와 같은 방식으로 장력이 간단히 구해진다.
　　p에 걸리는 장력은 $3mg$, q에 걸리는 장력은 $2mg$이다.
　　또한 장력이 같다면 A에 작용하는 알짜힘은 중력이므로 A는 등속도 운동할 수 없다.
　　따라서 옳지 않다. **(ㄱ 틀림)**

ㄴ. 앞서 구한 것과 같이 B의 질량은 $2m$이므로 옳다. **(ㄴ 맞음)**

ㄷ. q가 B를 당기는 힘의 반작용은 B가 q를 당기는 힘이다.
　　작용 반작용 관계의 두 힘은 주어와 목적어의 교환 여부에 따라 판단한다.
　　따라서 옳지 않다. **(ㄷ 틀림)**

03   14년 4월 교육청 4번

정답 : ㄴ, ㄷ

전체 질량이 $4m$이고 알짜힘이 오른쪽으로 mg이므로, 가속도는 오른쪽으로 $\dfrac{1}{4}g$이다.

ㄱ. A의 알짜힘이 위로 $\dfrac{1}{4}mg$이고, 중력 mg가 아래로 작용하므로, p에 걸리는 장력은 $\dfrac{5}{4}mg$이다.

B의 알짜힘이 오른쪽으로 $\dfrac{1}{4}mg$이고, 실p가 왼쪽으로 $\dfrac{5}{4}mg$만큼 잡아당기므로,

q에 걸리는 장력은 $\dfrac{3}{2}mg$이다. 따라서 같지 않으므로 옳지 않다.

또는, B의 알짜힘이 오른쪽 방향이므로,
q에 걸리는 장력이 p에 걸리는 장력보다 크다고 판단해도 된다. (ㄱ 틀림)

ㄴ. A, B 모두 알짜힘이 $\dfrac{1}{4}mg$로 같다. 질량이 같고,

계를 이루어 운동하기 때문에 가속도가 같으므로 당연한 결과이다. 따라서 옳다. (ㄴ 맞음)

ㄷ. 앞서 구한 것과 같이, 가속도는 오른쪽으로 $\dfrac{1}{4}g$이므로 옳다. (ㄷ 맞음)

04   15학년도 9월 평가원 7번

정답 : ㄱ, ㄴ

실이 끊어지기 전과 후의 가속도를 그래프를 통해 꺼낼 수 있다.
실이 끊어지기 전에는 1m/s^2, 실이 끊어진 후에는 2m/s^2이다.
외부에서 가한 힘 F_0가 동일한데 가속도가 2배라는 것은 질량이 $\dfrac{1}{2}$배라는 것이므로,
B의 질량도 2kg임을 알 수 있다.

ㄱ. 옳다. (ㄱ 맞음)

ㄴ. 4kg을 1m/s^2로 가속시키는 힘의 크기는 4N이다. 따라서 옳다. (ㄴ 맞음)

ㄷ. 속도-시간 그래프의 적분값은 변위인데, 두 그래프의 적분값의 차이는 변위의 차이이다.
2초에서 4초까지 두 그래프의 적분값의 차이는 4m이므로 옳지 않다. (ㄷ 틀림)

05 15학년도 수능 6번

정답 : ㄴ, ㄷ

용수철 저울로 측정한 것은 단순히 장력의 크기이다. 용수철 저울을 실로 생각하고 풀어도 전혀 문제 없다. (가)에서는 정지하여 있으므로 계의 알짜힘, 가속도가 모두 0이다.
따라서 각 물체의 알짜힘도 0이 된다.(나)에서는 오른쪽으로 등가속도 운동하고 있으므로
계의 알짜힘은 mg, 계의 가속도는 $\frac{1}{2}g$이고, 각 물체의 알짜힘은 $\frac{1}{2}mg$, $\frac{1}{2}mg$이 된다.

ㄱ. (가)에서 장력은 mg이다. 양쪽에서 각각 mg로 당긴다고 해서 그 값을 더하면 안 된다는 것에 주의하자. 따라서 옳지 않다. (ㄱ 틀림)

ㄴ. 옳다. (ㄴ 맞음)

ㄷ. (나)에서 A에 작용하는 유의미한 힘은 장력밖에 없다. (중력과 수직항력 상쇄)
따라서 A의 알짜힘은 장력의 크기와 같다.
따라서 (나)에서 장력의 크기는 $\frac{1}{2}mg$이다. 따라서 옳다. (ㄷ 맞음)

06 16년 4월 교육청 5번

정답 : ㄴ

(가)에서 A의 힘의 평형이 성립하므로,
무게가 F와 같다는 것 외에는 아직 얻어낼 수 있는 정보가 없다. (나)를 먼저 살펴봐야 한다.
(나)에서 가속도가 $\frac{1}{3}g$임을 통해 A와 B의 질량비가 $1:2$임을 알 수 있으므로,
A의 질량은 $\frac{1}{2}m$이다. 따라서 (가)를 통해 $F = \frac{1}{2}mg$임을 알 수 있다.

ㄱ. A의 질량은 $\frac{1}{2}m$이다. 따라서 옳지 않다. (ㄱ 틀림)

ㄴ. $F = \frac{1}{2}mg$이다. 따라서 옳다. (ㄴ 맞음)

ㄷ. 정지/등속 운동하던 계가 가속하게 되면 내부 장력의 크기가 변한다.
확인해보면, (가)에서는 장력이 $\frac{1}{2}mg$, (나)에서는 장력이 B의 알짜힘과 같으므로 장력은 $\frac{1}{3}mg$이다.
또한, (가)에서 실에 걸리는 장력은 A의 무게와 같고, F와도 같다.
그런데 (나)에서 장력이 F라면 A에 작용하는 알짜힘이 0이라는 잘못된 결론이 나오게 된다.
따라서 옳지 않다. (ㄷ 틀림)

07 16년 7월 교육청 6번

정답 : ③ 2 : 1

(가)와 (나)에서 계의 총 알짜힘이 1 : 2이므로, 가속도의 크기도 1 : 2이다.
(가)에서 A의 알짜힘은 (가)의 장력의 크기와 같고, (나)에서 B의 알짜힘은 (나)의 장력의 크기와 같다.
장력이 (가)와 (나)에서 같으므로 (가)에서 A의 알짜힘, (나)에서 B의 알짜힘의 크기가 같다.
가속도의 크기가 1 : 2이므로, A와 B의 질량비는 2 : 1이다.

08 16년 10월 교육청 9번

정답 : ③ 40m

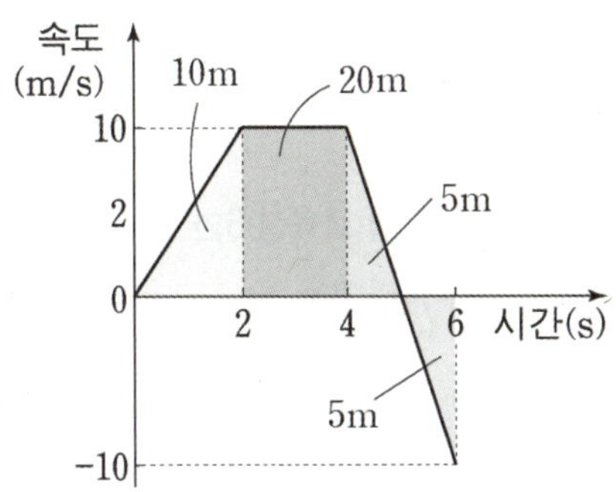

물체의 이동 거리를 구하려면 물체의 운동 상태를 알아야
하는데 이를 위해서는 F 그대로가 아닌
물체의 알짜힘을 알아야 한다. 알짜힘은 $(F-20)$N이다.
이를 통해 가속도는 $5\text{m/s}^2(0{\sim}2$초$)$, 0m/s^2
$(2{\sim}4$초$)$, $-10\text{m/s}^2(4{\sim}6$초$)$임을 얻는다. 이를 통해 시간에
따른 속도를 구하면 아래 그래프처럼 나타난다.
따라서 물체의 이동 거리는 40m이다.

09 17년 4월 교육청 5번

정답 : ㄴ

계의 가속도 $\dfrac{\text{계 의 알짜힘}}{\text{계 의 질량}}$ 값의 '계의 알짜힘'이 (가)와 (나)에서 서로 같다.

그런데 A의 가속도의 크기가 (나)에서가 (가)에서의 2배라는 것에서,
계의 질량이 (가) : (나) $= 2 : 1$이라는 것을 알 수 있다. 따라서 B의 질량은 m이다.

ㄱ. B의 질량은 m이다. 따라서 옳지 않다. **(ㄱ 틀림)**

ㄴ. (나)에서 C에 작용하는 장력이 사라졌으므로 힘은 중력과 수직항력밖에 없으며,
　　이는 상쇄되어 알짜힘이 0이고 등속도 운동을 하게 된다. 따라서 옳다. **(ㄴ 맞음)**

ㄷ. 중력과 장력만이 작용하는 A기준으로 살펴보면, A의 알짜힘은 (가)에서 아래 방향으로 $\dfrac{1}{4}mg$,

　　(나)에서 $\dfrac{1}{2}mg$이다. 이를 통해 장력의 크기는 (가)에서가 더 큼을 알 수 있다.

　　또는, A의 가속도의 크기가 (가)에서가 (나)에서보다 작으므로
　　실 p는 (가)에서 A를 더 강하게 당긴다. 따라서 옳지 않다. **(ㄷ 틀림)**

10 18학년도 6월 평가원 10번

정답 : ④ A＝ⓒ, B＝ⓐ, C＝ⓑ

계의 운동이 수평면, 연직면에서 이루어지는 경우, 질량비를 안다면 가속도를 꺼낼 수 있고,
그 반대도 가능하다.
이 문제에서는 질량비를 주었으므로 A, B, C의 가속도를 바로 꺼낼 수 있다.

가속도는 $\dfrac{(\ )}{(\ )}g$의 꼴로 나타날 텐데, 이 문항의 상황에서는 분모에는 계의 총 질량,

분자에는 매달린 추의 질량이 들어갈 것이다. 각 가속도를 구하여 주면,

A : $\dfrac{1}{3}g$, B : $\dfrac{2}{4}g$, C : $\dfrac{2}{5}g$이다. 따라서 A＝ⓒ, B＝ⓐ, C＝ⓑ이다.

11 17년 7월 교육청 3번

정답 : ⑤ 3kg

(나) 그래프는 가로축이 이동 거리라서 난감할 수 있는데, (가) 그림을 보며 운동 양상을 살펴보면
별거 아니었다는 것을 알 수 있다.
실이 끊어지기 전까지는 가속도가 위 방향 1m/s^2로,
실이 끊어진 후에는 가속도가 아래 방향 5m/s^2로 운동함을 그래프 조건을 통해 준 것이었다.
실이 끊어진 후가 더 간단하니 먼저 살펴보면,
A는 5m/s^2라는 빗면가속도에 의해 왼쪽 방향으로 빗면힘이자 알짜힘인 $5m\,\text{N}$을 받는다.
실이 끊어지기 전에는, A와 B를 포함한 전체 계가 오른쪽 방향으로 알짜힘 $(m+2)\text{N}$를 받게 된다.
이는 계 기준 외부 힘의 합력인 $(20-5m)\text{N}$과 같다. 따라서 $m=3\text{kg}$이다.

> **다른풀이**
>
> 실이 끊어지면서 A의 알짜힘은 B의 힘 분석을 통해 구한 실이 끊어지기 전의 장력의 크기인 18N
> 만큼 변화하였다. 이때 가속도가 6m/s^2만큼 변화하면서 알짜힘의 변화량이 $6m\,\text{N}$이다.
> 따라서 $6m=18$이고 $m=3\text{kg}$이다.

12 17년 10월 교육청 18번

정답 : ④ 4kg

발문의 마지막 조건을 통해 (가)에서는 왼쪽으로 1m/s^2로 가속하며, (나)에서는 오른쪽으로 1m/s^2로
가속한다는 것을 알 수 있고, (가)와 (나)의 알짜힘 차이가 20N이므로, (가)에서 계의 알짜힘은 왼쪽으
로 10N, (나)에서 계의 알짜힘은 오른쪽으로 10N이 된다. 따라서 (가)에 의해 계의 질량은 10kg임
을 알 수 있다. 따라서 $m=4\text{kg}$이다.

13 19학년도 9월 평가원 4번

정답 : ④

먼저 전체 질량이 I, II, III, IV 에서 모두 같음을 알 수 있다.
질량이 모두 같을 때 알짜힘은 실에 매달린 추에 의해 결정되며,
알짜힘의 크기는 I, II, III, IV 순서대로 $1:2:3:4$로 커져감을 알 수 있다.
따라서 가속도 또한 $1:2:3:4$로 커져갈 것이므로 ④가 가장 적절하다.

14 19년 3월 교육청 20번

정답 : ④ $L = 10\text{m}$, $T = 7.5\text{N}$

0~2초 동안 $F = 5\text{N}$을 가하여 정지해 있었으므로, B는 빗면힘 5N을 받는다.
2~4초 동안에는 계의 알짜힘이 왼쪽으로 5N이므로, 2.5m/s^2으로 가속한다.
반대로 4~6초 동안에는 계의 알짜힘이 오른쪽으로 5N이므로,
2.5m/s^2으로 가속한다. 3초일 때 A의 알짜힘은 왼쪽으로 2.5N이므로,
장력의 크기 T는 $T = 7.5N$이다. 정지 상태에서 출발하여 2초 동안 2.5m/s^2로 가속하여 이동한
거리는 5m이다. 마찬가지로, 2초 동안 2.5m/s^2로 감속하여 이동한 거리도 5m이다.
따라서 L은 $L = 10\text{m}$이다.

15 19년 7월 교육청 18번

정답 : ⑤ $\dfrac{8}{3}$

(가)와 (나)의 계의 알짜힘은 빗면에 있는 물체가 받는 빗면힘인데,
이 빗면힘의 차이가 10N보다 작으므로(A와 B의 무게 차이가 10N이고 빗면힘의 차이는 그보다 작
다.) 가속도의 방향이 서로 반대이고 크기가 같다는 것을 알 수 있다.
계의 총 질량은 (가)와 (나)에서 같으므로 계의 알짜힘의 크기가 같고 방향이 반대이다.
(가)와 (나)에서 빗면힘을 각각 $3f$, $2f$라 하면, 계의 알짜힘의 크기는 (가)에서 $3f$이고,
(나)에서 $10\text{N} - 2f$이다. 이 두 값이 같으므로 $f = 2\text{N}$이고,
(가)와 (나)의 가속도의 크기는 $\dfrac{6}{5}\text{m/s}^2$임을 얻는다.

(가)의 A에 대해 힘 분석을 해 보면, (가)에서 실에 걸리는 장력은 $\dfrac{12}{5}\text{N}$이고,

(나)의 A에 대해 힘분석을 해 보면, $F_2 - 4 = 2 \times \dfrac{6}{5}$이다.

(나)에서 실에 걸리는 장력은 $\dfrac{32}{5}\text{N}$이다.

따라서 $\dfrac{F_2}{F_1}$는 $\dfrac{8}{3}$이다.

정답 : ① $\dfrac{8v^2}{3g}$

(가)에서 힘의 평형이 성립하므로, 두 빗면의 빗면 가속도의 크기 비는 $2:3$이다.

이를 각각 $2a$, $3a$라 하자.

(가)에서 빗면 방향으로 A, B, C가 받는 힘의 크기는 각각 $4ma$, $2ma$, $6ma$이다.

(나)에서, B와 C가 계를 이루어 운동하며, 계의 알짜힘의 크기는 A의 알짜힘의 크기와 같은 $4ma$이다.

질량비로 분배하면 B와 C가 각각 받는 알짜힘의 크기는 $\dfrac{4}{3}ma$, $\dfrac{8}{3}ma$이다.

실이 B를 당기는 힘의 크기가 $\dfrac{5}{6}mg$이고 빗면 방향으로 B가 받는 힘이 $2ma$이므로,

$\dfrac{5}{6}mg = \dfrac{10}{3}ma$를 만족하고, $a = \dfrac{1}{4}g$이다. 따라서 빗면 가속도는 각각 $\dfrac{1}{2}g$, $\dfrac{3}{4}g$이다.

A가 최고점에 도달할 때까지 A의 속도 변화량의 크기는 v이고 가속도가 $\dfrac{1}{2}g$이므로,

걸린 시간 t는 $t = \dfrac{2v}{g}$이다. 계 B와 C의 가속도는 $\dfrac{4}{3}a = \dfrac{1}{3}g$이므로,

$t = \dfrac{2v}{g}$ 동안 속도 변화량의 크기는 $\dfrac{2}{3}v$이고 나중 속력이 $\dfrac{5}{3}v$이다.

따라서 평균 속도의 크기가 $\dfrac{4}{3}v$이고 $t = \dfrac{2v}{g}$ 동안 이동한 거리 d는 $d = \dfrac{8v^2}{3g}$이다.

17 **20학년도 9월 평가원 16번**

정답 : ㄱ

상황을 파악해 보면, 로봇이 정지한 상태에서 저울의 측정값을 0으로 맞추었다고 했으므로
저울 (나)의 힘의 값이 양수인 것은, 로봇이 봉을 아래로 누르며 위로 가속 운동하여 측정된 결과이며,
힘의 값이 음수인 것은, 로봇이 봉을 위로 밀며 아래로 가속운동하며 측정된 결과이다.
따라서 저울의 측정값의 크기는 로봇이 받는 알짜힘의 크기와 같다.
로봇이 봉을 누르는 힘과 봉이 로봇을 미는 힘은 작용–반작용 관계이며,
봉에 걸리는 힘은 저울을 밀게 되고 이는 저울에 나타나게 된다.

ㄱ. t_2일 때, 로봇은 봉을 아래로 누르며 위로 가속운동하므로 알짜힘의 방향은 위 방향이다.
　　따라서 옳다. (ㄱ 맞음)

ㄴ. t_3일 때는 가속운동하지 않으며, 앞서 t_2전후로 가속하여 속도가 있는 상태이다.
　　등속도로 위 방향으로 운동한다. 따라서 옳지 않다. (ㄴ 틀림)

ㄷ. 저울에 -0.2N가 측정되었으므로, 로봇이 받는 알짜힘의 크기가 0.2N이다. 따라서 로봇의 가속도
　　는 2m/s^2이다. 이때 저울에 측정된 힘의 크기는 로봇의 무게를 반영하지 않았으므로 로봇이 봉을
　　누르는 힘, 봉이 로봇을 미는 힘의 크기와 같지 않음에 주의해야 한다. (ㄷ 틀림)

18   20년 3월 교육청 4번

정답 : ② 2

계의 질량이 동일하므로 계의 알짜힘의 크기와 가속도가 비례한다.

계의 알짜힘은 (가)에서 B의 무게, (나)에서 A의 무게이다. 따라서 가속도 비율은 4 : 1이다.

정지 상태에서 출발할 때, 같은 거리를 이동하는 데 걸리는 시간의 제곱은 가속도에 반비례하게 된다.

$\left(\Delta x = \dfrac{1}{2}at^2\right)$ 따라서 $\dfrac{t_2}{t_1} = 2$ 이다.

19   21년 4월 교육청 10번

정답 : ② $\dfrac{3}{8}mg$

(가)에서 계가 정지해 있으므로 힘의 평형이 이루어진 상황이다.

A의 질량을 m_A 라 하자.

(가)에서 A와 B에 작용하는 힘을 표시하면 아래와 같다.

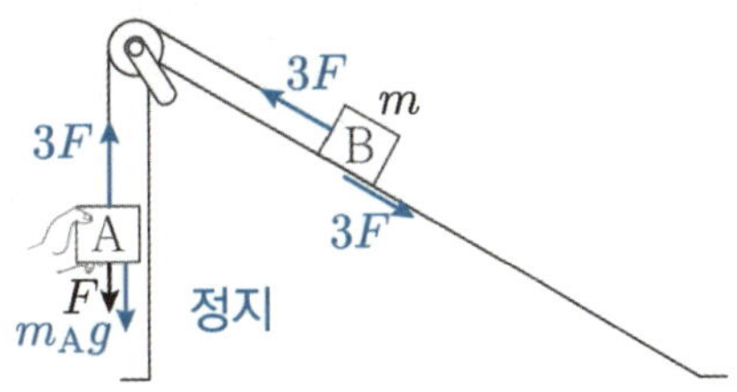

힘의 평형을 적용하면 아래 관계를 얻는다.

A : $m_A g + F = 3F$ 이므로 $m_A g = 2F$

B에 대해, B가 빗면 방향으로 받는 힘의 크기는 $3F$이다.

(나)에서, A와 B에 작용하는 힘을 표시하면 A는 연직 아래 방향으로 $2F$, B는 빗면 아래 방향으로 $3F$가 된다.

계에 대해서, 작용하는 힘의 합력은 F 이고, 알짜힘이 $\dfrac{1}{8}(m + m_A)g$ 이므로,

$\dfrac{1}{8}(m + m_A)g = F$ 이고 $m_A g = 2F$ 임을 이용해서 정리하면 $m_A = \dfrac{1}{3}m$, $\dfrac{1}{8}mg = \dfrac{3}{4}F$ 를 얻는다.

(나)의 A에서 힘의 평형식을 세워 보면 $T - \dfrac{1}{3}mg = \dfrac{1}{3}m\left(\dfrac{1}{8}g\right)$ 이고 $T = \dfrac{3}{8}mg$ 를 얻는다.

정답 : ④ $\dfrac{7}{5}$

실이 하나씩 끊어질 때마다 '계'의 변화가 생기므로, 순차적으로 실을 하나씩 끊어가는 상황을 단계별로 나누어 운동을 분석해 주어야 한다.
i) 실을 끊기 전, ii) 실 p를 끊은 후, iii) 실 q를 끊은 후로 나누어 운동을 따로따로 분석하기로 하자.

또한 발문 'p를 끊은 후 C와, q를 끊은 후 D의 가속도의 크기는 서로 같다.'를 통해 왼쪽 빗면과 오른쪽 빗면의 기울기, 빗면 가속도의 크기가 동일함을 알 수 있다. 빗면 가속도의 크기가 같으므로 빗면 힘의 크기는 질량에 비례한다.

i) 실을 끊기 전에 대한 분석이다.
　 B, C, D가 각각 빗면 아래 방향으로 받는 힘의 크기를 $3f$, $2f$, f라 하자.
　 지금은 더 이상 알 수 있는 게 없으니 ii) 실 p를 끊은 후에 대한 분석으로 넘어가기로 하자.

ii) 실 p를 끊은 후에 대한 분석이다.
　 C와 분리된 상태의 계를 그리면 위와 같다. 계가 등속도
　 운동을 하므로 가속도가 0이며 계의 합력이 0인 상태이다.
　 그러기 위해서는 A가 빗면 아래 방향으로 $2f$의 힘을 받아
　 야 한다.
　 위의 1. 실이 끊어지기 전 분석으로 돌아가 보자.

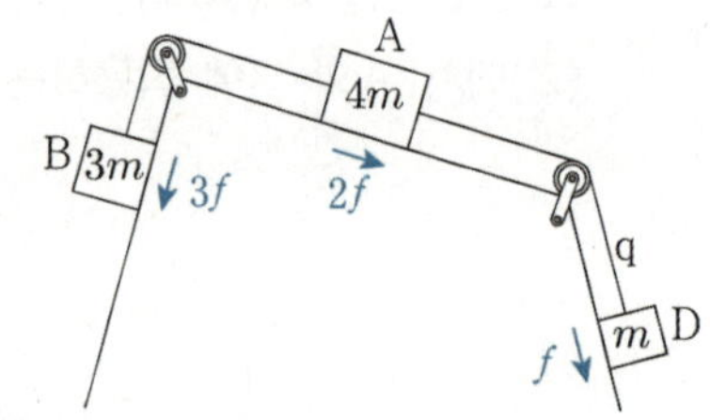

　 모든 물체가 받는 빗면 힘을 알고 있으므로 계의 합력의 크기$= 2f$이다.
　 계의 총 질량이 $10m$이고 가속도의 크기가 a_1이므로 $10ma_1 = 2f$이다.

　 여기서 $a_1 = \dfrac{f}{5m}$이다.

iii) 실 q를 끊은 후에 대한 분석이다.
　 D와 분리된 상태의 계를 그리면 위와 같고, 계의 합력의
　 크기$= f$이다.
　 계의 총 질량이 $7m$이고 가속도의 크기가 a_2이므로
　 $7ma_2 = f$이다.

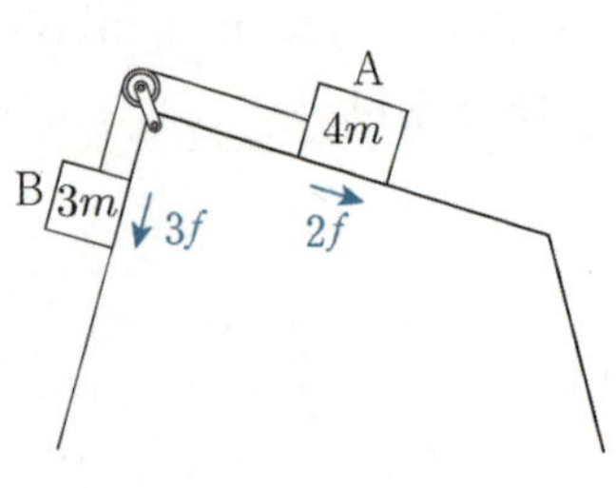

　 여기서 $a_2 = \dfrac{f}{7m}$이다.

　 $a_1 = \dfrac{f}{5m}$, $a_2 = \dfrac{f}{7m}$이므로 $\dfrac{a_1}{a_2} = \dfrac{7}{5}$이다.

정답 : ③ 24N

물체 A는 등가속도 운동을 하며(발문), p와 q를 지나 최고점에 도달했다가 다시 q를 지나는 운동을 한다. 이때 표 조건을 보면, 동일 지점 q를 지나는 시각 사이 간격이 2초이다. 이를 바탕으로 물체 A의 자취를 그려 보면 아래와 같다.

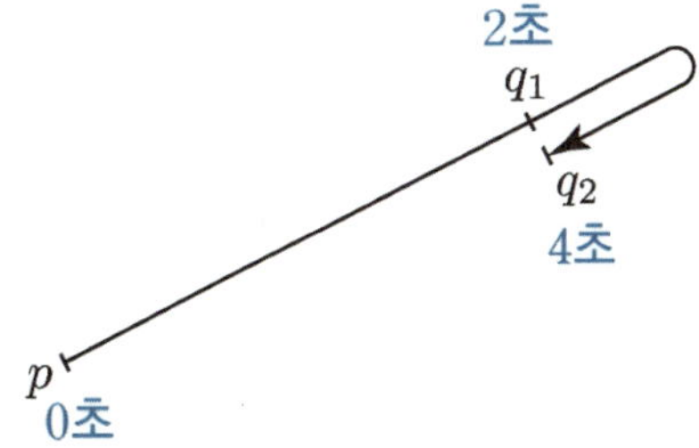

q를 두 번 지나므로 첫 번째 q를 지나는 것을 q_1, 두 번째 q를 지나는 것을 q_2라 하여 구별하기로 하자. 물론 q_1과 q_2는 모두 동일한 점 q를 말하는 것이다.

여기서 중요한 포인트가 있다.
자취 '$q_1 \rightarrow q_2$'는 최고점을 기준으로 대칭이다.
따라서 '$q_1 \rightarrow$ 최고점' & '최고점 $\rightarrow q_2$'는 모두 1초씩 소요되는 운동이다.

이를 바탕으로 좀 전에 그린 자취에 표시하면 아래와 같고, 비례상수 v를 도입해서 각 지점에서의 속도비도 모두 찾을 수 있다.

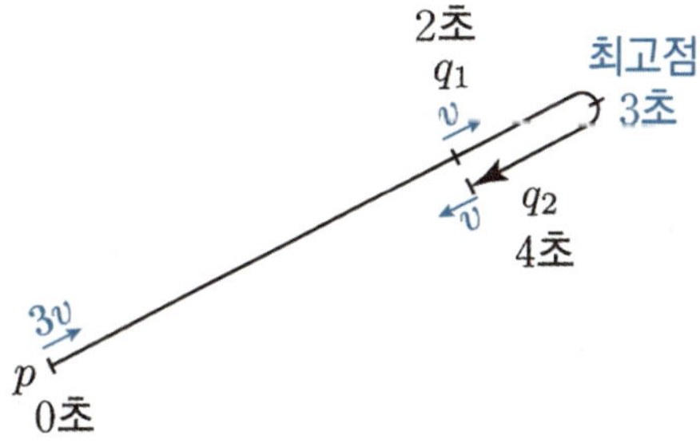

p~q_1, q_1~최고점의 시간비, 평균 속력비가 각각 $2:1$, $4:1$이므로 거리비가 $8:1$이다.

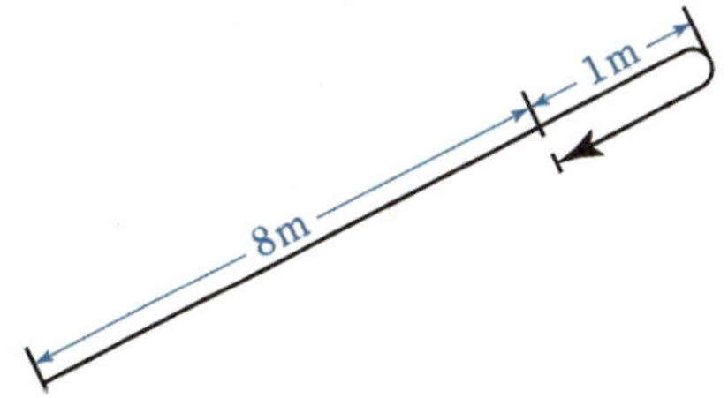

따라서 $v = 2\text{m/s}$이고, 가속도는 2m/s^2이다. B에 대해서, 가속도가 2m/s^2이므로 알짜힘이 위로 4N이므로 장력은 24N이다.

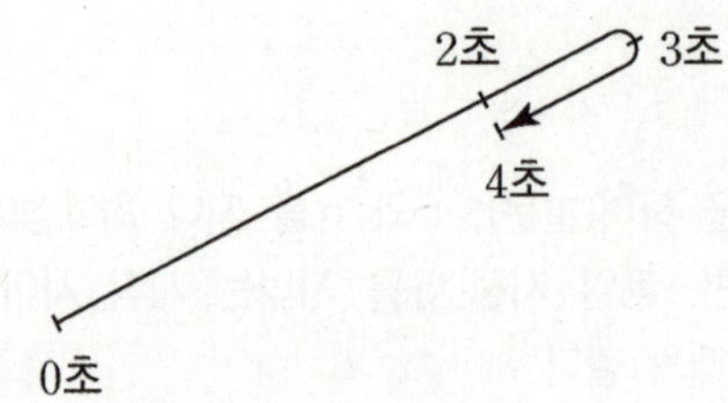

'아! 세 구간의 이동거리비는 $8:1:1$이겠군.' 정도는 바로 보여야 시간을 벌 수 있다.
만약 문제 풀면서 이 비율이 보였다면 잘한 거다. 등가속도 운동 쫌 잘하는 거다.

22 22학년도 9월 평가원 13번

정답 : ㄱ

문제의 풀이 과정이 정형화된 유형이다. (가)에는 질량조건과 문제 상황을, (나)에서는 속도-시간 그래프를 통해 가속도 조건을 주었다.
질량 조건과 가속도 조건을 버무려서 힘 분석을 해보라는 출제 의도를 알 수 있다.

C의 질량을 $m\,\mathrm{kg}$이라 하자. A와 B가 빗면에서 받는 빗면힘을 각각 $2f$, f라 하자.
실 p가 끊어지기 전후 가속도의 크기비가 $2:1$이므로 힘 분석을 할 준비가 모두 끝났다.

i) 실 p가 끊어지기 전 : $3f = (m+3) \times 1$

ii) 실 p가 끊어진 후 : $f = (m+1) \times \dfrac{1}{2}$

둘을 연립하기 위해 $i) \div ii)$를 수행하면, $3 = 2\dfrac{m+3}{m+1}$을 얻고, $m = 3$이라는 결론을 얻는다.
따라서 C의 질량은 $3\mathrm{kg}$이다.

ㄱ : 평균 속력 $\dfrac{3}{2}\mathrm{m/s}$로 2초 이동했으므로 이동거리는 $3\mathrm{m}$이다. 따라서 ㄱ은 참이다. **(ㄱ 맞음)**

ㄴ : C의 질량은 $3\mathrm{kg}$이다. **(ㄴ 틀림)**

ㄷ : q가 B를 당기는 힘은 q가 C를 당기는 힘과 같고, 곧 C의 알짜힘과 같다.
C의 알짜힘의 크기는 C의 가속도를 보면 실이 끊어지기 전이 후의 2배임을 알 수 있다.

(ㄷ 틀림)

정답 : ① mg

(가)와 (나)의 차이는 외부힘 F이며, 이 힘의 크기를 F라 하자.

이는 (가)와 (나)에서 계의 알짜힘의 차이다.

A의 가속도의 크기가 (가)와 (나)에서 같다는 것은 (가)와 (나)에서 계의 알짜힘의 크기가 같다는 것을 의미한다.

즉, (가)에서 계의 알짜힘과,

(나)에서 계의 알짜힘은 각각 오른쪽 방향으로 $\dfrac{1}{2}F$, 왼쪽 방향으로 $\dfrac{1}{2}F$임을 알 수 있다.

실이 B를 당기는 힘의 크기를 (가)에서 $2T$, (나)에서 T라 하면,

(가)와 (나)에서 B에 작용하는 알짜힘의 크기가 같아야 하므로, $F-2T=T$이고, $T=\dfrac{1}{3}F$이다.

(나)에서 B에 작용하는 알짜힘의 크기는 실이 B를 당기는 힘의 크기인 $\dfrac{1}{3}F$이고,

A에 작용하는 알짜힘의 크기는 계의 알짜힘의 크기 $\dfrac{1}{2}F$에서 B의 알짜힘의 크기 $\dfrac{1}{3}F$를 뺀 $\dfrac{1}{6}F$이다.

A와 B의 알짜힘의 크기비가 $1:2$이므로 질량비 또한 $1:2$이고 A의 질량은 $\dfrac{1}{2}m$이다.

A에 작용하는 중력의 크기가 $\dfrac{1}{2}F$이므로, $F=mg$이다.

24 **23학년도 9월 평가원 14번**

정답 : ② $4mg$

1. (가)에 대해, A, B, C가 정지해 있으므로 각 물체에 대해서 힘의 평형이 성립한다.
   C에 대해 중력에 의한 힘 $4mg$와 실 q가 당기는 힘이 평형을 이루고 있으므로
   실 q의 장력은 $4mg$이다.

   B에 대해 실 p가 당기는 힘 $\frac{10}{3}mg$와 중력에 의한 빗면 아래 방향으로의 빗면힘이 실 q가 당기는

   힘 $4mg$와 힘의 평형을 이루고 있으므로 빗면힘의 크기는 $\frac{2}{3}mg$이고 빗면가속도는 $\frac{2}{3}g$이다.

   A에 대해 중력에 의한 빗면 아래 방향으로의 빗면힘이 실 p가 당기는 힘 $\frac{10}{3}mg$와 힘의 평형을

   이루고 있으므로 $M = 5m$이다.

2. (나)에서, 계는 A와 B에 의해 오른쪽으로 $6mg$의 힘을 받으며 C에 의해 왼쪽으로 $\frac{8}{3}mg$의 힘을

   받는다.

   총 질량이 $10m$인 계의 알짜힘이 오른쪽으로 $\frac{10}{3}mg$이고, 계로 운동하는 물체들에 대해 각 물체의

   알짜힘 비는 질량비와 같으므로 C의 알짜힘은 오른쪽으로 $\frac{4}{3}mg$이다.

   따라서 q가 C를 당기는 힘의 크기는 $4mg$이다.

25 **23년 4월 교육청 11번**

정답 : ④ $\frac{4}{5}mg$

(가) 순간의 B의 위치를 X라 하면,
실이 끊어지기 전 B의 자취 O→X에서 계의 속력은 $0 \to v$이다.
실이 끊어진 후 B의 자취 X→O에서 계의 속력은 $v \to 3v$이다.
$2a\varDelta x = v_2^2 - v_1^2$이므로 (가)와 (나)에서 가속도의 크기 비는 $v^2 : 8v^2 = 1 : 8$이다.
(가)와 (나)에서 가속도의 크기를 a, $8a$ 라 하고, B의 질량을 M이라 하면,
(가)에서 $(M+9m)a = mg$, (나)에서 $(M+4m)8a = 4mg$를 얻는다.

연립하여 정리하면 $M = m$을 얻는다. (나)에서 계 A, B의 질량비가 $4 : 1$이므로, 가속도는 $\frac{4}{5}g$이다.

따라서 B의 알짜힘은 $\frac{4}{5}mg$이며 실에 걸리는 장력은 $\frac{4}{5}mg$이다.

26 24학년도 6월 평가원 5번

정답 : ② $\dfrac{2}{3}mg$

(가)와 (나)에서 물체들의 질량, 가속도를 알고 있으므로 알짜힘을 구할 수 있다.
(가)와 (나)에서 계의 알짜힘과 작용하는 힘들의 합력을 비교해 보자.

$3m$인 물체가 빗면에서 받는 힘을 $3f$라 하고, 도르래 기준 오른쪽 방향을 +방향이라고 하면,

(가)에서 알짜힘은 $(4m)\left(-\dfrac{1}{6}g\right)=-\dfrac{2}{3}mg$이고, 합력은 $-3f+F+mg$이므로,

$3f-F=\dfrac{5}{3}mg$이다.

(나)에서 알짜힘은 $(9m)\left(\dfrac{1}{3}g\right)=3mg$이고, 합력은 $-3f-F+6mg$이므로, $3f+F=3mg$이다.

따라서 f를 소거하면 $F=\dfrac{2}{3}mg$이다.

27 23년 7월 교육청 08번

정답 : ② $\dfrac{3}{2}$

실이 끊어진 후 (나) 순간까지 A와 B의 속도 변화량의 크기는 각각 $2v$와 $3v$이다.
걸린 시간이 동일하브로 A와 B의 가속도의 비는 $2:3$이고,
왼쪽 빗면과 오른쪽 빗면의 빗면가속도의 비가 $2:3$이다.

i) 실이 끊어질 때 질량 m과 가속도 변화량 $\varDelta a$가 반비례하므로 질량비는 $3:2$이다.
ii) 또는, 실이 끊어지기 전까지 등속도 운동을 하므로, A와 B의 합력은 $m_A(2a)-m_B(3a)=0$이다.

따라서 $\dfrac{m_A}{m_B}=\dfrac{3}{2}$이다.

28 24학년도 9월 평가원 8번

정답 : ㄱ, ㄷ

초기 상태에서는 등속도 운동하는 상태이므로 계의 알짜힘이 0이고 힘의 평형이 성립한다.

발문의 "p를 끊으면, A는 가속도의 크기가 $6a$인 등가속도 운동을, B와 C는 가속도의 크기가 a인 등가속도 운동을 한다."에 의해 "A의 질량 : B + C의 질량 = 1 : 6"을 얻는다.
따라서 B의 질량은 $4m$이다. (ㄱ 맞음)

A의 빗면가속도의 크기는 $6a$, B의 빗면가속도의 크기는 $3a$이므로,

p가 끊어지기 전 계에 대해 $6ma + 12ma = 2mg$가 성립하고, $a = \dfrac{1}{9}g$를 얻는다. (ㄴ 틀림)

p가 끊어지기 전 p에 걸리는 장력은 A의 빗면힘과 크기가 같다.
따라서 p에 걸리는 장력의 크기는 $\dfrac{2}{3}mg$이다. (ㄷ 맞음)

29 24학년도 9월 평가원 9번

정답 : ㄴ, ㄷ

B가 A를 떠받치는 힘의 크기는 (가)에서 $mg + F$, (나)에서 $mg - 2F$이다.

따라서 $F + mg : mg - 2F = 2 : 1$을 계산하면, $F = \dfrac{1}{5}mg$를 얻는다. (ㄴ 맞음)

ㄱ. A에 작용하는 중력 ($\rightarrow$ A가 B를 누르는 힘 = A에 작용하는 중력 + F)과 B가 A를 떠받치는 힘은 작용 반작용 관계이다. (ㄱ 틀림)

ㄷ. (가)에서 $4mg + F = \dfrac{21}{5}mg$, (나)에서 $4mg - 2F = \dfrac{18}{5}mg$이므로 옳다. (ㄷ맞음)

30 23년 10월 교육청 14번

정답 : ④ 2.4m/s

(나)에서 ㉠이 끊어진 경우의 가속도가 $\frac{1}{2}g$,

㉡이 끊어진 가속도가 g라는 것을 통해 ㉠은 p이고 ㉡은 q임을 알 수 있다.
A와 B가 빗면상에서 받는 힘을 $7f$, $2f$라 하자.
실이 끊어지기 전 등속도 운동 상황에서는 계 전체에 힘의 평형이 성립하므로
$7f + 2f = 90\text{N}$이며 $f = 10\text{N}$이다.
p가 끊어진 경우 알짜힘과 합력에 관한 식을 작성하면,
$90\text{N} - 2f = 5(2m + 9)\text{N}$이고 $m = 2.5\text{kg}$을 얻는다.

따라서 A의 가속도는 $\dfrac{7\text{f}}{17.5\text{kg}} = 4\text{m/s}^2$이고, 0.1초일 때 A의 속력은 2.4m/s이다.

(※ (나) 그래프에서 실이 끊어진 후 C의 속력이 감소하므로 (가)에서 운동 방향은 왼쪽이며,
실이 끊어진 후 A의 가속도의 방향은 운동 방향과 같다.)

31 24학년도 수능 10번

정답 : ㄱ

A의 질량을 M이라 하고, (가)에서 계 A, B, C의 가속도의 크기를 a라 하면,
(나)에서 계 A, B의 가속도는 왼쪽 방향으로 $2a$이다.
(나)에서 계 A, B의 이동거리와 C의 이동 거리비가 $1 : 4$이다.

A, B의 평균 속도가 $\frac{1}{2}v$이므로 C의 평균 속도는 $2v$이다.

따라서 C의 나중 속력은 $3v$이고 **(ㄱ 맞음)** 같은 시간 동안 속도 변화량의 크기가 C가 B의 2배이므로
C의 가속도는 $4a$이다.

(나)에서 C에 대하여, $F = 12ma$이다.

(나)에서 계 A, B에 대하여 $(M + m)2a = Mg$이다.
(가)에서 $F - Mg = (M + 4m)a = 12ma - Mg$이다.

두 식을 연립하면,

$M = 2m$, $a = \frac{1}{3}g$이다. **(ㄴ 틀림)**

ㄷ. $F = 4mg$이나. **(ㄷ 틀림)**

또는, 실이 끊어지는 상황에서 질량과 가속도 변화량의 크기가 반비례함을 이용하면,
$(A + B) : C$의 가속도 변화량의 크기비가 $1 : 1$이므로
질량은 $A + B = C$이다. 따라서 $M = 2m$을 찾을 수도 있다. **(ㄴ 틀림)**

정답 : ② $\dfrac{1}{2}g$

1. 초기 정지 상태: 힘의 평형

   초기 상태가 정지한 상태이므로 힘의 평형이 이루어진 상태이다.

   따라서 실이 끊어진 후에도 나누어진 두 계의 알짜힘의 크기가 같다.

   A의 가속도의 크기가 g이고 B, C, D의 가속도의 크기가 $\dfrac{2}{9}g$이고,

   C, D의 질량을 M이라 하면, $2mg = (m+2M)\dfrac{2}{9}g$이고 $M=4m$을 얻는다.

2. D에 작용하는 힘 체크

   발문에서 r이 D를 당기는 힘의 크기 $\dfrac{10}{9}mg$를 주고, D의 빗면가속도를 구하라고 하였다.

   D에 작용하는 빗면힘을 f라 하면, $f - \dfrac{10}{9}mg = (4m)\dfrac{2}{9}g$이고 $f=2mg$를 얻는다.

   D에 작용하는 빗면힘이 $2mg$이고 질량이 $4m$이므로 빗면가속도는 $\dfrac{1}{2}g$이다.

정답 : ② $2m$

두 구간 p~q(실이 끊어지기 전)와 q~r(실이 끊어진 후)에서의 B의 물리량을 비교해보자.
평균 속도가 동일하고 구간의 길이가 2:3이므로 시간비가 2:3이다.
시간비가 2:3이고 속도 변화량이 동일하므로 가속도비가 3:2이다.

계 A, B, C와 계 A, B의 가속도 크기비가 3:2이므로, B의 질량 m_B에 대해,

$\dfrac{5mg-mg}{m+m_B+5m} : \dfrac{mg}{m+m_B} = 3:2$로 가속도비를 표현할 수 있다.

정리하면 $m_B = 2m$을 얻는다.

34 25학년도 6월 평가원 5번

정답 : ㄱ, ㄴ

ㄱ. 용수철 저울이 정지해 있으므로 알짜힘이 0이다. **(ㄱ 맞음)**

ㄴ. 용수철 저울과 추를 계로 생각할 때 계의 무게인 12N만큼 p가 용수철 저울에 작용한다. **(ㄴ 맞음)**

ㄷ. 두 힘은 힘의 평형 관계이지, 작용 반작용 관계가 아니다. **(ㄷ 틀림)**

35 25학년도 6월 평가원 20번

정답 : ② $5m$

(가)에서 A는 장력 $\frac{9}{4}mg$와 중력 $3mg$가 작용한다.

따라서 알짜힘은 아래 방향으로 $\frac{3}{4}mg$이고 가속도는 아래 방향으로 $\frac{1}{4}g$이다.

(나)에서 계 A, B, C는 왼쪽으로 가속도 $\frac{1}{2}g$로 운동한다.[2]

B에 작용하는 빗면힘을 f라 하자. 계 A, B, C에 대해,

(가)에서 $(11m + m_\text{C})\frac{1}{4}g = 3mg + f - m_\text{C}g$

(나)에서 $(11m + m_\text{C})\frac{1}{2}g = m_\text{C}g + f - 3mg$

두 식을 연립하면(아래 식−위 식), $m_\text{C} = 5m$을 얻는다.

---

[2] 오른쪽일수도 있지 않느냐? 라고 질문한다면 굉장히 좋은 질문이다! 그러나 전체 질량이 $11m + m_\text{C}$이므로 가속노가 오른쪽 방향으로 $\frac{1}{2}g$이려면 알짜힘은 오른쪽 방향으로 $\frac{(11m + m_\text{C})g}{2}$가 되어야 하는데 A에 작용하는 중력 $3mg$만큼으로는 계를 오른쪽으로 가속시키기에 터무니없다. 그래서 가속도 방향 오른쪽은 불가능하다!

36 24년 7월 교육청 16번

정답 : ㄱ, ㄴ, ㄷ

(나)의 그래프를 통해 계 A, B의 가속도의 크기를 $a\left(=\dfrac{v}{4t}\right)$라 하면, 실이 끊어진 후 A의 가속도의 크기는 $2a$임을 알 수 있다. 즉, 왼쪽 빗면가속도의 크기는 $2a$이고, A가 받는 빗면힘은 $6ma$이다. 실이 끊어지기 전 계 A, B의 알짜힘은 오른쪽 방향으로 $(3m+2m)a$여야 하므로, B가 받는 빗면힘은 $11ma$이다. 따라서 오른쪽 빗면가속도의 크기는 $\dfrac{11}{2}a$이다.

ㄱ. A는 빗면을 올라갔다가 $6t$일 때 방향을 바꾸어 내려오는 상황이므로 ㄱ은 옳다. **(ㄱ 맞음)**

ㄴ. 왼쪽 빗면과 오른쪽 빗면의 빗면가속도 비는 $2a:\dfrac{11}{2}a=4:11$이므로 ㄴ은 옳다. **(ㄴ 맞음)**

ㄷ. B의 속력은 $4t$일 때 v, $6t$일 때 $v+\left(\dfrac{11}{2}a\right)2t=\dfrac{15}{4}vt$이다. 따라서 $4t$부터 $6t$까지 평균 속도 $\dfrac{19}{8}v$로 $2t$동안 이동한 거리는 $\dfrac{19}{4}vt$이다. **(ㄷ 맞음)**

37 25학년도 9월 평가원 7번

정답: ㄴ

ㄱ. A가 B에 작용하는 자기력의 크기는 작용 반작용 관계에 의해 B가 A에 작용하는 자기력의 크기와 같다. 이는 자석 A에 작용하는 중력 mg와 힘의 평형 관계에 있으므로 자기력의 크기는 mg이다. **(ㄱ 틀림)**

ㄴ. 수평면이 B를 떠받치는 힘은 계 A, B에게 작용하는 중력과 힘의 평형 관계이다. 따라서 떠받치는 힘은 $4mg$이다. **(ㄴ 맞음)**

ㄷ. A에 작용하는 중력과 B가 A에 작용하는 자기력은 작용 반작용 관계가 아니라 힘의 평형 관계이다. **(ㄷ 틀림)**

38 24년 10월 교육청 10번

정답 : ① 10N, 2N

(가)에서 실이 A를 당기는 힘의 크기가 8N이므로
두 자석 사이에 작용하는 자기력의 크기는 5N이다.

(가)에서 저울에 측정되는 무게는 계 A, B, C의 무게 10N이다.
이때 A와 B 사이의 자기력은 계 A, B, C의 내부력이므로 영향을 주지 않는다.

(나)에서 저울에 측정되는 무게는 계 B, C의 무게에서 자기력을 뺀 값인 2N이다.

39 24년 10월 교육청 20번

정답 : ③ $\dfrac{1}{13}gt_0$

실 q와 r의 장력을 $3T$, $2T$라 하자. C에 대해 힘의 평형이 성립하므로 $T = mg$이다. B에 대해서도 실 p와 q의 장력이 힘의 평형을 이루므로, 물체 A의 빗면 방향으로 받는 힘이 실 p의 장력 $3T = 3mg$와 같음을 얻는다. 따라서 빗면가속도의 크기는 $\dfrac{1}{2}g$이다.

실 p가 끊어진 후, 가속도는 A: 왼쪽으로 $\dfrac{1}{2}g$, B: 오른쪽으로 $\dfrac{1}{4}g$이다.
따라서 B의 질량은 $3m$이다.

r이 끊어진 후부터 p가 끊어지기 전까지 계 A, B, C는 계의 알짜힘이 $2mg$이므로,
가속도는 왼쪽 방향으로 $\dfrac{1}{5}g$이다.
p가 끊어지기 전후로 A, (B, C)의 가속도의 크기 비가 $4:5$이고 속도 변화량의 크기가 $1:2$이므로[3] 걸린 시간은 $5:8$이다.
따라서 p가 끊어질 때까지의 시간은 $\dfrac{5}{13}t_0$이므로
실 p가 끊어지는 순간 계의 속력은 $\dfrac{1}{5}g\dfrac{5}{13}t_0 = \dfrac{1}{13}gt_0$이다.

---

[3] B가 O를 처음 지날 때와 두 번째 지날 때 속력이 같고 방향이 반대이므로

정답 : ㄱ

A에 대한 힘 분석
위 방향으로 p의 장력 T_p, 바닥이 A를 떠받치는 힘 N_A와,
아래 방향으로 A의 무게 40N이 힘의 평형을 이룬다.

B에 대한 힘 분석
위 방향으로 p의 장력 T_p와
아래 방향으로 B의 무게 10N, 자기력 20N이 힘의 평형을 이루므로
$T_p = 30$N이고 $N_A = 10$N이다. **(ㄱ 맞음)**

C에 대한 힘 분석
위 방향으로 자기력 20N과
아래 방향으로 C의 무게 10N, q의 장력 T_q가 힘의 평형을 이룬다.
따라서 $T_q = 10$N이다.

ㄴ. 작용 반작용이 아니라 힘의 평형 관계이다. **(ㄴ 틀림)**

ㄷ. 자기력의 크기는 20N이고 $T_q = 10$N이므로 같지 않다. **(ㄷ 틀림)**

Chapter

03

운동량과 충격량을 다루는 법

01 10학년도 9월 평가원 4번

정답 : ㄱ, ㄴ, ㄷ

운동량 보존 법칙에 의하면, 충돌 시 두 물체의 속도 변화량의 크기 비는 질량비에 반비례한다.
첫 번째 충돌 시, A의 속도 변화량의 크기가 2cm/s이므로, B의 속도 변화량의 크기는 8cm/s이다.
따라서 1초부터 5초까지 물체 A와 B는 오른쪽으로 각각 3cm/s, 8cm/s로 운동한다.
두 번째 충돌 시에도 A의 속도 변화량의 크기가 2cm/s이므로,
B의 속도 변화량의 크기는 8cm/s이다.
따라서 5초부터 물체 B는 정지하며 물체 A는 오른쪽으로 5cm/s로 운동한다.

ㄱ. 1초부터 5초까지 물체 B는 오른쪽으로 8cm/s로 운동하므로 옳다. **(ㄱ 맞음)**

ㄴ. 1초부터 5초까지 두 물체의 상대 속도의 크기가 5cm/s여서 4초 동안 20cm의 이동 거리 차이가
생기므로 $L = 20$cm이다. **(ㄴ 맞음)**

ㄷ. 두 번의 충돌 시 물체의 운동량의 변화량의 크기가 같으므로 옳다. **(ㄷ 맞음)**

02 12학년도 수능 10번

정답 : ㄱ, ㄴ, ㄷ

(가)에서 (나)로 될 때, 운동량 보존 법칙을 적용할 수 있으며, 충돌 과정이 어떻게 되든, (가) 순간과
(나) 순간의 전체 운동량의 총합만 생각하면 된다. (가)에서와 (나)에서의 전체 운동량이 같으므로,
(가), (나) 순간 모두 전체 운동량은 0이 되어야 한다.

ㄱ. 운동량 보존 법칙에 의해 (가)에서와 (나)에서의 전체 운동량이 같아야 하며, (나)에서 세 물체가
정지해 있으므로 운동량의 총합이 0이다. 따라서 (가)에서 세 물체의 운동량의 합은 0이다. **(ㄱ 맞음)**

ㄴ. (가)에서 전체 운동량의 합이 0이 되려면, A의 운동 방향은 오른쪽, B, C의 운동 방향은 왼쪽이
되어야만 한다. **(ㄴ 맞음)**

ㄷ. A와 B의 충돌 전 운동량이 각각 오른쪽으로 $2p$, 왼쪽으로 p이므로 운동량의 합이 오른쪽으로
p이다. 따라서 옳다. 다른 방법으로는, A, B 덩어리와 C가 충돌하기 전 C의 운동량의 크기가
p이므로, A, B 덩어리의 운동량의 크기가 p라는 것을 알 수도 있다. **(ㄷ 맞음)**

03 13학년도 9월 평가원 3번

정답 : ② $1.5m$

(가)에서 (나)로 될 때, 운동량 보존 법칙을 적용할 수 있으며, 충돌 과정이 어떻게 되든, (가) 순간과 (나) 순간의 전체 운동량의 총합만 생각하면 된다. (가)에서와 (나)에서의 전체 운동량이 같으므로, A의 질량을 m_A라 하고 운동량 보존 식을 세워서 m_A의 값을 찾으면 되겠다. 식을 세워 주면, 아래와 같다.

$m_A(3v) - mv = (m_A + m + m)v$. 이를 정리하면, $m_A = 1.5m$을 얻는다.

표 정리 풀이

이를 좀 더 확실하게 정리하며 풀고 싶다면 아래처럼 표로 정리해도 좋다.
A의 질량을 m_A이라 하고 세 물체의 운동량을 표로 나타내보면 다음과 같다.

구분	(가)	(나)
A(m_A)	$3m_A v$	$m_A v$
B(m)	0	mv
C(m)	$-mv$	mv
합	$3m_A v - mv$	$m_A v + 2mv$

$3m_A v - mv = m_A v + 2mv$에서 $m_A = 1.5m$이다.

정답 : ㄴ

A의 질량을 m_1이라 하고, B의 질량을 m_2라 하자. 두 물체의 운동량을 표로 나타내보자.

구분	충돌 전	충돌 후
A(m_1)	p_0	$-3p_0$
B(m_2)	$-4p_0$	0
합	$-3p_0$	$-3p_0$

ㄱ. 충돌 후 B의 운동량은 0이다. 따라서 ㄱ 선지는 옳지 않다. **(ㄱ 틀림)**

ㄴ. 충격량의 크기는 $4p_0$이다. 따라서 ㄴ 선지는 옳다. **(ㄴ 맞음)**

ㄷ. 선지를 판단하기 위해 운동 에너지 $E_\mathrm{K} = \dfrac{p^2}{2m}$ 공식을 이용하자.

충돌 전 두 물체의 운동 에너지의 합은 $\dfrac{p_0{}^2}{2m_1} + \dfrac{16p_0{}^2}{2m_2}$이고,

충돌 후 두 물체의 운동 에너지의 합은 $\dfrac{9p_0{}^2}{2m_1}$이다.

$\dfrac{p_0{}^2}{2m_1} + \dfrac{16p_0{}^2}{2m_2} = \dfrac{9p_0{}^2}{2m_1}$에서 $m_1 : m_2 = 1 : 2$이다. 따라서 ㄷ 선지는 옳지 않다.

또는, 아래처럼 ㄷ 선지가 틀림을 확인할 수도 있다.

충돌 후 A의 속력은 $-3v_\mathrm{A}$이고, B의 운동량은 0이다.
문제에서 A, B의 운동 에너지의 합이 충돌 전과 충돌 후가 같다고 하였으므로
이 충돌은 탄성 충돌이다. 그러므로 충돌 전과 후의 상대속도의 크기는 서로 같다.

충돌 전의 상대 속도의 크기는 $v_\mathrm{A} + v_\mathrm{B}$이고, 충돌 후의 상대 속도의 크기는 $3v_\mathrm{A}$이다.
두 값이 서로 같으므로 $v_\mathrm{B} = 2v_\mathrm{A}$를 얻는다.

충돌 전의 두 물체의 운동량의 크기 비는 $1 : 4$이다.
$m_\mathrm{A}v_\mathrm{A} : m_\mathrm{B}v_\mathrm{B} = 1 : 4$이고 $v_\mathrm{A} : v_\mathrm{B} = 1 : 2$이므로 $m_\mathrm{A} : m_\mathrm{B} = 1 : 2$이다. **(ㄷ 틀림)**

05 20년 4월 교육청 4번

정답 : ① $\dfrac{5}{2}$

상댓값을 도입한다면 계산이 깔끔해진다. $\dfrac{d}{t} = v$라 하면,

위치-시간 그래프에서 기울기는 속도와 같으므로,

(나)에서 A와 B의 처음 속도는 각각 v, 0이고 나중 속도는 각각 $-\dfrac{1}{4}v$, $\dfrac{1}{2}v$이다.

충돌 전후의 전체 운동량이 보존되므로, $m_A v = -m_A\left(\dfrac{1}{4}v\right) + m_B\left(\dfrac{1}{2}v\right)$이고,

$5m_A = 2m_B$이므로 $\dfrac{m_B}{m_A}$는 $\dfrac{5}{2}$이다.

06 21학년도 수능 9번

정답 : ④ 40N

운동량 보존에 의해, 충돌 전후 A의 운동량의 변화량의 크기는 $8\text{kg} \cdot \text{m/s}$이다.
두 물체의 충돌 시간이 0.2초이므로, 충돌하는 동안 A가 B로부터 받은 평균 힘의 크기는 40N이다.

07 21학년도 수능 14번

정답 : ② $3:1$

충돌 전 A와 B의 속도는 각각 오른쪽으로 2m/s, 0m/s이다.
충돌 후 A의 속도가 오른쪽으로 1m/s이므로, 속도 변화량의 크기가 1m/s이다.
B의 충돌 후 속도를 오른쪽으로 v_B라고 하면,

운동량 보존 법칙에 의해 $m_A = m_B v_B$이므로 $v_B = \dfrac{m_A}{m_B}$를 얻는다. 그리고 발문 '충돌 후

운동 에너지는 B가 A의 3배이다.'를 통해 식 $\dfrac{3}{2}m_A 1^2 = \dfrac{1}{2}m_B v_B^2$을 얻는다.

$v_B = \dfrac{m_A}{m_B}$를 이용해 식을 정리하면, $m_A = 3m_B$임을 얻는다. 따라서 $m_A : m_B = 3:1$이다.

충돌 후 A의 속도가 절반이 되었으므로 총 운동량을 반반 나누어 가졌다고 볼 수 있다.

$E_K = \dfrac{p^2}{2m}$를 생각하면 운동 에너지의 비는 질량비에 반비례하므로 답은 $3:1$이다.

정답 : ④ 2 : 5

(나)를 통해 i)A, B의 상대 속도의 크기와 ii)가까워지는지/멀어지는지 여부를 알 수 있다.

(나)에서 $t = 1$초일 때와 $t = 3$초일 때가 상대 속도가 변하는 순간임을 보아 이 두 순간에 충돌이 일어났음을 알 수 있다.

(나) 그래프를 통해 해석한 시간에 따른 상대 속도는 아래와 같다.

i) 0초~1초 : 2m/s로 가까워짐

ii) 1초~3초 : $\dfrac{3}{2}$m/s로 멀어짐

iii) 3초~5초 : $\dfrac{1}{2}$m/s로 가까워짐

A가 2m를 1초동안 이동하여 B와 충돌하므로 A의 충돌 직전 속력은 2m/s이다.

두 번째 충돌 전후 B의 속력이 같고 ii)와 iii)에서 상대 속도의 차이는 2m/s이다.

A는 두 번째 충돌에 관여하지 않으므로 B가 벽에 충돌함으로 인해 2m/s의 상대 속도 차이가 생긴 것이다. 따라서 B가 벽에 충돌하기 전과 후의 속력은 1m/s여야 한다.

두 충돌의 양상을 정리하여 그림에 표시하면 아래와 같다.

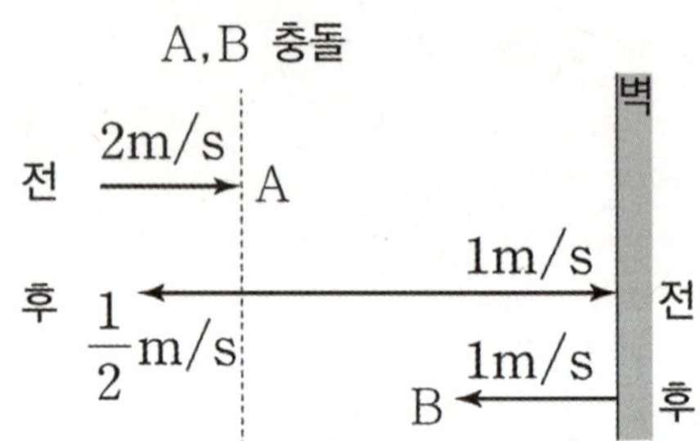

A, B의 충돌에서 A와 B의 속도 변화량의 크기의 비가 5 : 2이므로 질량비 $m_A : m_B = 2 : 5$이다.

09 22학년도 수능 13번

정답 : ② $4 : 3$

(나)에서 두 물체 A, B는 0~3초 동안 4m/s로 가까워지고 있고, 3~7초 동안 3m/s로 멀어진다.
따라서 (가)에서 B의 속력은 2m/s이다.
발문에 의해 충돌 후 물체 A가 i)왼쪽으로 1m/s로 운동하는 경우, ii)오른쪽으로 운동하는 경우로
나눠서 생각하면,

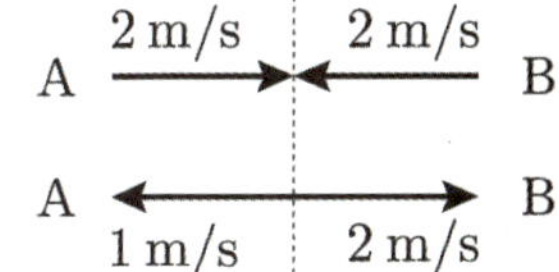

i)의 경우, 충돌 후 두 물체는 3m/s로 멀어지므로 B는 2m/s로
오른쪽으로 진행한다.

이때 두 물체 A, B의 질량비는 속도 변화량의 크기비 $3 : 4$의 반대인 $4 : 3$이다.
따라서 충돌 후 운동량의 크기비는 $4 : 6$이다.

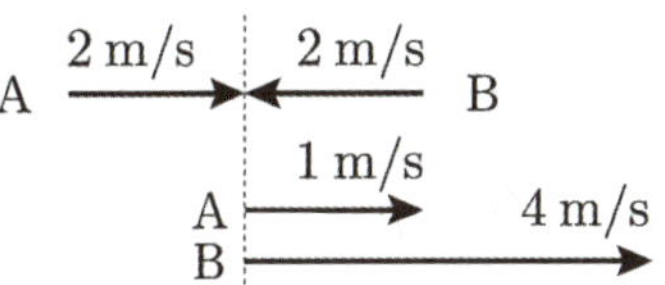

ii)의 경우, 충돌 후 두 물체는 3m/s로 멀어지므로 B는 4m/s로
오른쪽으로 진행한다.

이때 두 물체 A, B의 질량비는 속도 변화량의 크기비 $1 : 6$의 반대
인 $6 : 1$이다. 따라서 충돌 후 운동량의 크기비는 $6 : 4$이다.

발문의 '충돌 후 운동량의 크기는 B가 A보다 크다.'에 의해 ii)의 경우는 문제 상황과 맞지 않는다.
따라서 i)의 경우가 옳은 상황이고, 질량비 $m_\text{A} : m_\text{B} = 4 : 3$이다.

10 21년 4월 교육청 6번

정답 : ③ $\dfrac{6}{5}mv_0$

A가 B로부터 받은 충격량의 크기를 구하라는 것은 A의 운동량 변화량의 크기 또는 B의 운동량 변
화량의 크기 중 편한 것으로 구하면 된다. 두 물체의 질량을 알기 때문에 두 물체 중 어떤 것이라도
속도 변화량을 알면 답을 구할 수 있다.

충돌 시에 두 물체 사이에서 작용하는 힘 외에는 두 물체에 작용하는 힘이 없으므로
충돌 전과 후의 전체 운동량이 보존되는 상황이다.
따라서 전체 $p = 3mv_0$는 충돌 후에도 보존되어야 한다. 충돌 후 속력이 $A : B = 1 : 2$이므로

두 물체의 속력을 V, $2V$라 가정하면 $3mv_0 = 3mV + m(2V)$에서 $V = \dfrac{3}{5}v_0$이며,

A의 속도 변화량은 $\dfrac{2}{5}v_0$이고, B의 속도 변화량은 $\dfrac{6}{5}v_0$이다.

따라서 두 물체의 운동량 변화량의 크기는 $\dfrac{6}{5}mv_0$이다.

정답 : ㄴ, ㄷ

1. 첫 번째 충돌

$t = 0$부터 $t = 1$까지 C는 정지해 있으므로, A는 오른쪽으로 4m/s로 운동한다.

(나) 그래프에서, 그래프가 꺾이는 두 곳은 물체의 충돌로 인한 상대 속도의 변화가 있는 곳이다. 그래프가 처음 꺾이는 $t = 1$에서는, (가)에서 A가 B와 충돌한다.

(나) 그래프에서 $t = 1$부터 $t = 3$까지 A와 C가 1초당 2m씩 가까워지는 것으로 보아 충돌 후 A는 오른쪽으로 2m/s로 운동하며, B 또한 오른쪽으로 운동한다.

2. 두 번째 충돌

A와 B의 충돌 후 A가 B를 앞지를 수는 없으므로 두 번째 그래프가 꺾이는 $t = 3$에서는 B와 C가 충돌한다.

B가 $t = 1$부터 $t = 3$까지 8m를 운동하기 때문에 B의 속력은 4m/s이다.

B와 C의 충돌 후 A와 C 사이의 거리는 1초당 1m씩 멀어지는 것으로 보아 C의 충돌 후 속력은 3m/s이다.

B와 C의 충돌에서 운동량 보존을 적용하면, B의 충돌 후 속력은 1m/s이고 오른쪽으로 운동한다.

ㄱ. 2초일 때 B의 속력은 4m/s이다. **(ㄱ 틀림)**

ㄴ. 첫 번째 충돌에서 운동량 보존을 적용하면, A와 B의 속도 변화량의 크기비가 1 : 2이므로 질량비는 2 : 1이다. 따라서 $M = 2m$이다. **(ㄴ 맞음)**

ㄷ. 5초일 때 B의 속력은 1m/s이다. **(ㄷ 맞음)**

12 22년 4월 교육청 7번

정답 : ③ $\dfrac{5}{3}m$

A와 B의 충돌에서 운동량 보존을 적용하면, A, B의 질량비가 $1:5$이므로
속도 변화량의 크기는 $5:1$이다. 따라서 B는 A와 충돌한 후 $2v$의 속력으로 운동한다.

B가 A로부터 받은 충격량의 크기는 B가 C로부터 받은 충격량의 크기의 2배라 하였으므로 두 번의
충돌에서 B의 속도 변화량의 크기비는 $2:1$이다.

따라서 B는 C와 충돌한 후 $\dfrac{3}{2}v$의 속력으로 운동한다.

두 번째 충돌 전후 B와 C의 운동량 총합이 보존되어야 하므로 C의 질량은 $\dfrac{5}{3}m$이다.

13 23학년도 9월 평가원 13번

정답 : ㄱ, ㄴ

(나) 그래프를 보면, 충돌의 순서를 파악할 수 있다. t_0일 때 A와 B가
충돌한 후, $3t_0$일 때 B가 C와 충돌한다. 이를 그림으로 표시하면 아래
와 같다. (물론 아직 C와 충돌 후 B의 운동 방향은 알 수 없다. 추후
계산을 통해 방향을 확정해야 한다.)

(나) 그래프의 기울기 비교를 통해 속력을 설정할 수 있다. A의 속력을
충돌 전 $8v$, 충돌 후 $2v$라 하고, C의 속력을 충돌 전 v, 충돌 후 $3v$라 하자.

B는 A와 충돌 후 $2t_0$동안 $7L$만큼 운동하므로 속력이 $\dfrac{7}{2}v$이다.

(가)에서 A와 C의 운동량의 크기 비가 $2:1$이고 속력 비가 $8:1$이므로 A, B, C의 질량비는
$1:4:4$이다. **(ㄱ 맞음)** B와 C의 운동량의 크기가 같고 질량이 같으므로, B의 처음 속력은 v이다.

B와 C의 충돌에서 운동량 보존을 적용하면 B의 충돌 후 왼쪽으로 $\dfrac{1}{2}v$의 속력으로 운동한다.

그림에 속도를 표시해주면 다음과 같다.

ㄴ. $2t_0$일 때, B의 속력은 $\dfrac{7}{2}v$이므로 운동량의 크기는 $\dfrac{7}{2}p$이다.
(ㄴ 맞음)

ㄷ. $4t_0$일 때, 속력은 C가 B의 5배가 아니라 6배이다. **(ㄷ 틀림)**

14

정답 : ㄱ, ㄷ

먼저, B, C의 상대 운동에서 $vt_0 = d$임을 얻는다.

그래프가 처음 꺾이는 $t = 2t_0$는 B가 $3v$의 속력으로 정지해 있는 C와 충돌하는 순간이며, 충돌 전후 그래프의 기울기를 보아 충돌 전과 후의 상대 속도의 크기가 $3v$로 같다.
즉, B와 C의 충돌에서 운동량 보존이 성립하며 충돌 후 상대 속도의 크기가 $3v$이려면
충돌 후 B는 왼쪽으로 v, C는 오른쪽으로 $2v$의 속도로 운동하여야 한다.

그래프가 두 번째로 꺾이는 $t = 4t_0$는 오른쪽으로 $2v$의 속도로 운동하던 A가 왼쪽으로 v의 속도로 운동하던 B와 충돌하는 순간이다. 충돌 이후 B와 C 사이의 거리가 $6d$로 일정하므로 A와 충돌 후 B는 C와 같은 속도인 오른쪽으로 $2v$로 운동한다.

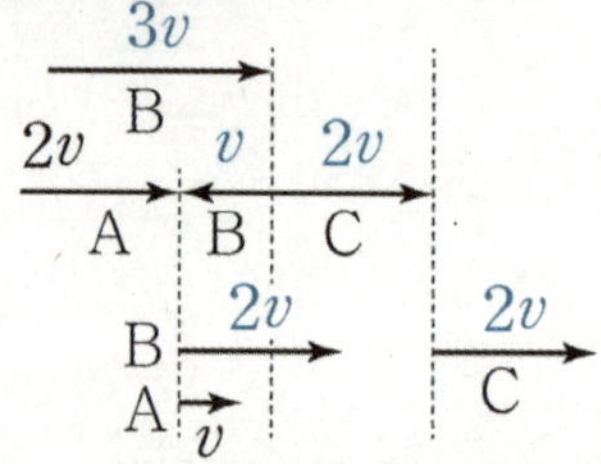

ㄱ. 운동량 보존에 따라 A의 질량은 $3m$이다. (ㄱ 맞음)

ㄴ. C가 받은 충격량의 크기는 $4mv$이며, A가 받은 충격량의 크기는 $3mv$이다. (ㄴ 틀림)

ㄷ. $t = 0$부터 $t = 2t_0$까지 상대 속도 v로 멀어진 거리가 $2d$이고 $t = 2t_0$부터 $t = 4t_0$까지 상대 속도 $3v$로 가까워진 거리가 $6d$이므로 $t = 0$일 때 두 물체의 거리는 $4d$이다. (ㄷ 맞음)

15

정답 : ㄱ, ㄴ, ㄷ

(나)를 통해, (가)에서 B의 속력은 8m/s임을 얻는다.

발문의 조건 '3초 이후 A는 5m/s의 속력으로 등속도 운동한다.'를 통해 A와 B는 더 이상 충돌하지 않으며, 동일한 속력 5m/s로 운동한다는 것을 알 수 있다.
운동량 보존을 적용하면, A와 B의 질량비는 $3:1$임을 얻는다. (ㄱ 맞음)

$t = 1$초일 때 A와 B가 충돌한 후 A가 B보다 오른쪽 방향으로 4m/s만큼 더 빠르게 운동하여 p와 B 사이의 거리가 초당 4m만큼 줄어든다. A의 속력을 v, B의 속력을 $v - 4$라 하고,
($t = 1$초일 때의 충돌 후 $v > 4$이므로 A와 B의 운동 방향은 모두 오른쪽이다. (ㄷ 맞음))
운동량 보존을 적용하면 $v = 6\text{m/s}$이다. (ㄴ 맞음)

정답 : ① $\dfrac{3}{2}$

0~1초 동안 B와 C사이의 거리가 일정하므로 충돌 전 C의 속력은 1m/s이다.

1초인 순간 A와 B가 충돌할 때 C의 속도는 변하지 않으므로

(나) 그래프에서의 1초인 순간의 C에서 본 A와 B의 상대 속도의 변화량은

A와 B의 속도 변화량이라고 볼 수 있다.

1초일 때 A와 B의 속도 변화량의 크기는 각각 $\dfrac{2}{3}$m/s, $\dfrac{4}{3}$m/s이다. ($m_A : m_B = 2 : 1$)

t	A($2m$)	B(m)	C
0초~1초	$+2$m/s	$+1$m/s	$+1$m/s
1초~4초	$+\dfrac{4}{3}$m/s	$+\dfrac{7}{3}$m/s	$+1$m/s
4초~	$+\dfrac{4}{3}$m/s	$+\dfrac{4}{3}$m/s	$+\dfrac{4}{3}$m/s

4초일 때 B와 C의 충돌에서 A의 속도는 변하지 않으므로

(나) 그래프에서 4초인 순간의 A에서 본 C의 상대 속도의 변화량은 C의 속도 변화량이다.

또한, (나)를 통해 충돌 후 B와 C는 같은 속도로 운동함을 알 수 있다.

따라서 충돌 후 B와 C의 속도는 $\dfrac{4}{3}$m/s이다.

이때 B와 C의 속도 변화량의 크기는 각각 1m/s, $\dfrac{1}{3}$m/s이다. ($m_B : m_C = 1 : 3$)

$m_A : m_C = 2 : 3$

17 24학년도 6월 평가원 7번

정답 : ㄱ, ㄷ

충돌 문제에서 아주 친절하게도 1) 질량, 2) 초기 속도와 나중 속도, 3) 충돌 시간을 모두 줬다.
뇌 빼고 계산만 잘 하면 되는 거저 먹는 문항이다.

ㄱ. 충격량의 크기를 계산할 수 없으니(우리는 충격력의 크기를 아직 모른다) 대신에 운동량의 변화량의 크기를 계산하자. $m_A = 2m$, $\Delta v = -2v$이므로 운동량의 변화량의 크기는 $4mv_0$이다. **(ㄱ 맞음)**

ㄴ. (나)에서 B의 곡선과 시간 축이 만드는 면적은 B가 받은 충격량의 크기이다.

ㄱ과 마찬가지로 운동량의 변화량을 대신 계산하자. $m_B = m$, $\Delta v = \dfrac{3}{2}v_0$이므로

운동량의 변화량의 크기는 $\dfrac{3}{2}mv_0$이다. **(ㄴ 틀림)**

ㄷ. A와 B가 벽으로부터 받은 힘의 크기의 비는

$\dfrac{충격량}{충돌\ 시간}$ 의 비 $\dfrac{4mv_0}{t_0} : \dfrac{\frac{3}{2}mv_0}{3t_0} = 8 : 1$ 이다. **(ㄷ 맞음)**

18 24학년도 6월 평가원 19번

정답 : ㄴ, ㄷ

(나)에서 A, B는 충돌에서 운동량이 보존되므로
충돌 후 A와 B의 운동량의 크기가 같고 방향이 반대이다.
상대 속도의 크기가 충돌 전과 충돌 후가 같기 위해서는 충돌 후
A와 B의 운동량은 각각 왼쪽으로 $4p$, 오른쪽으로 $4p$이어야 한다.

위 내용이 이해가 안 되는 학생들을 위한 보충 설명 :

충돌 전 상대 속도는 $\dfrac{4p}{m_A} + \dfrac{4p}{m_B}$(가까워짐)이고 충돌 후 상대 속도는 $\dfrac{np}{m_A} + \dfrac{np}{m_B}$(멀어짐)이다.
충돌 전후 상대 속도의 크기가 같으므로
$n = 4$이고 A와 B의 운동량은 각각 왼쪽으로 $4p$, 오른쪽으로 $4p$이어야 한다.

$v = \dfrac{L}{t_0}$라고 두면, $2t_0$을 전후로 B와 C는 $\dfrac{5}{2}v$로 멀어지고, $\dfrac{3}{2}v$로 가까워진다.

B의 충돌 전후 속력이 같고 B와 C의 상대속도가 $4v$만큼 변하였으므로

B는 $2t_0$전후의 속도가 왼쪽으로 $2v$, 오른쪽으로 $2v$이고, C의 속도는 오른쪽으로 $\dfrac{1}{2}v$이다.

(나)에서 A와 B 사이의 거리를 고려하면, A의 속도는 $2t_0$을 전후로 오른쪽으로 v, 왼쪽으로 v이다. A, B, C의 속도와 운동량을 모두 알고 있으므로, 질량비는 $2:1:1$임을 얻는다.

다른 풀이

충돌 후 A와 B의 운동량은 각각 왼쪽으로 $4p$, 오른쪽으로 $4p$라는 것을 몰라도 풀 수 있다!
(나)의 상대 속도를 통해 각 물체의 속도를 표현해보자.

i) 충돌 전 A의 속도를 오른쪽으로 v라 두면,

B의 속도는 왼쪽으로 $\dfrac{3L}{t_0} - v$, C의 속도는 오른쪽으로 $v - \dfrac{L}{2t_0}$이다.

ii) A, B의 충돌 후,

속력이 $v - \dfrac{L}{2t_0}$인 C와의 상대속도 $\dfrac{3L}{2t_0}$를 통해 B의 속도가 오른쪽으로 $v + x$,

B와의 상대속도 $\dfrac{3L}{t_0}$를 통해 A의 속도가 왼쪽으로 $\dfrac{2L}{t_0} - v$임을 구한다.

충돌 전후 A와 B의 속도 변화량의 크기가 $1:2$이므로 A와 B의 질량을 $2m$, m이라 할 수 있다.
충돌 전 A와 B에 대하여 $4p = 2mv = m\left(\dfrac{3L}{t_0} - v\right)$이므로 $v = \dfrac{L}{t_0}$이다.

C에 대하여 $\dfrac{1}{2}m_{\mathrm{C}}v = p$이므로 $m_{\mathrm{C}} = m$이다.

ㄱ. A의 속력은 v, B의 속력은 $2v$이다. (**ㄱ 틀림**)

ㄴ. 질량비는 $2:1:1$이므로 옳다. (**ㄴ 맞음**)

ㄷ. 본 해설 1문단에 의하여 옳다. (**ㄷ 맞음**)

19 24학년도 9월 평가원 10번

정답 : ㄴ, ㄷ

A와 충돌할 때와 벽과 충돌할 때의 B가 받은 충격량의 크기가 2 : 1이므로

II에서 B의 운동량은 오른쪽으로 $\frac{1}{3}p$이다.

II에서 B의 운동량을 P_0라 하면, $(P+P_0):\left(P_0+\frac{1}{3}P\right)=2:1$이고 $P_0=\frac{1}{3}P$임을 찾을 수도 있다.

(ㄴ 맞음)

A도 동일한 크기의 운동량 변화가 있으므로

II에서 A의 운동량은 왼쪽으로 $\frac{1}{3}p$이고, III에서도 동일하다.

ㄱ. 평균 힘의 크기는 그래프에서 평균 높이만 봐도 다르다는 걸 알 수 있다.

평균 힘의 크기는 $\frac{I}{\Delta t}$이므로, A와 충돌할 때 $\frac{2S}{T}$, 벽과 충돌할 때 $\frac{S}{2T}$로 같지 않다. (ㄱ 틀림)

ㄷ. 운동량의 크기가 $\frac{1}{3}p$로 동일하고 질량비가 1 : 2이므로 속력은 A가 B의 2배이다. (ㄷ 맞음)

20 24학년도 9월 평가원 17번

정답 : ② m

(나)에서 A와 C는 충돌 후에 정지한다. 따라서 (가)에서 A의 운동량은 왼쪽으로 $2mv$이다.
당연히 (가)에서 B의 운동량은 오른쪽으로 $2mv$가 된다.
운동 에너지가 C가 B의 2배이려면 B의 질량은 $2m$, 속력이 v여야 한다.

D의 질량을 M이라 두고 충돌 전후의 운동량 보존에 관한 식을 작성하면,
$2mv-Mv=(2m+M)\frac{1}{3}v$이고, $M=m$을 얻는다.

정답 : ㄱ, ㄷ

$0 \sim 3t_0$ 인 구간 : A의 속력을 $2v$, B의 속력을 $\frac{2}{3}v$라 하자.

$3t_0$일 때 $14L$에서 B와 C가 충돌하고,

이후 $7t_0$에서 A, B와 C는 $12L$에서 또 한번 충돌하므로 B와 C는 충돌 후 B는 왼쪽으로 $2v$,

C는 왼쪽 방향으로 $\frac{1}{2}v$의 속력으로 운동한다.

$5t_0$일 때 $10L$에서 A와 B가 서로를 향해 $2v$, $2v$의 속력으로 다가와 충돌하고,

이후 오른쪽으로 v의 속력으로 함께 운동한다.

여기서 A와 B의 속도변화량의 크기비가 $1:3$이므로 질량을 $3m$, m이라 둘 수 있다.

$5t_0 \sim 7t_0$인 구간에서 A, B, C의 운동량의 합은 0이므로 C의 운동량은 왼쪽 방향으로 $4mv$이다.

$3t_0 \sim 7t_0$인 구간에서 C의 속력은 $\frac{1}{2}v$이므로 C의 질량은 $8m$이다.

ㄱ. B와 충돌 후에도 왼쪽으로 진행하므로 그전에도 왼쪽 방향으로 진행한다. (ㄱ 맞음)

ㄴ. $t = 4t_0$일 때 운동량의 크기는 A가 B의 3배이다. (ㄴ 틀림)

ㄷ. 질량은 C가 $8m$, B가 m이므로 옳다. (ㄷ 맞음)

22   24년 3월 교육청 18번

정답 : ② $\dfrac{15}{16}v$

1. 첫 번째 충돌

$4t$ 일 때 A와 B가 충돌한다. 이때 A와 B의 충돌 후 속도는
A: 오른쪽으로 v, B: 오른쪽으로 $4v$ (A와 B의 속도 변화량의 크기가 $1:2$여야 하므로)이다.

2. 두 번째 충돌

$6t$일 때 B와 C가 충돌한다. B와 C의 충돌 후 속도는 아직까지는 알 수 없다.
첫 번째 충돌 후 B는 $4t{\sim}6t$동안 속력 $4v$로 두 번째 충돌 지점으로부터 $8vt$만큼 이동하였고,
C가 충돌 후 오른쪽으로 이동한다는 정도만 체크하고 넘어가보자.

3. 세 번째 충돌

$14t$일 때 A와 B가 다시 충돌한다. 첫 번째 충돌 후 A는 $4t{\sim}14t$동안 속력 v로 두 번째 충돌 지점으로부터 $10vt$만큼 이동한 후 B와 다시 충돌하였다. 따라서 세 번째 충돌은 두 번째 충돌 위치보다 $2vt$만큼 오른쪽에 있다. 이를 통해 두 번째 충돌 후 B의 속도를 알 수 있다.

4. 다시 두 번째 충돌 분석

B는 $6t{\sim}14t$동안 $2vt$만큼 이동하였으므로 오른쪽으로 $\dfrac{1}{4}v$의 속도로 운동했다.

C의 충돌 후 속력은 오른쪽으로 $\dfrac{15}{16}v$이다. (B와 C의 속도 변화량의 크기가 $4:1$여야 하므로)

23   24년 4월 교육청 12번

정답 : ② $\dfrac{12}{5}\mathrm{m/s}$

(나)에서 3초일 때 B가 벽과 충돌한다. 따라서 A와 B의 초기 속력은 $4\mathrm{m/s}$이다.
(나)에서 $3{\sim}5$초일 때 A와 B는 $6\mathrm{m/s}$로 가까워진다.
따라서 A와 B의 충돌 직전 속도는 각각 A: 오른쪽으로 $4\mathrm{m/s}$, B: 왼쪽으로 $2\mathrm{m/s}$이다.

충돌 후 A의 속도를 왼쪽으로 v라 하면,[4] B의 속도는 왼쪽으로 $v-2$라 할 수 있다.[5]

A와 B의 운동량 변화량이 같으므로 $1(v+4)=4\,|(v-2)-2|$임을 얻는다.[6]

계산하면, $v=\dfrac{12}{5}\mathrm{m/s}$를 얻는다.

---

4) v의 방향은 왼쪽이다. 질량비가 $1:4$이므로 A의 속도가 아무리 덜 변해봤자 방향은 왼쪽이다.
   v가 오른쪽이려면 질량비가 최소 $1:2$보다는 작아야 한다.

5) 만약 음수가 나온다면 실제 방향은 오른쪽인 것이다.

6) $v-2$는 B의 충돌 후 속력이므로 충돌 전 속력인 2보다는 작아야 한다. 따라서 $|(v-2)-2|=4-v$이다.

24 25학년도 6월 평가원 11번

정답 : ㄴ, ㄷ

정지해 있던 B의 위치가 0.5초부터 변하는 것으로 보아, 0.5초부터는 위치가 바뀌는 것을 보아 충돌은 0.4초~0.5초 사이에 있었음을 알 수 있다.
표를 통해 충돌 전후 A, B의 속도 정보를 알 수 있다.

⟨충돌 전⟩
A : 오른쪽으로 0.6m/s, B : 정지

⟨충돌 후⟩
A : 오른쪽으로 0.3m/s, B : 오른쪽으로 0.6m/s

ㄱ. 0.2초일 때, A의 속력은 0.6m/s이다. **(ㄱ 틀림)**

ㄴ. 0.5초일 때, A와 B의 운동량의 합은 충돌 전 A의 운동량과 같으므로,
  크기가 1.2kg m/s이다. **(ㄴ 맞음)**

ㄷ. 0.7초일 때 A와 B의 운동량은 0.6kgm/s로 크기가 같다. **(ㄷ 맞음)**

25 25학년도 6월 평가원 14번

정답 : ㄱ, ㄴ

어떤 물체를 빗면 위 h인 지점에서 가만히 놓았을 때 수평면을 v의 속력으로 운동한다고 가정하면, 빗면 위 $4h$인 지점에서 가만히 놓았을 때는 수평면을 $2v$의 속력으로 운동하게 된다.
반대로 수평면을 v의 속력으로 운동해야 빗면 위 h인 지점까지 올라갈 수 있다.

따라서 충돌 전후 A, B의 속도 정보를 표로 정리하면,

	충돌 전	충돌 후	속도 변화량 크기
A	오른쪽으로 $2v$	왼쪽으로 v	$3v$
B	오른쪽으로 v	왼쪽으로 v	$2v$

(나)에서 충돌 시간은 A가 $2t_0$, B가 $3t_0$임을 알 수 있다.

ㄱ. 충돌 전 속력이 충돌 후의 2배이므로 운동량의 크기도 2배이다. **(ㄱ 맞음)**

ㄴ. A, B의 질량이 같고 속도 변화량이 $3:2$이므로 충격량의 크기는 $3:2$이다. **(ㄴ 맞음)**

ㄷ. 충격량의 크기가 $3:2$이고 충돌 시간이 $2:3$이므로 받은 평균 힘의 크기는 $9:4$이다. **(ㄷ 틀림)**

정답 : ㄱ

A와 B의 질량, 충돌 전후 속도, 충돌 시간이 모두 주어져 있으므로 〈보기〉로 바로 가면 되겠다.

ㄱ. 충돌 직전 A와 B의 속도가 같고 질량이 $1:2$이므로 운동량의 크기는 $1:2$이다. **(ㄱ 맞음)**

ㄴ. A와 B의 질량이 $1:2$이고 속도 변화량의 크기가 $6:5$이므로 충격량의 크기는 $3:5$이다.

(ㄴ 틀림)

ㄷ. A와 B의 충격량의 크기가 $3:5$이고 충돌 시간이 $2:5$이므로 충돌에서 받은 평균 힘의 크기는 $3:2$이다. **(ㄷ 틀림)**

정답 : ② $\dfrac{4}{5}m$

1. 첫 번째 충돌
   충돌 후 A, B의 속력은 $1:2$이다. 이를 V, $2V$라고 하자.

2. 두 번째 충돌
   B와 C의 충돌에서 B, C의 운동량의 합이 보존되어야 한다. 충돌 후 운동량의 합이 mv이므로
   C와 충돌 전 B의 운동량은 mv이다. 따라서 $2V = \dfrac{1}{2}v$이다.

다시 첫 번째 충돌에서, A의 충돌 후 속력은 $\dfrac{1}{4}v$, B의 충돌 후 속력은 $\dfrac{1}{2}v$이므로, A, B의 속도 변화량의 크기는 $5:2$이다. 따라서 A, B의 질량비는 $2:5$이고, A의 질량은 $\dfrac{4}{5}m$이다.

정답 : ② 3

B와 C의 질량을 m, 충돌 후 속력을 B: $2V$, C: V라 하자.
B의 속도 변화를 통해 (가)의 충돌에서 충격량의 크기가 $2mV$임을 얻는다.
발문의 조건을 통해 (나)의 충돌에서 충격량의 크기가 $3mV$임을 얻는다.
(나)에서 C의 충돌 전후 운동량 변화량의 크기가 $3mV$가 되어야 하므로,

$mv - mV = 3mV$이고, $V = \dfrac{1}{4}v$이다.

속도 변화량의 크기는 질량과 반비례하므로,

(가)와 (나)에서 충돌 후 물체들의 속력은 각각 $\dfrac{1}{2}v$, $\dfrac{1}{4}v$이다.

(가)에서 A와 B의 충돌 전후 속도 변화량의 크기가 $\dfrac{1}{2}v : \dfrac{1}{2}v = 1 : 1$이므로 $m_A = m$,

(나)에서 C와 D의 충돌 전후 속도 변화량의 크기가 $\dfrac{3}{4}v : \dfrac{1}{4}v = 3 : 1$이므로 $m_D = 3m$

따라서 $\dfrac{m_D}{m_A} = 3$이다.

정답 : ④ $8F$

마찰 구간에서 받은 평균 힘의 크기가 F이다.

벽과 충돌하는 동안과, 마찰 구간에서 힘을 받는 동안의 속도 변화량의 크기가 $4 : 1$이므로 충격량이 $4 : 1$이다. 힘을 받는 시간은 $1 : 2$이므로 평균 힘의 크기는 $8 : 1$이다.

따라서 벽으로부터 받은 평균 힘의 크기는 $8F$이다.

정답 : ㄱ, ㄴ

A와 B가 $2t$일 때 충돌한 후, A는 오른쪽으로 $2v$, B는 오른쪽으로 $4v$로 운동한다.
A와 B의 속도 변화량의 크기가 $1:2$이므로 질량비는 $2:1$이고, B의 질량은 $2m$이다. **(ㄱ 맞음)**

B와 C가 $4t$일 때 충돌한 후, B와 C의 질량비가 $2:5$이므로 속도 변화량의 크기가 $5:2$여야 한다.
따라서 B는 왼쪽으로 v, C는 오른쪽으로 $2v$로 운동한다. **(ㄴ 맞음)**

A와 B가 $6t$일 때 다시 충돌한다. 충돌 전 속도는 A가 오른쪽으로 $2v$, B가 왼쪽으로 v이다.
B는 충돌 후 오른쪽으로 $2v$로 운동한다. A와 B의 속도 변화량의 크기가 $1:2$이므로,
A는 충돌 후 오른쪽으로 $\dfrac{1}{2}v$로 운동한다.

ㄷ. $7t$부터 $8t$까지 A는 오른쪽으로 $\dfrac{1}{2}v$, C는 오른쪽으로 $2v$로 운동하므로 시간 t동안 상대속도 $\dfrac{3}{2}v$로 멀어진 거리는 $\dfrac{3}{2}vt$이다. **(ㄷ 틀림)**

일과 에너지 그리고 역학적 에너지 보존

01 12학년도 수능 8번

정답 : ③ $\sqrt{2gh}$

계 A, B의 전체 역학적 에너지는 보존된다. A는 빨라지므로 운동 에너지가 증가하며, 아래로 내려가므로 중력 퍼텐셜 에너지가 감소한다. B는 빨라지므로 운동 에너지가 증가하며, 위로 올라가므로 중력 퍼텐셜 에너지가 증가한다. 구간을 따라 운동하는 동안 A와 B의 운동 에너지와 중력 퍼텐셜 에너의 변화량을 에너지 변화량 비교 틀을 이용해 비교하면 아래 그림과 같다.

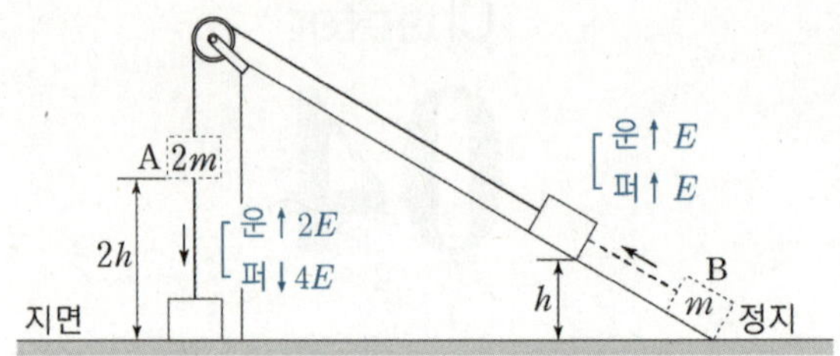

A와 B는 계를 이루어 운동하므로 속력이 항상 같고, 운동 에너지 변화량 비는 질량비와 같다. 따라서 운동 에너지 변화량의 크기를 $2E$, E라고 할 수 있다. 중력 퍼텐셜 에너지 변화량 비는 물체의 질량의 크기와 높이 변화량의 크기 비를 동시에 고려해야 한다. 질량비가 $2:1$이고 높이 변화량의 크기 비가 $2:1$이므로 퍼텐셜 에너지 변화량의 크기 비는 $4:1$이다. 따라서 중력 퍼텐셜 에너지 변화량의 크기를 $4E'$, E'이라 할 수 있다. 역학적 에너지 보존 법칙에 의해 A퍼↓ = A운↑ + B운↑ + B퍼↑ 이고, $E' = E$이다. 따라서 위 그림과 같이 에너지 변화량을 모두 찾을 수 있다.

A는 연직 방향으로 운동하므로, $\dfrac{\Delta E_{\mathrm{K}}\text{의 크기}}{\Delta E_{\mathrm{P}}\text{의 크기}}$ 가 $\dfrac{1}{2}$ 임을 이용하면 가속도의 크기가 $\dfrac{1}{2}g$ 임을 알 수 있다. 따라서 공식 $2a\Delta x = v^2 - v_0^2$ 을 이용하면 $v = \sqrt{2gh}$ 임을 얻는다.

또는, B의 중력 퍼텐셜 에너지의 증가량은 $E' = mgh$ 이고, B의 운동 에너지의 증가량이 $E = \dfrac{1}{2}mv^2$ 이다. $E' = E$ 이므로 $v = \sqrt{2gh}$ 이다. 따라서 정답은 ③ $\sqrt{2gh}$ 이다.

> **다른풀이**
>
> 질량이 $3m$인 계로 생각하면, 운동 에너지 증가량은 $\dfrac{1}{2}(3m)v^2$,
>
> 중력 퍼텐셜 에너지 증가량은 $3mgh$ 이다. $3mgh = \dfrac{1}{2}(3m)v^2$ 을 풀면, $v = \sqrt{2gh}$ 이다.
>
> 따라서 정답은 ③ $\sqrt{2gh}$ 이다.

02 13학년도 9월 평가원 7번

정답 : ③ $\sqrt{\dfrac{2gh}{3}}$

역학적 에너지 보존을 이용해서 풀어 보자.
(가)에서 (나)로 되는 과정에서는 비보존력이 작용하지 않으므로 전체 역학적 에너지가 보존된다.

(가)에서 (나)로 될 때 계의 중력 퍼텐셜 에너지는 mgh만큼 감소하고, 운동 에너지는 $\dfrac{1}{2}(3m)v^2$만큼 증가한다.

따라서 $mgh = \dfrac{3}{2}mv^2$이고 $v = \sqrt{\dfrac{2gh}{3}}$ 이다.

03 13년 10월 교육청 16번

정답 : ④ $2mg$

경사면을 내려오기 직전의 운동 에너지와 지면에서의 운동 에너지를 각각 E, $2E$라 하자.

경사면을 내려오는 동안 비보존력이 작용하지 않으므로 물체의 역학적 에너지가 보존된다.
지면에서의 중력 퍼텐셜 에너지를 0이라 하면,
경사면을 내려오기 직전의 중력 퍼텐셜 에너지는 E이다. 따라서 $mg(2L) = E$를 얻는다.

F는 비보존력인 동시에 물체의 알짜힘이므로,
FL은 알짜힘이 한 일이며 운동 에너지 변화량인 E와 같다. 따라서 $F = 2mg$임을 알 수 있다.

04 14년 3월 교육청 19번

정답 : ⑤ $5 : 9$

(가)에서 계의 알짜힘은 시계 방향으로 50N이고, (나)에서 계의 알짜힘은 90N이다.
힘이 작용한 거리가 2m로 같으므로, (가)와 (나)에서 알짜힘이 한 일의 크기 비는 $5 : 9$이다.
따라서 운동 에너지 변화량의 크기도 $5 : 9$이며, 처음엔 정지 상태였으므로 $E_1 : E_2 = 5 : 9$이다.

정답 : ㄱ

계의 알짜힘은 $F - 20\text{N}$이므로, 위치 x에 따른 알짜힘의 그래프를 그리면 다음과 같이 그려진다.

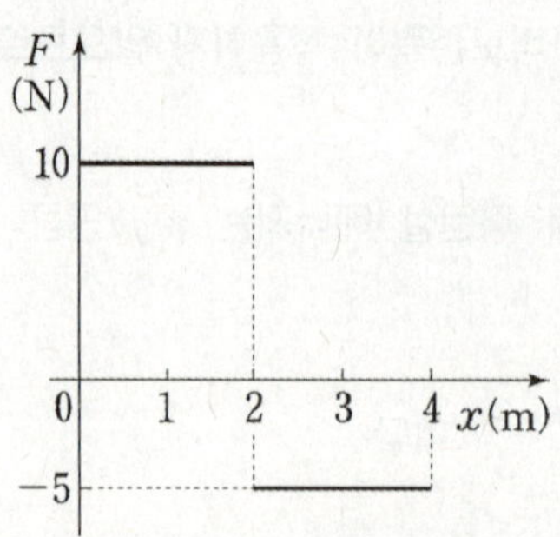

ㄱ. $x = 3\text{m}$일 때 계의 알짜힘은 -5N이며, B의 알짜힘은 -2N이다. 중력이 -20N이므로, 장력은 18N이어야 한다. **(ㄱ 맞음)**

ㄴ. F가 한 일은 A의 운동 에너지 증가량과 B의 역학적 에너지 증가량의 합과 같다. A는 힘을 받은 이후 속력이 0이 되지 않으므로 운동 에너지는 0이 아니다. 따라서 옳지 않다. **(ㄴ 틀림)**

ㄷ. 알짜힘의 그래프를 보면, 물체는 $x = 2\text{m}$일 때 운동 에너지가 최대가 됨을 알 수 있다. $x = 2\text{m}$까지 계의 알짜힘은 10N이고 2m동안 작용하므로, 계의 최대 운동 에너지는 20J이다. 따라서 A의 최대 속력을 v라 할 때, $20 = \dfrac{1}{2} \times 5 \times v^2$에서 $v = 2\sqrt{2}\,\text{m/s}$이다. **(ㄷ 틀림)**

정답 : ㄱ, ㄴ

a에서 b까지 운동할 때 이동한 길이에 비례하여 운동 에너지가 중력 퍼텐셜 에너지로 전환되기 때문에, 발문의 'c에서 물체의 중력에 의한 퍼텐셜 에너지는 운동 에너지의 3배이다.'를 통해, c는 a와 b의 3 : 1내분점이란 것을 알 수 있다.

따라서 c에서의 속력은 5m/s이고, 운동하는 순서대로 각 구간을 이동하는 데 걸리는 시간은 a~c : 1초, c~b : 1초, b~c : 1초이다.

각 구간에서 1초 동안의 속도 변화량의 크기가 5m/s이므로 가속도의 크기는 5m/s^2이다.

ㄱ. 앞서 구했듯이 c에서의 속력은 5m/s이다. (**ㄱ 맞음**)

ㄴ. 앞서 구했듯이 가속도의 크기는 5m/s^2이다. (**ㄴ 맞음**)

ㄷ. c가 a와 b의 3 : 1내분점이므로 a와 c 사이의 거리는 $\dfrac{15}{2}$m이다.

또는, a와 c 사이의 평균 속도의 크기가 $\dfrac{15}{2}$m/s이므로 $\dfrac{15}{2}$m이다. (**ㄷ 틀림**)

다른풀이

ㄱ. a에서 물체의 운동 에너지는 50J이고, 중력 퍼텐셜 에너지는 0J이다.

그러므로 c에서 물체의 운동에너지는 $50 \times \dfrac{1}{4} = 12.5$J이고, 속력은 5m/s이다. (**ㄱ 맞음**)

ㄴ. a에서 b를 거쳐 c로 돌아오는 3초 동안 물체의 속도 변화량의 크기는 15m/s이므로 가속도의 크기는 5m/s^2이다. (**ㄴ 맞음**)

ㄷ. a와 c 사이의 거리를 s라 하면 $2as = v^2 - v_0{}^2$에 $a = 5$, $v^2 = 100$, $v_0{}^2 = 25$를 대입하여 $s = 7.5$m을 얻는다. (**ㄷ 틀림**)

정답 : ⑤ 250J, 250J

(가)에서의 A와 (나)에서의 B에 대해, 두 물체 A, B의 알짜힘의 크기를 구하면, 각각 50N, 10N이고, B의 장력의 크기는 50N이다. 따라서 두 물체의 가속도는 각각 2.5m/s^2, 2.5m/s^2으로 동일하다. 따라서 0~2초까지의 이동 거리가 5m로 같음을 알 수 있다. A의 운동 에너지 증가량은 A의 알짜힘이 한 일이고, B의 역학적 에너지 증가량은 B의 비보존력이 한 일이다. A의 알짜힘이 한 일은 250J이며, B의 비보존력인 장력 50N이 한 일의 크기는 250J이다.

> **다른풀이**
>
> A에 대해, 정지 상태에서 50N의 힘을 2초 동안 가했으므로 나중 운동량 p는 $p = 100$이고, A의 질량이 20kg이므로 나중 운동 에너지 E_K는 $E_\text{K} = \dfrac{p^2}{2m}$이므로, 운동 에너지 변화량은 250J이다.

정답 : ㄱ, ㄴ

계의 비보존력이 작용하지 않으므로, A와 B의 역학적 에너지가 보존되는 상황이다. A는 빨라지므로 운동 에너지가 증가하고, 높이 변화가 없으므로 중력 퍼텐셜 에너지는 변하지 않는다. B는 빨라지므로 운동 에너지가 증가하고, 아래로 내려가므로 중력 퍼텐셜 에너지는 감소한다. 에너지 변화량 비교 틀을 이용하여 에너지 변화량을 비교하면, 다음과 같다.

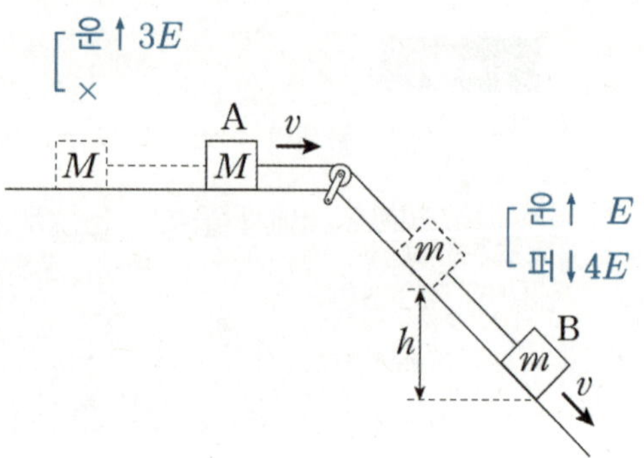

발문 'B의 중력에 의한 퍼텐셜 에너지 감소량은 B의 운동 에너지 증가량의 4배이다.'를 통해, B의 운동 에너지 증가량의 크기와 중력 퍼텐셜 에너지 감소량의 크기를 각각 E, $4E$라 두면, 역학적 에너지 보존에 의해 A의 운동 에너지 증가량의 크기는 $3E$가 된다. A와 B는 계를 이루어 운동하므로 속력이 같고, 운동 에너지 변화량의 비가 $3:1$이므로 질량비가 $3:1$이다.

B의 운동 에너지 증가량의 크기 E는 $E = \dfrac{1}{2}mv^2$이고, B의 중력 퍼텐셜 에너지 감소량의 크기 $4E$는 mgh이다. 따라서 $mgh = 2mv^2$이고 $h = \dfrac{2v^2}{g}$이다.

ㄱ. A와 B가 계를 이루어 운동하며, 전체 역학적 에너지가 보존되므로, 당연하다. (ㄱ 맞음)

ㄴ. 앞서 구했듯이, $h = \dfrac{2v^2}{g}$이다. (ㄴ 맞음)

ㄷ. A와 B의 질량비가 $3:1$이므로 $M = 3m$이다. (ㄷ 틀림)

정답 : ㄱ, ㄷ

계의 비보존력이 작용하지 않으므로, 손을 놓은 뒤 A와 B의 역학적 에너지가 보존되는 상황이다. A는 빨라지므로 운동 에너지가 증가하고, 아래로 내려가므로 중력 퍼텐셜 에너지가 감소한다. B는 빨라지므로 운동 에너지가 증가하고, 위로 올라가므로 중력 퍼텐셜 에너지가 증가한다. 에너지 변화량 비교 틀을 이용하여 에너지 변화량을 비교하면, 다음과 같다.

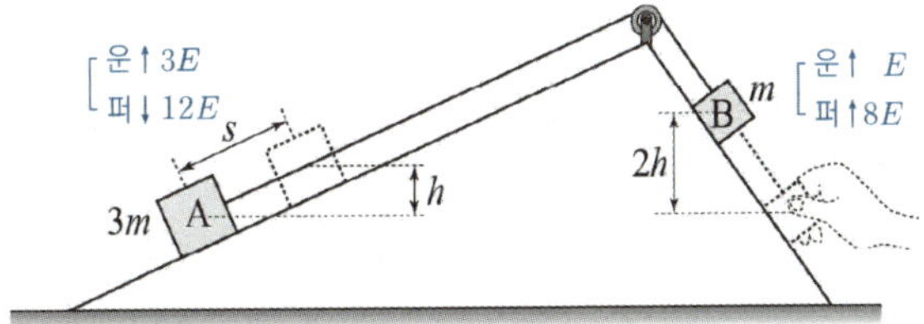

A와 B는 계를 이루어 운동하므로 속력이 같고, 질량비가 $3:1$이므로 운동 에너지 변화량의 비가 $3:1$이고, 이를 각각 $3E$, E라 할 수 있다. A와 B의 질량비가 $3:1$이고 높이 변화량의 크기 비가 $1:2$이므로, 중력 퍼텐셜 에너지 변화량의 크기 비는 $3:2$이고, 이를 각각 $3E'$, $2E'$라 할 수 있다. 역학적 에너지 보존에 의해 $3E' = 3E + E + 2E'$이 성립하므로 $E' = 4E$이다. 따라서 위 그림처럼 에너지 변화량을 모두 찾을 수 있다.

A와 B가 각각 h만큼 내려가고, $2h$만큼 올라간 후의 속력을 v라 하자.

A의 운동 에너지 증가량의 크기 $3E$는 $3E = \dfrac{1}{2}(3m)v^2$이고, A의 중력 퍼텐셜 에너지 감소량의 크기 $12E$는 $3mgh$이다. 따라서 $3mgh = 6mv^2$이고 $v = \sqrt{\dfrac{gh}{2}}$ 이다.

다른풀이

A의 중력 퍼텐셜 에너지 감소량은 $3mgh$이고, B의 중력 퍼텐셜 에너지 증가량은 $2mgh$이므로 계의 중력 퍼텐셜 에너지 감소량은 mgh이다.
계의 역학적 에너지가 보존되므로 계의 운동 에너지 증가량은 mgh이다. 속력을 v라 하면

$\dfrac{1}{2}(4m)v^2 = mgh$에서 $v = \sqrt{\dfrac{gh}{2}}$ 를 얻는다.

ㄱ. A와 B는 계의 알짜힘의 크기가 두 물체가 받는 빗면힘의 크기의 차로 일정한 등가속도 운동을 한다. (**ㄱ 맞음**)

ㄴ. A의 나중 속력이 $\sqrt{\dfrac{gh}{2}}$ 이고, 평균 속력은 $\sqrt{\dfrac{gh}{8}}$ 이다. (**ㄴ 틀림**)

ㄷ. A의 중력 퍼텐셜 에너지 감소량은 $12E$이고, B의 운동 에너지 증가량은 E이므로 옳다.
또는, A의 줄력 퍼텐셜 에너지 감소량은 계의 운동 에너지 증가량과 B의 중력퍼텐셜 에너지 증가량이므로 A의 중력 퍼텐셜 에너지 감소량이 B의 운동 에너지 증가량보다 클 수밖에 없다.

(**ㄷ 맞음**)

10 16학년도 9월 평가원 3번

정답 : ㄱ, ㄴ

계에 비보존력이 작용하지 않으므로, 가만히 놓은 뒤 A와 B의 역학적 에너지가 보존되는 상황이다.
A는 빨라지므로 운동 에너지가 증가하고, 아래로 내려가므로 중력 퍼텐셜 에너지가 감소한다.
B는 빨라지므로 운동 에너지가 증가하고, 아래로 내려가므로 중력 퍼텐셜 에너지가 감소한다.

ㄱ. 알짜힘이 한 일은 운동 에너지 변화량이므로,
　　A에 작용하는 알짜힘이 A에 해 준 일과 B에 작용하는 알짜힘이 B에 해 준 일은 각각 A의 운동
　　에너지 변화량, B의 운동 에너지 변화량이다. 두 물체 A와 B는 계를 이루어 운동하므로 속력이
　　같다. 따라서 두 물체의 운동 에너지 변화량은 같다. **(ㄱ 맞음)**

ㄴ. 두 물체를 각각 관찰할 때, A와 B에 작용하는 비보존력은 줄이 당기는 힘인 장력이 유일하다.
　　A는 힘의 방향과 운동 방향이 같으므로 비보존력이 양의 일을 하고, B는 힘의 방향과 운동 방향
　　이 반대이므로 음의 일을 한다. 따라서 A의 역학적 에너지는 증가한다. **(ㄴ 맞음)**

ㄷ. A와 B의 운동 에너지 증가량의 합은 A와 B의 중력 퍼텐셜 에너지 감소량의 합과 같아야 한다.
　　A의 중력 퍼텐셜 에너지 감소량이 0이 아니므로 틀린 진술이다. **(ㄷ 틀림)**

11 16년 4월 교육청 6번

정답 : ㄱ, ㄴ, ㄷ

서로 기울기가 다른 빗면에서 운동하는 두 물체의 같은 시간 동안 속도 변화량의 크기가 2 : 1이다.
따라서 빗면가속도의 크기가 2 : 1이다.

ㄱ. 같은 시간 동안 운동했으며 평균 속도의 크기가 2 : 1이므로 이동 거리는 A가 B의 2배이다. **(ㄱ 맞음)**

ㄴ. 앞서 구한 것과 같이, 빗면가속도의 크기가 2 : 1이다. **(ㄴ 맞음)**

ㄷ. A의 중력 퍼텐셜 에너지 증가량은 A의 운동 에너지 감소량 $\frac{1}{2}m(2v)^2$과 같으며,

　　B의 중력 퍼텐셜 에너지 감소량은 B의 운동 에너지 감소량 $\frac{1}{2}(4m)v^2$과 같다.

　　따라서 ㄷ은 옳다. **(ㄷ 맞음)**

12 17학년도 수능 10번

정답 : ㄴ, ㄷ

실이 끊어진 뒤가 더욱 간단하므로 실이 끊어진 후부터 관찰하기로 하자.
실이 끊어진 후의 가속도의 크기는 $5m/s^2$이고 가속도의 방향은 시계 방향이다.
따라서 C의 질량은 m이다. 이제 실이 끊어지기 전을 관찰하자.
실이 끊어진 후의 가속도의 크기는 $5m/s^2$이고 가속도의 방향은 시계 반대 방향이다.
따라서 A의 질량은 $4m$이다.

ㄱ. 그래프에서 알 수 있듯이 운동 방향은 같다. 반대인 것은 가속도의 방향이다. (ㄱ 틀림)

ㄴ. A의 질량이 $4m$이고 C의 질량은 m이므로 옳다. (ㄴ 맞음)

ㄷ. 2초 이후에도 C의 운동 방향은 위쪽이고,
비보존력인 장력의 방향도 위쪽이므로 비보존력은 양의 일을 한다.
따라서 C의 역학적 에너지는 증가한다.
또는, 실이 끊어진 이후에 B와 C의 역학적 에너지는 보존된다.
B의 중력 퍼텐셜 에너지는 변하지 않고, 속력은 감소하므로 B의 역학적 에너지는 감소한다.
그러므로 C의 역학적 에너지는 증가한다. (ㄷ 맞음)

13 17년 3월 교육청 13번

정답 : ④ $10m/s$

(나) 그래프에서 변위의 크기는 0초부터 5초까지와 5초부터 8초까지가 $5:6$임을 알 수 있다.
변위 조건과 발문의 '전동기가 0초부터 5초까지 한 일과 5초부터 8초까지 한 일은 같다'는 조건을 통해,
전동기가 당기는 힘의 크기는 0초부터 5초까지와 5초부터 8초까지가 $6:5$임을 알 수 있다.
이 힘을 각각 $6F$, $5F$라 한다면,
5초부터 8초까지 물체는 등속 직선 운동하므로 $5F$는 물체의 무게이기도 하다.
따라서 0초부터 5초까지 물체의 알짜힘은 F이고 가속도는 $2m/s^2$이다.
따라서 (나)에서 속력 v는 $10m/s$이다.

정답 : ② $\dfrac{5mv}{t}$

p, q에서 속력비가 1:3이므로, 운동 에너지 비는 1:9이다. 이를 각각 E, $9E$라고 두자.
수평면을 중력 퍼텐셜 에너지가 0인 기준으로 잡으면, p, q의 높이 비는 3:2이므로,
중력 퍼텐셜 에너지 비는 3:2이다.
이를 각각 $3E'$, $2E'$이라 두자.
역학적 에너지 보존에 의해 $E+3E'=9E+2E'$이고, $E'=8E$이다.

따라서 다음 그림과 같이 p, q에서의 에너지 상댓값을 모두 찾을 수 있다.

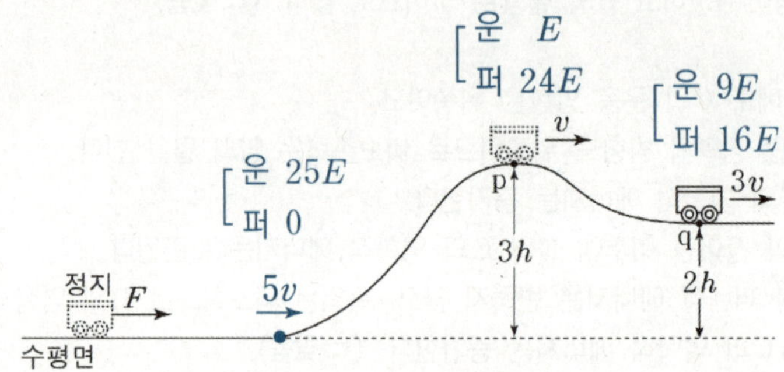

수평면에서, 힘을 받은 직후에는 역학적 에너지가 곧 운동 에너지이고, 이 값은 $25E$이다.
p, q에서의 운동 에너지, 속력과 비교하면, 수평면에서 힘을 받은 직후의 속력은 $5v$이다.

수평면에서 힘을 받는 동안의 힘과 시간과 연결시켜보자. 운동량의 변화량=충격량이므로,
$m(5v)=Ft$이 성립한다. F에 대해 정리하면, $F=\dfrac{5mv}{t}$이다.

정답 : ① $\dfrac{1}{2}$

A와 B를 연결하는 실의 장력을 T라 하자.

p에서 q까지의 계의 알짜힘은 시계 방향으로 $2mg$이고, 가속도의 크기는 g이다.
이때 T는 $2mg$이다.

q에서 r까지의 계의 알짜힘은 반시계 방향으로 mg이고, 가속도의 크기는 $\dfrac{1}{2}g$이다.

이때 T의 크기는 $\dfrac{1}{2}mg$이다.

속도 변화량의 크기가 같으므로
구간 운동에 걸린 시간 비가 $1:2$이고 평균 속도의 크기가 같으므로 구간의 길이 비가 $1:2$이다.
비보존력인 장력 T의 크기 비가 $4:1$이므로 역학적 에너지 변화량의 크기 비 $E_1 : E_2$는 $2:1$이다.
따라서 $\dfrac{E_2}{E_1}$는 $\dfrac{1}{2}$이다.

다른풀이

p와 q 사이의 거리를 h라 하면,
A가 p에서 q까지 운동할 때, 계의 역학적 에너지 증가량은 $3mgh$이다.
A의 중력 퍼텐셜 에너지는 변하지 않고, B의 중력 퍼텐셜 에너지 **증가량**은 mgh이다.
그러므로 계의 운동 에너지 증가량은 $2mgh$이다.
A와 B의 질량이 같으므로 B의 운동 에너지 증가량은 mgh이다. 즉, $E_1 = 2mgh$이다.

A가 q에서 r까지 운동할 때, 계의 역학적 에너지는 보존되고 r에서 두 물체의 속력은 0이다.
그러므로 계의 운동 에너지 감소량이 $2mgh$이고, B의 운동 에너지 감소량이 mgh이며,
계의 중력 퍼텐셜 에너지 증가량은 $2mgh$이다.
A의 중력 퍼텐셜 에너지는 변하지 않으므로 $E_2 = mgh$이다.

따라서 $E_1 : E_2$는 $2:1$이고, $\dfrac{E_2}{E_1}$는 $\dfrac{1}{2}$이다.

정답 : ㄴ, ㄷ

A가 p에서 q까지 이동하는 동안 A의 역학적 에너지 증가량은 $\frac{1}{3}mgd$이라는 것은,

B의 역학적 에너지 감소량이 $\frac{1}{3}mgd$라는 것과 같다.

또한, 비보존력(장력)이 d만큼 한 일의 크기가 $\frac{1}{3}mgd$라는 것이므로 장력의 크기는 $\frac{1}{3}mg$이다.

(가)에서 d만큼 이동하면서, B의 중력 퍼텐셜 에너지는 mgd만큼 감소했으므로,

운동 에너지는 $\frac{2}{3}mgd$만큼 증가하였다는 결론을 얻을 수 있다.

B는 연직 방향으로 운동하므로, (가)에서 $\dfrac{\varDelta E_\text{K}\text{의 크기}}{\varDelta E_\text{P}\text{의 크기}}$가 $\frac{2}{3}$임을 이용하면

가속도의 크기 a가 $a = \frac{2}{3}g$임을 알 수 있고, B의 알짜힘의 크기가 $\frac{2}{3}mg$임을 알 수 있다.

(가)와 (나)에서 A에 걸리는 힘의 차이는 장력의 크기인 $\frac{1}{3}mg$이고,

이는 (가)와 (나)에서 A의 알짜힘의 차이인 $2m_\text{A}\left(\frac{2}{3}g\right)$와 같다.

$\frac{4}{3}m_\text{A}g = \frac{1}{3}mg$를 정리하면, $m_\text{A} = \frac{1}{4}m$이다.

ㄱ. d만큼 운동하는 동안 B의 운동 에너지 증가량의 크기는 $\frac{2}{3}mgd$이므로 옳지 않다. **(ㄱ 틀림)**

ㄴ. 앞서 구한 것과 같이, $a = \frac{2}{3}g$이다. **(ㄴ 맞음)**

ㄷ. 앞서 구한 것과 같이, $m_\text{A} = \frac{1}{4}m$이다. **(ㄷ 맞음)**

17 19학년도 9월 평가원 18번

정답 : ② $\dfrac{25}{36}$

A와 B가 각각 힘을 받아 최고 속력으로 달릴 때의 속력을 각각 v_A, v_B라 하자.

A가 $x = 0$에서 $x = 4L$까지 운동하는 데 걸린 시간은 $\dfrac{5L}{v_\text{A}}$이고,

B가 $x = 0$에서 $x = 4L$까지 운동하는 데 걸린 시간은 $\dfrac{6L}{v_\text{B}}$이다.

$x = 0$에서 $x = 4L$까지 운동하는 데 걸린 시간이 같으므로, $v_\text{A} : v_\text{B} = 5 : 6$이다.

A와 B가 $0 \le x \le L$에서, 처음 속력이 0이고 나중 속력 비율이 $5 : 6$이므로,

$2a\varDelta x = v^2 - v_0^2$에서 가속도의 크기 비가 $25 : 36$이다.

따라서 A와 B가 받은 힘 F_A, F_B의 크기 비도 $25 : 36$이다.

같은 거리만큼 힘을 받았으므로, W_A, W_B의 비도 $25 : 36$이다.

따라서 $\dfrac{W_\text{A}}{W_\text{B}} = \dfrac{25}{36}$이다.

또는,

$v_\text{A} : v_\text{B} = 5 : 6$에서 운동 에너지 변화량의 비가 $25 : 36$이므로

$\dfrac{W_\text{A}}{W_\text{B}} = \dfrac{25}{36}$임을 구해도 좋다.

정답 : ㄷ

물체의 질량이 주어져 있지 않은 점에서, 우리가 임의로 질량을 설정해도 되는지 한번쯤은 주의했어야 한다.
사실 물체의 질량은 이 문제의 문제 상황에 전혀 영향을 주지 않아서 임의로 둬도 상관은 없다.

먼저 두 개의 서로 다른 물체가 운동하는 상황이라는 것에 주의하도록 하자.
그림이 한 물체의 운동이라고 자연스럽게 헷갈리도록 그려져 있어서 착각하기 쉽다.
발문의 'h_0인 지점에서 B의 운동 에너지는 중력 퍼텐셜 에너지의 4배이다.'에 의해,
B의 h_0인 지점에서의 운동 에너지와 중력 퍼텐셜 에너지를 각각 $4E$, E라고 둘 수 있다.

그와 동시에 B의 질량 m_B에 대하여, $4m_\mathrm{B}gh_0 = \dfrac{1}{2}m_\mathrm{B}(2v_0)^2$라는 관계식을 얻는다.

이 관계식에 의해,
A의 $2h_0$인 지점에서의 운동 에너지와 중력 퍼텐셜 에너지를 각각 E', $2E'$라고 둘 수 있다.

수평면으로 내려왔을 때, 구간 I에서의 A의 운동 에너지는 $3E'$이므로
속력이 $\sqrt{3}\,v_0$이고, B의 운동 에너지는 $5E$이므로 속력이 $\sqrt{5}\,v_0$이다.

ㄱ. 구간 I를 통과하는 데 걸린 시간 비는 속력의 반대이므로 $\sqrt{5}:\sqrt{3}$ 이다. **(ㄱ 틀림)**

ㄴ. A가 높이 h_0인 지점에 있을 때에는 운동 에너지가 $2E'$, 중력 퍼텐셜 에너지가 E'이다. **(ㄴ 틀림)**

ㄷ. 구간 III에서 B의 에너지는 운동 에너지가 E, 중력 퍼텐셜 에너지가 $4E$이다.
　　따라서 속력은 v_0가 되므로 옳다. **(ㄷ 맞음)**

정답 : ⑤ 50J

중력 퍼텐셜 에너지의 기준점을 운동 에너지가 0인 O로 두자.
물체의 중력 퍼텐셜 에너지 차는 O와 B 사이에서 32J이므로,
B에서 운동 에너지와 중력 퍼텐셜 에너지는 각각 32J, $-$32J이다.
일정한 시간 간격으로 점 A, B, C를 통과하므로,
A에서의 운동 에너지와 중력 퍼텐셜 에너지는 8J, $-$8J이다.
물체의 중력 퍼텐셜 에너지 차는 A와 C 사이에서 60J이므로,
C에서의 중력 퍼텐셜 에너지는 $-$68J이다.

물체는 B~C구간에서 마찰력을 받아 역학적 에너지가 18J만큼 감소하였으므로
C에서 물체의 운동 에너지는 50J이다.

다른풀이

중력 퍼텐셜 에너지의 기준점을 C로 두는 게 더 편할 것이다. B에서의 중력 퍼텐셜 에너지를 E_0라고 하자. O부터 B까지 운동할 때에는 역학적 에너지가 보존된다.

	운동 에너지(J)	중력 퍼텐셜 에너지(J)	역학적 에너지(J)
O	0	$E_0 + 32$	$E_0 + 32$
A		60	$E_0 + 32$
B		E_0	$E_0 + 32$
C		0	$E_0 + 14$

B에서의 운동 에너지는 32이며, A에서의 속력이 B에서의 속력의 절반이므로, A에서의 운동 에너지는 8이다.

	운동 에너지(J)	중력 퍼텐셜 에너지(J)	역학적 에너지(J)
O	0	$E_0 + 32$	$E_0 + 32$
A	8	60	$E_0 + 32$
B	32	E_0	$E_0 + 32$
C	$E_0 + 14 = 50$	0	$E_0 + 14$

$E_0 + 32 = 68$이므로 $E_0 = 36$이고, C에서의 운동 에너지는 50J이다.

정답 : ㄱ, ㄴ, ㄷ

물체의 속력이 p에서가 q에서의 2배이므로, 각각 $2v$, v라 하자. 물체가 p에서 q까지 운동하는 동안, 물체의 운동 에너지 감소량은 $\frac{3}{2}mv^2$이고, 물체의 중력 퍼텐셜 에너지 증가량은 mgh이다.

문제 조건에 의해, $\frac{1}{2}mv^2 = mgh$를 얻는다.

ㄱ. $\frac{1}{2}mv^2 = mgh$를 v에 대해 정리하면, $v = \sqrt{2gh}$이므로 옳다. (ㄱ 맞음)

ㄴ. r에서 정지하므로, $v = \sqrt{2gh}$를 q~r에 적용하면 q와 r의 높이 차는 h임을 알 수 있다.(ㄴ 맞음)

ㄷ. 운동 에너지가 $3mgh$만큼 감소하고, 중력 퍼텐셜 에너지가 mgh만큼 증가했으므로, 옳다. (ㄷ 맞음)

21 21학년도 6월 평가원 20번

정답 : ㄱ, ㄴ, ㄷ

(나)에서 힘의 평형이 성립하므로 $kd = mg$이고, 힘의 평형점이 곧 진동의 중심점이 된다. (나)에서 (다)가 될 때 비보존력이 작용하였으므로 역학적 에너지 보존이 성립하지 않으며, (다)에서 (라)가 될 때 역학적 에너지 보존이 성립한다. (다)와 (라)를 비교해 보면, 운동 에너지는 (다)와 (라)에서 모두 0 이며, 중력 퍼텐셜 에너지와 탄성 퍼텐셜 에너지만이 차이가 있다. 따라서 탄성 퍼텐셜 에너지 변화량 의 크기와 중력 퍼텐셜 에너지 변화량의 크기가 같다는 결론을 내릴 수 있다. 이를 식으로 표현하면, $\frac{1}{2}k(3d)^2 - \frac{1}{2}k\left(\frac{1}{2}d\right)^2 = mg\left(\frac{7}{2}d + x\right)$이다. 간단히 정리하면, $\frac{35}{8}kd^2 = mg\left(\frac{7}{2}d + x\right)$이다. $kd = mg$이므로, $\frac{35}{8}mgd = mg\left(\frac{28}{8}d + x\right)$이고, $x = \frac{7}{8}d$이다.

ㄱ. $kd = mg$이므로 $k = \frac{mg}{d}$이다. 따라서 옳다. (ㄱ 맞음)

ㄴ. 앞서 구했듯이, $x = \frac{7}{8}d$이다. (ㄴ 맞음)

ㄷ. 물체의 운동 에너지는 진동의 중심점에서 최대이다. 따라서 (다)에서 물체가 $2d$만큼 상승한 위치까 지 될 때 에너지 변화를 살펴보면, 운동 에너지 증가량 : ΔE_K, 중력 퍼텐셜 에너지 증가량 $2mgd$, 탄성 퍼텐셜 에너지 감소량 : $\frac{1}{2}k(8d^2) = 4mgd$이다. 역학적 에너지 보존에 의해 운동 에너지 증가량 : ΔE_K는 $2mgd$이다. 따라서 운동 에너지의 최댓값은 $2mgd$이다. (ㄷ 맞음) 또는, 평형점 논리에 의해 평형점에서의 최대 운동 에너지는 평형점에서 $2d$ 떨어진 지점부터 온 탄 성 퍼텐셜 에너지와 같으므로 $\frac{1}{2}k(2d)^2 = 2kd^2 = 2mgd$이다. (ㄷ 맞음)

22 20년 7월 교육청 19번

정답 : ㄴ

계를 이루어 운동하므로, A, B, C는 속력이 같으며, 운동 에너지 (변화량) 비는 질량비에 비례한다.
(가)에서 (나)로 계가 h만큼 운동하는 동안 운동 에너지 변화량의 크기는 C가 A의 3배이므로,
C의 질량은 A의 질량의 3배인 $3m$이다.
(가)에서 (나)로 물체가 운동하는 동안 A의 중력 퍼텐셜 에너지 변화량의 크기와 C의 역학적 에너지

변화량의 크기는 같으므로, 수식 $mgh = 3mgh - \dfrac{3}{2}mv^2$을 얻는다. ($v$는 (나)에서 계의 속력이며,

C는 비보존력이 운동 방향과 반대로 작용하여 음의 일을 하므로,
역학적 에너지가 감소하며 중력 퍼텐셜 에너지 감소량의 크기가 운동 에너지 증가량의 크기보다 크다.)

ㄱ. $mgh = 3mgh - \dfrac{3}{2}mv^2$를 계산하면, $v = \sqrt{\dfrac{4}{3}gh}$ 이므로 옳지 않다. **(ㄱ 틀림)**

ㄴ. B의 질량을 m_{B}라 하면, 역학적 에너지 보존에 의해 아래 식이 성립한다.

$$\frac{1}{2}(m + m_{\mathrm{B}} + 3m)v^2 + (m - m_{\mathrm{B}} - 3m)gh = 0$$

$$v^2 = \frac{4}{3}gh \text{이므로,} \quad m_{\mathrm{B}} = 2m \text{을 얻는다.} \quad \textbf{(ㄴ 맞음)}$$

ㄷ. p가 B를 당기는 힘의 크기가 mg라면 A를 당기는 힘의 크기도 mg일 것인데 A는 알짜힘이 위
　　방향인 가속 운동을 하므로 p에 걸리는 장력의 크기는 mg보다 크다. **(ㄷ 틀림)**

23 20년 10월 교육청 20번

정답 : ⑤ $30mv^2$

먼저 두 물체가 같은 시간 동안 변위가 동일하므로, 평균 속도가 같다. 실이 끊어지기 전에는 등속도
운동을 하므로 힘의 평형이 성립하는데, 빗면의 기울기가 같고 물체의 질량이 m, $5m$이므로 빗면
아래 방향으로 받는 빗면힘의 크기를 각각 f, $5f$라 할 수 있다.
힘의 평형이 성립하려면 계에 왼쪽 방향으로 작용하는 힘이 필요한데,
이는 문제에서 언급한 마찰력일 것이고 마찰력의 크기는 $4f$이다.

실이 끊어진 후, 물체 A는 빗면 아래 방향으로 힘 f만을 받는다. 따라서 물체 A의 가속도는 $\dfrac{f}{m}$

이다. 물체 B는 빗면 아래 방향으로 힘 $5f$와 마찰력 $4f$를 받으므로, 물체 B의 가속도는 $\dfrac{f}{5m}$이다.

이를 통해 물체 A와 B의 가속도는 $5:1$임을 알 수 있고 같은 시간 동안 속도 변화량의 크기가 $5:1$
임을 알 수 있다. i) 평균 속도가 같다. ii) 속도 변화량의 크기가 $5:1$이다. 따라서 A와 B의 나중
속도의 크기는 $4v$, $2v$이다. 마찰력이 없었다면 Q에서 B의 속력이 $4v$였을 것이므로,
B의 역학적 에너지 감소량은 $30mv^2$이다.

정답 : ② $\dfrac{2}{5}$

(가)에서 힘의 평형이 성립하므로, $kx = mg$를 적용하면, $20 = 20$을 얻는다.
이 문항에서는 의미가 없었지만 정지 상태에서의 힘의 평형은 꼭 짚고 넘어가야 한다.

실이 끊어진 후, 탄성력이 10N인 지점에서 힘의 평형이 성립하므로, 힘의 평형이 이루어지는 지점은 용수철이 원래 길이에서 0.05m 늘어난 지점이다.

(가)에서 실이 끊어진 직후부터, (나)의 순간까지 전체 역학적 에너지가 보존된다.
이때 계의 탄성 퍼텐셜 에너지는 1J에서 0.75J만큼 감소하여 0.25J이 되고,
계의 중력 퍼텐셜 에너지는 0.5J만큼 증가한다.
따라서 계의 운동 에너지는 0.25J만큼 증가하고, A와 B의 운동 에너지는 각각 0.1J, 0.15J이 된다.

용수철에 저장된 탄성 퍼텐셜 에너지는 0.25J이고, A의 운동 에너지는 0.1J이므로,
정답은 ② $\dfrac{2}{5}$이다.

(가) → (나) 과정에서 평형점은 0.05m 내려간다. 즉, (나) 상황은 평형점이다.
이때 (나) 이후 용수철은 0.05m 더 내려가서 순간 정지하고, 다시 올라와서 원래 위치(0.1m 위)까지 올라가는 단진동을 하게 된다.

용수철이 원래 위치에서 0.05m 당겨질 때 저장되는 퍼텐셜 에너지를 E라 하면, (나)에서 탄성 퍼텐셜 에너지는 E이다.
그런데 (가) → (나) 과정에서 평형점까지 0.05m 내려왔으므로, 계의 운동 에너지도 E여야 한다.
이를 질량비 $2 : 3$로 분배하면 A의 운동 에너지는 $\dfrac{2}{5}E$이고 정답은 ② $\dfrac{2}{5}$이다.

정답 : ㄱ, ㄴ, ㄷ

실이 끊어질 때 '계'의 변화가 생기므로, 실을 끊기 전후 두 단계로 나누어 운동을 분석해 주어야 한다.
i)손을 놓은 상태, ii)실 p를 끊은 상태로 나누어 운동을 분석하자.

발문에서 알 수 있듯,
실 p를 끊기 전의 계 A, B, C와 실 p를 끊은 후 계 B, C의 가속도의 크기가 동일하다.
실을 끊기 전후 가속도의 방향은 각각 왼쪽 , 오른쪽임을 알 수 있다.

i) 손을 놓은 상태의 알짜힘의 크기는 총 질량($6m$)과 가속도(a)를 곱한 $6ma$이고 방향은 왼쪽이다.
ii) 실 p를 끊은 후 계 B, C의 알짜힘의 크기는 계의 질량($3m$)과 가속도(a)를 곱한 $3ma$이고 방향
　은 오른쪽이다.

i)과 ii)의 알짜힘 차이는 $9ma$이며,
이는 물체 A에 가해지던 무게가 계의 힘에서 제외되며 생긴 합력의 차이와 같다.
따라서 $9ma = 3mg$이고, $a = \dfrac{1}{3}g$이다.

ㄱ. C에 작용하는 빗면힘과의 크기 비교를 통해 판별 가능하다.
　　p를 끊기 전과 후의 q에 걸리는 장력의 크기는 각각 C의 빗면힘보다 크고 작다.
　　따라서 ㄱ은 참이다. **(ㄱ 맞음)**

ㄴ. $a = \dfrac{1}{3}g$이다. 따라서 ㄴ은 참이다. **(ㄴ 맞음)**

ㄷ. A의 중력 퍼텐셜 에너지 감소량과 B와 C의 운동 에너지 증가량의 합이 어떤 관계에 있을지 생
　　각해보자.
　　세 에너지 사이의 관계를 살펴보면 역학적 에너지 보존 관계를 적용하기 힘들었을 거다.
　　그러면 에너지 변화량을 '힘이 한 일'로 바꾸어서 보는 것으로 관점을 돌려야 한다.
　　이런 관점으로 접근하니 A의 중력 퍼텐셜 에너지 감소량은 $3mg$가 한 일,
　　B와 C의 운동 에너지 증가량의 합은 $3ma$가 한 일임을 알 수 있다.
　　이때 물체들의 이동 거리는 동일하다.
　　ㄴ에 의해 $g > a$이고 $3mg$가 한 일 > $3ma$가 한 일이다. 따라서 ㄷ은 참이다. **(ㄷ 맞음)**

정답 : ③ $2L$

먼저, 문제에서 두 물체의 질량이 동일하다고 했으므로, 두 물체의 질량을 m이라고 두자.

(가)에서 두 물체를 개별의 물체로 보는 게 과연 의미가 있을지 생각해 보자.

(가)에서는 질량이 $2m$인 하나의 물체로 보는 게 더 간단하다.

굳이 두 개의 물체 그대로 받아들이지 않아도 된다.

두 물체를 묶어 질량이 $2m$인 하나의 물체로 생각하고 접근해 보자.

용수철 A와 B는 용수철 상수가 같으므로 사실상 같은 용수철이다.

게다가 (가)에서 늘어난 길이가 서로 동일하므로 두 용수철이 가하는 힘(탄성력)이 kL로 같다.

도르래를 기준으로, 위쪽에서 당기는 힘은 $2kL$이며, 아래에서 당기는 힘은 $2mg + kL$이다.

힘의 평형이 이루어져 있으므로, $kL = 2mg$이다.

실이 끊어진 후 용수철 B에 연결된 물체에 대해,

(가) 순간과 (나) 순간은 평형점에 대해 대칭인 진동의 양 끝점이 된다.

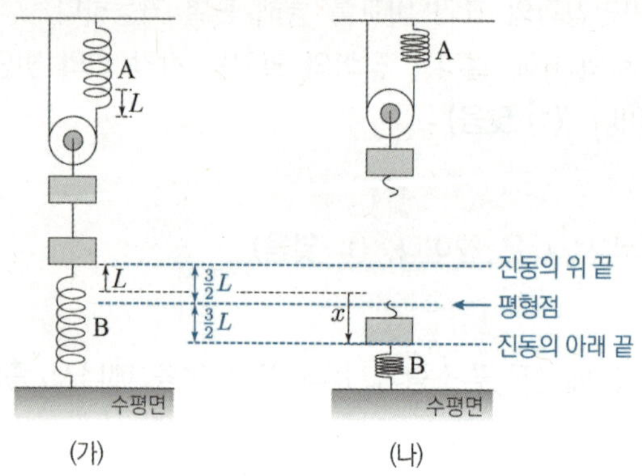

그럼 평형점의 위치를 먼저 찾아보자.

평형점에서 용수철이 가하는 힘(탄성력)과 물체의 무게 mg가 힘의 평형을 이루고 있으므로,

탄성력의 크기는

$mg = k\left(\dfrac{1}{2}L\right)$이며 평형점은 용수철의 원래 길이 보다 $\dfrac{1}{2}L$만큼 원래 길이보다 압축된 지점이다.

평형점을 기준으로 (가) 순간은 $\dfrac{3}{2}L$만큼 떨어져 있다.

따라서 (나) 순간의 물체의 위치도 평형점을 기준으로 $\dfrac{3}{2}L$만큼 떨어져 있어야 한다.

따라서 $x = 2L$이다.

용수철 B에 연결된 물체를 b라 하자. (가)에서 실이 끊어진 직후부터 (나)까지 B와 b의 역학적 에너지는 보존된다. (나)에서 b의 중력 퍼텐셜 에너지가 0이라고 하자.

실이 끊어진 직후의 역학적 에너지는 $\frac{1}{2}kL^2 + mg(L+x)$이고,

(나)에서의 역학적 에너지는 $\frac{1}{2}kx^2$이다.

두 값이 같으므로 $\frac{1}{2}k(x^2 - L^2) = mg(L+x)$이고,

양변을 $x+L$로 나누면 $\frac{1}{2}k(x-L) = mg$를 얻는다. 여기서 $k = \frac{2mg}{L}$이므로 $x = 2L$이다.

여기서 움직 도르래가 조금 생소할 수 있는데,
움직 도르래는 딱 두 가지 : i)이동 거리, ii)장력 만을 생각하면 된다.

i) 움직 도르래가 운동하는 거리는 줄이 당겨지는 길이의 절반이 되며,
ii) 움직 도르래는 도르래에 걸려있는 실이 왼쪽과 오른쪽에 하나씩 있으므로,
　움직도르래는 장력의 두배의 힘을 받는다.

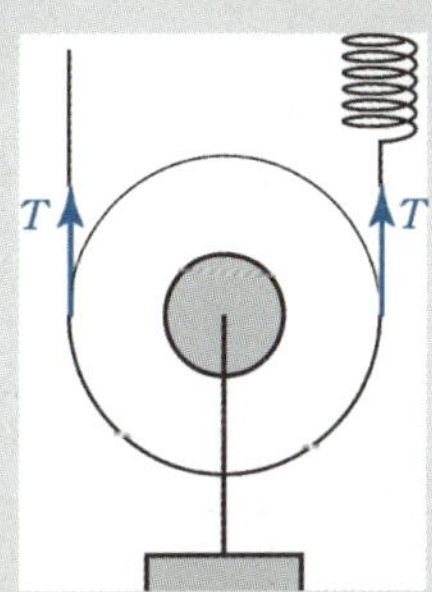

물론 이 문제에서는 움직도르래의 이동 거리는 신경 쓰지 않아도 되므로
ii)장력 만을 신경쓰면 되겠다.

정답 : ㄱ

물체 A와 B의 질량비가 $2:1$이므로 두 물체가 용수철에서 떨어질 때의 속력 (출발 속력)비는 $1:2$이다. 따라서 두 물체의 초기 운동 에너지의 비는 $1:2$이다.

구간 I을 중력 퍼텐셜 에너지의 기준($E_\mathrm{P}=0$)으로 잡으면, 두 물체의 역학적 에너지의 비도 $1:2$이다.
A가 왼쪽 빗면에서 정지할 때 A의 역학적 에너지가 $2mgh$임을 알 수 있으므로,
초기 B의 역학적 에너지는 $4mgh$임을 알 수 있다.

여기서 A와 B의 초기 역학적 에너지의 합이 $6mgh$인데,
이는 용수철의 탄성 퍼텐셜 에너지에서 변환된 것이므로 $\dfrac{1}{2}kd^2 = 6mgh$임을 얻는다.

B는 구간 II에 진입할 때 중력 퍼텐셜 에너지가 $3mgh$이며, 운동 에너지는 mgh가 된다.
따라서 구간 II에서 B는 운동 에너지 mgh만큼의 에너지가 손실된다.

ㄱ. $\dfrac{1}{2}kd^2 = 6mgh$이므로 ㄱ은 참이다. (ㄱ 맞음)

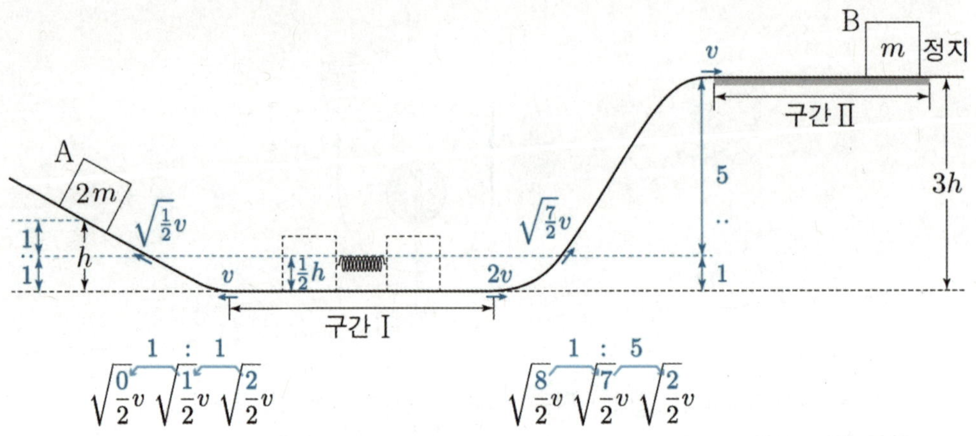

ㄴ. 높이 $\dfrac{1}{2}h$를 지날 때, 두 물체 A, B의 속력은 각각 $\sqrt{\dfrac{1}{2}}\,v$, $\sqrt{\dfrac{7}{2}}\,v$이므로,
$\sqrt{6}$ 배가 아닌 $\sqrt{7}$ 배가 되어야 한다. 따라서 ㄴ은 거짓이다. (ㄴ 틀림)

ㄷ. 마찰에 의한 역학적 에너지 감소량은 앞서 구하였듯, mgh이다. (ㄷ 틀림)

정답 : ④

A가 p→r, r→q를 따라 운동하는 것으로 나누어 용수철에 연결된 계의 역학적 에너지를 체크해 보는 것이 우리가 할 수 있는 최선일 것이다.

물론 더 잘게 나누면 p→q, q→r, r→q로 분석할 수 있지만 문제의 조건만으로는 p→q구간과 q→r구간의 마찰에 의한 역학적 에너지 감소량을 각각 알 수가 없다.

용수철 상수가 문제에서 설정되어 있지 않으므로 k라고 설정해 주자.

임의로 설정한 것이므로 나중에는 소거되어야 한다.

1. p→r 구간에서의 역학적 에너지 변화

   용수철에 의한 탄성 퍼텐셜 에너지는 $\frac{1}{2}k(3L)^2$만큼 줄었다가 $\frac{1}{2}k(4L)^2$만큼 증가한다.

   ($\frac{1}{2}k\{(4L)^2-(3L)^2\}$만큼 증가했다고 생각해도 좋다.)

   운동 에너지의 증감은 없으며 중력에 의한 퍼텐셜 에너지는 B에 의해 $7mgL$만큼 감소한다.

   손실된 역학적 에너지가 $7W$이므로 $\frac{1}{2}k(4L)^2-\frac{1}{2}k(3L)^2-7mgL=-7W$

   정리하면, $kL^2=2mgL-2W$

2. r→q 구간에서의 역학적 에너지 변화

   용수철에 의한 탄성 퍼텐셜 에너지는 $\frac{1}{2}k(4L)^2$만큼 감소한다.

   운동 에너지의 증감은 없으며 중력에 의한 퍼텐셜 에너지는 B에 의해 $4mgL$만큼 증가한다.

   손실된 역학적 에너지가 $4W$이므로 $-\frac{1}{2}k(4L)^2+4mgL=-4W$

   정리하면, $2kL^2-mgL=W$

3. W 구하기

   $kL^2=2mg-2W$와 $2kL^2-mgL=W$을 연립하면, $3mgL=5W$를 얻는다.

   따라서 $W=\frac{3}{5}mgL$이다.

정답 : ④ $\dfrac{3}{4}$

(가)에서 A의 속력은 $3v$, (나)에서 B의 속력을 $2v$라 하자.

운동량 보존 법칙을 적용하면 (나)에서 A의 속력은 v이다.

(용수철이 에너지를 보존해주므로 탄성 충돌이고,

따라서 계의 운동 에너지와 상대 속력이 보존됨을 알 수도 있다.)

용수철에 저장되는 탄성 퍼텐셜 에너지의 최대값은 용수철이 최대로 압축되었을 때이고

이는 두 물체가 가장 가까울 때이다. 즉, 두 물체의 속도가 같을 때 용수철이 최대로 압축된다.[7]

이때 운동량 보존을 적용하면 두 물체의 속력은 v이다.

(가)에서의 총 역학적 에너지는 $\dfrac{9}{2}mv^2$이고,

두 물체의 속도가 v로 같을 때 총 역학적 에너지는 $\dfrac{3}{2}mv^2 + E_1$이다.

용수철에 의해 역학적 에너지가 보존되므로 $E_1 = 3mv^2$이다.

(나)에서 B의 운동 에너지는 $E_2 = 4mv^2$이다.

따라서 $\dfrac{E_1}{E_2} = \dfrac{3}{4}$이다.

정답 : ④ $\dfrac{1}{4}$

오른쪽 빗면에서 A가 받는 힘을 f라 하고,

마찰 구간에서 운동 반대 방향으로 받는 마찰력의 크기를 F라 하자.

(가)와 (나)의 마찰 구간에서 받는 알짜힘은 각각 $f + F$, $F - f$이다.

(마찰 구간에서 속력이 감소하므로 $F > f$이다.)

(가)와 (나)의 마찰 구간에서 가속도의 크기비가 $3 : 1$이므로 $F = 2f$이다.

물체의 운동 전 구간에 걸쳐 손실된 역학적 에너지는,

1) 왼쪽 빗면에서의 최고점이 p에서 q로 낮아짐 : mgh_1

2) 두 마찰 구간을 지나면서 손실된 에너지 : $2Fs = 4fs = 4mgh_2$이다.

따라서 $mgh_1 = 4mgh_2$이고 정답은 ④ $\dfrac{1}{4}$이다.

---

7) 시간에 따른 A의 속력은 감소하는 그래프를, B의 속력은 증가하는 그래프를 그리며, 서로 한 번 교차한다.

31 23년 4월 교육청 20번

정답 : ⑤ $\dfrac{1}{5}mgh$

p에서의 중력 퍼텐셜 에너지를 E라 하자.
(가)에서 마찰 구간에서의 운동 에너지 감소량은 $6E$,
(나)에서 마찰 구간에서의 운동 에너지 변화량은 0이다.
(가)와 (나)에서 마찰 구간에서의 퍼텐셜 에너지 변화량의 크기가 같으므로,
마찰 구간에서 손실된 역학적 에너지가 (가)와 (나)에서 같으려면
마찰 구간에서의 중력 퍼텐셜 에너지 변화량은 $3E$이다.

(가)의 점 p에서 (나)의 점 p까지 운동하는 동안 운동 에너지가 $6E$만큼 감소하므로,
K를 특정 점에서의 운동 에너지라 하면, $K_{(가),p} - K_{(나),p} = 6E$이다.
용수철이 압축된 정도를 고려하면
(가)의 점 p에서의 역학적 에너지가 (나)의 점 p에서의 역학적 에너지의 4배이므로,
$K_{(가),p} + E = 4(K_{(나),p} + E)$이다.

두 식을 연립하면 $K_{(가),p} = 7E$, $K_{(나),p} = E$가 되며,
최고점에서의 중력 퍼텐셜에너지는 $5E = mgh$가 된다.

$K_{(나),p} = \dfrac{1}{5}mgh$이다.

32 24학년도 9월 평가원 19번

정답 : ③ $\dfrac{21}{5}h$

p와 q에서의 운동 에너지를 $2E$, E라 하고,
$6h$, p, q에서의 중력 퍼텐셜 에너지를 $6E'$, E', $2E'$이라 하자.
마찰 구간 I에서의 에너지 변화량은 $+2E - 5E'$, 마찰 구간 II에서의 에너지 변화량은 $+E - E'$이다.
문제 마지막 조건에 의해 $E = \dfrac{11}{5}E'$이고,

r점에서의 중력에 의한 퍼텐셜 에너지는 q의 역학적 에너지와 같은 $E + 2E' = \dfrac{21}{5}E'$이다.

따라서 r의 높이는 $\dfrac{21}{5}h$이다.

33   23년 10월 교육청 18번

정답 : ④ $3v$

p에서의 운동 에너지를 E라 하자.
마찰 구간 I에서 물체는 등속도 운동을 하므로 운동 에너지의 변화가 없고,
중력 퍼텐셜 에너지가 $4E$만큼 감소한다.
(높이차 h에 대응하는 중력 퍼텐셜 에너지 변화량이 $4E$이다.)
마찰 구간 II에서 중력 퍼텐셜 에너지는 $4E$만큼 증가하며,
역학적 에너지 감소량이 $4E$여야 하므로 운동 에너지가 $8E$만큼 감소한다.
s에서의 속력이 v이므로 운동 에너지가 E이다.
따라서 r에서의 운동 에너지는 $9E$이고 이때 속력은 $3v$이다.

34   24년 3월 교육청 20번

정답 : ② $\sqrt{5}\,v$

1. 충돌 분석
   충돌 후 B의 운동량이 $6mv$이므로 충격량이 $6mv$이다.
   따라서 A의 운동량의 변화량 또한 $6mv$만큼 변했을 것이다. 따라서 A의 충돌 직전 속도는 오른쪽으로 $4v$이다.

2. 빗면 분석
   오른쪽 빗면은 마찰 구간이 없이 역학적 에너지가 보존되므로 오른쪽 구간을 먼저 살펴보면, 수평면과 기준선 사이의 운동 에너지 차는 $\frac{1}{2}m((3v)^2 - (2v)^2) = \frac{5}{2}mv^2$이다.

   마찰 구간에서의 역학적 에너지 손실을 E라 하자. A의 빗면에서의 역학적 에너지를 체크해보면,

* 올라갈 때$(5v \rightarrow 4v)$: 운동 에너지 감소량: $\frac{9}{2}mv^2$, 퍼텐셜 에너지 증가량: $\frac{5}{2}mv^2$

   $\rightarrow$ 역학적 에너지 감소량: $2mv^2$ $(E = 2mv^2)$

* 내려갈 때$(2v \rightarrow v_\mathrm{A})$: 역학적 에너지 감소량: $2mv^2$, 퍼텐셜 에너지 감소량: $\frac{5}{2}mv^2$

   $\rightarrow$ 운동 에너지 증가량: $\frac{1}{2}mv^2$

A의 최종 운동 에너지가 $\frac{5}{2}mv^2$이므로 v_A는 $\sqrt{5}\,v$이다.

정답 : ③ $\dfrac{\sqrt{13}}{2}$

마찰 구간 I에서 손실된 역학적 에너지를 E, 마찰 구간 II에서 손실된 역학적 에너지를 $3E$라고 하자. t에서 운동 에너지가 0이므로 q에서 운동 에너지는 $3E$이다.

이어 문제에서 주어진 속력 비를 사용해서 p에서의 운동 에너지가 $\dfrac{16}{3}E$임까지 알 수 있다.

p, q, r, s, t점에서의 중력 퍼텐셜 에너지를 각각 E_1, $2E_1$, E_1, E_1, $2E_1$이라 하자.

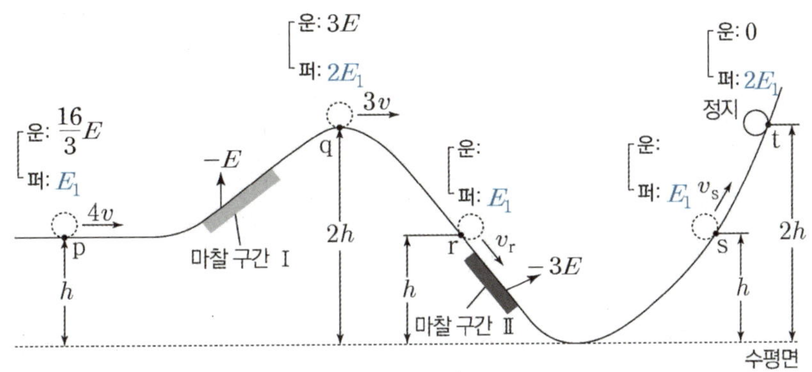

p에서의 역학적 에너지 $\dfrac{16}{3}E + E_1$가 q에서의 역학적 에너지 $3E + 2E_1$보다 E만큼 크다.

따라서 $E_1 = \dfrac{4}{3}E$임을 얻는다. E에 대해 다시 정리하면 다음과 같다.

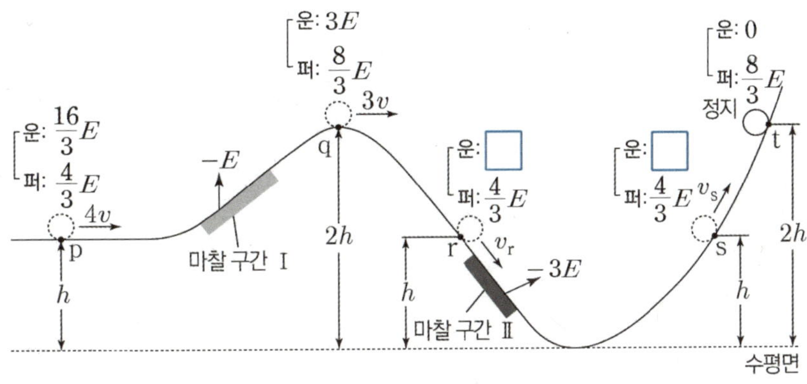

q~r에서의 역학적 에너지가 보존되므로 r에서의 운동 에너지는 $\dfrac{13}{3}E$이다.

s에서의 역학석 에너지는 r보다 $3E$만큼 작으므로 s에서의 운동 에너지는 $\dfrac{4}{3}E$이다.

r에서와 s에서의 운동 에너지가 $13 : 4$이다. 따라서 속력의 비율은 $\sqrt{13} : 2$이다.

정답 : ④ $\dfrac{27}{2}$

질량 m이 높이 h에 있을 때의 중력 퍼텐셜 에너지를 E라 하자.

A의 중력 퍼텐셜 에너지 최댓값은 빗면에서 정지할 때 $3E$이다.

A의 운동 에너지가 최대가 되는 지점은 마찰 구간 I에 진입하기 직전이다.

발문에 의해 이때의 운동 에너지는 $12E$가 된다.

그림에 표시하게 되면 다음과 같다.

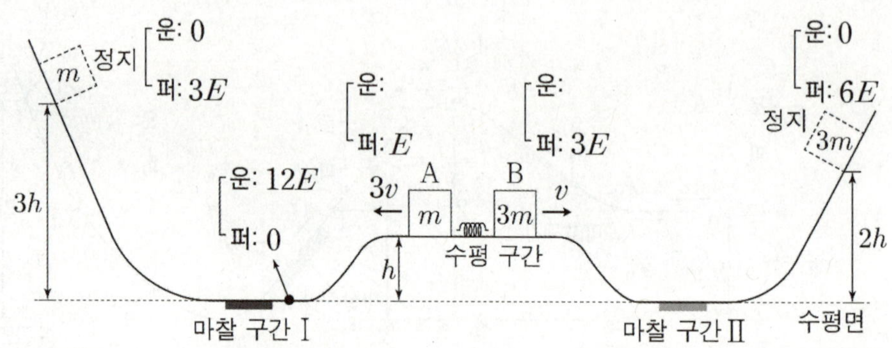

마찰 구간 전까지 A의 역학적 에너지는 보존되므로,
용수철에서 분리된 직후 A의 운동 에너지는 $11E$이다.

용수철에서 분리된 직후 속력은 B가 A의 $\dfrac{1}{3}$배이고 질량은 B가 A의 3배이므로,

용수철에서 분리된 후 B의 운동 에너지는 $\dfrac{11}{3}E$이다.

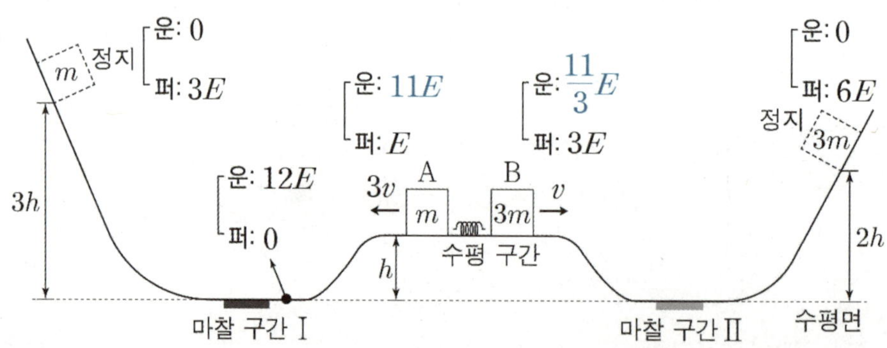

모든 지점에서의 역학적 에너지를 알고 있으므로 두 마찰 구간에서 손실된 역학적 에너지를 구할 수 있다.

$$W_{\text{I}} = 12E - 3E = 9E$$

$$W_{\text{II}} = \frac{20}{3}E - 6E = \frac{2}{3}E$$

$$\frac{W_{\text{I}}}{W_{\text{II}}} = \frac{27}{2}$$

memo